2판 패션브랜드와 커뮤니케이션

패션브랜드와 커뮤니케이션(2판)

초판 발행 2012년 8월 8일 | **2판 발행** 2023년 2월 17일

지은이 고은주, 이미아, 이미영
펴낸이 류원식
펴낸곳 교문사

편집팀장 김경수 | **책임진행** 권혜지 | **디자인** 신나리 | **본문편집** 베이퍼

주소 10881, 경기도 파주시 문발로 116
대표전화 031-955-6111 | **팩스** 031-955-0955
홈페이지 www.gyomoon.com | **이메일** genie@gyomoon.com
등록번호 1968.10.28. 제406-2006-000035호

ISBN 978-89-363-2308-0(93590)
정가 29,000원

FASHION BRAND

&

COMMUNICATION

2판 패션브랜드와 커뮤니케이션

고은주 · 이미아 · 이미영 지음

교문사

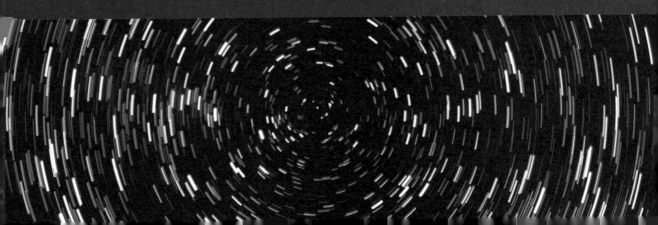

급변하는 글로벌 패션산업 환경에서
기업의 지속성장을 위한 패션브랜드 자산 구축은
선택이 아닌 필수 전략이 되었다.

특히 개성표현, 신분상징, 과시와 같은 소비자의 사회심리적 욕구를 충족시켜야 하는 패션상품의 경우 브랜드가 주는 효과는 더없이 중요하다.

이제는 차별화된 브랜드 아이덴티티 구축을 위해 패션기업은 다양한 커뮤니케이션 전략과 도구를 사용하는데, 광고와 마케팅 같은 전통적인 커뮤니케이션 수단 외에, 소비자와 직접 실시간으로 공유할 수 있는 소셜미디어와 메타버스와 같은 플랫폼을 활용한 디지털 커뮤니케이션이 중요한 트렌드로 부상하고 있다. 특히, 소셜미디어와 메타버스 시대로 접어들며 패션기업은 소비자와 소통하기 위해 다양하고 혁신적인 전략을 모색하고 있다.

이와 같이 패션브랜드의 커뮤니케이션 환경이 급변하는 상황에서 커뮤니케이션을 기획하고 실행하는 실무자와 이론적 체계를 구축하고 지도하는 교육자 모두 이를 위한 이론과 사례를 체계적으로 정립해야 할 필요성을 체감하고 있다.

2012년 대한민국학술원 우수학술도서로 선정된 『패션브랜드와 커뮤니케이션』은 20년간의 연구와 교육 경험을 망라한 것으로 패션산업과 교육계에 널리 활용되고 있음에, 이번 개정판은 이후 10년간 급변한 패션산업 환경변화에 따라 발전된 새로운 커뮤니케이션의 개념과 사례를 제시하였다.

이 책은 총 4부 14장으로, 1부 패션브랜드 이해는 2장으로 구성하였다. 제1장은 패션브랜드 개념과 브랜드 구축의 중요성을 제시하였고, 제2장은 패션브랜드 자산의 개념을 설명하고 패션브랜드 자산을 구성하는 주요 원천을 소개하였다.

2부 패션브랜드의 전략적 관리는 3장으로 나눴는데, 제3장은 패션브랜드 관리의 첫 번째 단계인 패션브랜드의 상황을 분석했다. 상황분석은 환경과 시장분석, 고객분석과 목표시장 선정, 경쟁과 자사분석 등을 포함하였다. 제4장은 패션브랜드 아이덴티티와 포지셔닝 개발방안을 다루었고, 패션브랜드 아이덴티티의 의미와 구조, 패션브랜드 포지셔닝의 의미와 도출 전략, 유형을 자세히 다루었다. 제5장은 패션브랜드 자산을 구축할 수 있는 실행프로그램인 통합 마케팅 커뮤니케이션(Integrated Marketing Communication)을 소개하고, 다양한 마케팅 커뮤니케이션 도구를 적절하게 선택하고 통합할 수 있는 IMC 기준과 수립 과정을 자세히 설명하였다.

3부 패션브랜드의 커뮤니케이션 전략은 초판에서 다룬 3부 커뮤니케이션 전략과 4부 커뮤니케이션 트렌드를 통합하여 6장으로 구성하였다. 제6장과 7장에서는 패션브랜드의 광고 전략을 다뤘는데, 제6장은 광고 전략의 전반적인 수립 과정과 광고 메시지 전략을 광고 콘셉트와 크리에이티브 전략, 모델 전략으로 나누어 살폈고, 제7장은 매체 전략에 관한 노출효과 평가개념, 수립 과정, 매체 유형별 특징을 상세히 기술하였다. 제8장은 패션브랜드 PR 전략으로 PR의 대상과 수단, 상황 및 PR 전략 수립 과정을 정리하였다. 제9장에서는 패션브랜드의 마케팅 전략으로 패션브랜드 구매를 유도할 여러 판촉수단을 자세히 정리하였다. 제10장 PPL에서는 간접광고 유형과 효과 기제의 내용을 다루었으며, 마지막 제11장은 지난 10년간 다양한 유형과 전략으로 성장된 협업마케팅인 패션 컬래버레이션을 다루었다.

4부 패션브랜드와 디지털 트렌드는 이 책에서 3개의 장으로 새롭게 구성하였으며, 최근 패션업계에서 빠른 속도로 진행되는 디지털전환 현상과 메타버스 트렌드를 반영하였다. 제12장은 타깃을 정교하게 하고 광고의 효율을 높이기 위한 다양한 유형의 디지털 광고를 소개하였다. 제13장은 소셜미디어와 메타버스로써, 최근 커뮤니케이션 영향력이 가장 큰 소셜미디어의 유형별 전략과 효과를 살펴보았고, 새롭게 등장한 메타버스 개념과 유형을 다양한 사례와 함께 소개하였다. 제14장 VMD & 패션쇼에서는 디지털 트렌드와 기술을 활용한 VMD 전략과 디지털 패션위크에 나타난 새로운 유형의 디지털 패션쇼를 소개하였다.

이 책이 패션브랜드의 체계적인 커뮤니케이션 전략개발과 사례연구의 초석이 되길 바라며, 원고 편집과 정리를 도와준 연세대학교 패션마케팅연구실 엄회수 양, 정효조 양, 방수인 양에게 그리고 표지디자인을 도와준 황수아 양과 송혜민 선생님께 감사를 전한다. 또한 좋은 책을 만들기 위해 수고해주신 교문사 관계자분들께 감사의 마음을 전한다.

표지사진의 별처럼 다양한 색상과 형상으로 반짝이는, 한국을 대표하는 글로벌 패션브랜드가 끊임없이 탄생하고 성장하기를 바라는 마음 간절하다. 덧붙여 멋진 별 사진을 제공해주신 작가님께 감사드리며, 독자 여러분의 거리낌 없는 고견과 격려를 부탁드리고 싶다.

2023년 2월
연세대학교 패션마케팅 연구실에서
책임저자 혜전(蕙田) 고은주

차례

머리말 iv

PART 1
패션브랜드의 이해

CHAPTER 1 패션브랜드의 개요 2
1. 브랜드의 개념과 중요성 3 ｜ 2. 브랜드의 전략적 관리 9

CHAPTER 2 패션브랜드 자산 16
1. 브랜드 자산 개요 17 ｜ 2. 패션브랜드 자산의 원천 22

PART 2
패션브랜드의 전략적 관리

CHAPTER 3 패션브랜드 상황분석 46
1. 환경분석과 시장분석 47 ｜ 2. 고객분석과 목표시장 설정 56
3. 경쟁분석과 자사분석 64

CHAPTER 4 패션브랜드 아이덴티티와 포지셔닝 72
1. 패션브랜드 아이덴티티 73 ｜ 2. 패션브랜드 포지셔닝 88

CHAPTER 5 패션브랜드와 통합 마케팅 커뮤니케이션 102
1. 커뮤니케이션 과정과 정보처리 과정 103
2. 통합 마케팅 커뮤니케이션의 개념과 접근방법 111

PART 3
패션브랜드의 커뮤니케이션 전략

CHAPTER 6 광고 전략 1_메시지 전략   134
1. 광고의 개요 135 ┃ 2. 광고 전략의 수립 과정 137 ┃ 3. 광고 콘셉트의 설정 138
4. 광고 크리에이티브 전략 144 ┃ 5. 광고 모델 전략 153

CHAPTER 7 광고 전략 2_매체 전략   166
1. 매체기획의 개요 167 ┃ 2. 매체기획의 수립 과정 175 ┃ 3. 광고매체의 종류와 특성 182

CHAPTER 8 PR 전략 210
1. PR의 개요 211 ┃ 2. PR 대상 214 ┃ 3. PR 수단 220
4. PR 상황 238 ┃ 5. PR 전략의 수립 과정 243

CHAPTER 9 판매촉진 전략 250
1. 판매촉진의 개요 251 ┃ 2. 판매촉진 전략의 수립 과정 255 ┃ 3. 판매촉진의 유형 257

CHAPTER 10 PPL 278
1. PPL의 개요 279 ┃ 2. PPL의 유형 284 ┃ 3. PPL의 효과 290

CHAPTER 11 패션 컬래버레이션 304
1. 패션 컬래버레이션 305 ┃ 2. 컬래버레이션의 목적 307
3. 컬래버레이션의 유형 311 ┃ 4. 컬래버레이션의 성공 요소 320

PART 4
패션브랜드와 디지털 트렌드

CHAPTER 12 디지털 광고 330
1. 디지털 광고의 개요 331 ┃ 2. 디지털 광고 유형 336

CHAPTER 13 소셜미디어와 메타버스 354
1. 소셜미디어 마케팅 355 ┃ 2. 인플루언서 마케팅 372 ┃ 3. 메타버스 377

CHAPTER 14 VMD & 패션쇼 390
1. VMD 391 ┃ 2. 패션쇼 406

찾아보기 426

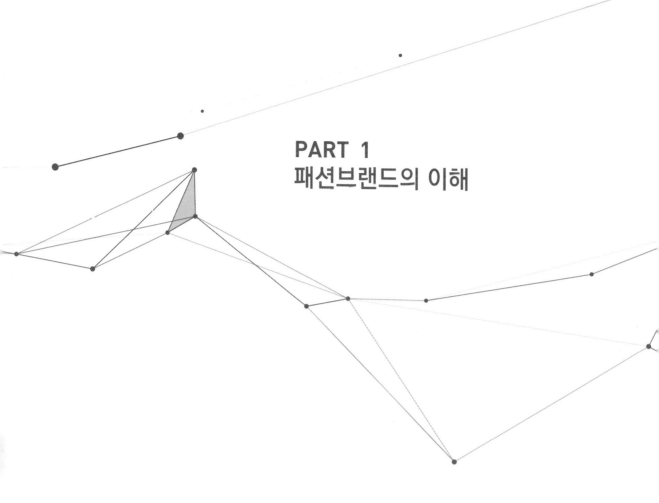

PART 1
패션브랜드의 이해

CHAPTER 1
패션브랜드의 개요

CHAPTER 2
패션브랜드 자산

FASHION BRAND CONCEPT

샤넬과 구찌, 에르메스를 상상해 보자. 만약 이들 브랜드가 객관적인 품질은 그대로 유지하면서 브랜드명만 사라진다면 어떻게 될까. 브랜드명이 없는 이들 제품을 소비자들은 지금처럼 선호하고 럭셔리 제품으로 인식할까. 아마 그렇지 않을 것이다. 그렇다면 이들 패션브랜드가 보유하고 있는 힘은 어디서 나오는 것일까. 강력한 패션브랜드란 무엇을 의미하는가. 강력한 패션브랜드를 구축하기 위해서는 어떤 요소를 관리해야 하는가.

제1부에서는 강력한 브랜드를 구축하기 위한 첫째 단계로 패션브랜드에 대한 전반적인 이해와 강력한 패션브랜드 구축의 필요성에 대해 점검하였다. 이를 위해 1장에서는 패션브랜드의 개념과 전략적 브랜드 관리의 의미에 대해 살펴보았고, 2장에서는 패션브랜드 자산의 개념과 원천에 대해 상세히 정리하였다.

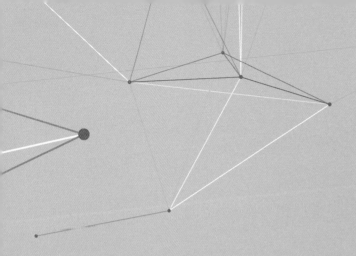

CHAPTER 1

패션브랜드의 개요

오늘날 패션트렌드의 급속한 변화, 유통시장 개방을 통한 글로벌 브랜드와의 경쟁, 고객 욕구의 세분
화와 다양화 등 복잡한 환경 속에서 경쟁적 우위를 점할 수 있는 원천으로 강력한 브랜드를 구축하는
것이 패션기업이 지향해야 할 중요한 과제가 되고 있다. 1장에서는 강력한 패션브랜드 구축의 중요성
을 이해하기 위해 먼저 패션브랜드의 개념에 대해 살펴보고, 패션브랜드의 전략적 관리 과정에 대해
정리하고자 한다.

1 · 브랜드의 개념과 중요성

브랜드는 사람들의 기억과 마음속에 갖가지 연상과 감정, 살아 움직이는 그 무엇으로, 강력한 브랜드는 기업에 여러 가지 측면에서 혜택을 가져다준다. 그렇다면 패션브랜드란 무엇을 의미하고, 강력한 패션브랜드를 구축했을 때 패션기업은 어떠한 혜택을 얻을 수 있는가.

1 · 브랜드의 개념

소유의 표시로서의 브랜드에 대한 역사는 매우 오래되었다. 브랜딩을 하게 된 최초 동기는 수공업자들이 자신의 제품을 알아보기 위한 것이었다. 브랜드 또는 등록상표trade mark는 고대 도공이나 석공들이 자신의 수공예품의 출처를 밝히기 위해 표시했던 것에서 그 기원을 찾을 수 있다.

브랜드는 글자와 단어, 숫자 등 음성으로 표현될 수 있는 '브랜드명brand name'과 로고나 상징, 디자인 등 브랜드를 시각적으로 구성하는 상징물인 '브랜드마크brand mark'로 이루어진다. 이러한 의미에서 브랜드 개발의 핵심은 하나의 제품을 특징짓고 그 제품을 다른 제품과 차별화시키기 위해 브랜드명과 브랜드마크를 선택하는 것으로 이해되기도 한다.

그러나 브랜드란 브랜드명이나 브랜드 마크만을 의미하는 것이 아니라, 브랜드를 상징하는 모든 표현물에 부여된 의미로 이해해야 한다Hatch & Schultz, 2008. 미국마케팅협회American Marketing Association: AMA는 브랜드를 '한 제조업자의 제품 또는 서비스를 다른 경쟁업자의 제품이나 서비스와 구별 짓는 이름, 용어, 디자인, 상징, 또는 기타의 특징'으로 정의하고 있다. 여기서 상징이란 어떤 것을 나타내는 단어나 물건, 행동 등을 포괄한다. 가령, 에르메스Hermes의 경우 사륜마차 '뒤크'와 말, 마부로 구성된 로고, 브랜드명뿐 아니라 천만 원이 넘는 켈리백과 버킨백, 한정된 수의 부티크, 에르메스 가죽제품에 찍힌 장인의 데스크 번호와

그림 1-1
에르메스를 표현하는 다양한 상징들

출처_ www.hermes.com

제작연도, 에르메스 장인 학교, 에르메스 문화활동 등이 모두 에르메스를 표현하는 상징물이 된다.

기업은 소비자들에게 상징을 제공함으로써 소비자의 생각과 감정, 경험을 함께 공유하고 소비자와 브랜드가 관계를 맺도록 노력하는 반면, 소비자는 브랜드가 상징하는 것들에 대해 자신만의 의미를 부여하고 그들 나름대로의 방법으로 의미를 창출한다. 무수히 존재하는 브랜드의 상징들은 브랜드가 의미하는 것을 표현하기 위해 기획되고 실행된 것이다.

'브랜드'라는 말을 좀 더 명확하게 파악하기 위해 '제품product'과 '브랜드brand'를 비교해서 설명하면, '제품'은 기업에서 생산, 판매하는 물건으로 그 물건의 특징과 품질, 부가된 서비스 등을 의미한다. 예를 들어, 패션제품이란 패션업체에서 생산, 판매하는 제품으로 의류, 가방, 스카프, 핸드백, 신발 등을 말하며, 물리적인 제품과 함께 수선, 교환, 환불 등의 서비스를 포괄한다. 그러나 이러한 제품만으로는 품위나 소속감, 관계성 등을 표현하거나 욕구를 충족시킬 수 없다.

'브랜드'는 제품이 갖는 물리적, 서비스 측면뿐 아니라 여러 가지 연상 이미지, 호감도, 관계성 등을 포함하는 개념이다. 이러한 의미에서 '청바지'가 제품이라면 '캘빈클라인진', '게스', '리바이스' 등은 브랜드이다. 마케팅 전문가인 시드니 레비Sidney J.Levy, 1959는 "사람들은 기능만 보고 제품을 사는 것이 아니라 그 제품이 가지고 있는 의미 때문에 산다."라고 지적한 바 있는데, 이는 특정 브랜드를 구매할 때 제품 자체보다도 브랜드가 상징하는 의미가 중요할 수 있음을 말해 준다.

그림 1-2
제품과 브랜드 비교

잠깐!

버버리 브랜드의 디지털 트랜스포메이션

럭셔리 브랜드 버버리의 핵심적 브랜드 가치는 영국의 전통과 실용성으로 버버리 체크, 말을 탄 기사를 형상화한 로고, 트렌치코트, 베이지 색상 등은 버버리의 브랜드 아이덴티티를 나타내는 대표적 상징이다. 그러나 2000년대 초 버버리의 가장 큰 문제는 지나치게 브랜드를 확장하면서 정체성 즉, '버버리다움'이 희석되어 브랜드로서의 가치를 제공하지 못한다는 것이었다. 2006년 안젤라 아렌츠Angela Ahrendts가 새로운 CEO로 임명되면서 브랜드의 정체성을 새롭게 정의하는 작업이 시작되었다. 즉, 버버리는 영국 브랜드이며, 코트에서 탄생했다는 것이다. 그리고 베이비부머babyboomer를 타깃으로 하는 경쟁 브랜드와의 직접 경쟁을 피하고자 '밀레니얼' 세대에 초점을 맞추었다. 이에 따라 생산, 조직, 프로세스, 마케팅, 커뮤니케이션을 디지털과 접목해 고객 경험을 확장하는 'Fully Digital Burberry' 전략을 발표하게 되었다.

버버리의 자기다움은 트렌치코트에 있다고 파악하고, '아트 오브 더 트렌치Art of the trench'라는 글로벌 캠페인을 만들어 전 세계에 트렌치코트의 유행을 다시 불게 했다. 직원들에 대한 내부 브랜딩도 강화하면서 역사와 전통을 가진 버버리의 트렌치코트가 만들

어지는 전 과정을 전 직원이 이해하고, 고객에게 전달할 수 있게 하였다. 공식 홈페이지인 Burberry.com을 11개국 언어로 개편했고, 온라인 채널을 통해 패션쇼를 실시간으로 생중계하는 등 오프라인 사업을 온라인으로 전환하였다. 온라인뿐만 아니라 실제 매장에서도 다양한 디지털 기술을 활용하였는데, 매장 내외부의 대형 스크린에 풍부한 영상 콘텐츠를 상영하고, 모든 판매직원들에게 아이패드를 지급해서 해당 매장의 재고뿐만 아니라 전체 글로벌 컬렉션을 확인할 수 있도록 했다. 또한 판매 및 고객 데이터를 수집하고 분석하는 조직을 개설함으로써 수요 예측이나 재고 최적화 전략 등을 구축하였고, 고객들에게 데이터 기반의 개인화된 쇼핑 경험을 제공하는 '고객 360 프로그램Customer 360 program'도 선보였다.

현재 버버리는 전체 매출의 50% 이상이 온라인에서 일어나는 완벽한 디지털 브랜드로의 전환은 물론, 밀레니얼 세대의 '잇아이템It item'으로 변신하는데 성공함으로써 전 세계 82개 명품 패션브랜드 중 최고의 혁신적인 디지털 전환 사례로 꼽히고 있다.

출처_ 디지털 트랜스포메이션, 2016, 조지 웨스터먼, 디디에 보네, 앤드루 맥아피 공저, 최경은 역, 서울: e비즈북스.
월간중앙(2021.3.22), [허태윤 브랜드 스토리] 변하지 않되 변화하는 명품 브랜딩의 법칙.
jmagazine.joins.com

2 · 패션브랜드 구축의 중요성

강력한 브랜드는 패션기업에 가격 프리미엄을 보장하고, 브랜드 확장을 통해 새로운 수익원을 가능하게 하며, 라이선스를 통한 수익창출, 고객 충성도 제고와 유통력에서의 우위 확보 등 여러 가지 혜택을 제공한다. 이러한 혜택에 대해 보다 자세하게 정리하면 다음과 같다.

가격 프리미엄

강력한 패션브랜드는 그렇지 않은 경우에 비해 가격 프리미엄을 보장하고 이로 인해 시장 점유율과 매출을 높일 수 있다. 이는 강력한 브랜드가 소비자의 브랜드 충성도를 높이고, 브랜드에 대한 가격 민감도를 낮추기 때문이다. '베블런 효과 veblen effect'란 가격이 오르는데도 과시욕이나 허영심 등으로 인해 수요가 줄어들지 않고 오히려 늘어나는 현상을 말한다. 가격 인상을 예고하면 '오늘이 가장 저렴한 날'이라는 인식을 심어줘 매장 문이 열리기도 전에 제품을 구하려는 사람들로 장사진을 이루는 소위 '오픈런' 현상이 나타나기도 한다.매일경제, 2021.5.31. 명품은 '베블런 효과'를 보여주는 대표적인 분야로, 특히 패션제품과 같이 고객의 지위나 상징적 욕구를 반영하는 가시성이 높은 제품군에서 강하게 나타난다.

❝ 잠깐!

베블런 효과

프랑스 명품 브랜드 샤넬Chanel이 최근 3년간 가격을 지속적으로 인상했다. 대표 상품인 샤넬 클래식백이 3년 만에 평균 300만 원 이상 오르면서 샤넬 클래식 플랩백 미디엄 사이즈는 2018년 630만 원에 불과했으나 2021년 7월 971만 원까지 가격이 상승했다. 시장에서는 샤넬이 브랜드 이미지 강화와 이익률 제고, 글로벌 명품 브랜드 전쟁에서 승리하기 위한 마케팅 전략의 일환으로 인상 정책을 지속한다고 보고 있다. 가격이 올라도 수요가 전혀 감소하지 않기에 브랜드 입장에서는 가격을 올리는 것이 이미지 제고와 이익률 개선을 위해 유리한 것이다. 이런 경향은 지난해 코로나19 확산 이후 더욱 가속화됐다. 인스타그램 등 SNS를 통해 부를 과시할 수 있는 주요 수단 중 하나였던 해외여행이 사실상 불가능해지자 해외여행에서 아낀 소득이 고스란히 사치재로 이동했다. 샤넬백과 롤렉스는 구매 후에도 중고제품의 가격이 거의 하락하지 않거나 오히려 웃돈을 주고 사야 할 만큼 재고가 부족해 재테크 수단으로까지 등극하고 있다.

출처_ 머니투데이(2021.7.3). 샤넬 '클래식백' 3년만에 300만 원 올랐다.

브랜드 확장과 새로운 수익원 창출

강력한 패션브랜드는 라인 확장, 브랜드 확장을 통해 새로운 수익원을 창출할 수 있다. 브랜드 확장은 한 제품시장에서 기반을 구축한 브랜드가 동일한 브랜드명을 사용하여 다른 제품 혹은 서비스 시장으로 그 범위를 확대하는 것이다. 강력한 패션브랜드의 브랜드 확장은 신제품에 신뢰감을 부여하며 적은 마케팅 비용으로도 신제품의 성공률을 높인다.

특히 럭셔리 브랜드들은 경기 불황이 지속될 때, 보다 넓은 소비자층에게 어필하기 위해 라인 확장 전략에 집중하는 경향을 보인다. 가령 구찌Gucci, 펜디Fendi, 랑방Lanvin, 베르사체Versace와 같은 패션 하우스들은 자녀를 그들과 유사하게 꾸미고 싶어 하는 부모들의 욕구를 감지하고 어린이들을 위한 라인을 제작해 키즈 컬렉션으로 라인을 확장해왔다. 이외에 아르마니Armani는 의류, 화장품, 신발, 가구 심지어는 플라워숍과 카페에 이르는 다양한 제품군으로 브랜드를 확장하고 있으며, 아르마니라는 브랜드를 통해 상당한 매출을 올리고 있다.

그림 1-3
구찌의 2020 S/S 키즈 컬렉션

출처_ www.kidswear-magazine.com

패션업계의 브랜드 확장

명품 패션브랜드들이 식품·외식업계에 뛰어들고 있다. 단순히 매장 한 쪽에 유명 커피·베이커리 브랜드를 입점시키는 게 아니라 직접 브랜드의 정체성을 담은 신메뉴를 개발하고 공간을 새롭게 구성하는 식이다. 패션뿐 아니라 라이프스타일까지 팔겠다는 전략이다.

디올의 '카페 디올'

디올은 지난 2015년 서울 청담동 매장인 '하우스 오브 디올' 5층에 '카페 디올'을 차렸다. 프랑스 유명 제과 셰프인 피에르 에르메가 만든 마카롱뿐 아니라 '피에르 에르메 파리' 현지에서만 맛볼 수 있는 스페셜 음료를 판매한다는 소식에 많은 연예인과 인플루언서가 방문했다. 덕분에 아메리카노 한 잔에 1만 9,000원이라는 높은 가격대에도 불구하고 인스타그램 '인증샷' 명소로 자리 잡았다. 2021년 7월에는 스위스 명품 시계 브랜드 IWC가 카페를 차렸다. 인테리어는 자신들의 대표 시계 '빅 파일럿'을 주제로 꾸몄고, 시계를 특징으로 한 디저트와 시그니처 커피도 선보였다.

루이비통은 2020년 2월 일본 오사카에 '르 카페 브이'를 선보였다. 루이비통 오사카 매장의 꼭대기인 7층에 위치하며, 프랑스 요리, 칵테일 등을 판매한다.

루이비통의 '르 카페 브이'

먹고, 마시며, 쇼핑도 하는 복합문화공간으로서의 패션매장의 개념은 이탈리아 밀라노에서 시작된 '10 꼬르소 꼬모'가 세계 최초로 도입했다. '느린 패션'이라는 철학으로 예술·패션·음악·디자인·음식·문화가 융합된 새로운 공간을 만들어낸 것이다. 2008년 한국 청담동에 들어온 10 꼬르소 꼬모 역시 서점과 카페, 레스토랑, 라운지, 정원이 한데 어우러진 '10 꼬르소 꼬모 카페'를 두고 있다.

출처_ 중앙일보(2021.7.21). 아메리카노 1잔 1만 9,000원…명품 '디올'은 왜 카페 차렸나.

라이선스를 통한 수익창출

강력한 패션브랜드는 라이선스license를 통해 많은 이점을 누릴 수 있다. 라이선스는 일정한 수수료를 지불하고 다른 브랜드의 이름, 로고, 캐릭터 등을 사용할 수 있는 계약 협정이다. 라이선스는 의류와 액세서리에 많이 활용되며 전체 매출에서 큰 비중을 차지한다. 캘빈클라인, 구찌, 디올 등 유명 패션브랜드들은 의류, 넥타이, 양말, 가방 등의 수많은 제품의 라이선스를 통해 큰 수입을 올리고 있다.

고객 충성도 제고와 유통력에서의 우위 확보

강력한 패션브랜드는 고객의 충성도를 창출하여 반복 구매를 유도한다. 특히 럭셔리 패션브랜드는 소수의 충성고객이 브랜드 매출의 상당 수준을 차지하기 때문에 충성고객의 확보는 브랜드 성과를 결정짓는 토대가 되며, 이러한 충성 고객층을 확보하기 위한 강력한 패션브랜드의 구축은 매우 중요하다. 또한 강력한 패션브랜드는 경쟁 패션기업의 공격적인 판촉활동이나 저가격 전략에도 불구하고 경쟁 브랜드로의 상표 전환이 쉽게 이루어지지 않게 하고, 경쟁 브랜드가 혁신을 통해 제품 측면에서 우위에 서게 되더라도 그에 대응할 시간적 여유를 갖게 해준다는 점에서 기업에 유리하게 작용한다.

이외에도 강력한 패션브랜드는 유통업자와의 거래에서도 경쟁우위를 제공한다. 유통업자도 패션소비자와 마찬가지로 강력한 패션브랜드를 선호하며 그 브랜드에 대해 더욱 확신을 갖는다. 또한 강력한 패션브랜드를 보유한 기업은 대리점을 모집하거나 백화점에 입점할 때 유리한 위치에서 협상에 임할 수 있다.

2 · 브랜드의 전략적 관리

패션제품의 품질이나 특성이 비슷해지고 경쟁이 더욱 치열해짐에 따라 패션산업은 제품을 파는 산업이 아니라 이미지를 파는 고부가가치 산업이라는 인식이 더욱 강해지고 있고, '지속 가능한 성장'을 하기 위한 결정적인 요소로 강력한 패션브랜드의 개발과 육성, 관리가 매우 중요해졌다. 이하에서는 패션브랜드의 전략적 관리의 의미와 과정에 대해 정리하고자 한다.

1 · 브랜드 관리의 의미

브랜드 관리는 기업이 소비자 마음속에 있는 자사 브랜드에 대한 연상과 감정을 계속해서 기업에 유리한 방향으로 유지하려고 노력하는 활동이다. 그리고 이 과정이 체계적이고 계획적으로 수행될 때 브랜드의 전략적 관리라고 한다.

장 노엘 카페레Jean Noël Kapferer, 1998는 브랜드 관리를 "브랜드 아이덴티티를 수립하는 것에서부터 출발하며 시간의 흐름에 따라 적절하게 아이덴티티를 관리하는 것"으로 정의했으며, 하쿠호도 브랜드 컨설팅2002에서는 브랜드 관리를 "고객에게 제공하는 가치를 중심에 둔 통합적인 마케팅 활동, 즉 고객에게 보다 높은 가치를 제공하기 위해 브랜드의 기본설계를 확고히 하고, 이것을 고객과 공유하며 일관성을 갖고 실행, 평가하는 모든 활동"으로 정의하고 있다.

패션브랜드 관리는 고객이 패션브랜드에 대해 갖는 인식을 패션기업이 원하는 방향으로 형성하도록 관리하는 활동이다. 패션기업은 브랜드를 전략적으로 관리하기 위해 패션브랜드의 의미와 가치를 어떻게 규정할 것인지, 패션브랜드의 요소를 어떻게 선택할 것인지, 패션브랜드의 의미를 전달하기 위해 메시지를 어떻게 구성하고 어떤 커뮤니케이션 도구를 활용할 것인지, 기업 브랜드와 개별 브랜드를 어떻게 설정하고 관리할 것인지, 패션브랜드 가치를 어떻게 평가할 것인지 등의 많은 문제에 대해 올바른 의사결정을 내리고 효과적인 브랜드 전략을 수행해야 한다.

2·브랜드 관리 과정

패션브랜드를 전략적으로 개발하고 관리하기 위해서는 브랜드 관리 과정을 이해할 필요가 있다. 패션브랜드 관리의 시작은 무엇보다 패션브랜드의 상황을 잘 분석하고 상황분석에 기초하여 패션소비자의 욕구와 기대에 맞는 브랜드 아이덴티티를 창출하는 것이다. 이러한 브랜드 아이덴티티를 토대로 패션기업은 경쟁 브랜드와 비교해서 자사 브랜드가 차지하는 차별적 우위점인 브랜드 포지션을 개발하고, 이러한 연상이 패션소비자의 마음속에 구축될 수 있도록 다양한 마케팅 커뮤니케이션 프로그램을 수행해야 한다. 이러한 활동의 결과로서 브랜드 이미지가 형성되며, 이는 브랜드 자산 측정도구를 통해 평가된다. 또한 패션기업은 브랜드 자산 평가를 토대로 차기의 브랜드 전략을 수립할 수 있다 그림 1-4.

패션브랜드 관리 과정의 각 단계에 대해 좀 더 구체적으로 정리하면, 첫째 단계는 패션브랜드의 외부와 내부 상황을 전략적으로 분석하고 이해하는 단계이다. 이러한 상황분석은 환경분석과 시장분석, 고객분석과 목표시장 선정, 경쟁분석과 자사분석을 포함한다.

둘째 단계는 패션기업이 브랜드를 통해 표현하기를 원하는 목표 이미지인 브랜드 아이덴티티를 정립하는 것이다. 브랜드 아이덴티티를 정립하기 위해 기업은 브랜드의 핵심 아이덴티티와 확장 아이덴티티, 브랜드 가치 등을 규명해야 하며, 브랜드 아이덴티티 표현 요소인 브랜드 요소에 대해 여러 가지 전략적인 의사결정을 해야 한다.

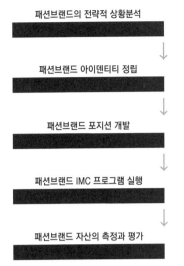

그림 1-4
패션브랜드 관리 과정

셋째 단계인 브랜드 포지션 개발은 브랜드 아이덴티티를 토대로 경쟁 상황 속에서 고객의 마음속에 자리 잡을 수 있는 차별적인 강점을 찾는 것이다. 패션기업은 자사 브랜드의 정체성을 수립하고 경쟁 브랜드와의 유사점과 차별점 연상을 확인함으로써 바람직한 포지션을 구축할 수 있다.

넷째 단계인 IMC 프로그램의 실행단계에서는 광고를 비롯한 PR, 판매촉진, 인터넷 및 모바일, VMD 등 다양한 커뮤니케이션 도구를 통해 브랜드 자산을 구축하게 된다. 커뮤니케이션 활동은 이러한 촉진 도구 이외에도 브랜드와 목표고객 간의 접점이 될 수 있는 모든 형태의 접촉 수단이 포함될 수 있다. IMC 프로그램에서 중요한 핵심은 다양한 마케팅 커뮤니케이션 활동이 일관성 있고 시너지 효과를 유발할 수 있도록 각 커뮤니케이션 도구를 적절하게 선택하고 통합하는 것이다.

브랜드 관리의 마지막 단계는 다양한 마케팅 커뮤니케이션 활동을 통해 구축된 패션브랜드 자산을 측정하고 평가하는 단계이다. 이를 위해 패션기업은 브랜드 자산을 측정할 수 있는 도구를 개발해야 한다. 브랜드 자산의 평가와 점검을 통해 처음 단계로 피드백되면서 브랜드 관리가 더욱 효율적으로 이루어지게 된다.

럭셔리 하우스 리브랜딩의 주역, 크리에이티브 디렉터

럭셔리 패션 하우스가 브랜드에 혁신적인 이미지를 부여하거나 브랜드의 아이덴티티에 새로운 변화를 꾀하고자 할 때 사용하는 전략이 새로운 크리에이티브 디렉터creative director (이하 CD)의 영입이다. 패션산업에서 CD 체제가 도입된 시점은 1980년대 초로 당시 샤넬의 아트 디렉터로 임명된 칼 라거펠트는 기존의 전통적인 패션 디자이너의 영역을 넘어서 오트쿠튀르와 기성복 컬렉션을 총괄하는 비주얼 영역의 총 책임자로서 CD라는 새로운 영역을 개척하였다. 이후 패션기업에서 CD의 역할은 패션 디자이너의 직무에서 벗어나 브랜드 아이덴티티를 창조하고 시각화하는 등 브랜드 이미지를 총괄하는 형태로 확장되었다.

버질아블로 　　　버질아블로의 2019 S/S 루이비통 맨즈 컬렉션

CD의 영입 전략은 크게 3가지로 나눠볼 수 있다. 첫째는 개인 컬렉션을 통해 성공 가능성을 시장에서 확인받은 신진 디자이너를 영입하는 경우로 버질 아블로Virgil Abloh가 대표적이다. 2013년 고급 스트리트웨어 브랜드 오프화이트Off-White를 설립하고, 2014년 파리 패션위크에서 오프화이트의 첫 여성복 컬렉션을 시작하면서 이름을 알리기 시작했다. 그리고 2018년에는 164년 루이비통 역사상 최초의 흑인 남성복 디렉터로 임명되었다. 그는 소수층만을 타깃으로 하는 배타적인 럭셔리 브랜드의 문호를 젊은 층에게 개방하였고 가상공간에 더 익숙한 젊은이들을 끌어들이기 위해 소셜미디어를 활용해 팬들과 대화했다. 버질 아블로는 단순 패션뿐만 아니라 문화 전반에 걸쳐 자신의 영향력을 펼치면서 '기존의 것'을 새로운 시각을 통해 해석함으로써 자신의 브랜드에 '오리지널리티'를 부여하였다.

둘째는 타브랜드에서 성공적인 CD 경력이 있는 인물을 발탁하는 경우로 남성복 패러다임을 바꾼 에디 슬리먼Hedi Slimane을 들 수 있다. 슬리먼은 2000년대 초반 디올 옴므 CD로 임명된 이후 록 음악과

에디 슬리먼 　　　셀린느 로고 변경 전후

길거리 유스 컬쳐youth culture를 결합한 고급 남성패션을 추구하였고, 2012년 이브 생 로랑으로 자리를 옮긴 후에는 브랜드 명을 '이브 생 로랑Yves Saint Laurent'에서 '생 로랑Saint Laurent'으로 바꾸면서 남성과 여성을 균형 있게 바라보는 브랜드의 초기 메시지를 복원하고자 했다. 거대한 팬덤을 거느리고 있는 스타 디자이너 에디 슬리먼은 2018년 쿠튀르, 남성 그리고 향수 라인의 론칭을 위해 셀린느로 이적한 다. 이전 CD였던 피비 필로Phoebe Philo가 지향한 절제된 우아함을 특징으로 하는 여성복 브랜드의 이미지를 지우기 위해 로고도 'Céline'에서 'Celine'으로 바꿔서 중성적인 이미지를 표방했다. '올드 셀린느(피비 파일로)'와 '뉴 셀린느(에디 슬리먼)'에 대한 평가에서는 아직은 찬반양론이 존재하고 있다.

알렉산드로 미켈레　　2021 구찌 광고

마지막으로 내부 승진을 통해 무명 디자이너를 등용하는 경우인데, 무명의 액세서리 디자이너에서 2015년 신임 CD로 임명된 알렉산드로 미켈레Alessandro Michele를 꼽을 수 있다. 미켈레는 사회적 기준이나 타인의 시선에 따라 자신을 맞추기보다 스스로 아름답다고 느끼는 방식으로 옷을 입는 밀레니얼 세대의 취향을 정확히 파악했다. 그는 화려하고 빈티지한 자신만의 독특한 감성을 기반으로 구찌의 오리지널 상품을 훼손하지 않은 채 트렌드를 불어 넣었다. 이를 통해 시대·규칙·성(性)의 구분이 없는 새로운 구찌 스타일을 창조했고, 구찌는 다양성, 재미, 에너지가 가득한 브랜드의 대명사가 되면서 MZ세대들에게 가장 '힙hip'한 브랜드로 부상했다.

트렌드와 헤리티지 사이에서 끊임없이 균형을 이루어야 하는 럭셔리 브랜드에게 브랜드 아이덴티티를 바꾸는 전략은 위험 부담이 크지만, 제대로 성공할 경우 '시대의 트렌드 아이콘'으로 재탄생할 수 있다. 이것이 럭셔리 하우스들의 새로운 CD 영입이 계속되고 있는 이유이다.

출처_ 양윤정 & 김미현(2020). 리브랜딩 관점에서 하이패션 브랜드 인스타그램 콘텐츠의 메시지 전략 연구. 조형미디어학.
　　백정현 & 배수정(2019). 크리에이티브 디렉터 교체를 통한 구찌의 브랜드 아이덴티티 혁신전략 연구. 한국디자인문화학회지.
　　이코노미조선(2022.5.10). 루이비통·구찌·셀린느 변신…MZ 세대 잡은 크리에이티브 디렉터. biz.chosun.com

참고문헌

고은주, 김은영, 박경애, 박은주, 성희원, 오근영, 이미영, 이승희, 이윤정, 추호정(2011). *패션마케팅 사례 연구*. 파주: 교문사.

안광호(2004). *브랜드의 힘을 읽는다*. 서울: 더난출판사.

하쿠호도 브랜딩컨설팅(2002). *브랜드 마케팅*. 김낙회 옮김(2002). 서울: 굿모닝미디어.

Aaker, D. A.(1991). *Managing brand equity: Capitalizing on the value of a brand*. New York: The Free Press.

Aaker, D. A.(1996). *Building strong brands*. New York: The Free Press.

Aaker, D. A. & Joachimsthaler, E.(2003). *브랜드 리더십*. 이상민, 최윤희 옮김(2007). 서울: 비즈니스북스.

Hatch, M. J. & Schultz, M.(2008). *기업 브랜드의 전략적 경영*. 정창훈, 권오영 옮김(2010). 서울: 비즈니스북스.

Kapferer, J. N.(1997). *Strategic brand management*(2nd ed.). London: Kogan Page.

Keller, K. L.(1993). Conceptualizing, measuring, and managing customer-based brand equity. *Journal of Marketing, 57*(1), 1-22.

Keller, K. L.(2007). *Strategic brand management: Building, measuring, and managing brand equity*(3rd ed.). Upper Saddle River, NJ: Prentice Hall.

Levy, S. J.(1959). Symbols for sale. *Harvard business review*, 37, 117-124.

Low, G. S. & Fullerton, R. A.(1994). Brands, brand management, and the brand manager system: A critical-historical evaluation. *Journal of Marketing Research, 31*(2), 173-190.

매일경제(2021.5.31). 이태리 명품 프라다 가격 또 올렸다. www.mk.co.kr

머니투데이(2021.7.3). 샤넬 '클래식백' 3년 만에 300만원 올랐다. www.mt.co.kr

중앙일보(2021.7.21). 아메리카노 1잔 1만 9,000원…명품 '디올'은 왜 카페 차렸나. www.joongang.co.kr

American Marketing Association. www.marketingpower.com

연구노트
팬데믹이 패션소비자 행동에 미치는 영향 연구: 럭셔리와 매스패션 중심으로

본 연구는 팬데믹 상황 전, 후의 럭셔리 및 매스 패션브랜드의 매출 변화를 비교, 고찰하였다. 팬데믹 하에 매스패션의 매출은 위축되었으나, 럭셔리 패션은 연령과 년간 구매등급(CRM등급)이 높을수록, 수도권에 거주할수록 성장세가 높게 나타났다. 럭셔리 백화점의 실질적인 매출 및 고객 데이터를 분석하여 팬데믹 전, 후의 패션 소비 트렌드가 통계적으로 유의한 차이를 보였다. 팬데믹으로 변화한 소비자 행동분석 결과와 럭셔리 및 매스패션의 비교 분석결과는 패션산업의 마케팅적 시사점을 제공하였다. 본 연구의 내용은 아래 논문 출처에서 확인할 수 있다.

사진 1 백화점 파산

사진 2 샤넬 오픈런

출처

Pang, W., Ko, J., Kim, S.J. and Ko, E. (2022). Impact of COVID-19 pandemic upon fashion consumer behavior: focus on mass and luxury products. Asia Pacific Journal of Marketing and Logistics, 34(10), 2149-2164.

사진 1 서울경제 2020.5.8 08:49:07(https://m.sedaily.com/NewsView/1Z2O6B6Pl0#cb)

사진 2 머니투데이 2020.5.18 11:52(https://news.mt.co.kr/mtview.php?no=2020051808224877039)

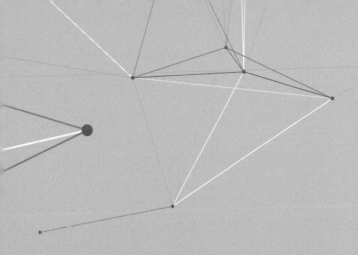

CHAPTER 2

패션브랜드 자산

1980년 이후 시장이 글로벌화되고 브랜드 간 경쟁이 심화되면서 강력한 브랜드를 구축하는 일이 더욱 중요해지고 있다. 기술의 발달로 제품들 간에 기능이나 품질에 의한 차이가 줄어들면서 각 기업은 제품 속성에 의한 차별화에 한계를 느끼게 되었고, 새로운 차별화의 원천으로 브랜드에 대한 체계적인 관리와 운영을 더욱 중시하게 되었다. 특히 패션제품은 다른 제품에 비해 자기만족, 신분의 상징, 과시욕구 등을 충족시켜 주는 상징적 속성이 강조되기 때문에 브랜드가 주는 의미는 더욱 중요하다.

1 · 브랜드 자산 개요

패션브랜드 간의 기능적 차이가 갈수록 줄어드는 패션시장에서, 강력한 브랜드를 구성하는 핵심 요인을 파악하고 이를 관리하는 것은 매우 중요하다. 이하에서는 브랜드의 힘을 나타내는 '브랜드 자산'의 개념을 먼저 살펴보고, 브랜드 자산을 구성하는 원천에 대해 설명하고자 한다.

1 · 브랜드 자산의 개념

브랜드가 마케팅 효과를 증대시켜 기업의 부를 창출해 주는 핵심 수단으로 부각되면서 브랜드의 가치를 창출하고 평가하는 방안에 대한 다양한 논의들이 나타나기 시작했다. 이하에서는 브랜드 자산에 대한 다양한 정의와 관점에 대해 살펴보기로 한다.

브랜드 자산의 정의

브랜드 자산brand equity은 브랜드를 전략적인 관리의 대상으로 보고 그 가치를 평가해야 한다는 관점에서 등장한 용어이다. 브랜드 자산에 대한 정의와 관련하여 데이비드 아커David Aaker, 1991는 브랜드 자산을 "한 상품이나 서비스에 부가되는 브랜드 이름 및 상징과 관련된 브랜드 자산brand assets"으로 언급하며, 이것이 '프리미엄 가격을 지불하려는 소비자의 의지'로 나타난다고 설명하고 있다. 또한 케빈 켈러Kevin Keller, 1993는 소비자에 기반을 둔 브랜드 자산consumer-based brand equity 개념을 제안하면서 브랜드 자산은 "브랜드에 대한 마케팅 활동에 대해 브랜드 지식brand knowledge이 소비자 반응에 미치는 차별적인 효과differential effect"라고 정의하였다. 소비자가 긍정적인 브랜드 연상을 갖는 브랜드에 대해 차별적인 반응을 유발하는데 그 차별적인 효과가 브랜드 자산이라는 것이다. 이외에도 브랜드 자산은 표 2-1에서와 같이 학자의 입장이나 시각에 따라 다양하게 정의되고 있지만, 공통분모는 '브랜드에 의해 상품에 추가된 부가가치'Farquhar, P. H., 1989로 이해할 수 있다.

표 2-1

브랜드 자산에 대한 정의

학자 및 기관	정의
아커(Aaker, 1991)	한 상품이나 서비스에 부가되는 브랜드 이름 및 상징과 관련된 브랜드 자산(brand assets)
켈러(Keller, 1993)	브랜드에 대한 마케팅 활동에 대해 브랜드 지식이 소비자 반응에 미치는 차별적인 효과
비엘(Biel, 1993)	브랜드를 상품과 연결지음으로써 얻어지는 추가적인 현금 흐름(cash flow)
라사(Lassar, 1995)	브랜드명이 상품에 부과하는 지각된 효용성의 증대
박 & 쉬리니바산 (Park & Srinivasan, 1994)	전반적인 브랜드 선호도와 객관적으로 측정된 속성 수준에 기초한 다속성적인 선호도 간의 차이
사이먼 & 설리반 (Simon & Sullivan, 1993)	브랜드명이 없는 상품과 비교해서 브랜드에 대한 투자로 인해 브랜드 상품에 발생하는 증가된 현금 흐름
카마쿠라 & 러셀 (Kamakura & Russell, 1993)	경쟁사에 비해 지속적이고 차별적인 이익 또는 이점을 구축하기 위해 계획된 투자의 성과

브랜드 자산에 대한 두 가지 접근

브랜드 자산에 대한 다양한 정의에서 알 수 있듯이 브랜드 자산과 관련된 연구는 여러 가지 관점에서 논의되어 왔다. 크게 두 가지 시각으로 정리할 수 있는데, 첫째는 기업의 관점에서 브랜드 자산의 경제적 가치를 계량화하려는 연구이다. 이는 기업 인수나 합병, 브랜드 라이선싱 등과 관련하여 객관적으로 브랜드 자산을 평가하려는 목적으로 수행된다. 브랜드의 자산가치와 관련하여 글로벌 컨설팅 그룹인 인터브랜드Interbrand가 산출한 세계 10위 브랜드와 100위 안에 속하는 의류 브랜드의 브랜드 가치를 정리하면 표 2-2, 표 2-3과 같다Interbrand, 2021.

둘째는 관리자의 입장에서 강력한 브랜드를 형성하는 요인을 밝히고 이를 마케팅 전략에 활용하기 위한 목적으로 수행하는 연구이다. 이 관점에서는 브랜드의 힘이 소비자가 브랜드에 대해 인식하고 있는 것에 달려 있다고 보고, 브랜드 자체를 강력하게 만드는 공통적인 요소가 무엇인지를 파악하고 관리하는 데 중점을 둔다. 따라서 이 관점에서는 강력한 브랜드를 구축하기 위한 다양한 마케팅 활동과 브랜드 자산평가 척도에 관심을 둔다. 이하에서는 이중 두 번째 관점에 기초해서 브랜드를 강력하게 만드는 요소와 그 구성요소에 대해 설명하고자 한다.

순위	브랜드	브랜드 가치($m)	원산지
1	Apple	408,251	미국
2	Amazon	249,249	미국
3	Microsoft	210,191	미국
4	Google	196,811	미국
5	Samsung	74,635	한국

순위	브랜드	브랜드 가치($m)	원산지
6	Coca-Cola	57,488	미국
7	Toyota	54,107	일본
8	Mercedes-Benz	50,866	독일
9	McDonald's	45,865	미국
10	Disney	44,183	미국

표 2-2

2021년 세계 10대 브랜드 가치

출처_ www.interbrand.com

순위	브랜드	브랜드 가치($m)	원산지
11	Nike	42,538	미국
13	Louis Vuitton	36,766	프랑스
22	Chanel	22,109	프랑스
23	Hermes	21,600	프랑스
33	Gucci	16,656	이탈리아

순위	브랜드	브랜드 가치($m)	원산지
43	H&M	14,133	스웨덴
45	Zara	13,503	스페인
49	Adidas	12,381	독일
73	Cartier	8,161	프랑스
77	Dior	7,024	프랑스

표 2-3

2021년 세계 100대 의류 브랜드 가치

출처_ www.interbrand.com

2 · 브랜드 자산 구성요소

강력한 브랜드를 형성하는 원천은 무엇인가. 브랜드 이론의 대표적인 학자인 아커와 켈러가 제안하는 브랜드 자산 구성요소에 대해 정리하면 다음과 같다.

아커의 브랜드 자산 구성요소

데이비드 아커David Aaker, 1991가 제안하는 브랜드 자산의 구성요소는 '브랜드 충성도brand loyalty', '브랜드 인지도brand awareness', '지각품질perceived quality', '브랜드 연상brand associations', '특허, 등록상표 등의 독점적 브랜드 자산brand asset'의 5가지 범주이다. 이중 '브랜드 충성도'는 특정 브랜드에 대한 우호적 태도와 지속적인 재구매 정도를 의미하는 개념으로 브랜드 자산의 중요한 핵심으로 이해된다. 충성도가 높다면 경쟁자의 마케팅 활동의 영향력을 감소시킬 수 있고, 유통에서 자사의 영향력을 증대시킬 수 있다. '브랜드 인지도'는 잠재 구매자가 어떤 제품군에 속한 특정 브랜드를 보조 인지recognition 또는 비보조 상기recall할 수 있는 능력을 의미한다. '지각품질'은 소비자가 해당 브랜드의 품질을 어떻게 인식하고 있느냐 하는 것이다. 지각품질이 높을 경우 구매에 긍정적인 영향을 줄 수 있고 가격 프리미엄을 붙여 고가 정책을 전개할 수 있다. '브랜드 연상'은 특정 브랜드가 소비자의 감각기관을 통해 받아들여지는 이미지로서, 제품 이미지, 사람 이미지, 조직 이미지 세 가지로 구분된다. '기타 독점적 브랜드 자산'은 브랜드명, 로고, 심벌, 캐릭터, 패키지 등의 저작권과 등록상표의 법적 보호를 받는 자산들이다.

그림 2-1
아커의 브랜드 자산 구성요소

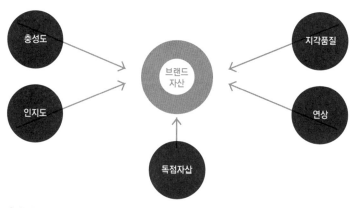

출처_ Aaker, D. A.(1996). Building strong brands, p.9.

아커는 5가지로 구성된 브랜드 자산이 고객과 기업에 상당한 가치를 제공한다고 보고 있다. 고객에게는 제품에 대한 정보를 해석하고 처리하는데 용이하게 해주고 구매를 결정할 때 자신감을 높여주며 사용 시 만족감을 높이는 역할을 한다고 본다. 또한 기업에는 마케팅 프로그램의 효율성과 효과를 높이고 브랜드 충성도를 제고하며 브랜드 확장 기회를 제공한다고 지적한다. 더불어 강력한 브랜드 자산은 유통업체 등 관련 업체에 영향력을 높일 수 있고 가격 면에서 유리한 입장을 가질 수 있다고 본다.

켈러의 브랜드 자산 구성요소

켈러Keller, 1993는 브랜드 자산을 "오직 브랜드에 의해서만 원인을 찾을 수 있는 마케팅 효과"로 언급하면서 그 원천을 소비자의 '브랜드 지식brand knowledge'에서 찾는다. 브랜드 지식은 크게 두 부분으로 구분되는데, 하나는 보조 인지recognition와 비보조 상기recall로 이루어진 '브랜드 인지brand awareness'이고 다른 하나는 소비자가 기억 속에 보유하고 있는 브랜드 연상의 집합인 '브랜드 이미지brand image'이다. 켈러Keller, 2007는 이러한 브랜드 자산의 원천에 기반을 두고 이들 구성요소 간의 위계를 보여주는 '고객기반 브랜드 자산 피라미드customer-based brand equity: CBBE'라는 모델을 제안하고 있다. CBBE 모델에서 브랜드 자산의 원천은 그림 2-2에서와 같이 6개의 요인으로 구성되며 네 단계를 거쳐 강력한 브랜드 자산이 형성된다. 첫째 단계는 브랜드 현저성을 통해 브랜드의 정체성이 인식되는 단계로, 브랜드 현저성이 높다는 것은 고객이 제품을 구매하고 소비해

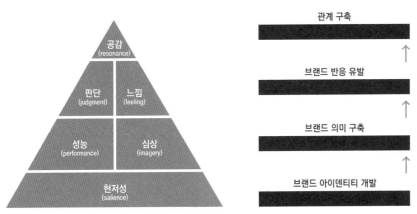

그림 2-2
켈러의 CBBE 모델

출처_ Keller, K. L.(2001). Building consumer-based brand equity: A blueprint for creating strong brands, p.7.

야 하는 상황에서 브랜드를 잘 회상하고 인식한다는 것을 의미한다. 둘째 단계는 브랜드의 기능적인 성능과 심상에 대한 연상을 통해 브랜드의 의미가 창조되는 단계이다. 셋째 단계는 고객이 브랜드에 대한 여러 가지 연상을 토대로 브랜드에 대한 판단과 감정반응이 유발되는 단계이고, 최종적인 넷째 단계는 고객이 브랜드와 공명 또는 공감이 형성됨으로써 브랜드와의 관계가 구축되는 단계이다.

이러한 CBBE 모델은 브랜드 자산의 각 구성요소가 강력한 브랜드를 구축하는 데 단계별로 어떻게 기여하는지를 설명해 준다.

2 · 패션브랜드 자산의 원천

앞에서는 강력한 브랜드를 형성하는 구성요소에 대해 살펴보았다. 패션제품에 있어서도 강력한 브랜드를 구축할 수 있는 원천이 앞서의 모델과 크게 다르지 않다. CBBE 모델을 패션브랜드에 적용한 김혜정, 임숙자의 연구2002에서는 패션브랜드 자산 역시 '고객-브랜드 공명', '브랜드 이미지·고객 감정', '브랜드 성능·고객 판단', '브랜드 인지'의 구성요소로 설명할 수 있다고 보고 있다. 다만 그들은 하위 차원 간의 인과적 관계를 검증하면서 고객-브랜드 공명을 형성하는 데에 고객 판단보다 고객 감정의 영향력이 크다고 지적했고, 최선형2005 또한 '폴로'와 '지오다노'를 대상으로 한 실증연구에서 패션브랜드의 자산가치 형성에 효용적 가치보다 감정적 가치가 더 크게 기여한다고 언급했다. 이러한 연구 결과에 기초할 때 패션제품은 기능적인 측면보다 상징적인 측면이 중요하다는 점에서 브랜드 개성, 소비자 반응, 브랜드 충성도 등의 요소가 보다 중요하게 다루어질 수 있다.

이하에서는 강력한 패션브랜드를 구축하기 위해 마케터가 관리해야 하는 구성요소를 패션브랜드 인지도와 패션브랜드 연상, 패션브랜드에 대한 반응, 패션브랜드 충성도의 4가지 차원을 중심으로 전략적 의미와 구축 방안에 대해 상세히 정리하고자 한다.

1∘패션브랜드 인지도

패션브랜드 인지도의 개념과 유형

'브랜드 인지도'는 다양한 상황하에서 브랜드를 식별할 수 있는 소비자의 능력이다. 자사의 패션브랜드 인지도가 잘 구축되었다는 것은 패션소비자가 자사 브랜드가 경쟁하는 제품 범주를 확실히 이해하고 있고, 자사의 패션브랜드명과 제품 범주를 정확하게 연결 짓고 있음을 의미한다. 이처럼 브랜드 인지에서는 제품군과 브랜드와의 연계성이 중요하다. 가령, 패션소비자가 '타임Time'이라는 브랜드를 들었을 때 커리어 우먼 여성복이 아닌 시사잡지 '타임'이나 그룹가수 '타임'을 떠올린다면 이는 여성복 '타임' 브랜드의 인지도와 상관이 없다.

그림 2-3
'타임' 브랜드와 관련된 제품군

'타임' 여성복   '타임' 잡지   '타임' 그룹 앨범

패션브랜드의 인지도는 수준에 따라 여러 단계로 구분할 수 있는데, 해당 브랜드에 대해 전혀 보거나 들어본 적이 없다고 생각하는 '무인지unaware of brand'로부터, 특정 브랜드 요소가 하나의 단서로 주어졌을 때 전에 그 브랜드를 접해본 적이 있다고 확신하는 '보조 인지', 제품군이나 구매 상황이 실마리로 주어졌을 때 기억 속에서 그 브랜드를 회상해낼 수 있는 능력인 '비보조 상기', 소비자의 마음속에 특별한 위치를 점하고 있어 비보조 상기에서 제일 먼저 상기되는 '최초 비보조 상기top of mind'의 4단계로 구분할 수 있다Aaker, 1991. 가령, 패션소비자가 백화점에서 쇼핑을 하다가 매장 앞에 붙여진 리바이스진 로고를 보고 아는 브랜드라고 생각하면서 매장에 들어갔다면 보조 인지도가 형성된 것이다. 또한 청바지를 사야겠다고 마음먹었을 때 아무런 단서 없이 리바이스진이 떠오른다면 리바이스진의 비보조 상기도가 형성된 것이고, 제일 먼저 떠올랐다면 최초 비보조 상기 브랜드가 되는 것이다.

패션브랜드 인지도의 전략적 의미

패션브랜드의 높은 인지도는 여러 가지 가치를 창출함으로써 브랜드 자산에 기여할 수 있다. 먼저 패션브랜드의 인지도는 패션브랜드 이미지 창출을 위한 필요조건으로 패션브랜드 이미지를 연결해 주는 매개체로서의 역할을 한다. 가령, 패션소비자들이 새로운 패션의류의 브랜드명을 인지하지 않은 상태에서 패션제품이 주는 편익이나 장점을 인식하기 어렵다. 또한 패션브랜드의 높은 인지도는 제품에 대한 친근감과 호감을 제공하여 구매 고려 대상군에 속할 가능성을 높이며, 패션제품과 패션기업에 대한 신뢰감을 부여하기도 한다.

브랜드 인지도를 구축함에 있어서 보조 인지와 비보조 상기의 상대적인 중요성은 패션소비자들이 브랜드와 연관된 의사결정을 어디에서 하느냐와 관계가 깊다. 예를 들어, 여행 갈 때 입을 의류를 구매하려고 백화점의 여러 의류 코너를 돌아다닐 때는 보조 인지만으로 고려 대상군에 포함시킬 수 있다. 그러나 브랜드가 눈앞에 없는 상황에서 어느 브랜드를 살지를 결정하고 브랜드 매장을 찾아가는 경우라면 비보조 상기가 매우 중요하다. 보조 인지는 브랜드와 관련된 단서를 갖고 해당 브랜드를 알아보는 것이고, 비보조 상기는 단서 없이 기억 속에서 그 브랜드를 회상해 내는 것이다. 따라서 마케터 입장에서 보면 비보조 상기를 형성하기가 상대적으로 더 어렵다고 볼 수 있지만, 패션 영역에서 비보조 상기는 상당히 중요하다.

아커Aaker, 1996는 브랜드의 성장과 관련해서 브랜드 보조 인지와 비보조 상기 간의 역학관계를 '브랜드 묘지 모델brand graveyard model'로 설명한 바 있다. 일반적으로 강력한 브랜드는 보조 인지도가 증가함에 따라 비보조 상기도도 함께 증가한다. 그러나 브랜드 보조 인지도는 매우 높지만 정작 구매 시점에서 떠오르지 않는 브랜드들이 종종 있는데, 이 브랜드가 '묘지 브랜드graveyard brand'라는 것이다. 이러한 브랜드는 시장에서 퇴출될 가능성이 높다.

묘지 모델은 그림 2-4와 같이 보조 인지도와 비보조 상기도를 중심으로 한 좌표상에 패션브랜드를 위치시켜 그 브랜드의 성장 가능성을 평가할 수 있는 모델이다. 그림에서 오른쪽 위에 위치한 브랜드는 강력한 브랜드가 될 수 있지만 묘지 쪽으로 이동할수록 브랜드의 힘이 약화된다. 반면 '틈새 브랜드niche brand'는 잠재 수요자에게 잘 알려지지 않아 상대적으로 보조 인지도가 낮지만 애호가들 사이에 비보조 상기도가 높고 강력한 충성도가 형성되어 있는 브랜드이다. 산악자전거,

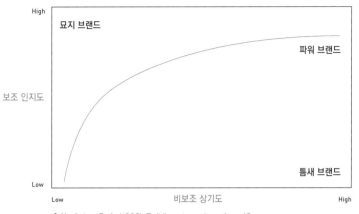

그림 2-4

묘지 모델: 보조 인지도와 비보조 상기도의 역학관계

출처_ Aaker, D. A. (1996). Building strong brands, p.40.

오디오와 같이 마니아층이 형성되어 있는 전문 브랜드들이 이에 해당된다. 이 모델에서 재미있는 해석은 친숙함과 관련된 높은 보조 인지도가 소비자로 하여금 그 브랜드에 주의할 필요를 못 느끼게 함으로써 오히려 묘지에서의 탈출을 어렵게 만든다는 것이다. 이는 브랜드명이 보조 인지도에서 더 나아가 단서 없이 상기될 수 있도록 비보조 상기도가 동시에 높아야 강력한 브랜드 자산이 될 수 있음을 시사한다.

묘지 모델은 특히 장수 의류 브랜드에 적용될 수 있는데, 이들 브랜드는 재포지셔닝이나 리뉴얼 등과 같은 획기적인 전략을 통해 묘지 브랜드로부터의 극복이 가능하다. 가령, 톰보이는 1977년 국내 최초 캐주얼 브랜드로 처음으로 여성용 청바지와 티셔츠를 선보였던 브랜드이다. 이후 외국 브랜드 같은 느낌과 세련된 이미지로 한때 전성기를 구가했으나 소비자 니즈를 제대로 반영하지 못하면서 2010년 부도를 맞게 되었다. 2009년 1,600억 원대였던 매출은 2010년 820억 원, 2011년 259억 원으로 계속해서 하락했다. 그러나 톰보이는 2011년 '신세계 톰보이'라는 이름으로 새로운 도약을 시도했다. 제품 콘셉트를 변경해 마치 수입 브랜드처럼 현대적인 느낌을 강조했다. 또한 유행을 타지 않는 오버사이즈 핏 제품을 기본 모토로 정했다. 기존 가격도 20%가량 낮추고, 유통채널도 주요 백화점과 아울렛에 적극적으로 확장해갔다._{매일경제, 2015. 11. 16.} 2016년에는 브랜드명을 '스튜디오 톰보이'Studio Tomboy'로 변경했고, 2019년에는 남성 전용 컬렉션 '맨즈 라인'을 출시하여 밀레니얼 세대를 겨냥했다. 이러한 톰보이의 리뉴얼 작업은 비보조 상기도를 높여 묘지에서 탈출하게 했고 매출을 증가시켰을 뿐 아니라 고객들의 호의적인 반응으로 이어졌다.

출처_ www.sivillage.com

패션브랜드 인지도의 구축

패션브랜드의 높은 인지도는 여러 가지 가치를 제공한다는 점에서 매우 중요하다. 패션브랜드의 인지도를 높이기 위한 전략에는 먼저 브랜드를 반복적으로 노출시키는 방법이 있다. 반복 노출은 패션브랜드와의 친밀감을 증가시킴으로써 브랜드 인지도를 높일 수 있는 방법으로, 비보조 상기보다는 보조 인지도를 높이는데 효과가 있다. 마케터는 패션소비자가 브랜드명이나 심벌, 로고, 캐릭터, 패키지, 슬로건 등의 브랜드 요소를 자주 접할 수 있도록 광고와 판촉, PR, 후원, 이벤트 등 다양한 마케팅 커뮤니케이션 활동을 수행해야 한다. 또한 심벌, 로고, 캐릭터 등의 활용을 통해 브랜드를 시각적, 언어적으로 강화하는 것도 중요하다. 소비자는 서체와 같은 언어적 요소보다 색상이나 그림과 같은 시각적 요소에 많은 영향을 받고 모양 위주로 지각하는 경향이 있기 때문이다Macklin, 1996. 가령, 샤넬Chanel의 이니셜을 이용한 심벌이나 나이키Nike의 스우시Swoosh 심벌, 랄프로렌Ralph Lauren의 말을 탄 폴로 선수 심벌은 브랜드 인지도를 높이는 중요한 수단이 된다 그림 2-6.

패션브랜드의 비보조 상기도를 높이기 위해서는 기억 속에서 자사 브랜드와 적절한 제품군의 연결, 그리고 구매 상황과의 연결이 중요하다. 마케터는 자사의 패션브랜드가 제품 범주나 구매, 착용 상황과 연결될 수 있도록 단서를 개발하고 창의적인 슬로건을 적절히 활용할 필요가 있다. 이때 로고, 심벌, 캐릭터 등과 같은

출처_ www.chanel.com   출처_ www.nike.com   출처_ www.ralphlauren.co.kr

그림 2-7
라끄베르의 스킨 카운셀링 슬로건

출처_ www.lacvert.co.kr

다른 브랜드 요소를 활용하는 것도 도움이 된다. 광고 슬로건을 통해 브랜드
와 제품군을 결합하는 방식은 특히 비보조 상기도를 높이는 효과가 있는데,
화장품 브랜드인 라끄베르Lacvert가 "라끄베르와 상의하세요." 라는 슬로건을 사
용한 것은 실제 구매 고려 상황에서 라끄베르를 떠올리게 하는 효과적인 요소
로 보인다. 보통 여성들은 화장품을 바꿀 때 전문가와 상담하고 싶어 한다. 이
런 욕구를 반영해 '라끄베르'를 '상담을 해주는 화장품'으로 연상하게 만듦으
로써 자연스럽게 라끄베르를 회상할 수 있게 하였다 그림 2-7. 제품군과의 연
결은 특히 패션브랜드가 새로 출시됐거나 패션브랜드가 갖는 제품의 의미가
변화할 때 더욱 중요하다.

2 ∘ 패션브랜드 연상

패션브랜드 연상의 개념과 이해

'브랜드 연상'은 패션브랜드와 관련하여 떠오르는 모든 정보와 개념으로 패션
소비자의 기억 속에 여러 형태로 존재하는 그 무엇이다. 가령, '룰루레몬' 이라
는 브랜드를 들으면, 요가복계의 샤넬, 고품질, 패션성, 레깅스, 요가 커뮤니티
등이 떠오를 수 있고, '파타고니아' 라고 하면 친환경 기업, 암벽 등반, 지속가능
디자인, 리사이클 소재, 플리스, 이본 쉬나드 등을 생각하게 된다. 이러한 정보
들이 바로 패션소비자가 그 브랜드에 대해 갖는 연상이다. 패션브랜드 연상은
상품의 속성이 될 수도 있고 브랜드의 개성이 될 수도 있으며, 기업과 관련된
내용이 될 수도 있다. 또한 패션제품을 이용하는 소비자의 인구통계적 특성이
나 라이프스타일이 될 수도 있고 브랜드의 슬로건이 될 수도 있다.

특정 패션브랜드와 관련된 브랜드 연상은 많은 패션소비자에게 공유될 수도 있지만 소비자에 따라 그 패션브랜드에 대해 전혀 다른 연상이 이루어질 수도 있다. 이를테면 '유니클로'에 대해 누군가는 이나영, 패션, 개성, 다양한 제품 구성 등을 떠올리지만 다른 누군가는 베이직 아이템, 저렴, 합리적, 셔츠 등을 떠올릴 수 있다. 이러한 이유로 패션브랜드 관리자는 특정 소비자나 세부시장에서 자사 브랜드에 대한 연상이 어떻게 나타나는지를 파악해야 하고 이러한 자료에 근거해서 연상 전략을 수립해야 한다.

브랜드 연상이 소비자의 머릿속에 어떻게 형성되어 있고 브랜드 자산과 어떻게 연관되는지는 '연상 네트워크 기억 모델associative network memory model'을 통해 이해할 수 있다. 켈러Keller, 1993는 브랜드 자산의 원천을 이해하기 위해서는 브랜드 지식이 소비자 기억 속에 어떻게 존재하는지에 대한 통찰력이 필요하다고 지적하면서, 이 과정을 심리학에서 발전된 '연상 네트워크 기억 모델'에 주목해 설명하고 있다. 이 모델에 따르면 어떤 의미를 갖는 기억은 정보 노드node와 길고 짧은 고리link의 연합으로 구성되어 있다. 이 모델에 근거할 때 브랜드 연상은 기억 내의 특정 브랜드 노드에 연결되어 있는 또 다른 정보 노드의 연합을 의미한다. 여기서 브랜드 노드에 연결된 다른 정보 노드의 연결고리가 굵고 짧을수록 강하게 연결된 상태를 말한다.

이 모델을 패션브랜드에 적용시켜 보면 아래와 같이 설명할 수 있다. 만약 어떤 패션소비자가 청바지와 관련하여 그림 2-8에서와 같은 연상 구조를 갖는다고 가정

그림 2-8
리바이스와 게스의 연상 네트워크 예

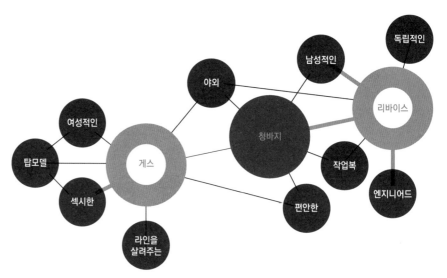

해보자. 이 소비자의 머릿속에 '게스_{Guess}'는 '여성적인, 섹시한, 톱 모델, 라인을 살려주는, 편안한, 청바지' 등과 같은 노드와 연결되어 있고, 특히 섹시한 느낌이라는 연상 고리와의 연결이 가장 강하다. 반면 '리바이스_{Levi's}'는 '청바지, 남성적인, 독립적인, 작업복, 엔지니어드, 편안한' 등과 같은 연상 노드와 연결되어 있고, 청바지, 남성적, 엔지니어드와의 연결고리가 특히 강하다. 이 두 브랜드는 동일한 진웨어지만 서로 다른 모습의 연상고리를 갖고 있는 것이다. 특히 리바이스는 청바지라는 제품 범주와 더 강하게 연결되어 있어 이 소비자가 청바지를 생각할 때 리바이스를 먼저 떠올릴 가능성이 높다. 물론 청바지 브랜드를 둘러싼 연상의 기억 구조는 패션소비자마다 다르게 형성될 수 있다.

패션브랜드 연상의 유형

패션브랜드의 연상은 여러 가지 내용으로 나타날 수 있다. 이러한 내용을 크게 몇 가지로 분류하면, 패션제품과 관련된 연상, 패션제품과 관련이 없는 연상, 패션기업과 관련된 연상으로 구분할 수 있다.

패션제품과 관련된 연상

패션제품과 관련된 연상을 더 세분화하면 ① 제품 범주에 대한 연상, ② 제품 속성에 대한 연상, ③ 품질·가격과 관련된 연상 등으로 나눌 수 있다. 이 중 '제품 범주에 대한 연상'은 자사의 패션브랜드가 제품 범주와 얼마나 강력하게 연결되어 있느냐에 따라 결정된다. '등산복' 했을 때 바로 노스페이스_{Northface}가 떠오르고, '명품' 하면 샤넬이 생각나고, '청바지' 하면 리바이스가 연결된다면 노스페이스와 샤넬, 리바이스는 제품 범주와 관련된 연상이 강한 브랜드이다. '제품 속성에 대한 연상'은 소비자가 브랜드를 제품의 특징과 특성, 제품의 내구성과 편리성, 서비스의 유형, 스타일과 디자인 등의 제품 속성과 연계하는 것이다. 가령, '베네통'은 비비드한 색상을 강하게 연상시킨다. 마지막으로 품질, 가격과 관련된 연상은 특정 브랜드를 떠올렸을 때 고품질이나 특정 가격대가 연상되는 경우이다. '파크랜드'나 '지오다노' 하면 경제적인 가격대, 품질에 비해 저렴한 가격대 등이 연상된다.

이와 같이 제품과 관련된 연상이 강한 패션브랜드는 패션소비자가 해당 패션브랜드의 제품적인 특징을 잘 이해하고 있다는 점에서 긍정적이지만, 경쟁

그림 2-9
베네통의 비비드 색상

출처_ www.benettonmall.com

브랜드들에 의해 쉽게 모방될 수 있다는 점, 형성된 브랜드 자산이 특정 제품 범주에만 국한될 수 있다는 점, 주로 기능적 편익을 제공한다는 점 때문에 시장 상황이 변화하면 적절히 대응하기 어려울 수 있다는 한세가 지적되고 있다.

패션제품과 관련이 없는 연상

패션제품과 관련이 없는 연상 내용으로는 '브랜드 개성', '사용자와 관련된 연상', '제품용도와 관련된 연상', '원산지와 관련된 연상' 등이 있으며, 이러한 연상은 주로 고객의 심리적·사회적 욕구를 충족시키는 측면과 관련이 있다.

'브랜드 개성brand personality'은 주어진 브랜드에 결부되는 일련의 인간적 특성들로 정의할 수 있다. 예를 들어, 패션소비자는 샤넬에 대해 화려하고 섹시하면서 여성스러운 이미지를, 파커에 대해서는 권위 있지만 착실하고 성실한 고위직 관리자 같은 이미지를 가질 수 있다. 여기서의 이미지들이 곧 해당 브랜드의 개성이라고 할 수 있다. 브랜드 개성은 성별이나 나이, 사회적 지위 등과 같은 인구통계적 특징과 함께 심리적이면서 성격적인 특징도 포함하며, 인간의 개성과 마찬가지로 지속적인 특징을 갖는다.

일반적으로 패션제품은 소비자에게 자기과시, 자기만족, 소속감 등과 같은 상징적 혜택을 제공하기 때문에 브랜드 개성이 상당히 중요하다. 또한 패션브랜드의 개성은 다른 브랜드와의 차별화를 용이하게 해줄 뿐 아니라 브랜드의 정서적인 이점과 자아표현의 이점을 제공하고, 소비자의 구매에도 도움을 주기 때문에 궁극적으로 패션브랜드 자산의 중요한 요소가 된다.

브랜드 개성이 구체적으로 무엇이고 어떻게 측정할 수 있는가 하는 문제는 제니퍼 아커Jennifer Aaker, 1997에 의해 처음으로 체계적인 연구가 진행되었다. 그는 1천 명 이상의 미국인 응답자들과 60여 개의 유명 브랜드, 114개의 개성적 특성을 통해 브랜드 개성 척도brand personality scale: BPS를 개발했고, 이 연구에서 브랜드 개성은 '진실성sincerity', '흥분excitement', '능력competence', '세련됨sophistication', '강인함ruggedness'의 5가

출처_ www.chanel.com

그림 2-10

샤넬의 이미지가 표현된 홈페이지

PART 1 패션브랜드의 이해

CHAPTER 2 패션브랜드 자산

지 차원으로 분류되었다. 고은주, 윤선영2004은 이러한 브랜드 개성 척도와 패션브랜드 이미지에서 추출한 어휘를 포함하여 패션브랜드의 개성 차원을 '유행/혁신성', '보편성', '성실성', '전문성'의 4가지 차원으로 분류하였고, 다시 복종별로 분석한 결과, 정장 브랜드는 '혁신/활동성', '안정성', '전문성', '보편성', 캐주얼 브랜드는 '유행/혁신성', '활동성', '성실성', '안정성', 스포츠 브랜드는 '혁신성', '사교성', '성실성'의 개성 차원이 강하게 나타났다. 이는 복종별로 브랜드 개성에 차이가 있음을 보여준다. 한편, 김수진, 정명선2006은 패션브랜드의 여러 가지 개성요인 중 지위 및 외모 지향요인, 자기 성취 지향요인이 브랜드 동일시 및 브랜드 충성도에 직·간접적으로 영향을 준다고 밝히면서, 패션 명품업체의 마케터가 충성도를 제고하기 위해서는 소비자에게 지위, 외모, 트렌드, 자기 성취 지향요인을 강하게 지각시킬 수 있는 브랜드 개성의 구축과 관리가 중요하다고 지적했다.

이외에 '사용자와 관련된 연상', '제품 용도와 관련된 연상', '원산지와 관련된 연상' 등이 있는데, '사용자와 관련된 연상'은 브랜드명을 들었을 때 사용자의 특성이 떠오르는 경우이다. 로라로라Rola Rola의 경우 즐겁고 낭만적인 라이프스타일을 추구하는 건강한 소녀 이미지가 연상되고, 커스텀멜로우Customellow는 클래식을 추구하지만 소프트함을 잃지 않은 세련된 영 젠틀맨의 이미지가 연상된다. '제품 용도와 관련된 연상'은 소비자가 제품을 언제 사용하고 어디서 사용하는가와 관련된 연상이다. 미국 아웃도어 브랜드인 콜롬비아는 등산할 때 착용하는 제품으로 연상된다. '원산지와 관련된 연상'은 브랜드가 특정 국가나 지역을 연상시키는 경우이다. 세계적 브랜드인 샤넬이 프랑스를 강하게 연상시키는 것이나 구찌가 이탈리아를 연상시키는 경우이다. 사용자와 관련된 연상과 제품 용도와 관련된 연상, 원산지와 관련된 연상에 대해서는 제4장 포지셔닝 부분에서 좀 더 자세히 다룰 것이다.

패션기업과 관련된 연상

기업과 관련된 연상은 소비자들이 특정 브랜드를 제조한 기업과 관련하여 갖는 연상으로, 기업에 대한 지각이나 신념, 기업과 관련된 지식, 기업 활동에 대한 정보, 기업에 대한 감정 및 평가 등을 모두 의미한다. 기업에 대한 연상은 기술 발전에 따라 제품 간의 차별화가 어려워지면서 더욱 중요해지고 있다. 특히 패션기업은 이미지가 중요하기 때문에 다양한 문화, 사회공익 관련 활동을 통해 기업과 관련된 긍정적인 연상을 심어주려고 노력하고 있다. 이러한 노력의 일환으로 패션기업들은 이익의 일부를 사회와 환경사업에 투자하기도 하고, 문화 및 교육 이벤트를 수행하기도 하며, 때로는 패션소비자에게 친근한 회사라는 것을 보여주기 위해 소비자를 공장에 초청하여 직접 견학을 시켜주기도 한다. 가령, 발렌시아가는 2018년 세계 기아 문제에 대한 심각성을 환기하기 위해 유엔 세계식량계획World Food Programme과 파트너십을 체결했으며, 2019년 1월 호주의 산불 재해에 도움이 되고자 케어링 그룹의 이름으로 기부금을 발표했다. 또한 멸종 위기에 놓인 호주 코알라의 이미지가 담긴 티셔츠와 후디를 통해 후원 모금에 동참했다. 이러한 발렌시아가의 일련의 활동은 자사의 이미지를 긍정적으로 구축하려는 마케팅 노력으로 이해할 수 있다디지털조선, 2020,2,12.

그림 2-11
발렌시아가와 WFP 협업 의류

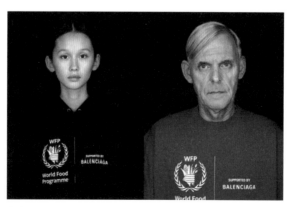

출처_ digitalchosun.dizzo.com

이러한 공헌활동으로 형성될 수 있는 패션기업 관련 연상은 다음과 같은 점에서 브랜드 자산 구축에 중요하다. 첫째, 패션기업과 관련된 연상은 경쟁사들이 쉽게 모방하기 어려울 뿐 아니라 특정 제품 범주에만 국한되지 않는다. 둘째, 패션기업과 관련된 연상은 기능적 편익보다 상징적 편익과 경험적 편익을 제공하는 데 유용하게 활용될 수 있다. 셋째, 패션기업과 관련된 연상은 개별 상품의 신뢰성을 제고하는 데 도움을 준다. 넷째, 기업문화나 경영철학과 연계된 브랜드 이미지의 구축은 종업원들에게 자긍심을 불어넣어 주고 전사적으로 브랜드 가치를 키우는 데 강력한 동기부여를 해준다.

한편, 황선진, 이윤경2008의 연구에서는 패션기업의 문화예술 지원활동이 패션브랜드에 대한 감정적 태도와 인지적 태도에는 긍정적인 영향을 주지만 행동 의도에는 유의미한 영향을 주지 못한다고 지적하였다. 이러한 결과는 패션업체의 문화예술 활동이 단기적인 구매 행동의 변화보다는 장기적인 브랜드 이미지 관리 차원에서 수행되어야 함을 의미한다.

패션브랜드 연상과 브랜드 자산 구축

크리슈난Krishnan, 1996은 브랜드 자산을 높이기 위해서는 브랜드 연상에 대한 분석이 필수적이라고 주장하면서, 단순한 브랜드 자산가치의 측정은 브랜드의 구체적인 마케팅 활동을 위한 지침이 되지 못한다고 지적한다. 그는 브랜드 자산이라는 개념이 일차적으로 브랜드 가치를 측정하기 위해 도입되었다면, 다음 단계는 구체적인 브랜드 관리를 위해 사용되어야 한다고 지적한다. 또한 브랜드 관리를 위해 브랜드 연상을 구체적으로 파악하는 것이 브랜드 자산을 높일 수 있는 방안이 될 수 있다고 지적한다. 그는 특히 성숙한 브랜드일수록 이미 소비자들이 다양한 연상을 보유하고 있기 때문에 브랜드 연상에 대한 분석이 더욱 필요하다고 주장하였다.

브랜드 연상과 관련하여 켈러Keller, 1993는 강력한 브랜드 자산은 호의적favorable이고 독특하면서도unique 강력한strong 브랜드 연상에 의해 형성될 수 있다고 지적한다. 이는 패션브랜드 관리자가 강력한 패션브랜드를 구축하기 위해서는 다음과 같은 마케팅 노력이 필요함을 의미한다. 첫째, 패션소비자의 마음속에 자사의 패션브랜드를 중심으로 호의적인 정보 노드를 연결할 수 있도록 노력해야 한다. 둘째, 패션소비자의 기억 속에는 수많은 브랜드와 연상 고리들이 존재하기 때문에 자사 브랜드와 연결된 정보 노드는 다른 브랜드와는 차별화된 독특한 연상이어야 한다. 셋째, 이러한 호의적이고 독특한 정보 노드는 자사 브랜드를 접했을 때 즉각적으로 떠오를 수 있도록 강력하게 연결되어야 한다. 패션기업은 자사의 패션브랜드에 대해 소비자가 갖고 있는 다양한 내용의 긍정적, 부정적 연상을 분석하여 자사 브랜드의 강점과 약점을 파악하고, 이러한 토대 위에 향후 어떤 연상고리를 발전시켜 나가야 할지에 대한 구체적인 전략을 세워야 한다.

3 · 패션브랜드에 대한 반응

패션브랜드에 대한 소비자의 반응은 '소비자 판단'과 '소비자 감정반응'의 두 가지 측면으로 나눌 수 있다.

패션브랜드에 대한 소비자 판단

소비자 판단의 개념과 전략적 의미

패션브랜드에 대한 소비자 판단consumer judgements은 패션소비자가 패션브랜드의 제품 특징과 이미지에 대한 연상을 기초로 브랜드의 품질이나 신뢰성에 대해 갖는 개인적인 견해나 의견을 말한다. 패션소비자는 브랜드에 대한 연상을 토대로 브랜드에 대한 품질, 신뢰성, 경쟁 우위성, 구매 고려 정도를 판단할 수 있다. 이러한 판단은 개인적인 의견이라는 점에서 제품의 객관적인 상황과는 다르다고 볼 수 있다. 패션소비자들은 그들이 선호하는 소재나 디자인, 색상, 이미지 등에 따라 특정 패션브랜드에 대해 다르게 평가할 수 있다. 이런 점에서 패션소비자가 판단하는 패션브랜드의 품질은 객관적 품질이 아닌 '지각된 품질perceived quality'로 이해할 수 있다. 자이다믈Zeithaml, 1988은 지각된 품질에 대해 "제품의 전반적인 우수성에 대한 소비자의 판단"으로 정의하면서, 지각된 품질은 객관적인 품질과 다르고, 구체적인 속성이기보다는 추상적인 수준을 의미하며, 태도와 같은 전반적인 평가로 소비자의 판단에 기초한다고 지적했다.

'지각된 품질'은 여러 가지 면에서 패션브랜드의 자산 구축과 관련이 깊다. 먼저 패션브랜드에 대한 지각된 품질은 패션소비자에게 해당 브랜드를 선택하는 구매 이유를 제공한다. 또한 많은 패션기업이 자사 패션브랜드의 콘셉트를 프리미엄 브랜드나 고품격 브랜드로 설정하는 것에서 알 수 있듯이, 지각된 품질은 패션브랜드를 차별화하는 데 유리할 수 있다. 또한 지각된 품질이 높다면 프리미엄 가격을 설정할 수도 있고, 브랜드 확장에서도 유리하게 작용한다. 더 나아가 지각된 품질은 기업의 재무적인 성과에까지 영향을 주는 중요한 브랜드 자산 요소로 지적되고 있다.

소비자 판단과 브랜드 자산의 구축

패션브랜드의 '지각된 품질'은 어떻게 형성되고 어떻게 관리되어야 하는가. 패션브랜드의 지각된 품질에 영향을 주는 요인들을 몇 가지로 정리하면 다음과 같다. 첫째는 무엇보다 패션제품이 소재나 디자인, 기능 면에서 우수해야 하고 결함이 적어야 한다. 이는 소비자가 패션제품을 사용하면서 직접 경험하고 느낄 수 있는 부분이다. 둘째, 기업은 소비자가 무엇을 원하는지에 대한 욕구를 파악하고 그러한 욕구를 충족시켜 줄 수 있도록 패션제품을 만들고 마케팅해야 한다. 셋째, 고품질의 징표를 찾아내고 표현해야 한다. 일반적으로 품질의 차이를 객관적으로 평가하기는 쉽지 않기 때문에 패션기업은 소비자들에게 고품질의 단서를 제공함으로써 브랜드의 객관적인 품질을 지각할 수 있도록 해야 한다. 가격이나 광고의 양, 구매의 용이성 등은 특정 제품의 지각 품질에 영향을 준다. 소비자들은 제품의 가격이 비쌀수록, 광고에 많이 노출될수록, 구매가 어려울수록 고품질로 인식하는 경향이 있다.

가령, 몽블랑Montblanc 만년필은 수제 공정을 거친 펜촉임을 강조하며 한정 수량만을 내놓는데, 소비자는 이 때문에 비싼 가격에도 불구하고 몽블랑 만년필을 고품격의 제품으로 인식하며 구매 욕구를 느낀다.

그림 2-12
전통과 품격을 강조하는 몽블랑 만년필

출처_ www.montblanc.com

패션브랜드에 대한 소비자 감정반응

소비자 감정반응의 전략적 의미

패션브랜드에 대한 '소비자 감정반응consumer feeling toward brand'은 소비자가 브랜드에 대하여 느끼는 정서적 반응을 의미한다. 패션소비자들은 패션브랜드를 착용하면서 즐거움이나 흥분과 같은 긍정적인 감정을 느낄 수도 있고, 분노, 지루함, 후회와 같은 부정적인 감정을 느낄 수도 있다. 이외에도 따뜻함warmth, 재미fun, 흥미excitement, 안전감security, 사회적 승인social approval, 자기 존중self-respect 등과 같은 감정이 생길 수 있다. 특히 소비감정consumption emotion은 제품 소비 경험 중에 느끼는 감정적 반응으로, 쾌감pleasantness이나 불쾌감unpleasantness, 안정감이나 흥분 등과 같은 독특한 감정적 요인으로 설명할 수 있다Westbrook & Oliver, 1991. 이러한 느낌들은 소비 후에 브랜드에 대한 평가에 영향을 미치게 되는데Blackwell & Miniard, 2001, 딕과 바수Dick & Basu, 1994는 긍정적인 감정 상태에서 브랜드 충성도가 더 높아질 수 있다고 지적하고 있다. 정혜영2002은 유명 패션브랜드 착용 시 경험하는 감정을 '즐거움/자신감', '능동성', '후회'의 3차원으로 밝히고, 이러한 감정을 유명 패션브랜드 구매의도 여부에 따라 비교하였다. 그 결과 유명 패션브랜드 구매의도 집단은 비구매의도 집단에 비해 즐거움/자신감, 능동성의 감정을 자주 느끼지만, 비구매의도 집단은 상대적으로 후회의 느낌을 강하게 경험하는 것으로 나타났다. 또한 유명 패션브랜드의 구매의도에서 디자인이나 브랜드 명성과 같은 인지적 요인보다 즐거움/자신감, 능동성, 후회와 같은 감정적 요인이 더 높은 예측력을 보인 것으로 나타났다. 이처럼 패션브랜드에 대한 소비자의 감정반응은 직접적으로 브랜드의 구매의도에 영향을 주고 장기적으로 브랜드에 대한 충성도에 기여할 수 있다. 따라서 브랜드 관리자는 자사의 패션브랜드를 어떠한 감정과 연결할 것인가를 계획하고 마케팅 프로그램을 통해 그러한 감정을 유발할 수 있도록 노력을 기울여야 한다.

소비자의 감정반응과 브랜드 자산의 구축

긍정적인 소비감정을 유발하려는 패션기업의 노력은 고객의 기분과 감정에 영향을 미치는 감성적인 자극을 통해 패션브랜드와의 유대관계를 강화하려는 감성 마케팅으로 이어지고 있다. 감성 마케팅의 대표적인 유형으로 오감을 사용한 감각 마케팅을 들 수 있는데, 이너웨어 브랜드인 빅토리아 시크릿Victoria's Secret 매장에서는

그림 2-13
'Urban Uniform'을 표방하는
케네스 콜

KENNETH COLE
NEW YORK

출처_ www.licentia.co.kr

보라색 속옷들과 함께 라벤더 향을 사용함으로써 여성스러움과 관련된 긍정적인 감정을 유발하고 있다. 이외에 비비드 컬러의 베네통과 잠뱅이와 같이 컬러 마케팅을 활용함으로써 소비자의 눈길과 관심을 끌고 구매 욕구를 일으키는 브랜드도 있다.

패션기업들은 이외에 스토리텔링 마케팅도 활용하고 있다. 감각 마케팅이 소비자의 감각을 자극하기 위해 색을 이용한 컬러 마케팅, 향을 이용한 향기 마케팅을 활용한다면, 스토리텔링 마케팅은 브랜드에 얽힌 이야기를 통해 순간적인 감각보다 쉽게 이해되고 오랫동안 기억에 남는 자극을 이용하는 마케팅이다. 가령, 케네스 콜 프로덕션즈Kenneth Cole Productions는 설립 초기의 혁신가치를 담은 이야기를 통해 스토리텔링 마케팅을 사용하고 있다. 설립 초기 창업자인 케네스 콜은 맨해튼 지구에 쇼룸을 얻고자 했으나 예산이 부족하여 트레일러를 활용하려는 시도를 했다. 그러나 프로덕션 회사나 공익적인 목적일 경우에만 허가가 난다고 해서 케네스 콜은 그의 회사 이름을 '케네스 콜Kenneth Cole, Inc.'에서 '케네스 콜 프로덕션즈Kenneth Cole Productions'로 바꾸고 '신발회사의 탄생The birth of a shoe company'이라는 영화를 제작한다는 명목하에 허가를 요청했다. 그리고 공간을 얻어 이러한 상황을 필름에 기록하면서 이틀 반만에 무려 4만 컬레의 슈즈를 판매했다. 이러한 스토리텔링은 풍부한 창의적 아이디어와 혁신이라는 기업가치를 표현하며 소비자에게 흥미로운 감성을 유발한다. 이외의 많은 다른 패션기업들도 고객이 꿈꾸는 이야기를 브랜드에 담아 고객의 마음속에 감정적인 애착을 주기 위해 노력하고 있다.

4 ∘ 패션브랜드 충성도

브랜드 충성도의 개념과 전략적 의미

브랜드 충성도는 특정 브랜드를 타 브랜드보다 더 선호하고 구매하려는 경향으로, 브랜드 자산의 핵심이다. 브랜드 충성도는 크게 행동적인 의미와 태도적인 의미로 구분해서 생각할 수 있다. 행동적인 의미의 충성도는 재구매 빈도와 같은 지속적인 구매 행동을 의미하고, 태도적인 의미의 충성도는 브랜드에 대한 고객의 애착 정도를 말하는 것으로 경쟁자의 공격에 대해 자사 소비자를 방어할 수 있는 힘이다. 패션브랜드 충성도가 적절히 관리되고 개발된다면 다음과 같은 점에서 중요한 전략적 자산이 될 수 있다. 첫째, 브랜드 충성도는 패션기업의 입장에서 볼 때 신규고객을 끌어모으는 비용보다 기존고객을 유지하는 비용이 덜 든다는 점에서 마케팅 비용을 절감시키고 경쟁사의 마케팅 활동의 영향력을 감소시킨다. 둘째, 새로운 패션소비자를 유인하는 데 도움이 된다. 기존 패션소비자의 충성도가 높다는 사실은 잠재 패션소비자에게 확신을 제공해 줄 수 있다. 특히 구매위험에 대한 지각이 높을 때 더욱 그러하다. 셋째, 패션소비자의 충성도는 경쟁자에게 상당한 진입장벽으로 작용할 수 있다.

브랜드 충성도 제고 방안

패션브랜드의 충성도를 창출하고 유지하기 위해서는 무엇보다 소비자와 밀착할 수 있는 방법을 찾아야 한다. 또한 고객을 대상으로 만족도와 불만족도를 정기적으로 조사하여 소비자 만족도가 어떻게 변화하는지 알아야 한다. 포커스 그룹 인터뷰focus group interview: FGI 방법은 고객들의 관심사가 무엇인지를 보고 듣는 데 활용할 수 있다. 브랜드 커뮤니티를 통해 브랜드와의 연대감을 높이는 것도 브랜드 충성도를 높일 수 있는 방안이 된다. 예를 들어, 코오롱 FnC는 온·오프라인 전반에 걸쳐 고객의 목소리를 수렴하는 'VoC 신규채널'을 개설해 객관적 데이터를 바탕으로 고객수요에 대응하며 가시적인 성과를 낸 바 있다. 코오롱 FnC의 워크웨어 브랜드인 '볼디스트'는 상품기획부터 디자인, 이름 공모, 샘플 선택, 필드 체험단까지 고객이 참여하는 '함께 만들 LAB'을 운영해 고객 의견을 면밀히 분석하고 제품 및 디자인 작업에 참조했으며 이 랩에 참여한 고객에게는 포인트와 시제품에 대한 필드테스트 기회를 제공해 충성도를 높였다.매일경제, 2021. 6. 24.

그림 2-14

코오롱 FnC '함께 만들 LAB'

PART 1 패션브랜드의 이해

CHAPTER 2 패션브랜드 자산

출처_ www.kolonworkwear.com/boldest

 이외에 패션브랜드들이 기존고객을 대상으로 실행하고 있는 여러 가지 관계 마케팅도 충성도를 높이는 수단이 된다. 예를 들어, 아르마니, 프라다와 같은 해외 럭셔리 브랜드는 전용 VIP 룸을 운영하기도 하고 완성 디자인에 주문자의 이니셜을 새겨주거나 VVIP 특별 초청 패션쇼를 진행하는 등 특화된 이벤트 프로모션을 통해 고객의 충성도를 높이고 있다.

룰루레몬,
에슬레저 웨어의 선도 브랜드로 우뚝

코로나 위기에서도 룰루레몬Lululemon 브랜드는 세계 최고의 에슬레저 웨어가 되었다. 패션 산업 전체가 암울한 전망에 직면하고 있지만, 파이낸셜 타임즈Financial Times는 룰루레몬을 팬데믹 상황에서도 호황을 누리는 100대 기업 중 하나로 선정했다.

현재 룰루레몬은 애슬레저 강자로 굳건한 포지션을 구축하고 있으며, 요가 스튜디오 안팎에서 자랑스럽게 레깅스를 입는 핵심 고객 사이에서 강력한 충성도를 유지하고 있다. 창립자 칩 윌슨Chip Wilson은 룰루레몬 브랜드가 고객과의 끈끈한 공동체 의식을 유지하도록 이끌었으며 경쟁업체가 급성장하는 상황에서 이러한 소속감은 차별화를 주었다.

이제 브런치에 룰루레몬 레깅스를 입는 얼리어답터early adopter의 모습은 일시적인 패션이 아니라 새로운 라이프 스타일을 반영하는 것이 됐고, 편안함이 더욱 중요해진 재택 근무 상황에서 룰루레몬 룩은 편하게 옷을 입는 방식이 되었다. 룰루레몬이 강력한 브랜드가 된 원천은 무엇인가.

커뮤니티 컬트Cult of Community

룰루레몬은 초기부터 '요가'와 '여성'을 타겟으로 정했다. 그리고 요가가 강사와 수강생들로 구성된 커뮤니티 운동이라는 점에 착안하여 유명 요가 강사를 '앰버서더'로 선정하고 자발적인 바이럴을 유도하는 등 적극적인 인플루언서 마케팅을 펼쳤다. 이 과정에서 룰루레몬의 구매가 룰루레몬이 지향하는 가치(자기 개발, 피트니스, 웰니스)에 대한 소비로 이어지도록 했다.

룰루레몬이 갖는 강력한 브랜드의 원천은 커뮤니티에 속한 고객들이 느끼는 숭배에 가까운 충성도이다. 현재 룰루레몬은 전 세계적으로 2,000명 이상의 앰버서더와 15,000명 이상의 룰루레몬 프로그램 동문들을 보유하고 있으며, 달리기에서 축제에 이르기까지 4,000건 이상의 이벤트를 실시하고 있다. 또

한 매년 SeaWheeze 하프 마라톤을 벤쿠버에서 개최하고 있다. 2019년 투자자의 날Investor Day에 보고된 바에 따르면 룰루레몬은 상위 20%의 고객이 92%의 재방문율retention rate을 보여준다고 한다.

룰루레몬은 현재 연간 회비를 지불한 고객들에게 전용 제품, 유명 앰버서더가 주도하는 강좌, 멤버십 온리 이벤트 등을 제공함으로써 브랜드 커뮤니티를 더욱 발전시킬 수 있는 멤버십 프로그램을 구상하고 있다. 코로나 상황에서 이 모델은 온라인에서 큰 반향을 일으켰다. 가령, 중국에서는 국민들이 많이 사용하는 위챗WeChat에서 룰루레몬이 요가, 명상, 필라테스, 댄스 수업을 포함한 '땀을 흘리는 세션sweat sessions'을 통해 수천 명의 새로운 팔로워를 확보했다. 또한 유럽과 북미에서는 코로나로 매장이 문을 닫자 첫 주에 거의 170,000명이 인스타그램Instagram의 라이브 수업에 참여했다. 2020년 6월 룰루레몬은 집에서 온라인으로 운동할 수 있도록 카메라와 스피커가 있는 대화형 거울을 판매하는 피트니스 스타트업 'Mirror'를 인수 합병했다.

스웻 라이프 판매Selling the 'Sweatlife'

룰루레몬이 추구하는 것은 스웻 라이프sweatlife 로서 운동하며 땀을 흘리는 건강한 라이프스타일이다. 스웻 라이프 문화를 전파하기 위해 다양한 마케팅 활동을 전개했다. 우선 고객이 룰루레몬을 체험할 수 있는 공간으로써 통제 가능한 제한된 수의 매장만을 허용했고, 소비자가 룰루레몬을 구입하기 위해서 그 상점이나 웹사이트를 방문하도록 했다. 그 결과 룰루레몬의 매장은 브랜드 이미지를 강화하고 매출을 올리는 강력한 수단이 되었고, 그 자체로 고객들과 소통하는 공간이 되었다. 매장이 열리는 지역마다 매장주는 주관으로 요가 관련 클래스나 달리기 클럽 등을 열었고, 본사는 자체 지역 커뮤니티 행사가 잘 기획되고 실행되도록 적극적으로 지원했다.

2019년 본사는 시카고와 미니애폴리스에 메가 스토어를 오픈했는데, 이 스토어는 제품을 판매할 뿐 아니라 피트니스 스튜디오, 명상 공간, 다과 공간 등 복합 문화시설을 갖춘 공간으로 기능한다. 룰루레몬은 이러한 고객 체험형 오프라인 채널 구축을 통해 단순한 의류 판매가 아니라 스웻 라이프 문화를 판매하며, 이를 통해 글로벌 웰니스 시장을 겨냥하고 있다.

출처_ The Business of Fashion (2020.7). How Lululemon Built Athleisure's Leading Brand. www.businessoffashion.com

참고문헌

고은주, 윤선영(2004). 패션브랜드 개성이 브랜드 선호도 및 구매의도에 미치는 영향 연구: 정장, 캐주얼, 스포츠 브랜드의 비교. *마케팅과학연구, 14*, 59-80.

김수진, 정명선(2006). 패션명품에 대한 소비자의 브랜드 동일시가 브랜드 감정과 브랜드 충성도에 미치는 영향. *한국의류학회지, 30*(7), 1126-1134.

김혜정, 임숙자(2002). 고객평가에 기초한 패션브랜드 자산의 구성요소에 관한 연구. *복식문화연구,10*(6), 680-696.

김혜정, 임숙자(2004). 패션브랜드 자산의 형성과정에 관한 연구: 캐주얼 브랜드를 중심으로. *한국의류학회지, 28*(2), 252-261.

유지헌(2007). 브랜드의 회상범위에 따른 패션브랜드 분석. *복식문화연구, 15*(6), 996-1007.

유지헌(2008). 패션브랜드에 활용된 캐릭터의 인지현황 및 감성분석. *복식문화연구, 58*(7), 104-118.

이지원, 나수임(2006). 패션브랜드 자산가치의 구성요인에 관한 연구. *패션비즈니스, 10*(2), 117-146.

장수진, 이은영(2008). 패션브랜드 퍼스낼리티가 소비자의 브랜드 동일시 및 브랜드 충성도에 미치는영향. *한국의류학회지, 32*(1), 88-98.

정용수(2006). 되돌아보는 2006년 마케팅 키워드. *LG경제연구원 경제보고서, 7.*

정혜영(2002). 유명브랜드 의류에 대한 인지적 신념과 소비감정이 구매의도에 미치는 영향. *복식문화연구, 10*(3), 248-260.

최선형 (2005). 마케팅믹스 요소가 의류 브랜드 자산 형성에 미치는 영향. *복식문화연구, 13*(1), 174-187.

홍병숙, 오경화, 심혜연(2003). 의류업체의 마일리지 제도가 브랜드 충성도에 미치는 영향. *한국의류학회지, 27*(3/4), 384-394.

황선진, 이윤경(2008). 문화마케팅을 통한 패션업체의 브랜드 이미지 관리에 관한 연구. *한국의류학회,32*(2), 223-234.

Aaker, D. A.(1991). *Managing brand equity: Capitalizing on the value of a brand.* New York: The Free Press.

Aaker, D. A.(1996). *Building strong brands.* New York: The Free Press.

Aaker, J. L.(1997). Dimensions of brand personality. *Journal of Marketing Research*, 34(4), 347-356.

Biel, A.(1993). Converting Image into equity. In D. A. Aaker & A. Biel (Eds.), *Brand equity and advertising* (pp. 67-82). Hillsdale, NJ: Lawrence Erlbaum.

Blackwell, R. D., Miniard, P. W. & Engel, J. F.(2001). *Consumer behavior.* Fortworth: Hartcourt,TX: College Publishers.

Brown, J. B. & Dacin, P. A.(1997). The company and the product: Corporate associations and consumer product responses. *Journal of Marketing, 61*(1), 68-84.

Dick, A. S. & Basu, K.(1994). Consumer loyalty: Toward an integrated concetual framework. *Journal of the Academy of Marketing Science, 22*(2), 99-113.

Farquhar, P. H.(1989). Managing brand equity. *Journal of Marketing Research, 1*(2), 22-33.

Fournier, S.(1998). Consumers and their brands: Developing relationship theory in consumer research. *Journal of Consumer Research, 24*(4), 347-373.

Holbrook, M. B. & Hirschman, E. C.(1982). The experimental aspects of consumption: Consumer fantasies, feelings and fun. *Journal of Consumer Research, 9*(2), 132-140.

Kamakura, W. A. & Russel, G. J.(1993). Measuring brand value with scanner data. *International Journal of Research in Marketing, 10*(1), 9-22.

Keller, K. L.(1993). Conceptualizing, measuring, and managing customer-based brand equity. *Journal of Marketing, 57*(1), 1-22.

Keller, K. L.(2001). Building consumer-based brand equity: A blueprint for creating strong brands. *Marketing Science Institute Working Paper, Report No. 01-107.*

Keller, K. L.(2007). *Strategic brand management: Building, measuring, and managing brand equity*(3rd ed.). Upper Saddle River, NJ: Prentice Hall.

Krishnan, H. S.(1996). Characteristics of memory associations: A consumer-based brand equityperspective. *International Journal of Research in Marketing, 13*(4), 389-405.

Lassar, W., Mittal, B., & Sharma, A.(1995). Measuring customer-based brand equity. *Journal of Consumer Marketing, 12*(4), 11-19.

Mackin, M. C.(1996). Preschoolers' learning of brand names from visual cues. *Jounal of Consumer Research, 23*(3), 251-261.

Nedungadi, P.(1990). Recall and consumer consideration sets: Influencing choice without altering brand evaluation. *Journal of Consumer Research, 17*(3), 263-276.

Park, C. S. & Srinivasan, V.(1994). A survey-based method for measuring and understanding brand equity and Its extendibility. *Journal of Marketing Research, 31*(May), 271-288.

Simon, C. J. & Sullivan, M. W.(1993). The measurement and determinants of brand equity: A financial approach. *Marketing Science, 12*(1), 28-52.

Sirgy, M. J.(1982). Self-concept in consumer behavior: A critical review. *Jounal of Consumer Research, 9*(3), 287-300.

Westbrook, R. A. & Oliver, R. L.(1991). The dimensionality of consumption emotion patterns and consumer satisfaction. *Journal of Consumer Research, 18*(1), 84-91.

Zeithaml, V. A.(1988). Consumer perception of price, quality and value: A means-end model and synthesis of evidence. *Journal of Marketing, 52*(3), 2-22.

디지털조선일보(2020.3.12). 발렌시아가, 지속가능성에 주목한 제품 출시 및 캠페인 선보여. digitalchosun.dizzo.com

매일경제(2015.11.16). 부도났던 여성복 1세대 '톰보이'의 화려한 부활. www.mk.co.kr

매일경제(2021.6.24). 고객의 목소리로 제품 만들어요. www.mk.co.kr

코오롱 워크웨어(2021.7.8). 현장에 있는 워커들이 전문가입니다. www.kolonworkwear.com

Interbrand(2020). Best Global Brands 2020. www.interband.com

PART 2
패션브랜드의 전략적 관리

CHAPTER 3
패션브랜드 상황분석

CHAPTER 4
패션브랜드 아이덴티티와 포지셔닝

CHAPTER 5
패션브랜드와 통합 마케팅 커뮤니케이션

STRATEGIC FASHION BRAND MANAGEMENT

브랜드는 소비자의 기억과 마음속에 갖가지 연상과 감정으로 살아 움직이는 그 무엇이다. 기업이 소비자의 브랜드에 대한 연상과 감정을 기업에 유리한 방향으로 유지하려는 노력이 브랜드 관리이다. 패션브랜드의 관리를 전략적으로 수행하기 위해서는 브랜드 관리의 과정을 이해할 필요가 있다. 브랜드 관리의 시작은 무엇보다 브랜드의 상황을 잘 분석하고 이 분석에 기초하여 소비자의 욕구와 기대에 맞는 브랜드 아이덴티티를 창출하는 것이다. 이러한 브랜드 아이덴티티를 토대로 경쟁 브랜드와 비교해서 자사 브랜드의 강점과 차별점을 부각할 수 있는 브랜드 포지션을 개발하고 기업이 의도한 연상을 심어 주기 위한 다양한 마케팅 활동을 수행해야 한다.

2부에서는 패션브랜드의 전략적 관리 과정을 전반적으로 다루었다. 먼저 3장에서는 패션브랜드의 상황을 분석하는 틀로서 환경분석과 시장분석, 고객분석, 경쟁분석과 자사분석에 대해 자세하게 정리하였다. 4장에서는 패션기업이 브랜드를 통해 표현하기를 원하는 브랜드 아이덴티티 설정방법과 목표고객에게 커뮤니케이션하기를 원하는 브랜드 포지션의 개발방안에 대해 다루었다. 마지막 5장에서는 강력한 브랜드를 구축하기 위한 통합 마케팅 커뮤니케이션의 개념과 통합의 기준, 통합 마케팅 커뮤니케이션 전략의 수립 과정에 대해 정리하였다.

패션브랜드 상황분석

패션브랜드를 관리하기 위한 첫 번째 단계인 상황분석은 패션브랜드의 외부와 내부 상황을 전략적으로 이해하고 분석하는 과정이다. 상황분석은 크게 환경분석과 시장분석, 고객분석, 경쟁분석, 자사분석으로 정리할 수 있다.

환경분석_ 자사 브랜드의 시장 상황이나 브랜드 포지션 등에 영향을 미칠 수 있는 소비자의 라이프스타일이나 가치관, 경제, 문화, 기술 등의 변화에 대한 정보를 분석하는 과정

시장분석_ 패션시장의 크기와 추이, 유통구조, 수출입 규모 등에 대한 시장정보를 수집하고 분석하는 과정

고객분석_ 패션제품에 대한 고객의 욕구, 구매 및 착용 행동을 조사하는 과정

마케팅에 효과적인 세분화 기준을 찾아내어 시장을 세분화한 후 각 세분시장별 인구통계적 특징, 심리적 특징, 제품구매 및 착용 행동과 관련된 특징, 매체습관 등을 파악. 또한 세분화된 각 패션시장의 크기와 역동성에 대해 분석하며, 이를 통해 목표시장 설정

경쟁분석_ 자사 브랜드의 경쟁 범위를 설정하고 경쟁 브랜드의 마케팅 활동을 파악하는 과정

자사와 경쟁관계에 있는 브랜드의 이미지, 포지셔닝, 시장점유율, 유통 및 판매정책 등을 수집하고 분석해서 자사의 브랜드 전략을 수립하는 데 활용

자사분석_ 자사 브랜드의 자원과 능력, 자사 브랜드의 전통적 자산과 브랜드 이미지, 기업 내 다른 브랜드와의 포트폴리오 등을 분석하고, 이러한 분석에 기초해서 기업 전략의 방향에 맞는 브랜드 전략을 수립하는 과정

이 장에서는 이상의 브랜드 상황분석의 세부 항목에 대해 좀 더 구체적으로 정리하고자 한다.

1 · 환경분석과 시장분석

환경분석과 시장분석은 자사의 패션브랜드를 둘러싼 거시적 상황을 분석하는 것이다. 브랜드 관리자는 브랜드를 둘러싼 환경 및 시장의 변화가 자사 브랜드가 속한 세부시장에 어떠한 영향을 주고, 이들 요인이 고객의 욕구와 브랜드 포지셔닝 방향에 어떤 영향을 미칠지에 대해 이해하고 예측할 필요가 있다.

1 · 환경분석

패션기업은 브랜드의 현재와 미래를 예측하기 위해 인구분포의 변화, 사회문화적 추세, 경제 및 기술적 환경의 변화 등을 파악해야 한다. 또한 패션기업은 통제하기 어려운 이러한 환경적 요인을 사전에 점검함으로써 기회요인과 위협요인을 파악하고 시장기회를 창출할 수 있도록 대비해야 한다.

먼저 인구분포의 변화는 의류시장에 커다란 영향을 미친다. 출생률 감소는 아동복 시장의 감소와 동시에 내 아이를 최고로 키우겠다는 경향으로 이어져 럭셔리 유아용품의 시장을 형성하고 있고, 의료기술의 발달에 따른 고령화 사회로의 진입은 실버 패션시장의 중요성을 높이고 있다.

라이프스타일이나 가치관의 변화와 같은 사회문화적 추세도 패션시장에 많은 영향을 준다. 예를 들어, 주 5일 근무제는 주말 동안 취미·여가활동을 즐기는 라이프스타일로의 변화를 가져오고, 이는 아웃도어나 스포츠웨어에 대한 수요 증가로 이어진다. 브랜드 관리자는 소비자의 라이프스타일 변화에 따라 정장이나 영캐주얼, 골프의류와 스포츠의류, 아웃도어의 시장이 어떻게 증가하고 감소할 것인지 예측해야 한다.

가치관의 변화도 패션시장의 트렌드를 바꾸는 데 커다란 영향을 미치는데, 최근 지속가능sustainable, 에코eco, 로하스lohas 등의 가치가 사회적으로 확산함에 따라 의류시장의 마케팅에 큰 변화가 일고 있다. 즉, 이러한 가치의 확산은 과도한 소비로 인해 발생하는 환경문제에 대처하려는 '슬로우 패션slow fashion'을 낳고 있고, 소비자들은 천연소재를 사용하거나 기존 의류를 재활용하여 환경오염이 최소화된 옷, 제작 과정에서 윤리적인 문제를 야기하지 않고 사회적인 책임을 다한 옷에 관심을 갖게 되었다. 슬로우 패션은 트렌드를 강조하면서 한번 입고 버리는 '패스트 패션fast fashion'과는 달리 친환경적이고 오래 입을 수 있는

펜트업 효과, 보복소비, 플렉스! 어떻게 다른가?

보복소비

출처_ www.cbsnews.com

펜트업 효과pent-up effect는 억눌렸던 소비가 급속도로 살아나는 현상을 의미한다. '펜트업'이라는 단어의 근원적인 뜻은 '감정을 표현하지 못하도록 막거나 허용하지 않는 것'이다. 코로나19 확산으로 사회적 거리두기가 진행되며 경제활동이 급격하게 위축되었지만 시간이 지나 가전기기, 자동차 등 소비가 폭증한 것이 대표적인 예이다.

유사한 의미로 '보복소비revenge spending'라는 개념이 있다. 이는 사회활동 위축과 심리적 불안감을 해소하기 위한 소비이다. '펜트업 효과'는 수요를, '보복소비'를 소비를 강조한다는 점에서 약간 차이가 있지만 결과적으로는 같은 내용이다. 팬데믹 이전 해외여행 등 여가에 쓰던 비용이 코로나19 확산 이후 보복소비의 일환으로 국내 호캉스, 미식, 명품구매 등에 집중되었다.

'플렉스flex'는 보통 자신의 능력을 과시할 때 사용되는 용어다. 분에 넘치는 사치소비이면서 동시에 자신의 가치나 신념을 다른 사람들에게 보여주기 위한 과시소비를 말한다. 즉, 럭셔리 제품이나 고가의 차를 사는 것은 물론, 환경에 대한 신념을 보여주기 위해 트럭의 방수천을 업사이클링해 만든 '프라이탁' 가방을 산다든가, 사회적으로 의미 있는 행동을 하는 점포에 가서 '돈쭐'을 내주는 것 등의 가치소비를 포함하고 있다.

출처_ 중앙일보(2022.4.21.). [우리말 바루기] '펜트업효과'가 뭐예요?. www.joongang.co.kr
CBSnews(2021.5.21.). 'It's Revenge Everything:' Upticks In Spending As COVID Restrictions Fade Being Dubbed 'Revenge Spending'. www.cbsnews.com

패션으로, 가령 생산 과정의 간소화, 포장의 간략화, 소재의 신중한 선택의 3가지 발상을 기본으로 만들어진 일본의 라이프스타일 업체인 무인양품Muji이 이러한 경향을 반영하는 기업으로 볼 수 있다 그림 3-1. 래코드RE:CODE는 2012년 아웃도어와 스포츠 의류로 유명한 패션기업 코오롱에서 만든 업사이클링 브랜드다. 래코드의 초기 미션은 재고 3년 차에 이르러 소각 운명에 처한 자사 옷을 새로운 디자인으로 재탄생시키는 것이었다. 이들의 품목은 점점 늘어나, 의류 재고를 사용한 '인벤토리 컬렉션', 자동차 에어백, 카시트 등 산업 폐기물을 사용한 '인더스트리얼 컬렉션', 오래된 군용품을 사용한 '밀리터리 컬렉션' 등을 선보였다 그림 3-2. 글로벌 스포츠 브랜드 나이키 또한 적극적으로 기후변화에 맞서고 있는 패션브랜드이다. 탄소배출과 폐기물이 없는 미래를 위해 'Move to Zero' 캠페인을 실천하며 재활용 소재를 사용한 컬렉션을 선보였다. 나이키는 2025년까지 자사 및 운영 시설에 100% 재생에너지를 사용하고, 매립지에 버려지는 모든 신발 제조 폐기물 가운데 99%를 용도 전환하며, 2030년까지 세계 공급망에서 탄소배출을 30% 감축한다는 계획을 수립했다_{보그, 2020.9.4.}

출처_ www.mujikorea.net

Inventory Collection Industrial Collection Military Collection

출처_ www.kolonmall.com/RECODE

그림 3-1 (좌)
무인양품

그림 3-2 (우)
래코드 (RE;CODE)

경제적인 여건도 패션시장에 영향을 준다. 호황에는 소득의 증가로 패션 상품에 대한 관심과 트렌드의 변화에 대한 욕구가 증대되고 새로운 의복의 구매가 늘어나며 유행의 확산이 빠르게 진행된다. 반면 불경기에는 의복 구매율이 줄어들고 기본에 충실한 제품과 합리적인 가격의 의류가 선호되며 과거의 향수로 인해 복고풍이 나타나는 경향이 있다. 국제적인 경제 환경의 변화도 패션시장에 영향을 주는데, 중국이 세계무역기구_{world trade organization: WTO}에 가입한 사건은 패션분야에서 국제적인 유통의 흐름을 바꾸어 놓고 있다.

신소재나 신기술의 개발도 새로운 시장기회와 제품개발에 영향을 주며 새로운 패션 트렌드를 만들어 낸다. 가령 1968년 벨크로_{Velcro} 스트랩으로 레이스가 없는 스포츠화를 최초로 제작했던 푸마_{Puma}는 1986년 신발 속에 컴퓨터를 삽입했고, 2016년에는 무선으로 연결된 적응형 신발 오토디스크_{AutoDisc}를 선보였다. 2019년에는 FI_{Fit Intelligence}기술을 개발하여 신발 끈을 자동으로 조절할 수 있는 운동화를 선보였다_{푸마, 2019.1.31.} 그림 3-3.

최근 스포츠 의류업계의 화두는 스마트폰 앱을 통해 제품 이용자들의 운동량 등을 모니터링하고, 미세한 부분까지 조정할 수 있는 기술이다. 가령, 나이키 어뎁트 운동화에는 스마트폰 앱을 통해 사용자 발 모양을 분석한 뒤, 딱 맞는 착용감을 제공하는 새로운 기술이 탑재됐다. 신발에 가속도계와 회전 센서

그림 3-3

푸마 FI (Fit Intelligence)

출처_ about.puma.com

등이 탑재돼 개인의 움직임을 파악하는 방식이다.

4차 산업혁명의 핵심 기술인 인공지능은 소비자의 취향 맞춤형 서비스를 가능하게 함으로써 패션기업에게 새로운 비즈니스의 기회를 제공한다. 예컨대, 토미힐피거Tommy Hilfiger는 IBM과 협업을 통해 런웨이 제품의 이미지 라이브러리에서 인공지능으로 생성된 패턴, 컬러, 스타일에서 영감을 받아 새로운 디자인 작업을 시도했다. 아소스ASOS는 핏 어시스턴트Fit Assistant라는 기술을 통해 구매자들이 자신들의 신체에 잘 맞는 치수를 선택할 수 있도록 도움을 준다. 에이클로젯Acolset이나 스타일 봇Style Bot같은 AI 코디네이터들은 개인 옷장에 보관된 옷의 정보를 디지털화하고 이를 토대로 한 맞춤형 패션 관리 솔루션을 개발하여 온라인 쇼핑몰들에게 제공한다 그림 3-4.

마지막으로 자연 생태적인 환경도 패션시장에 영향을 주는 중요한 요소이다. 이상기후가 전 세계적으로 발생하고 새로운 질병으로 인한 삶의 변화가 뚜렷해지면서 패션시장에도 큰 변화가 일고 있다. 가령, 코로나19가 장기간 지속되면서 패션트렌드가 크게 바뀌고 있다. 상대적으로 집에 있는 시간이 많아지면서 가구와

그림 3-4

에이클로젯

출처_ www.acloset.app/general-5

홈 인테리어 제품들에 대한 관심이 증가하고, 편안한 스타일이 확대되면서 맨투맨, 조거팬츠, 가디건 등 라운지 웨어가 크게 성장하였다. 또한 재택근무가 일상화되면서 상반신 부분을 강조하는 키보드 드레싱Keyboard Dressing, 웨이스트업 스타일Waist-up Style 등 새로운 트렌드도 떠올랐다. 상대적으로 입고 움직이기 불편한 데님과 특별한 날에 입는 외출복 수요는 줄어들고 TPO의 변화도 확실하게 나타났다. 사회적 거리두기가 강화되면서 상대적으로 한적한 곳에서 즐길 수 있는 골프 종목이 인기를 끌었고 자연스레 골프웨어도 성장세를 이어갔다. 패션시장에 대한 코로나19의 영향은 이 밖에도 자원의 재활용 및 재사용 문제와 관련된 이슈를 부각시키며 패션기업 사이에서 지속가능한sustainable 패션에 대한 의제를 주요 화두로 이끌어냈다위클리 서울, 2020. 12. 28.

2◦시장분석

시장에 대한 정보는 패션기업의 성장 가능성을 판단하는 자료로서, 전체 패션시장의 규모와 성장률, 각 세분시장의 규모와 성장률, 유통구조 등의 정보를 포함한다. 가령, 세분시장 분석을 통해 캠핑 아웃도어와 트레킹 아웃도어의 강세, 알파인 아웃도어의 약세 등과 같은 추세를 파악한다면 자사 아웃도어 의류의 향후 브랜드 포지션이나 신규 아웃도어 브랜드를 출시할 때 전략 수립에 도움

(단위: 십억 원, 전년 대비 %)

표 3-1
2021년 국내 패션시장 및 복종별 규모

| 구분 | 2020년 | | | 2021년 | | | 2021년 | |
	상반기	하반기	연간	상반기	하반기	증감률	연간	증감률
남성 정장	1,538.9	2,342.1	3,881.0	1,888.4	2,565.3	9.5%	4,453.6	14.8%
여성 정장	1,187.5	1,480.1	2,667.7	1,600.7	1,484.3	0.3%	3,085.0	15.6%
캐주얼복	6,993.0	8,612.7	15,605.6	7,655.1	9,747.8	13.2%	17,402.9	11.5%
스포츠복	2,265.6	3,714.5	5,980.1	2,402.2	3,387.4	-8.8%	5,789.6	-3.2%
내외	911.1	1,196.5	2,107.6	864.9	1,201.9	0.5%	2,066.8	-1.9%
아동복	356.5	555.5	912.0	487.0	637.7	14.8%	1,124.7	23.3%
의류시장	13,252.5	17,901.4	31,154.0	14,898.3	19,024.4	6.3%	33,922.7	8.9%
신발	2,917.5	3,187.6	6,105.1	3,093.0	3,575.1	12.2%	6,668.1	9.2%
가방	1,273.4	1,790.4	3,063.8	1,247.0	1,691.4	-5.5%	2,938.5	-4.1%
패션시장	17,443.4	22,879.4	40,322.8	19,238.3	24,291.0	6.2%	43,529.2	8.0%

출처_ Korea Fashion Industry Index Research 2022 상반기 통계보고서

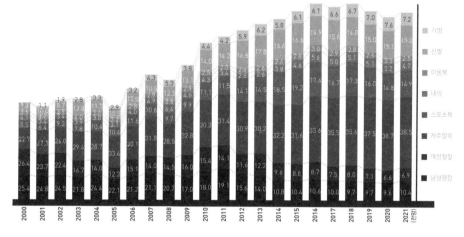

그림 3-5
패션시장 세분시장별 비중 추이
(단위: %)

출처_ Korea Fashion Market Trend 2021

이 될 수 있다.

이런 의미에서 2021년 기준 패션시장의 정보를 분석해보면 다음과 같다. 먼저 패션시장의 규모를 살펴보면 표 3-1, 코로나19 상황으로 인해 마이너스 성장을 했던 2020년 40조 3천억 원에서 2021년에는 43조 5천억 원 규모로 8% 정도 성장하였다. 업계에서는 코로나19의 장기화로 인해 소비심리가 완전히 회복되기는 어렵지만, 보복소비 및 집콕 수요 확대로 시장규모 상승세 기류는 2022년에도 여전히 유지될 것으로 전망하고 있다.

복종별 패션시장의 점유율을 살펴보면, 남성정장의 규모는 4조 4,530억 원으로 국내 패션시장의 10.4%를 차지하고 있으며 이는 2020년에 비해 약 14.8% 증가한 수치이다. 여성정장의 규모는 3조 850억 원으로 국내 패션시장의 6.9%를 차지하고 있으며, 전년에 비해 15.6% 정도 증가하였다. 두 복종 모두 패션시장의 평균 성장률보다 훨씬 높은 것으로 나타났는데, 이는 새롭게 출시된 명품 정장브랜드의 영향으로 수요가 증가한 것으로 보고 있다.

캐주얼복 규모는 17조 4천억 원으로 국내 패션시장의 38.5%에 해당하며 8개 세분시장 중 가장 큰 규모를 차지하고 있다. 전년 대비 11.5% 성장해서 평균 정도이지만 복종의 규모가 가장 크기 때문에 전체 시장규모의 성장에 미치는 영향은 가장 크다. 특히 캐주얼복은 코로나의 상황에서도 굳건히 시장이 성장해왔는네 이는 재택근무 일상화와 외출 자제로 실내외에서 가볍게 착용할 수 있는 이지웨어나 홈웨어 품목이 인기를 끌었기 때문이다.

스포츠복 규모는 5조 8천억 원으로 국내 패션시장의 약 14.9%를 차지하고 있으나 대부분의 복종이 성장한 것에 비해 3.2%로 역신장하였다. 아동복 시장은 1조 1,250억 원으로 2.5%의 점유율을 차지하고 있지만, 성장률은 23.3%로 타 복종에 비해 가장 높았다. 이는 전년도 기저효과에 더해 등교에 따른 소비 증가와 아동복 명품시장이 확대되면서 나타난 결과라고 할 수 있다.

4.7%의 시장 점유율을 차지하고 있는 내의 시장 2조 670억 원 규모로 전년 대비 1.9% 매출이 감소하였다. 신발시장의 규모는 전년 대비 9.2% 성장한 6조 6,700억 원이며 15% 시장 점유율을 차지하고 있다. 가방시장의 규모는 2조 9,400억 원으로 국내 패션시장의 7.2%를 차지하고 있으며 이는 2020년에 비해 4.1% 감소한 수치이다.

복종별 추세를 2000년대 이후부터 살펴보면 그림 3-5, 패션시장은 남·녀 정장인 비즈니스복은 퇴출 국면이 심화되는 한편, 캐주얼과 신발, 가방시장이 최근 5년간 패션시장을 견인하고 있다. 스포츠복은 성숙기에 돌입했으며 전체적으로 캐주얼복시장으로 통합되는 경향을 보인다.

다음으로 국내 유통시장을 살펴보면 그림 3-6, 온라인 쇼핑과 해외 직구 등 무점포소매의 비중이 크게 증가하고 전문소매점의 비중이 줄어드는 등 유통채널 패러다임이 변화하고 있음을 알 수 있다. 유통채널별로 구체적으로 살펴보면, 대형 유통업체인 대형마트의 2020년 판매액은 33조 8천억 원으로 전년 대비 4.2% 소폭 증가한 반면, 백화점은 27조 4천억 원으로 전년 대비 9.9% 감소했다. 이는 상대적으로 구입단가가 높은 백화점이 구입 건수가 감소하면서 점포당 매출이 감소하였기 때문이다. 전문소매점의 판매액도 121조 9천억 원으로 전년 대비 9.9% 감소하였고, 면세점도 15조 5천억 원으로 전년 대비 37.6% 감소하였다. 이렇듯 대부분의 소매유통업체의 매출이 감소한 가운데 무점포소매 유통은 급속한 성장률을 보이면서 2020년 기준, 판매액이 98조 9천억 원으로 전년 대비 무려 24.2% 증가하였다. 이 같은 급속한 성장의 배경에는 TV 홈쇼핑 채널이나 온라인 등 다채널로 사업 영역이 확대되었기 때문으로 보인다.

그림 3-6

소매유통업태별 매출액 추이

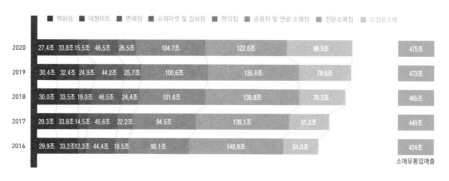

출처_ Korea Fashion Market Trend 2021

한편 2020년도 온라인 쇼핑몰의 거래액을 살펴보면 전년 대비 17.9% 신장한 159조 원을 기록하였으며 의류패션품목의 거래액 또한 7.3% 증가하여 20조 6천억 원을 기록하였다 그림 3-7.

그림 3-7

온라인 쇼핑몰 거래액 추이
(단위: 억원)

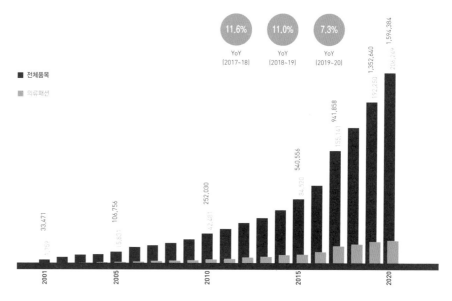

출처_ Korea Fashion Market Trend 2021

이와 더불어 패션온라인 전문점이 강세를 보이고 있는데, 성공요인으로는 SNS를 통한 인플루언서 활동과 이미지 마케팅 그리고 패션과 뷰티제품까지 겸비한 상품 다각화를 주요한 요인으로 들 수 있다. 패션온라인 전문점인 '스타일 난다'와 '무신 사'의 지난 5년간 연평균 매출 성장률은 각각 18.5%, 59%로 이들 온라인 전문점 의 지속적인 성장세를 확인할 수 있다 그림 3-8.

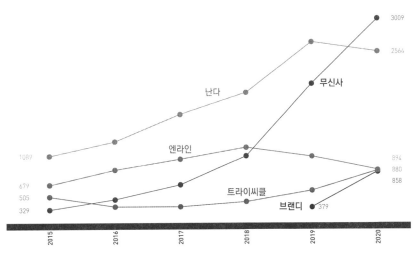

그림 3-8
패션전문 온라인 유통기업 매출액 추이
(단위: 억원)

출처_ Korea Fashion Market Trend 2021

마지막으로 향후 블루오션으로 불릴 온라인 해외 직접구매(직구)와 온라인 해외 직접판매(수출) 또한 국경을 초월한 주요 패션 유통채널로 성장하고 있다. 2020년 기준 온라인쇼핑 해외 직접 판매액은 5조 9천억 원이며 이중 패션 거래액이 3천 7백억 원을 차지했다. 패션 거래액은 전년 대비 35.1% 하락했다 그림 3-9. 반면 온라인쇼핑 해외 직접 구매액은 4조 7백억 원으로 전년 대비 11% 성장했으며, 이중 패션 거래액이 1조 5천 6백억 원을 차지했다. 이는 전년 대비 10.8% 성장한 수치이다 그림 3-10.

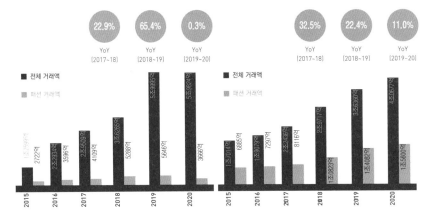

그림 3-9 (좌)
온라인쇼핑 해외 직접 판매액 추이

그림 3-10 (우)
온라인쇼핑 해외 직접 구매액 추이

출처_ Korea Fashion Market Trend 2021

출처_ Korea Fashion Market Trend 2021

이상에서 살펴본 패션시장 및 복종별 세분시장, 유통시장의 규모와 변화 등에 대한 정보는 매년 초 대한상공회의소나 통계청 및 각종 연구소 등 권위 있는 기관에서 조사 및 발표되고 있다. 패션기업은 이러한 시장정보에 기반을 두고 자사 브랜드의 향후 마케팅 전략을 수립해야 한다.

2 · 고객분석과 목표시장 설정

패션브랜드가 성공하기 위해서는 고객이 누구인지, 고객은 어떤 제품과 브랜드를 구매하는지, 자주 구매하는 브랜드가 있는지, 그 브랜드를 왜 구매하는지, 그 브랜드를 구매하고 착용할 때 특별히 기대하는 내재한 욕구가 있는지, 그 브랜드는 언제, 어떤 상황에서 구입하고 착용하는지 등을 파악해야 한다.

또한 이러한 고객분석을 통해 패션고객들 간에 제품에 대한 욕구, 구매 및 착용 행동에서 차이가 있는지를 파악하고, 차이가 있다면 세분화 기준은 무엇이고 패션기업이 전략적으로 집중해야 할 목표시장은 어디인지를 규명할 필요가 있다. 이하에서는 먼저 패션고객의 욕구와 행동을 분석하는 방법에 대해 살펴보고, 시장 세분화와 목표시장 설정 전략에 대해 정리하고자 한다.

1 ◦ 고객욕구 및 행동분석

소비자가 패션제품에 대해 기대하는 욕구는 크게 기능적인 면, 감성적인 면, 상징적인 면으로 나눌 수 있다. 기업은 패션브랜드에 대해 소비자가 어떤 욕구를 추구하고 있는지, 그리고 그러한 욕구가 어떻게 변화하고 있는지를 지속해서 점검해야 한다. 그뿐만 아니라 패션소비자의 새로운 욕구에 대해서도 항상 관심을 기울여야 한다.

기존 제품에 의해 충족되지 못한 잠재적 욕구를 발견하는 것은 고객분석에서 중요한 부분이다. 잠재된 욕구의 발견은 기업이 시장점유율을 높이고 시장을 세분화하며 새로운 시장을 개척할 기회가 되기 때문이다. 예를 들어, 스위스 시계회사 '스와치Swatch'는 시계의 고정관념을 깨뜨리고 기능성을 강조한 시계시장에 패션 개념을 도입해 큰 성공을 거뒀다. 자기 표현적 가치를 추구하는 젊은 층의 욕구를 파악해서 '시계는 패션'이라는 마케팅 전략으로 성공한 것이다. 스와치는 시계

그림 3-11
제레미 스캇의 시그니처 스타일을 담
은 스와치 뉴 겐트 제품

출처_ www.swatch.com

를 기능성 가치를 충족시키는 제품에서 정서적이고 상징적 가치를 주는 패션
액세서리의 개념으로 전환하면서 그동안 한 개의 시계로 만족했던 소비자들에
게 다양한 디자인을 선보이며 여러 개를 구입하도록 유도했다 그림 3-11.

　이처럼 패션기업이 패션제품에 대한 소비자의 욕구와 동기를 파악하는 것이
매우 중요한데, 이를 위해 다양한 조사 방법이 활용될 수 있다. 가장 일반적인
조사기법은 설문조사와 포커스 그룹 인터뷰focus group interview: FGI이다. 설문조사
방법은 패션소비자가 자신의 생각을 분명하게 표현할 수 있을 때 효과적인 도
구로, 구조화된 설문지를 기반으로 하기 때문에 이해하기 쉽고, 통계적 검증이
가능하므로 조사 결과를 객관화하고 일반화할 수 있다는 장점이 있다. 그러나
설문조사 방법은 응답자의 기억과 말에 의존한 방법이기 때문에 잠재적인 욕
구를 발굴하기에는 한계가 있고, 소비자들이 특정 제품군이나 브랜드를 선호
하는 이유, 제품이 소비자 생활에서 수행하는 역할, 제품에 대한 총체적 경험
등에 대해서는 답을 구하기 어렵다. 반면 FGI는 질적인 방법으로 운용이 쉽고
비용이 적게 들며 가장 널리 사용되고 있는 정성조사 기법이다. FGI는 보통 2
시간 동안 진행하면서 비교적 동질적인 6~8명의 패션소비자를 모아 놓고 여러
가지 심도 있는 질문을 하게 된다. 이러한 방법은 패션제품의 콘셉트를 테스트
하고 평가하며 기존 브랜드의 이미지와 문제점을 발견하는 데 적합하다.

　패션기업들은 이처럼 패션소비지의 구매동기와 작용 행동을 파악하기 위해
설문조사나 FGI 방법을 활용하고 있으나 이 두 가지 방법만으로는 소비자의
심층적인 사고와 감정을 파악하기에 한계가 있다. 이런 상황에서 보다 심층적

인 내용을 파악할 수 있는 기법, 예를 들어 래더링laddering기법과 잘트만식 은유추출기법ZMET과 같은 정성적기법이 개발, 활용되고 있다. 래더링기법은 특히 제품이 추구해야 할 가치를 파악하는 데 많이 활용되는 방법으로, 어떤 제품이나 브랜드가 제공하는 속성, 편익, 가치들이 어떻게 계층적으로 연결되어 있는지를 찾아내는 방법이다. 잘트만식 은유추출기법은 고객의 무의식 속의 욕구를 비언어적, 시각적인 이미지로 유추하여 파악하는 방법이다. 비언어적인 유추 방법은 논리적으로 이해되지 않는 소비 행동을 이해할 수 있는 도구가 될 수 있고, 신제품 개발의 리스크를 줄이는 데에 도움이 된다.

2 · 시장세분화

동일한 패션제품이라 하더라도 고객의 특성에 따라 그 제품에 기대하는 욕구와 구매·착용 행동이 다를 수 있다. '시장세분화market segmentation'는 전체시장을 비슷한 욕구와 행태를 지닌 동질적인 소비자 그룹으로 나누는 전략이고, 세분시장 가운데 기업이 매력적이라고 생각하는 세분시장을 선정하는 전략이 '표적시장 선정'이다. 브랜드 전략이 효율적이고 효과적으로 수행되기 위해서는 상이한 구매·착용 행동을 보이는 집단들 가운데 목표고객을 명확히 규정하고 그 집단에 맞는 마케팅 프로그램을 수립해야 한다.

시장세분화를 통한 표적시장 선정은 제품에 대한 욕구가 점점 다양해지고 브랜드 간의 경쟁이 치열해지면서 더욱 중요한 전략이 되고 있지만, 제품과 시장 상황에 맞는 적합한 세분화 기준을 찾는 일은 쉽지 않다. 그럼에도 불구하고 전략적으로 잘 계획된 시장세분화는 시장 및 제품에 대한 효율적인 자원 배분을 통해 수익을 증대시킬 수 있고, 유사한 특성을 가진 세분 소비자에게 기업이 접근함으로써 최적의 마케팅 믹스에 대한 결정을 내리는 데 도움을 준다.

패션시장을 세분화할 수 있는 변수는 다양하지만 세분시장 간에 유의미한 차이를 보여주고 마케팅 전략 수립에 유용한 시사점을 제공하는 변수를 선정하는 것이 중요하다. 시장세분화가 유용하게 활용되기 위해 시장세분화 변수는 다음과 같은 몇 가지 조건을 만족시켜야 한다. 먼저, 각 세분시장은 양적으로 측정 가능해야 한다. 즉, 세분시장의 규모와 성장률, 기타 특성들이 측정될 수 있어야 한다. 둘째, 세분시장의 규모는 일정 수준의 구매력을 확보해야 하며 현실성이 있어야 한다. 셋째, 세분시장은 접근 가능해야 한다. 즉, 각 시장구성원의 인구통계적, 심리

표 3-2

시장세분화 변수

PART 2 패션브랜드의 전략적 관리

CHAPTER 3 패션브랜드 차별화전략

시장세분화 요인	세부 변수
인구통계적 요인	성별, 연령, 사회계층, 직업, 지역 등
심리적 요인	라이프스타일, 선호 이미지, 패션성 등
행동적 요인	추구 혜택, 충성도, 구매빈도, 착용 상황 등

적, 행동적 특성이 확인될 수 있어야 한다. 넷째, 각 세분시장은 서로 구별될 수 있어야 한다. 만약 20대와 30대 소비자가 캐주얼 의류 구매와 착용 행동에서 비슷한 양상을 보이고 기업의 패션마케팅 활동에 대해 유사한 반응을 보인다면 이들 집단을 구분 짓는 연령이라는 세분화 변수는 의미가 없다.

시장세분화 변수는 표 3-2과 같이 크게 인구통계적 변수, 심리적 변수, 행동적 변수로 구분할 수 있다. 이 중 인구통계적 변수는 성, 연령 등 소비자의 외적인 특성과 관련된 변수이고, 심리적 변수는 패션 수용도, 라이프스타일, 선호 이미지 등과 같이 소비자의 내적인 특성과 연관된 변수이며, 행동적 변수는 소비자가 제품과 브랜드를 어떻게 구매하고 착용하는가와 관련된 변수로 이해할 수 있다.

인구통계적 변수

인구통계적 변수에 의한 세분화는 성별, 연령, 사회계층, 직업, 지역 등과 같은 소비자의 외적 특성에 따라 전체 시장을 세분화하는 것이다. 가령, SPA 브랜드 자라는 성별과 연령에 따라 '자라맨', '자라우먼', '자라키즈'를 구분해 출시하였다.

모든 사람은 인구통계적 기준의 어딘가에 속하며 구매·착용 행동은 이러한 인구통계적 특성과 연관될 수 있다. 인구통계적 세분화는 다른 세분화 기준에 비해 데이터가 풍부하여 시장 규모나 추세를 파악하기가 용이하고, 접근하기 쉽다는 이점이 있다. 그러나 인구통계적 변수만으로 목표시장을 정의하는 것은 다소 모호하고 불충분할 수 있다. 동일한 20대의 직장여성이라 하더라도 라이프스타일이나 추구하는 가치에 따라 관심 있는 제품과 브랜드, 구매·착용 행동이 달라질 수 있기 때문이다.

최근 소비자들의 라이프스타일과 패션스타일, 구매 성향 등과 관련된 자료가 다양해지고, 4대 매체 이외의 커뮤니케이션 수단이 활성화되면서 심리적 변수와 행동적 변수에 의한 세분화 비중이 높아지고 있다.

심리적 변수

심리적 변수는 소비자의 라이프스타일이나 개성, 선호 이미지, 패션 수용도 등과 같이 소비자의 내적인 부분과 관련된 변수이다.

먼저 '라이프스타일'은 사람들이 살아가면서 시간과 돈을 어떻게 사용하는가와 관련된 전반적인 생활방식으로, 사람들의 활동activity, 관심interest, 의견opinion 등과 같은 AIO 항목을 중심으로 측정한다. 가령, 패션 관련 라이프스타일은 패션소비자를 브랜드 지향형, 유행 추구형, 무관심형, 실용 추구형, 개성 추구형 등으로 구분할 수 있다.

개성personality은 한 개인의 비교적 지속적인 독특한 심리적 특성으로, 소비자의 개성에 따라 패션제품에 대한 태도와 구매 행동, 선호 스타일이 달라질 수 있다. 패션소비자의 개성 파악이 중요한 것은 소비자가 자신의 자기개념과 일치하는 이미지를 갖는 제품이나 브랜드를 구매하는 경향이 강하기 때문이다. 첸과 리Chen & Lee, 2005가 소비자의 개성과 웹사이트 이미지와의 관계를 조사한 결과, 소비자들은 그들의 개성에 맞는 웹사이트를 자주 방문하고 구매 행동을 하는 것으로 나타났다. 이외에 소비자의 선호 이미지, 이를테면 소비자가 클래식, 모던, 엘레강스, 캐주얼, 캐릭터, 매니시, 스포티 등과 같은 이미지 가운데 어떤 이미지를 선호하느냐에 따라서도 구매와 착용 행동이 달라질 수 있다.

행동적 변수

행동적 변수는 제품의 구매·착용 행동과 관련된 변수로서 추구 혜택, 착용 상황, 브랜드 충성도, 구매 빈도 등을 포함한다.

소비자들은 특정 제품을 구매할 때 제품이 주는 속성 그 자체보다 제품의 속성이 주는 혜택을 기대할 수 있다. '추구 혜택'은 소비자가 주관적으로 느끼는 욕구로, 제품을 구매하면서 소비자가 원하는 보상이나 기대하는 결과로 정의된다. 가령, A라는 소비자는 자신의 여성스러운 이미지를 표현하기 위해 특정 브랜드를 구매할 수 있고, B라는 소비자는 경제적인 혜택을 추구하면서 합리적인 가격대의 특정 브랜드를 구매할 수 있다.

혜택세분화는 이처럼 소비자들이 제품을 구입할 때 추구하는 혜택의 차이에 따라 전체시장을 구분하는 방법이다. 의복 추구 혜택과 관련된 연구에 따르면 추구 혜택은 자아 표현, 개성 추구, 실용성, 가격 추구, 유행 추구, 편의 추구 등이 있으며, 이러한 추구 혜택에 따라 패션소비자의 착용 행동이 달라진다. 추구 혜택에 의한 세분화는 세분집단별 특징에 맞게 효율적인 광고를 제공할 수 있고 다른 세분화 변수와 연계함으로써 더욱 효율적인 마케팅이 가능해진다Haley, 1968.

패션시장은 제품을 필요로 하는 상황에 따라서도 구분할 수 있다. 캐주얼 의류시장은 출퇴근용, 주말 레저용, 평상복 등으로, 여성정장은 출퇴근용, 사교 모임용, 예복용 등으로 의복을 착용하는 상황에 따라 시장을 구분할 수 있다. 또한 구매 상황에 따라 선물용이나 여행용 등으로 특화할 수도 있다. 패션기업 우성아이앤씨는 소비자 구매 행동을 분석한 결과, 남성 셔츠를 선물로 구입하는 경우가 많고 실제 고객이 대체로 남성이 아닌 여성이라는 경향을 포착하여 여성들이 합리적인 가격과 감성으로 선물할 수 있는 선물용 셔츠 패키지를 제안하여 남성 셔츠시장을 공략한 바 있다.

브랜드 충성도는 특정 브랜드에 대한 우호적인 태도와 반복적인 구매 정도로 충성 수준에 따라서도 세분화가 가능하다. 패션기업은 자사 브랜드에 대한 고객의 충성 정도에 따라 시장을 구분하고 각 시장에 맞는 다양한 마케팅 전략을 구사할 수 있다. 즉, 충성도가 높은 고객에게는 마일리지 적립이나 이벤트 알림 서비스 등을 통해 지속적으로 재구매가 이루어지도록 하고, 비충성 집단에 대해서는 자사 제품이 주는 혜택이나 서비스를 부각하고 착용 경험을 유발하는 전략을 수립할 수 있다.

최근에는 행동적 변수를 이용하여 시장을 세분화한 다음 인구통계적, 심리적 변수를 사용하여 세분시장의 특성을 기술하는 경향이 강하다. 가령, 패션기업이 고객들의 착용 상황을 기준으로 대학 캠퍼스에서 입는 캐주얼 의류로 목표시장을 좁혔다면 목표고객의 특징을 다음과 같이 기술할 수 있다.

- 인구통계적 특징_ 남성 / 18~27세 / 50~150만 원의 소득 수준 / 파트타임, 학생, 회사원
- 선호 이미지_ 캐주얼과 댄디를 중심으로 모던, 스포티즘 / 컨템퍼러리를 중심으로 한 약간의 아방가르드 감각
- 패션 리더십_ 패션 리더와 패션 추종자
- 라이프스타일_ 유행 추구형과 자기표현 추구형 / 10대의 현대적 패션 지향

형과 20대의 타인 의식적 패션 지향형

- 행동적 변수_ 중저가 지향 / 유행성과 경제성의 혜택 추구 / 보통 이상의 상표 충성도

- 유통_ 백화점, 직영점, 인터넷쇼핑 / 서울과 대도시 중심가

3 · 표적시장 선정

표적시장 선정은 시장세분화를 통해 분류된 각 세분시장 중에서 자사에 매력적인 세분시장을 선정하는 과정을 말한다. 시장세분화를 통한 표적시장 선정은 고객의 니즈를 보다 잘 충족시키고 마케팅 자원을 효과적으로 활용한다는 면에서 긍정적이지만, 시장잠재력이 너무 낮거나 자사와의 적합도가 낮은 세분시장을 표적시장으로 선정할 경우 사업기회를 상실할 수도 있다. 따라서 패션기업은 전체시장을 다수의 세분시장으로 구분했다면 사업성을 감안하여 각각의 세분시장을 평가하고 자사에 가장 매력적인 하나 혹은 그 이상의 세분시장을 표적시장으로 선택해야 한다.

각 세분시장의 평가

패션기업이 각 세분시장을 평가하기 위해서는 각 세분시장의 '시장 잠재력'과 '경쟁 정도', '자사와의 적합성'을 고려해야 한다. '시장 잠재력'은 세분시장의 크기와 성장 가능성을 의미하는데, 시장 규모가 크고 성장 가능성이 높을수록 매력적인 시장이 된다. '경쟁 정도'는 세분시장 내 경쟁자의 수, 경쟁자와 비교한 경쟁 우위적 요소, 경쟁자들간의 경쟁 정도, 잠재 진입자의 시장진출 가능성을 포함한다. 경쟁자의 수가 적을수록, 경쟁사에 비해 자사의 경쟁 우위적 요소가 많을수록, 경쟁자간의 경쟁 강도가 낮을수록, 잠재 진입자의 시장진출 가능성이 낮을수록 매력적인 시장이다. '자사와의 적합성'은 세분시장 내 브랜드와 관련된 자사의 가용자원, 자사의 전략적 목표, 다른 제품과의 시너지 효과를 포함한다. 자사가 세분시장에서 사용할 수 있는 가용자원이 충분할수록, 자사의 전략적 목표에 적합할수록, 기업이 보유하고 있는 다른 브랜드와의 시너지 효과가 높을수록 매력적인 시장이다.

각 세분시장을 평가하게 되면 이들 중 경쟁 우위를 차지할 수 있는 하나 혹은 그 이상의 세분시장을 선정해야 한다. 기업이 고려할 수 있는 표적세분시장 선정 전략은 크게 3가지로 비차별화 마케팅 전략, 차별화 마케팅 전략, 집중화 마케팅 전략으로 나눌 수 있다.

비차별화 마케팅 전략

전체 세분시장들에서 몇 개의 세분시장을 선택하여 하나로 묶어 마케팅 하는 것을 말한다. 가령, 유니클로Uniqlo와 같이 성별과 연령에 관계없이 모든 고객을 타깃으로 삼는 경우가 이에 해당한다. 이 전략은 소비자의 이질적인 욕구보다는 공통적인 욕구에 초점을 맞추며, 차별화 전략에 비해 대량유통과 대량광고에 의존한다. 이 전략은 가장 큰 소비자 집단에 맞추어 다수의 소비자에게 호소하기 때문에 규모의 경제가 가능하고 강력한 이미지 구축이 가능하다는 이점이 있지만, 모든 소비자의 욕구를 반영하는 데 한계가 있다는 단점이 있다.

차별화 마케팅 전략

각 세분시장에 대해 각기 다른 마케팅 전략을 구사하는 방법이다. 가령, 한섬은 소비자의 성별과 연령, 직업을 고려하여 자유로운 라이프를 추구하는 20-30대 여성은 '시스템System', 40-50대 고소득 커리어 우먼은 '마인Mine'과 '타임Time', 20-30대 전문직 남성은 '시스템 옴므System Homme', 30-40대 비즈니스맨과 전문직 남성은 '타임 옴므Time Homme'를 내놓고 있다. 차별적 마케팅 전략은 다양한 고객층의 확보가 가능하고 매출액을 증대시킬 수 있는 여지가 높지만, 비용과 시간, 기타 기업의 자원이 많이 소요된다는 단점이 있다. 또한 다수의 제품으로 여러 세분시장에 접근할 경우 자기잠식cannibalization 효과가 나타날 수도 있다.

집중 마케팅 전략

여러 세분된 시장 중 하나의 시장에 대해 집중적으로 마케팅 전략을 구사하는 방법이다. 마케팅 자원이 제한되어 있는 기업들이 추구하는 전략이다. 이 전략은 생산과 유통, 판매를 세분시장에 집중시킬 수 있고 선정한 세분시장에 대해 보다 많은 지식을 확보할 수 있다는 이점이 있다. 그러나 세분시장이 약화, 붕괴되거나 다른 패션기업이 뛰어들어 경쟁력을 상실할 경우 사업 기회가 사라질 가능성도 있다.

3 · 경쟁분석과 자사분석

'지피지기면 백전백승'이라는 말이 있듯이, 경쟁 브랜드와 자사 브랜드를 잘 파악하고 이에 대처하면 시장에서 성공할 수 있다. 여기서는 경쟁 브랜드와 자사 브랜드를 분석할 때 고려해야 하는 사항에 대해 알아보고자 한다.

1 · 경쟁분석

경쟁 브랜드에 대한 분석은 자사 브랜드와 경쟁관계에 있는 브랜드의 이미지, 포지셔닝, 시장점유율, 유통 및 판매정책 등을 수집하고 분석하는 것이다. 경쟁 브랜드를 분석하는 이유는 경쟁 브랜드 상황을 파악함으로써 자사 브랜드의 차별화된 포지셔닝을 구축할 수 있는 통찰력을 얻기 위함이다. 경쟁 브랜드 분석은 일차적으로 경쟁범위를 규정하고 경쟁 브랜드를 확인하는 것에서 출발한다. 경쟁 브랜드가 확인되면 경쟁 브랜드에 대한 구체적인 정보수집과 분석에 들어갈 수 있다.

경쟁의 범위와 경쟁 브랜드 확인

경쟁 브랜드를 확인한다는 것은 누가 경쟁상대인지를 파악하는 것이다. 사실 브랜드 관리자가 목표시장을 결정할 때 어느 정도 경쟁구도에 대한 의사결정이 이루어진다. 목표시장을 규정한다는 것은 목표고객이 고려하고 있는 구매 고려 상표군까지 포괄하기 때문이다.

경쟁 브랜드의 범위를 설정할 때 경쟁범위를 자사가 경쟁하는 제품 범주로 좁게 정의할 필요는 없다. 기업은 자사 브랜드의 상황에 따라 경쟁범위를 넓힐 필요가 있으며, 특히 자사 브랜드가 해당 제품군에서 1위를 차지하고 있는 경우는 더욱 그렇다. 경쟁의 범위를 어떻게 결정하느냐는 브랜드 전략에서 매우 중요하다. 경쟁자의 범위를 작게 설정할 경우 예상치 못한 경쟁자에 대해 적절히 대응하지 못해 시장에서 패배할 수 있으며, 경쟁의 범위를 너무 넓게 설정할 경우 지나치게 많은 사항을 고려해야 하므로 마케팅이 비효율적으로 수행될 수 있다. 경쟁 브랜드의 범위는 브랜드 포지션 설정에도 상당히 중요하다. 경쟁 브랜드의 범위에 따라 해당 브랜드를 인지시켜야 할 고객들의 폭과 그 브랜드와 관련하여 연상되어야 할 정보단서들이 달라지기 때문이다.

경쟁의 범위는 크게 동종의 제품군에 속한 브랜드를 경쟁자로 삼는 경우와 동일한 편익을 충족시키는 브랜드를 경쟁자로 삼는 경우, 시간이나 여가, 소득 측면에서 브랜드를 대체할 수 있는 모든 제품을 경쟁자로 삼는 경우로 나눌 수 있다. 첫째, 동종의 제품군에 속한 브랜드를 경쟁자로 삼는 것은 가장 좁은 의미의 경쟁으로, 나이키가 동일한 스포츠화 브랜드인 아디다스, 퓨마 등과 경쟁하는 것을 들 수 있다.

둘째는 동일한 편익을 제공하지만 다른 제품군으로 분류된 브랜드까지 경쟁자로 삼는 경우이다. 예를 들어, 여성스러운 스타일을 좋아하는 30~40대 주부들은 앤디앤뎁Andy & Debb 등과 같이 이 집단을 겨냥한 브랜드를 구입하기도 하지만, 어려 보이기 위해 오즈세컨Oz2nd, 보브Vov 등과 같은 영캐주얼 브랜드에서 여성스러운 스타일의 제품을 구매하기도 한다. 따라서 이들을 목표시장으로 삼는 패션기업은 앤디앤뎁이나 마인과 같은 브랜드만을 경쟁 브랜드로 삼기보다는 여성스러운 스타일을 강조하는 영캐주얼 브랜드까지 경쟁 범주로 포함할 수 있다. 특히 영스타일을 선호하는 주부의 비중이 높아질수록 경쟁 브랜드의 범위는 넓어질 수 있다.

셋째는 시간이나 여가, 소득 측면에서 브랜드를 대체할 수 있는 모든 제품을 경쟁자로 삼는 경우이다. 제품 범주를 고려하면 나이키의 상대는 아디다스나 퓨마가 될 것이다. 그러나 스포츠화의 주 타깃인 청소년들이 닌텐도 게임에 몰두해서 집 밖으로 나가는 시간이 줄어든다면 운동화를 신을 시간도 줄어들고 그만큼 나이키의 매출도 떨어지게 된다. 이런 측면에서 나이키의 경쟁상대는 넓은 의미에서 닌텐도가 될 수 있다.

경쟁 브랜드 분석

경쟁 브랜드가 확인되면 경쟁 브랜드의 브랜드 포지션과 이미지, 매장 수, 유통망, 제품 구성비 등 마케팅 전략을 확인하고 경쟁 브랜드의 장단점 등을 분석해야 한다.

표 3-3는 패스트패션의 대표적인 브랜드인 자라Zara, 에이치앤엠H&M, 유니클로Uniqlo의 제품 콘셉트와 매장 수, 유통망 등을 비교한 것이다. 이들 패스트 패션 브랜드는 공통적으로 매장 판매사원들의 의견을 지속적으로 디자인팀에 반영해서 패션트렌드에 맞춘 다양한 디자인을 끊임없이 소비자에게 선보인다. 그리고 R&D 센터를 통해 전 세계의 트렌드를 파악하고 있다는 점에서 유사하다. 그

표 3-3

경쟁 브랜드 분석 사례

브랜드	Zara	H&M	Uniqlo
브랜드 콘셉트	Fashionable & latest trends	Fashion & quality at the best price	Causal & basis
수직적 통합	수직적 통합 (디자인, 생산, 유통의 수직 계열화) & 다품종 소량 생산	자체 제조 공장을 소유하지 않고 아웃소싱으로 인건비가 저렴한 지역의 협력사들과 상품 제조	파트너형 수직 계열화 & 소품종 대량생산
전 세계 매장 수	2,085개 (2021)	4,332개 (2021)	2,309개 (2020)
진출 국가	96개국 (2021)	74개국 (2021)	25개국 (2021)
유통망	유럽 59% 아메리카 36% 아시아 및 이외 지역 25%	유럽 & 아프리카 69% 아메리카 16% 아시아 및 이외 지역 15%	일본 35% 아시아의 다른 지역 57% 그 외 지역 8%
주요 생산국	유럽 (스페인, 포르투갈, 모로코, 터키) 54% 아시아 (인도, 파키스탄, 방글라데시, 베트남, 캄보디아, 중국, 브라질, 아르헨티나) 43% (Inditex group)	유럽 16% 아시아 83% 그 외 지역 1% (H&M group)	중국 51% 그 외의 아시아 지역 (방글라데시, 캄보디아, 인도네시아, 태국, 터키, 베트남) 49% (Fast Retailing Group)
제품 구성비	여성의류 58% 남성의류 22% 아동의류 20%	여성복 61% 남성복 39%	베이직 위주의 제품 구성 (약 90%)
리드타임	평균 2주	평균 2주에서 6개월 아시아 지역: 3개월 유럽 지역: 3주	6개월~1년

러나 브랜드별로 포지션과 이미지, 유통망, 제품 구성비 등의 전략에서 차이가 있으므로, 브랜드 관리자는 경쟁 브랜드와의 차이를 비교, 분석해서 자사의 강점을 지속시키고 약점을 보완할 수 있는 전략을 구사해야 한다.

2 · 자사분석

브랜드 관리자는 자사 브랜드의 전략을 수립하기에 앞서 자사 브랜드의 위치가 어디에 속해 있는가를 알아야 한다. 자사 브랜드 분석에서는 다음과 같은 사항들을 점검할 수 있다.

• 브랜드 아이덴티티와 이미지_ 기업이 지향하고 있는 자사 브랜드의 아이덴티티를 확인하고, 고객들이 생각하는 브랜드 이미지를 점검한다. 즉, 우리 브랜드가 고급 브랜드인지, 세련된 브랜드인지를 파악한다.

• 자사 내 다른 브랜드와의 관계_ 자사 내 다른 브랜드와의 관계를 파악함으로써

기업 내에서 해당 브랜드가 수행해야 할 역할을 점검한다.

- **시장점유율_** 자사 브랜드가 선도 브랜드인지, 도전 브랜드인지, 추종 브랜드인지를 파악한다.

- **기술력_** 자사의 기술력이 타사와 비교해 우위성이 있는지, 우위성이 있다면 계속 지속될 수 있는지를 분석한다.

- **품질_** 자사의 제품이 고품질을 우선시하는지, 품질보다 가격으로 승부하는지 방향성을 정하고, 품질로 승부한다면 고품질 연상을 위한 마케팅 기회를 분석한다.

- **유통력_** 매장의 수와 위치 등을 파악하고, 유통경로별 판매 동향을 분석한다. 이러한 정보는 유통정책 수립을 위한 기초자료로 활용될 수 있다.

- **매출 및 수익성_** 브랜드 매출과 수익성, 성장성 등을 파악하고, 브랜드 포트폴리오 정책에 기초자료로 활용한다.

- **자원_** 인재, 설비, 자금 등 자사의 자원을 객관적으로 분석한다.

자사분석은 자사의 역량을 파악해 시장에 있는 마케팅 기회를 찾는 것으로, 자사의 위치를 파악한 후에는 자사의 강점과 약점을 파악해야 한다. 이러한 분석과정을 통해 경쟁 브랜드와 비교한 자사 브랜드의 강점과 약점, 기회요인과 위협요인을 분석한다.

디지털 패션 혁신의 리더,
3차원 가상패션 기술

디지털 매체와 기술 및 장비를 활용해 패션제품을 제작하고 유통하는 디지털 패션의 발전은 시간과 비용 절감 그리고 지속가능성 향상이라는 점에서 패션산업 내 큰 트렌드로 자리 잡고 있다. 특히 디지털 패션에서 핫이슈가 되고 있는 기술 중의 하나가 3D 가상착의 기술이다. IT 기술과 패션 CAD 기술이 융합된 것으로 가상의복 제작 및 착용, 평가, 패턴 수정을 수행하는 프로그램이다. 3D 가상착의 프로그램을 이용한 디지털 의상제작은 디자인 기획과 아바타 설정, 패턴 제작 그리고 3D 가상 시뮬레이션을 통한 착장 등 3단계로 구성되며, 이후 소재나 패턴, 색상, 디테일 등 전반적인 디자인 수정 또는 리디자인 과정이 추가로 진행될 수 있다. 국내 대표적인 3D 가상착의 기술로는 CLO3D(클로버추얼패션), DC Suite(피젠)이 있고, 해외 기술에는 VStitcher(Browzwear, 미국), 3DSuite(Optitex, 이스라엘), Vidya(Human Solutions, 독일) 등이 포함된다.

3D 가상착의 기술은 몇 가지 측면에서 의류업계에 혁신적인 발전을 가져오고 있다. 첫째, 글로벌 의류 생산 시스템하에서 협업해야 하는 참여자들 간의 효율적인 커뮤니케이션을 가능하게 해준다. 전체 디자인 기획과정에서 시각적 결과물이 3D 가상 시뮬레이션을 통해 공유되기 때문에 글로 전달되기 어려운 내용들을 빠르고 정확하게 전달할 수 있다. 따라서 의복의 맞음새나 치수적합성 등 민감한 부분에 대해 생산자와 바이어 간 또는 디자이너와 패턴사 간에 의사소통이 실시간으로 이루어질 수 있어 커뮤니케이션 에러를 최소화할 수 있다.

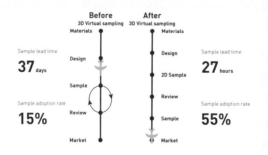

둘째, 디자인이나 패턴, 도식화, 작업지시서 등 장시간이 요구되는 수작업 방식을 디지털화함으로써 샘플리드 타임을 획기적으로 단축시킬 수 있다. 현재 개발된 프로그램에서는 마우스 하나로 디자이너가 원하는 도식화나 패턴을 찾고 모니터 상에서 3D 아바타가 입고 있는 의복에 다양한 컬러를 대입해 보면서 실시간으로 느낌을 확인할 수 있다. 또한 3D로 제작한 의상 결과물을 통해 실시간 온라인 품평회나 디자인 컨펌 및 수정 등이 가능하고, 최종 결정된 샘플은 데이터 형태로 빠르게 생산공장으로 보낼 수 있어서 시간적·경제적 비용을 최소화할 수 있다. 실물 샘플 제작을 수행하는 일반적인 디자인 기획의 경우, 샘플 리드타임이 평균 37일 소요되지만 채택 비율은 15% 정도에 그쳤다. 반면, 3D 가상착의

3D 가상착의 기술의 적용

가상쇼룸
출처_ apparelresources.com

가상 패션
출처_ www.thefabricant.com

프로그램을 사용할 경우, 샘플 리드타임은 27시간 정도 소요되면, 샘플 채택 비율은 55%에 이른다. 따라서 리드타임 10/1 이하로 축소되지만 샘플 채택률은 3~4배 정도 증대된다고 할 수 있다.

셋째, 메타버스 플랫폼들의 등장으로 가상공간에서의 패션의 중요성이 커지면서 3D 가상착의 기술은 그 활용성이 무한대로 확대되고 있다. 3D 가상착의 기술은 초기 패션산업 분야에서 상품개발을 위해 시작되었지만, 배경과 인물에 대한 묘사가 사실에 가까울 정도로 발전하면서 가상 패션, 가상 모델, 가상 코디 및 피팅, 가상 매장 등 패션 디지털 스토어나 온라인 쇼핑몰의 디지털 콘텐츠 제작에 활발히 적용되고 있다. 특히 게임, 애니메이션, 영화, 영상, 광고 등 후방산업으로의 확장도 기대되고 있다.

출처_Apparelresources(2022.1.18). CLO Virtual Fashion Inc. makes strategic investment in PixelPool. apparelresources.com

참고문헌

박지영(2006). *컨버전스 제품의 고객 니즈 분석을 위한 시장세분화*. 연세대학교 석사학위 논문.

안광호, 한상만, 전성률(2008). *전략적 브랜드 관리: 이론과 응용*. 파주: 학현사.

안광호, 황선진, 정찬진(2010). *패션마케팅(개정판)*. 서울: 수학사.

LG경제연구원(2009). *고객 통찰력 확보를 위한 소비자 조사 기법*. LG Business Insight, 1033호.

Aaker, D. A. & Joachimsthaler, E.(2003). *브랜드 리더십*. 이상민, 최윤희 옮김(2007). 서울: 비즈니스북스.

Chen, W. J. & Lee, C.(2005). The impact of website image and consumer personality onconsumer behavior. *International Journal of Management, 22*(3), 484-496.

Haley, R. I.(1968). Benefit segmentaion: A decision oriented research tool. *Journal of Marketing, 32*(3), 30-35.

Keller, K. L.(2007). *Strategic brand management: Building, measuring, and managing brand equity*(3rd ed.). Upper Saddle River, NJ: Prentice Hall.

Kotler, P.(2000). *Marketing management*(10th ed.). Englewood Cliff, NJ: Prentice-Hall.

Rathore. M. S., Maheshwari, K., & Jain. S.(2019). *Fast moving H&M: An analysis of supply chain management*. School of Business Studies and Social Sciences, Christ University, Karnataka, India.

Sirgy, M. J.(1997). *통합 마케팅 커뮤니케이션*. 김재진 옮김(2002). 서울: 시그마프레스.

모터스라인매거진(2022.6.14). 팬데믹으로 억눌렸던 소비가 팡팡 터진다. hyundai.co.kr

보그(2020.9.4). 래코드와 나이키의 만남. www.vogue.co.kr

아주경제(2019.1.16). 나이키 스마트운동화 '어댑트BB' 선봬… "발 사이즈에 따라 자동 조절". www.ajunews.com

위클리서울(2020.12.28). 삼성패션연구소가 내다본 '2021년 패션 시장 전망과 패션 산업 10대 이슈'. www.weeklyseoul.net

이코노미스트(2022.3.26). '플렉스'(Flex)소비…사치를 넘어 가치로 [허태윤 브랜드 스토리]. economist.co.kr

패션넷(2021). 2020 Research Analysis & 2021 Market Forecasting. www.fashionnet.or.kr

패션넷(2022). 2022 상반기 통계보고서. www.fashionnet.or.kr

Investopia(2021.4.27). H&M vs. Zara vs. Uniqlo: What's the difference?
www.investopedia.com

Forbes(2021.2.17). Uniqlo intends to become the world's top fashion retailer by distancing from
H&M And Zara. www.forbes.com

Puma(2019.1.31). Puma introduces self-lacing training shoe fit intelligence. about.puma.com

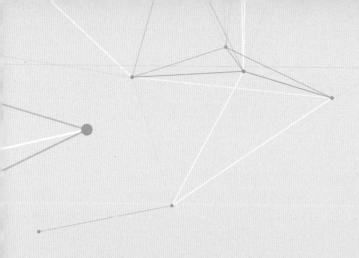

CHAPTER 4
패션브랜드 아이덴티티와 포지셔닝

브랜드를 전략적으로 관리한다는 것은 기업이 브랜드 아이덴티티를 개발하고 그 방향에 맞게 소비자가 인식하도록 다양한 마케팅 활동을 체계적으로 수행하는 것을 의미한다. 3장에서는 강력한 패션브랜드를 구축하기 위한 첫 번째 단계로 패션브랜드의 상황분석에 대해 살펴보았다. 4장에서는 패션기업이 브랜드를 통해 표현하기를 원하는 이미지인 패션브랜드 아이덴티티와 목표고객에게 전달하고 싶은 커뮤니케이션 목표인 포지셔닝 개발 방안에 대해 다룰 것이다. 이 장에서는 특히 브랜드 아이덴티티의 의미와 구조, 브랜드 아이덴티티를 표현하는 브랜드 요소, 브랜드 포지셔닝의 의미와 도출 전략, 포지셔닝 유형에 대해 상세히 설명하고자 한다.

1 · 패션브랜드 아이덴티티

브랜드의 전략적 관리란 고객이 브랜드에 대해 갖는 인식을 기업이 원하는 방향으로 형성하도록 관리하는 활동으로, 무엇보다 소비자가 브랜드에 대해 어떠한 연상을 갖도록 할 것인가를 결정하는 일이 매우 중요하다. 이런 점에서 패션브랜드의 아이덴티티 수립은 패션기업이 수행해야 할 전략적인 브랜드 관리의 핵심이 된다.

1 · 패션브랜드 아이덴티티의 의미와 구조

패션브랜드의 아이덴티티는 패션소비자의 지각에 영향을 주는 다양한 연상으로 구성될 수 있다. 중요한 것은 핵심적인 아이덴티티를 규명하고 이에 기초해서 브랜드 전략을 수립하는 것이다. 이하에서는 브랜드 아이덴티티의 의미와 구조에 대해 좀 더 자세하게 살펴보고자 한다.

패션브랜드 아이덴티티의 의미

패션브랜드 아이덴티티brand identity는 패션기업이 고객들로부터 자사 브랜드에 대해 궁극적으로 갖기를 기대하는 연상 또는 목표 이미지로 정의할 수 있다. 따라서 패션브랜드의 아이덴티티 수립이란 패션기업이 자사 브랜드에 대해 소비자의 인식 속에 심어 주고자 하는 바람직한 연상구조에 대한 청사진을 설정하고 패션기업이 원하는 방향으로 브랜드에 대한 연상이 형성되도록 제품 특성, 브랜드명, 심벌, 패키지, 광고, 판매촉진, 이벤트, PR 등과 같은 모든 수단을 통합적으로 관리하는 것이다. 패션기업이 소비자의 마음속에 심고 싶은 연상은 제품 속성과 관련된 연상이 될 수도 있고 제품 속성과 관련이 없는 연상이 될 수도 있다.

패션브랜드 아이덴티티는 종종 패션브랜드 이미지와 혼동되는데, 그림 4-1과 같이 패션기업이 바라는 브랜드의 모습이 '패션브랜드 아이덴티티'라면 패션소비자가 인식하고 느끼는 브랜드의 모습이 '패션브랜드 이미지'이다. 여기서 '패션브랜드 아이덴티티' 방향으로 '패션브랜드 이미지'가 형성되도록 계획하고 관리하는 활동을 '패션브랜드 관리'라고 할 수 있다.

패션기업의 입장에서 볼 때 패션브랜드 아이덴티티가 패션소비자에게 100%

그림 4-1

패션브랜드 아이덴티티와
패션브랜드 이미지

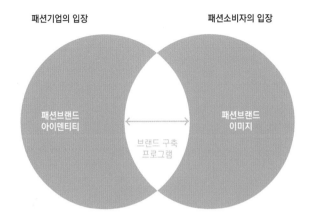

목적하는 대로 전달된다면 패션브랜드 아이덴티티와 패션브랜드 이미지는 동일시
될 수 있다. 그러나 현실적으로 볼 때 목적한 그대로 패션브랜드 이미지가 형성되
기는 매우 어렵다. 예를 들어, 남성복 '지이크SIEG'의 아이덴티티가 '세련된 감각과
고급스러운 품질, 가볍고 편안한 스타일'이라 하더라도 소비자는 그 브랜드를 '유
행에 뒤떨어진 스타일, 품질이 안 좋은 수트'로 생각할 수도 있고, '올드하고 딱딱
한 스타일'로 느낄 수도 있다. 이러한 이유로 인해 패션기업은 패션브랜드 아이덴
티티와 패션브랜드 이미지 간에 발생할 수 있는 차이를 줄이기 위해 브랜드 요소
나 통합 마케팅 커뮤니케이션, 유통, 제품, 가격 등의 여러 가지 마케팅 활동을 수
행해야 한다. 패션브랜드 아이덴티티의 수립과 관리가 특히 중요한 상황으로는 합
병, 인수, 회사 분리, 구조조정 등 기업구조의 변화가 일어나는 경우이다. 이 밖에
도 일관되지 못한 이미지로 인해 브랜드의 통일성을 확립해야 하는 경우, 브랜드
이미지가 시대에 맞지 않아 전면적 교체가 필요한 경우, 고객 특성이 변화한 경우,
브랜드가 새로운 시장으로 진입하는 경우를 들 수 있다.

위기 상황에서 브랜드 아이덴티티를 성공적으로 관리한 사례로는 휠라 브랜드
를 들 수 있다 그림 4-2. 2015년 당시만 해도 휠라는 아재들이 입는 브랜드 이미지
로 촌스럽다며 외면받았지만 타깃층을 1020세대로 바꾸고 브랜드 아이덴티티를
새로 정립하여 성공했다. 1991년 휠라코리아 창립 이후 25년 만에 '브랜드명'만 빼
고 모든 정체성을 바꾼 것이다. 일명 '뉴트로' 전략이었다. 이는 새로움new가 복고
retro의 합성어로, 과거의 것을 현재 감성에 맞게 재해석한 것을 말한다. 'Z세대'를
비롯한 1020에게 어필하기 위해, 광고 모델로 새롭게 기용하고 학생들에게 '코트
화'가 유행하고 있는 것에 착안해 현대적 감성을 입힌 '코트디럭스'를 출시했다.

그림 4-2

뉴트로 아이덴티티를 구축한
휠라 브랜드

출처_ www.fila.co.kr

또한 유명 디자이너나 톱스타와의 컬래버레이션 전략, 인기 게임업체와의 협업 등 패션에 민감한 10~20대에게 콜라보를 통해 신선한 이미지를 전달했다. 브랜드 아이덴티티를 '뉴트로'로 새롭게 정립하면서 2015년 8,157억 원, 2016년 9,671억 원이던 매출이 2017년 2조 5,030억 원으로 올라섰다. 올드한 이미지로 파산 위기까지 몰렸던 휠라가 트렌디한 브랜드로 리포지셔닝repositioning하여 새로 부활한 것이다. 이러한 휠라의 성공은 컨버스의 성공사례에 비유되기도 한다. 1990년대 컨버스가 나이키, 아디다스 등의 성장으로 시장 점유율을 잃자 브랜드 아이덴티티를 변경해 올드스쿨을 표방한 디자인과 저렴한 가격으로 변화를 주면서 부활에 성공한 것이다시사저널, 2019.3.20. 이러한 사례들은 소비자 인식과 경쟁구도가 변화하는 상황 속에서 아이덴티티의 정립과 관리가 얼마나 중요한지를 보여준다.

패션브랜드 아이덴티티 구조

패션브랜드 아이덴티티 구조는 패션브랜드에 대한 소비자의 지각에 영향을 미치는 다양한 연상으로 구성된다. 아커Aaker, 1996의 '브랜드 아이덴티티 시스템brand identity system'에 따르면 브랜드 아이덴티티는 브랜드의 제품 측면, 조직 측면, 개인적 측면, 상징적 측면의 네 가지 차원으로 구성되며, 이 구성요소는 브랜드의 영속적 본질을 나타내는 핵심 아이덴티티core identity와 이를 구체적으로 표현할 수 있는 확장 아이덴티티extended identity로 집약할 수 있다. 또한 브랜드 아이덴티티는 소비자에게 기능적 편익, 감성적 편익, 자아 표현적 편익 등 일정한 가치를 전달하는 가치제안value proposition으로 이어지며 최종적으로 브랜드와 고객 간의 관계성으로 표현된다. 패션브랜드 아이덴티티의 구조에 대해 구체적으로 살펴보면 다음과 같다.

그림 4-3
아커의 브랜드 아이덴티티 구조 모델
재구성

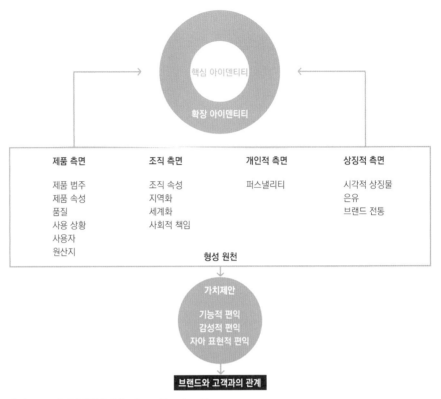

핵심 아이덴티티

확장 아이덴티티

제품 측면	조직 측면	개인적 측면	상징적 측면
제품 범주	조직 속성	퍼스낼리티	시각적 상징물
제품 속성	지역화		은유
품질	세계화		브랜드 전통
사용 상황	사회적 책임		
사용자			
원산지			

형성 원천

가치제안

기능적 편익
감성적 편익
자아 표현적 편익

브랜드와 고객과의 관계

출처_ Aaker, D. A.(1996). Building Strong Brands, p.68.

패션브랜드 아이덴티티의 구성요소

패션브랜드 아이덴티티는 기업이 고객들의 마음속에 심고 싶은 연상들의 집합으로 이해할 수 있다. 패션브랜드 아이덴티티를 구성하는 주요 연상은 크게 4가지의 유형으로 구분된다.

첫째는 제품과 직접 관련이 있는 연상으로 패션브랜드의 제품 범주와 관련된 연상, 제품 속성과 관련된 연상, 품질과 관련된 연상 등이 포함된다. 둘째는 조직과 관련된 연상이다. 소비자는 패션브랜드를 만드는 조직에 대해 혁신성이나 공익성, 사회적 책임, 세계성 등을 연상할 수 있으며, 이러한 연상은 패션브랜드에 긍정적으로 작용할 수 있다. 패션브랜드의 조직관련 연상은 제품 속성 관련 연상에 비해 경쟁자가 쉽게 모방할 수 없다는 점에서 이점이 있다. 셋째는 개인 측면의 연상으로 패션브랜드에 대해 인간적인 특징이 느껴진다거나 특별한 관계가 느껴지는 경우이다. '리바이스Levi's' 하면 젊음과 도전적인 느낌, '로레알Loreal' 하면 자신감 있고 당당한 매력이 떠오른다. 이러한 개인적 차원의 브랜드 아이덴티티는 고객과 브랜드 간의 강한 관계를 형성시켜 주는 역할을 하므로 강력한 브랜드일수록 개인적 차원의 아이덴티티가 강한 경향이 있다. 넷째는 상징적 측면에 대한 연상으로 패션브랜드와 관련된 시각적 상징물, 은유, 브랜드 전통 등을 포함한다. 이러한 상징은 아이덴티티에 대한 결집력을 줄 수 있고 브랜드 연상이 더 쉽게 유발되도록 한다. 예를 들어, 샤넬의 창시자인 가브리엘 샤넬Gabrielle Bonheur Chanel 의 여성 해방의식이나 말보로Marlboro의 건강하고 마초적인 남성미를 은유하는 카우보이는 해당 브랜드를 상징하는 중요한 브랜드 연상이 되고 있다.

핵심 아이덴티티와 확장 아이덴티티

앞서 살펴본 4가지 유형의 연상은 패션브랜드 이미지를 표현할 수 있는 다양한 연상들을 유형화한 것이다. 사실 이러한 유형의 연상을 모두 강조하는 패션브랜드는 별로 존재하지 않으며 그럴 필요도 없다. 패션기업은 여러 가지 연상 가운데 자사 브랜드에 적합한 연상을 선택해서 핵심 아이덴티티와 확장 아이덴티티를 규명하고 이에 기반을 둔 브랜드 전략을 수립해야 한다.

　핵심 아이덴티티는 시간이 흘러 시장 상황이 바뀌더라도 변함없이 유지되는 연상들로서, 브랜드에 담긴 의미 그 자체이다. 토즈Tod's의 핵심 아이덴티티는 트렌드에 휩쓸리지 않고 장기적으로 브랜드를 이끌어 갈 수 있는 가죽 스페셜리스트로 표현할 수 있고, 에르메스Hermès의 핵심 아이덴티티는 고품질과 장인 정신의 브랜드 전통에 있다. 핵심 아이덴티티는 가치제안value proposition과 하위 브랜드 보증endorsement에 도움을 주며, 보통 조직 측면과 관련되는 경우가 많다. 핵심 아이덴티티는 학자들에 의해 약간씩 다른 용어로 표현되는데, 켈러의 '브랜드 만트라brand mantra', 장노엘 카페레의 '브랜드 피라미드brand pyramid' 가 그것이다. 이외에 '브랜드 핵심essence', '브랜드 핵심 약속core brand promise' 등도 핵심 아이덴티티를 표현하는 용어이다. 어떤 용어로 표현되든 간에 중요한 것은 핵심 아이덴티티를 어떻게 수립하고 구체화할 것인가이다.

　켈러Keller, 2003는 '브랜드 만트라' 에 대해 기업이 추구하는 핵심 가치를 두세 개의 단어로 압축해서 그 브랜드가 어떤 제품인지, 어떤 의미를 지니고 있는지, 소비자에게 어떤 편익을 제공하는지를 표현해야 한다고 지적하면서, 이를 '브랜드 기능', '묘사되는 수식어', '감성적인 수식어' 의 3가지 요소로 설명한다. 확장 아이덴티티는 핵심 아이덴티티를 좀 더 구체적으로 설명하는 연상으로 구성된

브랜드 만트라

켈러의 '브랜드 만트라'는 3가지 어구로 구성된다. '브랜드 기능brand functions'은 브랜드의 경험이나 브랜드가 주는 이익을 묘사하는 어구이고, '묘사되는 수식어descriptive modifier'는 브랜드의 특성을 좀 더 명확하게 규정하는 어구이다. 이를테면 나이키의 브랜드 기능인 '성취'는 다른 종류의 성취가 아닌 오직 운동선수의 성취이고, 디즈니의 브랜드 기능 어구인 '오락'은 다른 종류의 오락이 아닌 가족의 오락이다. '감성적인 수식어emotional modifier'는 브랜드가 주는 혜택이 어떠한 감정으로 전달되어야 하는지를 규정하는 어구로, 나이키는 '진정한' 느낌으로, 디즈니는 '즐거운' 느낌으로 다가가야 한다.

브랜드 만트라의 적용 사례

	감성적 수식어	묘사되는 수식어	브랜드 기능
나이키	진정한(authentic)	운동선수의(athletic)	성취(performance)
디즈니	즐거운(fun)	가족의(family)	오락(entertainment)

이러한 3가지 어구를 통해 나이키와 디즈니의 만트라를 정리하면, 나이키는 '진정한 운동선수의 성취', 디즈니는 '즐거운 가족의 오락'으로 규정할 수 있다.

출처_ Keller, K. L.(2003). Strategic Brand Management(2nd ed.), p.153.

다. 핵심 아이덴티티는 브랜드에 대해 아주 간결한 연상만을 제시하기 때문에 모호함을 유발할 수 있지만, 확장 아이덴티티는 구체적으로 표현할 수 있는 연상을 포함함으로써 핵심 아이덴티티에 깊이를 더해 줄 수 있다. 표 4-1은 음악, 여행, 금융, 출판 등 세계 30여 개국에서 200여 개의 계열사를 거느린 영국의 버진그룹의 핵심 아이덴티티와 확장 아이덴티티를 보여준다.

표 4-1
버진의 브랜드 아이덴티티

핵심 아이덴티티	·서비스의 질_ 유머와 안목으로 해당 제품군 내에서 최고의 서비스 제공 ·혁신_ 부가적 가치를 높여주는 혁신적 제품과 서비스로 최고 지향 ·재미와 엔터테인먼트_ 재미와 즐거움을 제공하는 기업 ·가격에 부합하는 가치 제공_ 버진이 제공하는 모든 서비스와 제품에 부합하는 가치 제공
확장 아이덴티티	·정의로운 도전자_ 창의적 서비스로 기존의 관료적 기업들과 맞서 싸움 ·개성_ 규칙을 무시하고, 때로는 심할 정도로 유머감각이 있으며, 기존 질서와 맞서 싸우는 도전자이고, 유능하며, 항상 높은 수준의 일을 해내는 성격 ·상징_ 버진그룹 CEO인 리처드 브랜슨, 버진아틀란틱 비행기, 버진의 필기체 로고

출처_ Aaker, D. A. & Joanchimsthaler, E.(2003), 브랜드 리더십. 이상민·최윤희 옮김(2007), p.92.

가치제안과 고객관계

브랜드 아이덴티티와 관련된 다양한 패션브랜드 연상들은 브랜드가 소비자들에게 제안하는 가치로 연결된다. 가치제안은 패션브랜드가 목표소비자에게 전달하는 가치 유형으로, 기능적 가치functional value, 상징적 가치symbolic value, 경험적 가치experiential value로 구분할 수 있다.

기능적 가치는 신체보호, 착용감 등과 같이 패션브랜드가 제품 착용과 관련하여 발생하는 기능적 문제를 해결하는 능력과 관련이 있다. 경제성, 품질, 기능성(방수, 방한 등) 등에서 강점이 있는 브랜드들이 기능적 가치를 제공하는 브랜드에

그림 4-4
블랙야크 냉감 티셔츠

출처_ www.byn.kr

해당된다. 특정 브랜드가 그 제품 범주 내에서 가장 본원적인 기능적 편익을 지배한다면 해당 범주에서 대표 브랜드가 될 가능성이 높아진다. 아웃도어 브랜드인 '블랙야크'는 친환경 소재를 기반으로 기능성의 속성을 어필하기 위해 '마이크로 텐셀'을 적용한 냉감 티셔츠를 출시하였다. 이 제품은 블랙야크의 '그린야크' 캠페인 영상에서 아이유가 선택한 '자연과 친한 티T' 제품들로 청정 자연에서 자란 유칼립투스 나무 추출물로 만든 친환경 소재인 '마이크로 텐셀'을 적용했다. 수분 조절 기능을 통해 수분을 흡수한 뒤 외부로 빠르게 배출하여 자연적 쿨링 기능을 발휘시키는 이러한 냉감 티셔츠의 마케팅 활동은 기능적 가치를 전달한다부산일보, 2022.6.13. 그러나 기업이 기능적 편익으로 가치제안을 제한할 경우 다음과 같은 한계 상황이 발생할 수 있다. 먼저 경쟁사에서 미투 제품me-too(경쟁사의 인기 제품을 모방한 제품)이 나올 수 있고, 브랜드 확장 시 제약이 따를 수 있다. 또한 소비자들의 구매 결정이 항상 합리적으로 이루어지는 것은 아니라는 문제점도 있다. 따라서 이러한 한계 상황을 극복하기 위해서는 기능적 편익을 넘어 정서적, 자기 표현적 이익을 포함하도록 가치제안의 범위를 확장시키는 것이 필요하다.

정서적 가치는 브랜드 구매자나 사용자가 구매나 착용 중에 감각적이거나 감성적인 경험을 느끼도록 하는 능력과 관련이 있다. 정서적 가치를 주는 브랜드는 고객에게 감각적으로 오감을 만족시키며, 감정적 욕구를 만족시키는 브

랜드이다. 예를 들어, 이랜드의 '후아유Whoau'는 캘리포니아라는 브랜드 콘셉트를 표현하기 위해 캘리포니아의 주산물인 오렌지 향을 활용하고 있다. 후아유 매장에서만 분사되는 이 향수는 젊은이들이 선호하는 향기 가운데 수차례 샘플 테스트를 거쳐 선정되었다고 한다. 이러한 향은 후아유 브랜드의 이미지를 전달할 뿐아니라 브랜드에 대한 긍정적인 감성을 유발해 구매 욕구를 일으킨다.

출처_ whoau.elandmall.com

상징적 가치는 소비자가 패션브랜드를 통해 자기 이미지를 표현할 수 있게 하는 능력과 관련된다. 상징적 가치를 주는 브랜드들은 주로 세련되고 고급스러운 이미지를 갖는 고가의 패션브랜드들이다. 예컨대 소비자는 샤넬을 소유함으로써 럭셔리하면서도 지적인 여성적 자아를 표현할 수 있다.

출처_ www.chanel.com

이때 기업은 소비자에게 꼭 하나의 가치만을 제안할 필요는 없다. 어느 하나의 가치가 더 부각될 수는 있지만 세 가지 유형의 가치가 연계성을 가지고 적절히 결합되어 목표고객에게 제안되는 것이 가장 바람직하다.

2。패션브랜드 아이덴티티 구축을 위한 브랜드 요소

패션브랜드 아이덴티티는 소비자에게 통일된 브랜드 연상이 전달되도록 브랜드 요소를 잘 개발하고 관리함으로써 구축될 수 있다. 브랜드 요소에는 브랜드명brand name, 로고logo, 심벌symbol, 캐릭터character, 슬로건slogan, 징글jingle, 색상color, 포장package 등이 포함된다. 이 중 브랜드명과 로고, 디자인 등의 브랜드 요소는 특허청에 등록하면 등록상표trade mark로 법적인 보호를 받을 수 있다.

패션브랜드 요소의 개발과 관리는 하나의 패션브랜드를 특징짓고 그 브랜드를 다른 브랜드와 차별화시키기 위해 브랜드 요소를 전략적으로 선택하고 관리하는 것이다. 브랜드 요소의 선택과 결합은 브랜드 자산을 구축하는 데 영향을 주기 때문에, 각 브랜드 요소의 기능과 역할을 이해하고 브랜드 자산 가치를 극대화할 수 있도록 브랜드 요소들을 조화롭게 선택하고 결합하는 일이 중요하다.

이하에서는 각 브랜드 요소의 특징과 관리 방안에 대해 살펴보고, 패션기업이 이들 브랜드 요소를 개발할 때 고려해야 하는 사항을 점검하고자 한다.

브랜드명

브랜드명brand name은 특정 기업의 제품이나 서비스를 경쟁사의 그것과 구별하고 식별할 수 있게 하는 것으로 브랜드 요소 중에서 언어로 표현되는 부분이다. 브랜드명은 브랜드의 특징을 표현하는 기능을 수행할 뿐 아니라 제품 품질, 지위, 개성 등 보이지 않는 부분까지 전달한다. 구체적으로 브랜드명은 첫째, 해당 브랜드를 확인시켜 주는 역할을 하고, 둘째, 브랜드에 대한 정보를 기억하는 단서 역할을 하며, 셋째, 시장에서 제품에 대한 포지셔닝을 나타내 주는 역할을 한다Schmitt & Pan, 1994. 예를 들어, 독일에서 생산되는 패션의류 브랜드인 '보스Boss'는 브랜드명에서 35세 전후의 성공한 사업가를 대상으로 한 고급의류라는 브랜드 아이덴티티를 표현하고 있다. 또한 브랜드명은 소비자로 하여금 브랜드의 이미지를 형성하게 하고, 연상을 불러일으키는 핵심적인 요소가 된다.

우리나라 패션업체들이 고려하는 브랜드명 전략brand name strategy에는 크게 개별 브랜드 전략, 공동 브랜드 전략, 혼합 브랜드 전략의 세 가지가 있다안광호 외, 2010. 개별 브랜드 전략은 생산된 패션제품들에 각각 다른 브랜드명을 부착하는 전략이다. 한섬이 여성 의류제품 내에서 타임Time, 마인Mine, 시스템System 등의 서로 다른 브랜드명을 개발하는 경우이다. 개별 브랜드 전략은 각각의 세분시장에 맞는 서로 다른 고객을 흡수함으로써 시장점유율을 높일 수 있고, 충성도가 낮은 브랜드 전환 고객을 확보하는 것이 용이하다는 이점이 있다. 그러나 패션기업이 내놓은 여러 브랜드가 자사의 고객을 서로 빼앗는 자기시장 잠식현상cannibalization이 발생할 수 있다는 단점이 있다.

공동 브랜드 전략은 기업이 하나의 브랜드를 기업 내 모든 제품들에 적용하는 전략이다. 예를 들어, 나이키는 나이키라는 기업명 브랜드를 운동화, 티셔츠, 모자 등 모든 제품에 적용하고, 랄프로렌은 캐주얼 의류, 남성복, 여성복, 가방, 향수 등과 같은 패션제품에 동일 브랜드명을 사용한다. 공동 브랜드 전략은 공동 브랜드를 여러 패션제품에 사용함으로써 광고비나 유통비 등의 마케팅 비용을 절감할 수 있다. 그러나 패션제품 간에 품질과 이미지가 차이가 클 경우 고품질의 제품 이미지가 저품질의 제품 이미지로 인해 부정적 연상을 갖게 될 수 있다. 특히 기존 제품과 다른 새로운 제품군에 모브랜드를 적용하는 브랜드 확장brand extension 전략을 수행할 때는 소비자의 혼란을 야기하지 않도록 유의할 필요가 있다. 가령, 남성적이고 거친 이미지의 오토바이 브랜드인 할리데이비슨Harley-davidson이 할리데이비슨 향수를 출시했다가 실패한 사례가 이에 해당한다. 혼합 브랜드 전략은 코오롱 헤드Head, LG패션 마에스트로Maestro, 제일모직 빈폴Beanpole과 같이 기업 브랜드와 개별 브랜드를 함께 사용하는 전략이다. 혼합 브랜드 전략은 소비자 인지도를 구축한 기업 브랜드를 활용하여 소비자에게 믿음을 주면서 동시에 개별 브랜드 고유의 이미지를 구축하여 제품의 차별화를 기할 수 있다. 혼합 브랜드 전략을 활용하기 위해서 기업은 기업 브랜드와 개별 브랜드 중 어느 것을 주력 브랜드로 삼고 어떤 것을 후원 브랜드로 삼을 것인지를 결정해야 하며, 기본적으로 기업 브랜드가 잘 알려져 있어야 하고 개별 브랜드를 인식시킬 수 있는 충분한 마케팅 활동을 수행해야 한다.

의류 분야에서 브랜드명으로는 프라다, 도나카란, 우영미 등과 같이 디자이너의 이름을 사용하는 경우가 많고, 마에스트로나 폴로polo와 같이 상품 고유의 의미를 가진 단어를 사용하기도 하며, 아가방, 타임옴므, 마담 엘레강스 등과 같이 목표시장을 나타내는 브랜드 수식어를 사용하기도 한다. 또한 오뜨haute, 럭셔리luxury 등과 같이 수식어를 통해 브랜드 콘셉트를 표현하기도 한다.

좋은 브랜드명은 패션시장에서 성공을 거두는 데 중요한 역할을 하지만, 좋은 브랜드명을 개발하는 것이 쉬운 일은 아니다. 좋은 브랜드명의 기준을 몇 가지로 정리하면, 첫째, 브랜드명은 브랜드의 인지도를 높이기 위해 제품내용과 조화를 이루어야 하고, 시각적·언어적으로 제품과 잘 어울려야 한다. 연구에 따르면 높은 이미지 심상을 갖고 있는 브랜드명이 낮은 이미지 심상을 갖는 단어보다 비보조 상기와 보조 인지 측면에서 기억이 용이하다고 한다. 아르마니Armani의 경우 다양한 제품군을 보유하고 있지만, 아르마니까사Armani casa(가구), 아르마니진스Armani jeans(진웨어)와 같이 해당 브랜드가 어떠한 제품군에 속하는지 연상할 수 있도록 브랜드명을 개발한다. 둘째, 브랜드명이 발음하기 쉽고 간단해서 기억하기 용이해야 한다. 단순성은 브랜드명을 처리하는 데 들이는 인지적 노력을 감소시키고, 쉽게 상기된다. 예를 들어, 아식스Asics는 'Anima Sana In Corpore Sano'의 머리글자로 이루어진 브랜드명으로 원래의 긴 어구에 비해 단순하고 기억하기 쉽다. 셋째, 브랜드명은 브랜드의 포지셔닝이나 브랜드의 의미를 표현하도록 개발될 수 있다. 컬러스테이Color Stay 립스틱은 제품의 속성을 표현하고 있는 반면, 오베션Obession향수는 감성적인 느낌을 유발하는 이름이다. 오브제Obzee와 에꼴드파리Ecole de Paris 등의 국내 의류 브랜드는 이탈리아나 프랑스의 패션성을 연상하도록 브랜드명을 개발했다.

로고와 심벌

로고logo는 로고타입logotype의 약자로 브랜드명이나 기업명을 독특한 방식으로 표기한 것이다. 로고는 워드마크형 로고에서부터 추상적인 심벌형 로고까지 여러 가지 유형이 있다. 로고는 해당 브랜드나 기업의 독특한 아이덴티티를 나타내기 위해 많은 경우 전문 디자이너나 디자인 전문기업에 의해 개발되고 있다. 로고 중에서 워드마크가 아닌 로고를 심벌symbol이라고 하는데, 이는 브랜드의 의미, 추구하는 이미지, 연상 등을 나타내기 위해 사용된다. 심벌의 예로서는 폴로의 말, 에르메스의 사륜마차와 말, 마부, 에트로의 페가수스, 나이키의 스우시 등이 있다.

일반적으로 심벌은 언어적인 정보보다 시각적인 정보가 기억하기 쉽다는 점

그림 4-7
브랜드 로고

폴로 로고 에르메스 로고 에트로 로고 나이키 로고

에서, 인지도를 높이는 데 도움이 되고, 기업이 제품과 서비스를 그 자체로 차별화하기 어려울 때 차별화의 중요한 수단이 될 수 있다. 또한 심벌은 시각적인 정보로서 다양한 감정적인 반응을 유도해 낼 수 있기 때문에 브랜드 인지뿐 아니라 브랜드 연상, 브랜드 충성도, 품질 지각, 호감도를 형성하는 데 유리할 수 있다. 고급 캐주얼 의류인 랄프로렌은 말을 타고 폴로경기를 하는 운동선수를 심벌로 이용함으로써 상류층을 지향하는 고급스러운 브랜드 이미지를 전달한다.

캐릭터

기업이 브랜드를 인식시키기 위해 실제 사람이나 동식물, 기타 자연물 등을 활용하거나 가상의 대상을 일러스트레이션 처리하여 사용하는 것을 캐릭터character라고 한다. 캐릭터는 사람이나 동식물을 의인화하여 표현한 것이 대부분인데, 로고나 심벌에 사용되기도 한다. 오늘날 패션제품의 기술 평준화로 품질이나 기능 측면에서의 차별화가 어려워지자 소비자의 정서적 반응을 높이기 위해 캐릭터가 상품에 활용되고 있다.

캐릭터가 가진 친근함은 소비자들이 브랜드를 자연스럽게 받아들이는 데 큰 역할을 한다. 처음 접하는 브랜드라 할지라도 친숙한 캐릭터가 가미되어 있으면 그만큼 브랜드 인지도나 호감도가 높아지기 때문에 캐릭터를 이용해 브랜드를 론칭하는 방식이 많이 사용되고 있다. 현재 국내 캐릭터 브랜드들은 주로 디즈니, 워너브라더스 등 해외 유명 캐릭터 업체의 캐릭터와 서브 라이선스 계약을 체결, 라이선스 브랜드로 전개하는 경우가 많다. 그러나 군이 유명 캐릭터 라이선스 계약이 아니더라도 자체적으로 캐릭터를 개발해 브랜드로 론칭하는 경우도 있다. 대표적인 예로, 이랜드 산하 브랜드 후아유는 곰 캐릭터 스티브Steve를 제작하여 시대별로 떠오르는 아이템을 후아유만의 색깔로 재해석하고, 해당 아이템을 떠올렸을 때 '후아유' 가 떠오르도록, 트렌드 상품을 후아유의 감성으로 해석하는 것에 초점

그림 4-8
후아유 스티브라인

출처_ whoau.com

을 맞추었다 그림 4-8. 브랜드를 대표하는 캐릭터 구축은 확고한 브랜드 아이덴티티를 정립할 수 있고 한번 각인된 캐릭터를 바탕으로 여러 분야에 응용될 수 있다는 점이 커다란 장점으로 작용한다.

패션브랜드의 캐릭터는 시각적 정보로 인해 브랜드의 인지도를 향상시키고 긍정적인 연상 이미지를 형성하며 구매 가능성을 높인다는 긍정적인 견해가 있지만, 반면 제공되는 시각적 정보가 너무 많고 혼잡해서 소비자들이 브랜드와 시각적 정보를 연결시키지 못한다는 부정적인 견해도 있다. 캐릭터는 후속적인 광고 캠페인과 포장 디자인에서 중요한 역할을 함으로써 마케팅 커뮤니케이션의 요소로 활용되기도 한다.

슬로건

슬로건slogan은 브랜드에 대한 정보를 전달하기 위해 사용하는 간단한 문구이다. 일반적으로 슬로건은 광고에 많이 사용되지만 쇼핑백이나 매장 VMD 등의 마케팅 수단으로 활용된다. 슬로건은 해당 브랜드가 어떤 제품군에 속하고, 그 브랜드가 무엇을 의미하는지를 소비자에게 쉽게 이해시킨다. 예를 들어, 포기하지 않고 도전하는 육체적, 정신적 동기를 제공하는 나이키의 'JUST DO IT' 슬로건은 브랜드 아이덴티티를 잘 표현한 슬로건이다. 베네통 역시 'United Colors of Benetton'이라는 슬로건을 내세움으로써, 브랜드의 포지션을 강력하게 알렸고, 광고 캠페인에서도 피부색이 다른 모델들의 이미지를 보여줌으로써 일관성을 유지했다. 베이직 캐주얼 아이템의 비중이 높은 유니클로는 2010년 브랜드의 철학을 전 세계에 전달하기 위해 새로운 슬로건인 'MADE FOR

그림 4-9 (좌)

나이키의 슬로건 'Just Do It'

그림 4-10 (우)

유니클로의 슬로건 'Made for all'

출처_ www.niko.com   출처_ www.uniqlo.com

ALL'을 선보였고, 슬로건을 통해 '모든 사람을 위한 옷, 기본적이면서도 스타일 있는 전 세계인이 선호하는 옷'으로의 의미를 잘 전달하고 있다. 이처럼 슬로건이 구체적이고 기억하기 용이하며 브랜드의 의미를 담고 있는 경우 효과적인 브랜드 아이덴티티 구축의 도구가 된다.

색상

색상과 징글jingle(짧은 내용을 반복하는 노래나 장단을 뜻하며, CM송이 대표적인 예)은 우리나라에서 등록상표로 인정되지 않지만 반복적인 사용을 통해 브랜드 아이덴티티를 구축하는 효과적인 수단이 되고 있다. 코카콜라 로고의 레드와 화이트, 티파니 보석상자의 스카이블루, 샤넬의 검정, 에르메스의 오렌지색, 구찌의 브론즈와 골드 색상, 베네통의 비비드 색상 등은 브랜드를 연상시키는 대표적인 색상이다. 브랜드와 색상의 반복적 연결은 브랜드에 대한 독특한 이미지를 연상시키고 소비자의 시각적인 요소에 자극을 줌으로써 구매에까지 영향을 미친다.

샤넬은 가장 보수적이면서 품위 있는 색인 검정을 브랜드 색상으로 사용하면서 고급스러움과 우아함, 기품을 표현한다. 이러한 이미지 구축을 위해 화장품부터 의류에 이르기까지 검은색을 대표 컬러로 고수하고, 매장 인테리어도 검은색으로 단장한다. 에르메스는 주황색을 브랜드 컬러를 사용하는데, 이는 주황색이 천연가죽과 가장 흡사한 색이기 때문이다. 천연가죽 느낌을 살려 고급스러운 이미지를 주고자 하는 것이다. 베네통은 제2차 세계대전 이후 노랑, 녹색 등 다양하고 밝은 색상으로 젊은이들의 호응을 얻으면서 사업 기반을 닦았다. 베네통은 기존 브랜드에서 사용하지 않았던 컬러풀한 색상을 사용해 통통 튀는 생기발랄한 이미지를 얻었고, 다른 브랜드와 차별성을 가지게 됐다.

그림 4-11 (좌)
샤넬의 검정 색상

그림 4-12 (우)
베네통의 비비드 색상

출처_ www.chanel.com　　　　출처_ www.benettonmall.com

패키징과 라벨링

패키징은 제품을 보관하거나 감싸는 것을 디자인하고 제조하는 활동이다. 패키징은 브랜드를 확인하고 제품에 대한 설명과 정보를 전달하는 기능을 하며 제품의 운반과 보호를 용이하게 한다. 또한 잘 표현된 패키지는 브랜드 인지도와 이미지를 향상시키고 브랜드 자산을 구축하는 데 중요한 역할을 담당한다. 특히 패션의류의 패키징은 브랜드 이미지를 높여 구매 욕구를 자극하는 판매 촉진책으로 활용된다.

그림 4-13
체크무늬를 통해 버버리 이미지를
전달하는 버버리 향수병

출처_ www.burberry.com

　패션브랜드는 박스나 쇼핑백이 패키징으로 주로 활용되며, 이들은 패션브랜드의 의미와 개성을 표현하고 소비자가 자신을 표현하는 도구로 활용한다는 점에서 브랜드 자산 구축의 수단이 된다.

　한편 라벨label은 패션제품에 부착되어 패키지의 일부를 구성하는 것으로 브랜드명만 기입된 경우도 있고 제품정보가 함께 제공되는 경우도 있다. 라벨 역시 브랜드 아이덴티티를 표현하는 요소로 활용될 수 있는데, 리바이스 레드탭

그림 4-14
리바이스 레드탭 제품 라벨

출처_ www.levi.co.kr

제품은 소비자가 쉽게 식별할 수 있는 빨간색 라벨로 상징화하여 의류에 부착해 제품의 이미지를 상징적이고 일관되게 전달하고 있다.

2 · 패션브랜드 포지셔닝

앞 절에서는 패션브랜드 아이덴티티의 의미와 브랜드 요소에 대해 살펴보았다. 본 절에서는 목표고객에게 전달할 패션브랜드의 커뮤니케이션 목표인 포지셔닝 개발 방안에 대해 정리하고자 한다.

1 · 브랜드 포지셔닝의 의미와 도출 전략

패션기업이 브랜드 아이덴티티에 기초해서 경쟁력을 가진 포지션을 구축하는 일은 매우 중요하다. 이하에서는 패션브랜드의 강력한 포지션을 구축하기 위해 패션기업이 고려할 수 있는 브랜드 포지셔닝의 도출 전략에 대해 살펴보고자 한다.

브랜드 포지션과 포지셔닝의 의미

패션브랜드 아이덴티티는 패션기업이 소비자 마음속에 심고 싶은 바람직한 연상이다. 이러한 연상 가운데는 전략적으로 차별화할 수 있는 요소도 있고 차별화할 수 없는 요소도 있는데, 전략적으로 차별화할 수 있는 요소를 중심으로 전략적 우위점을 찾고 고객의 인식 속에 뚜렷한 가치로 각인시키는 과정을 포지셔닝이라고 한다. 브랜드 포지셔닝이 자사 브랜드에 대해 차별화되고 가치 있게 여기는 연상을 찾아 표적고객에게 인식시키는 과정이라면, 브랜드 포지션은 표적고객의 마음속에 경쟁제품들과 비교하여 자사제품이 차지하는 차별적 우위점을 말한다.

이러한 맥락에서 코틀러_{Kotler, 2000}는 브랜드 포지셔닝을 "목표고객들의 마음 속에 하나의 독특하고 가치 있는 장소를 점유하고자 기업의 상징물과 이미지를 계획하는 행동"으로 정의했으며, 켈러_{Keller, 2003}는 "어떠한 소비자 그룹이나 세분시장의 마음속에 고유한 위치를 찾음으로써 그들이 어떠한 제품이나 서비스에 대해 바람직한 방식으로 생각할 수 있도록 하는 것"이라고 정의했다. 켈러는 또한, 올바른 브랜드 포지션은 해당 브랜드가 경쟁 브랜드와 얼마나 유사하고 차별화되었는지, 소비자가 그 브랜드를 구매하고 사용하는 이유가 무엇인지를 파악함으로써 규정될 수 있고 이러한 브랜드 포지션은 마케팅 전략 수립의 지침이 되어야 한다고 지적한다.

브랜드 포지셔닝의 도출 전략

경쟁력을 가진 패션브랜드 포지션을 구축하기 위해서는 다음의 두 가지 핵심을 이해할 필요가 있다. 첫째는 자사 브랜드의 제품 범주와 관련된 정체성을 수립하는 것이고, 둘째는 그 범주 내에서 경쟁 브랜드와의 유사점과 차별점을 파악하고 차별적 우위점을 정립하는 것이다_{Keller, 2003}.

제품 범주와 관련된 정체성 수립

제품 범주와 관련된 정체성 수립이란 자사 브랜드가 속한 제품 범주를 명확히 규정하고 소비자에게 인식시키는 것이다. 리복이나 갭 같은 대중 브랜드는 소비자들이 그 브랜드의 제품 범주를 잘 인지하고 있지만, 새로운 신제품이 출시된 경우 소비자들은 신규 브랜드의 제품 범주를 모르기 때문에 이를 인식시키는 것이 매우 중요하다. 예를 들어, 어떤 패션기업이 모던 콘셉트를 바탕으로 한 영캐릭터 캐주얼의 신규 브랜드를 출시했다면 그 기업은 우선적으로 소비자에게 신규 브랜드가 영캐릭터 캐주얼임을 인식시킬 필요가 있다. 만약 소비자가 신규 브랜드에 대해 우아한 여성복을 떠올린다면 제품 범주에 대한 정체성이 제대로 전달되지 못한 것이다.

여기서 제품 범주는 브랜드 전략에 따라 달라지며 군이 좁게 규정할 필요가 없다. 예컨대, 젊은 층을 겨냥하는 골프 브랜드들의 제품 범주는 스포츠 웨어 시장에 국한될 수도 있고 캐주얼 시장으로 확대될 수도 있다. 제품 범주를 어떻게 규정하느냐에 따라 경쟁 브랜드의 수가 달라진다.

그림 4-15

폴로, 빈폴과 비교한 헤지스 론칭
지면광고

이처럼 특정 브랜드의 제품 범주를 인식시키는 작업이 상당히 중요한데, 구체적인 방법으로는 '제품 범주의 일반적인 특징category benefit 전달하기', '제품 범주를 대표하는 리딩 브랜드와 비교하기', '제품 기술어를 활용하기'와 같은 방안이 있다. 첫 번째 방안인 제품 범주의 일반적인 특징을 전달하는 방법은 아웃도어 브랜드가 등산이나 야외활동과 관련된 여러 기능을 알리는 것과 같이 범주의 일반적인 특성을 브랜드가 보유하고 있음을 알리는 것이다. 두 번째는 제품 범주를 대표하는 리딩 브랜드와 자사 브랜드를 연결함으로써 자사 브랜드의 제품 범주를 알리는 것이다. 예를 들어 헤지스가 처음 출시됐을 때 트래디셔널 캐주얼 브랜드임을 알리기 위해 선도 브랜드인 폴로, 빈폴과 비교하는 방법을 사용했다 그림 4-15. 세 번째 방안으로는 남성용 제품임을 알리는 '헤라 옴므'나, 라이프스타일 제품군을 의미하는 '자라홈'처럼 제품의 특성을 의미하는 기술어를 활용하는 방법이다.

경쟁 브랜드와의 유사점 및 차별점 연상 정립

자사 브랜드의 제품 범주와 관련된 정체성이 확립되면 범주 내 경쟁 브랜드와의 유사점 연상과 차별점 연상을 확인하고 이에 기반을 두어 포지셔닝 전략을 수립할 수 있다.

• **경쟁 브랜드와의 유사점 연상**_ 경쟁 브랜드와의 유사점 연상은 자사 브랜드만의 독특한 연상이 아닌 다른 브랜드와 공유될 수 있는 연상으로, '제품 범주와 관련된 유사점 연상'과 경쟁력을 가진 유사점 연상'으로 분류할 수 있다. 먼저 '제품 범주와 관련된 유사점 연상'은 소비자들이 특정 제품 범주로 인식하는 데 필요로 하는 연상들을 말한다. 예를 들어, '캠퍼스 캐주얼'이라고 하면 학생, 대학건물, 열정 등 대학을 의미하는 연상이 내포되어야 하고, '골프웨어' 하면 골프장, 야외, 풀과 같이 골프와 관련된 연상이 이루어져야 한다. 랄프로렌의 하위 브랜드인 럭비Rugby는 캠퍼스 캐주얼임을 인식시키기 위해 캠퍼스 분위기를 연출

하며 스포츠 캐주얼룩을 소개하였다. '경쟁력을 가진 유사점 연상'은 경쟁사의 차별점을 무력화시키기 위한 연상을 의미한다. 만약 경쟁 브랜드의 강점으로 인식되는 '방수' 기능에 대한 연상을 자사의 골프웨어 브랜드가 보유한다면 이는 경쟁력 있는 유사점 연상에 해당한다. 패션기업은 경쟁 브랜드와의 어떠한 유사점 연상이 필요한지를 파악하고 자사 브랜드의 포지션을 구축할 때 이를 고려해야 한다.

• **경쟁 브랜드와의 차별점 연상_** 경쟁 브랜드와의 차별점 연상은 소비자들이 경쟁 브랜드에서는 얻을 수 없는 자사 브랜드의 긍정적이고 독특한 연상을 의미한다. 만약 아이더eider가 다른 등산복 브랜드에서 강조하는 흡습, 방수, 자외선 차단과 같은 기능성에 대한 연상 외에 컬러풀, 스타일리시, 트렌디 등의 패션성과 관련된 연상이 이루어진다면 이는 차별점 연상이라고 볼 수 있다. 여기서 제품의 모든 차별점이 효과적인 포지셔닝에 도움이 되는 것은 아니다. 기업은 여러 가지 차별점 가운데 경쟁적 우위를 얻고 소비자에게 편익을 제공할 수 있으며 경쟁 브랜드가 쉽게 모방하지 못하는 경쟁적 강점이 무엇인지를 신중히 선택해야 한다.

• **부정적으로 상관되어 있는 유사점과 차별적 연상_** 강력한 패션브랜드 포지션을 창출하기 위해서는 경쟁 브랜드와의 유사점 연상과 차별점 연상을 모두 잘 정립해야 한다. 그러나 이 과정에서 어려운 점은 유사점을 구성하는 연상과 차별점을 구성하는 연상이 부정적으로 상관되어 있는 경우가 많다는 것이다. 예를 들어, 중저가의 고품질 콘셉트를 가진 패션브랜드는 합리적 가격의 유사점 연상을 보유하면서 동시에 고품질이라는 차별점 연상을 부각해야 하는데 이 작업이 쉽지 않다.

부정적으로 상관된 유사점 연상과 차별점 연상의 문제를 처리하는 방안으로는 다음과 같은 세 가지 방법이 활용될 수 있다. 첫째는 유사점과 차별점의 상반되는 브랜드 속성을 서로 다른 마케팅 캠페인을 통해 전개하는 방법이다. 예를 들어, 기능성 화장품 브랜드의 경우 영상매체를 통해 상징적 가치를 표현하고 인쇄매체를 통해 성분과 기능을 설득하는 내용을 표현할 수 있다. 둘째는 부정적으로 상관된 이점 중 하나의 속성에 대해 신뢰도를 부여하기 위해 다른 대상에서 브랜드 연상을 차용하는 방법이다. 예컨대, 중저가 브랜드들은 가격에 비해 품질이 우수하다는 차별점 연상을 인식시키기 위해 빅모델을 차용하는 경우가 흔하다. 세 번째 방법은 유사점과 차별점이 부정적 관계가 아니라 긍정적 관계라는 것을 소비자들에게 확신시키는 것이다. 기능성 소재인 고어텍스Goretex는 '방수'라는 속성과 '숨 쉬는'이라는 모순될 수도 있는 속성을 기술력의 진보라는 의미로 극복했다.

결론적으로 경쟁 브랜드가 우위를 확보하려는 영역에서 경쟁력이 있고, 경쟁 브랜드가 확보하지 못한 영역에서 긍정적이면서 독특한 차별점 연상을 보유할 수 있으면 그 브랜드의 포지셔닝은 성공적이라고 볼 수 있다.

2 · 브랜드 포지셔닝의 유형

브랜드 포지셔닝은 경쟁 상황 속에서 자사 브랜드를 소비자의 마음속에 독특하게 자리 잡도록 기업이 의도하는 연상을 심어주는 과정이다. 이 과정에서 브랜드 관리자는 원하는 연상이 구축되도록 제품이나 가격, 유통, 마케팅 커뮤니케이션 요소들을 서로 다른 비중으로 적절하게 활용해야 한다. 브랜드 포지셔닝이 제품 속성에 초점을 둔다면 제품 전략에 상대적으로 더 큰 비중을 두어야 하고, 사용자 이미지에 의한 포지션을 구축하고자 한다면 상대적으로 마케팅 커뮤니케이션 전략에 더 많은 비중을 두어야 한다.

포지셔닝의 유형은 매우 다양하지만 패션업계에서 주로 접근할 수 있는 포지셔닝 유형은 크게 ① 제품 속성에 의한 포지셔닝, ② 무형적 요인에 의한 포지셔닝, ③ 경쟁사 기준 포지셔닝, ④ 원산지 기준 포지셔닝, ⑤ 용도 및 착용 상황에 의한 포지셔닝, ⑥ 사용자 이미지에 의한 포지셔닝, ⑦ 라이프스타일이나 개성에 의한 포지셔닝으로 분류해서 살펴볼 수 있다.

제품 속성에 의한 포지셔닝

제품 속성에 의한 포지셔닝은 패션제품의 어떤 중요한 특징을 브랜드와 연결시키는 전략이다. 패션제품의 특징에는 소재의 종류나 통풍성, 방수, 방한력, 디자인, 색상 등의 제품 속성이 포함될 수 있다. 예를 들어, '베네통' 하면 화려한 원색의 색상이 떠오르고, 'K2' 하면 등정과 암벽, 방한 및 방풍 기능을 갖춘 전문 등산 용품이라는 이미지가 떠오르는데 이러한 연상이 제품 속성에 해당된다. 제품 속성에 의한 포지셔닝을 수행하기 위해서는 마케팅 믹스요소 중 특히 제품 요소가 중요하다. 패션브랜드 관리자는 가장 효과적인 제품 속성이 무엇인지 확인하고 선정된 제품 속성이 핵심이 되도록 패션제품을 설계해야 한다. 가령, 아웃도어 브랜드 가운데서도 고산 등정이나 암벽, 방수 등 전문등산복을 연상시키는 알파인(익스트림) 브랜드들은 하이테크 기술을 앞세운 고기능성 아이템 중심으로 상품을 전개하고 '고어텍스'와 같은 기능성 소재를 많이 활용한다. 또한 제품의 속성을 자사 브랜드와 연계할 수 있도록 마케팅 커뮤니케이션 도구를 일관성있게 활용함으로써 표적고객에게 효과적으로 커뮤니케이션해야 한다.

무형적 요인에 의한 포지셔닝

무형적 요인에 의한 포지셔닝은 구체적이고 객관적인 제품 속성과는 달리 추상적이고 주관적인 소비자의 긍정적 판단을 구축하는 것이다. 가령, 소비자들이 느끼는 지각된 품질은 제품이 갖고 있는 객관적 특징과는 다른 무형적 요인이다. 이외에 특정 브랜드를 기술적 리더십이나 기술적 혁신, 세계성 등과 같은 추상적인 요인과 연결시키는 것도 무형적 요인에 의한 포지셔닝이다.

무형적 요인에 의한 포지셔닝에서도 마케팅 믹스요소 중 제품요소가 가장 중요하다. 브랜드 관리자는 연상을 심고자 하는 무형적 요인의 단서가 무엇인지를 조사하고 이러한 단서를 중심으로 제품 전략을 구사하고 마케팅 커뮤니케이션 활동을 수행해야 한다. 또한 무형적 요인의 대표적인 방법인 고품질 포지셔닝에서 가격은 상당히 중요한 단서이다. 소비자는 가격을 품질의 지표로 사용하는 경향이 있는데, 특히 소비자가 제품의 품질을 판단할 만큼 정보를 갖고 있지 못할 때 가격-품질 간의 연상심리는 더욱 강하게 작용한다. 이외에 희소성을 극대화해서 거래장벽을 높이는 것 또한 고품질의 단서가 된다. 가령, 고품질 브랜드로 손꼽히는 에르메스의 대표적 아이템인 켈리백과 버킨백은 보통 천만 원 이상 되는 프리미엄 가격을 책정할 뿐 아니라 대기 리스트 등으로 제품의 희소성을 높이며 럭셔리 브랜드의 이미지를 극대화하고 있다. 또한 독특한 겹박음질 방법인 새들 스티칭과 에르메스 신사복의 주문 맞춤 제작방식은 '에르메스=고품질'로 인식할 수 있는 단서가 된다. 이러한 단서들은 에르메스를 최고급 브랜드로 인식시키며 고품질의 포지셔닝을 구축하는 데 기여하고 있다.

경쟁사 기준 포지셔닝

경쟁사에 의한 포지셔닝은 자사 브랜드를 선도 브랜드와 직접 연관시키는 방식이다. 이 유형은 표적고객의 마음속에 이미지가 잘 확립된 선도 브랜드와 자사 브랜드를 같은 범주로 인식하도록 함으로써 선도 브랜드가 갖고 있는 긍정적인 연상을 전이 받으려는 방법이다.

이러한 경쟁사 기준 포지셔닝 전략을 수행하는 데 있어서 특히 중요한 요소는 제품 전략이다. 브랜드 관리자는 선도 브랜드와 비교하여 자사 제품의 강점과 약점을 파악하고 이를 통해 약점을 교정하고 강점을 향상시킬 수 있도록 제품 개선을 우선적으로 수행해야 한다. 또한 가격과 유통 전략은 경쟁 브랜드와 비슷하게 가져가고, 커뮤니케이션 수단을 통해 자사 브랜드가 경쟁 브랜드에 비해 어떠한 차별적 우위점이 있는지를 효과적으로 전달해야 한다.

제일모직이 빈폴 사업을 시작한 것은 1989년으로, 빈폴은 초창기에 선도 브랜드인 폴로를 벤치마킹하면서 경쟁사에 의한 포지셔닝 전략을 펼쳤다. 폴로 제품에 대한 지속적인 분석을 통해 빈폴의 품질을 한 단계 업그레이드시켰고, 유통과 가격은 비슷한 전략으로 가져갔다. 빈폴은 1991년 백화점에 독립매장을 열게 됐으며 1994년에는 일관된 브랜드 이미지 구축을 위해 노세일 정책을 선언했다. 이 같은 전략으로 마침내 빈폴은 사업 시작 12년 만인 2001년에 폴로를 제치고 1위 브랜드로 성장하였다.

원산지 기준 포지셔닝

원산지로서의 국가나 지리적 위치와 연결하여 브랜드 연상을 구축하는 것을 원산지에 의한 포지셔닝이라고 한다. 패션소비자가 이탈리아와 관련된 브랜드를 선택하는 것은 이탈리아라는 원산지에 대해 깊은 신뢰감을 갖고 있거나 이탈리아라는 국가가 주는 연상을 통해 자아이미지를 구축하려는 것으로 이해된다. 이런 측면에서 원산지에 의한 포지셔닝은 브랜드의 강력한 차별점이 될 수 있다.

미국 브랜드인 팀버랜드Timberland가 유럽시장을 공략할 때 미국에서 집행했던 차분한 분위기의 광고와는 달리 'brash, potent in your face'라는 광고 문구로 미국적 매력을 표현한 경우나, 2006년 프랑스 본사로부터 100% 지분을 인수한 태진인터내셔널의 루이까또즈Louis Quatorze가 다양한 문화활동을 통해 프랑스 연상을 구축한 것은 원산지에 의한 포지셔닝의 대표적인 사례이다. 이외에 우리나라 수입 패선제품 가운데 미국과의 연결고리를 강조하는 리바이스와 나이키, 프랑스를 연상시키는 샤넬, 이탈리아를 연상시키는 구찌 등도 원산지를 강조하는 브랜드로 볼 수 있다.

원산지에 의한 포지셔닝은 제품 전략과 커뮤니케이션 전략이 특히 중요하다. 브랜드 관리자는 원산지가 소비자의 마음속에 어떻게 인식되고 있는지를 살펴볼 필요가 있고, 제품이 생산되거나 수입되기 전이라면 양질의 제품을 생산하는 원산지로 지각되는 국가를 식별하고 브랜드와 국가와의 연계성을 갖는 방안을 강구할 필요가 있다. 브랜드와 원산지와의 연계가 확실하게 이루어지면 원산지를 의미할 수 있는 상징물을 개발하고 브랜드와 원산지 간의 연상고리를 효과적으로 커뮤니케이션하도록 노력해야 한다.

용도 및 착용 상황에 의한 포지셔닝

용도 및 착용 상황에 의한 포지셔닝은 소비자가 제품을 착용하는 방식이나 상황과 브랜드를 연계시키는 방안이다. 예를 들어, 코퍼톤Coppertone 선탠 로션은 여러 장소 가운데 특히 해변에서 햇볕을 쬐며 장시간 누워 있기 좋아하는 사람에게 적합한 제품으로 포지셔닝한 바 있다. 야외 스포츠의 필수품으로 각광받고 있는 아이웨어는 다양한 스포츠에 특화된 형태로 출시되기 때문에 주로 착용 상황에 따른 포지셔닝 전략을 구축하게 된다. 스포츠 아이웨어의 리더인 오클리Oakley는 디자인, 광학적 인체공학적 성능, 안전성 세 가지 요소를 모두 훌륭하게 갖춘 브랜드로 사이클, 골프, 등산, 트레이닝, 스노우 스포츠, 워터 스포츠 등 전분야에 걸쳐 제품 포지셔닝을 하고 있다. 반면, 루디 프로젝트Rudy project는 골프와 사이클 중심의 아이웨어로 자리매김하고 있다. 미국 공군 요청으로 만들어진 '보잉 선글라스'에서 출발한 레이밴Rayban은 지금은 글로벌 스타들이 애용하는 하나의 필수 액세서리가 되었지만 기본적으로는 조종사들을 위한 제품라인이 강세이다. 스포츠에서 요구되는 첨단 기능에 패션성이 더해진 아이웨어 브랜드 볼레Bolle는 스노우 스포츠와 사이클 중심으로 포지셔닝하고 있다.

용도나 착용 상황에 의한 포지셔닝 전략이 잘 구축되기 위해서는 먼저 표적 고객이 제품을 착용하는 상황을 파악하고 가장 매력적인 용도나 착용 상황의 시장을 파악하는 것이 중요하다. 그리고 특정 용도나 상황에 적합한 제품이 충분히 시장성이 있다고 판단되면, 그 용도나 상황에 꼭 맞는 제품을 개발해야 한

출처_ www.rudyprojectna.com   출처_ www.bolle.com

다. 가령, 트래킹화로 포지셔닝을 구축하는 브랜드들은 제품에 있어 테크니컬한 기능보다는 실용성에 포커스가 맞춰져야 한다. 즉, 초경량이나 친환경 등이 중시되며, 활동성을 고려한 입체 패턴과 화려한 컬러, 그리고 방수와 방풍 기능 등이 부각되어야 한다. 상황에 적합한 제품구성과 기능이 마련되면, 해당 브랜드를 그 용도로 연결시킬 수 있도록 통합적인 커뮤니케이션 전략을 수립해야 한다.

사용자 이미지에 의한 포지셔닝

사용자 이미지에 의한 포지셔닝은 브랜드와 제품을 사용하는 부류의 사람들과의 연상관계를 강조하는 것이다. 예를 들어, 나이키는 최선을 다하는 운동선수와 연계하고, 샤넬은 고품격의 세련된 젊은 여성과의 연상고리를 강화하고 있다.

사람들은 자기 자신에 대해 어떤 이미지를 갖고 있는데, 이러한 자기 자신에 대한 생각과 느낌을 '자아개념self-concept'이라고 한다. 자아개념은 자신에 대해 어떻게 생각하느냐를 말하는 '실제적 자아개념'과 자기가 어떻게 되기를 원하는가와 관련된 '이상적 자아개념', 타인들이 자신을 어떻게 보는가에 대한 '사회적 자아개념' 등으로 나누어진다. 소비자들은 패션제품이 가지는 상징적 의미를 통해 자신의 자아개념을 표현하고자 하기 때문에 브랜드 관리자는 고객의 자아개념(현실적 자아, 이상적 자아, 사회적 자아)을 잘 파악하고, 이와 어울리는 사용자 이미지user image를 설정한 후 사용자 이미지를 표현할 수 있는 제품구성과 가격, 유통, 커뮤니케이션 도구를 선택할 필요가 있다.

이러한 맥락에서 최근 두터운 마니아층을 형성하고 있는 스타와 손잡고 그들의 마니아를 통해 제품의 품질을 보장받고 소비를 이끌어내는 스타와의 컬래버레이션이 활발하게 이루어지고 있다. 가령 나이키는 패션 아이콘 지드래곤과 협업으로 스니커즈 '나이키 권도1Nike Kwondo1'을 발매하였다. 2021년 12월 출시된 권도1은 한국의 대표 스포츠인 '태권도'와 지드래곤의 한글 이름 '권지용', 그리고 나이키의 슬로건 '저스트 두 잇Just Do It' 정신의 조화에서 착안한 이름이다. 권도1은 스포츠, 나이키, 그리고 권지용이 함께 모여 모든 경계를 초월한 자유로운 스포츠 문화를 이루고자 한다는 의미를 갖고 있다한국섬유신문, 2021.11.16.

라이프스타일이나 개성에 의한 포지셔닝

브랜드 전략이 잘 수립되고 관리되면 시간이 흐르면서 차별적인 브랜드 개성을 갖게 된다. 개성에 의한 포지션이 잘 구축되기 위해서는 브랜드 관리자가 우선 소비자 조사를 통해 제품에 부여할 가장 효과적인 개성이나 라이프스타일을 찾아야 한다. 이후 선정된 라이프스타일이나 개성을 연상시킬 수 있는 제품 패키지, 색상, 가격, 유통, 커뮤니케이션 전략을 수행해야 한다. 이 포지셔닝 유형에서는 특히 커뮤니케이션 전략이 중요한데, 브랜드 관리자는 선정된 개성이나 라이프스타일을 표현하는 메시지 전략과 함께 이러한 개성을 잘 표현할 수 있는 매체 종류와 매체 비히클을 선택해야 한다.

아이웨어eyewear브랜드인 젠틀몬스터 Gentle Monster는 독특하고 미래지향적인 디자인이 특징이다. 각 매장에는 독특한 예술품이 설치되어 있는데, 특히 서울 압구정에 위치한 하우스도산 플래그십 스토어가 대표적이다. 이 매장에는 보행 키네틱 로봇과 감각적인 조형

그림 4-18
젠틀몬스터 하우스 도산 매장

출처_ www.gentlemonster.com

물 등 다양한 구조물이 설치되어 있고 미디어 아트를 통해 실험적이고 파격적인 공간을 선보이고 있다. 둥둥 울리는 음악을 들으며 화장품의 향을 맡고, 파격적인 선글라스를 써보고, 움직이는 로봇을 눈앞에서 보는 경험은 브랜드를 특별하고 개성 있게 만들어주는 역할을 한다중앙일보, 2021.8.29.

향수 브랜드 '바이레도'의 아이덴티티

제품에서 가장 중요한 것은 퀄리티이다. 하지만 검증된 퀄리티를 부각시키기 위해서는 감각과 감성이 감지되는 로고와 브랜드의 매력을 배가시켜줄 패키지 디자인이 필요하다. 또한 소비자의 구매 의욕을 상승시킬 광고 비주얼이 필요하며, 주목도를 높일 마케팅 전략도 필요하다. 이 각기 다른 어프로치들을 일관된 목소리로 통합해서 표현하는 것이 바로 브랜드 아이덴티티다.

향기를 넘어 공감각적 경험을 내포한 네이밍 전략

2006년 스웨덴의 스톡홀름에서 출범한 향수 브랜드 바이레도는 짧은 시간 안에 향수시장의 패러다임을 바꾸며, 니치 퍼퓸의 강자로 떠올랐다. 이러한 배경에는 브랜드 아이덴티티를 명확하게 정립한 것이 큰 힘이 됐다.

바이레도Byredo의 크리에이티브 디렉터이자 창립자인 벤 고햄은 브랜드를 시작할 때 100년 후에도 트렌디한 브랜드로 존재하는 것을 목표로 삼고 먼저 '네이밍naming'에 큰 공을 들였다. 그는 브랜드가 전달하고자 하는 메시지가 감지되면서도 그 브랜드만이 가진 유니크한 감성 또한 스며들어 있는 '레덜런스redolence'라는 단어에 주목했다. 단순히 '향기'라는 뜻으로 쓰이기도 하지만, 기억과 연관된 향을 표현할 때 사용되는 'redolence'에 'By'를 조합해서 탄생시킨 'Byredo'라는 네이밍은 '향기에 의한'이라는 문학적인 의미를 내포하고 있다. 이로써 단순히 향기로서가 아닌 기억이 스며든 공감각적 경험을 바탕으로 하는 제품명을 탄생시켰다.

벤고햄과 바이레도
출처_ www.esquire.com

벤 고햄은 브랜드 네이밍뿐만 아니라 브랜드에 어울리는 폰트(서체)의 개발도 함께 진행했다. 로고 디자인과 달리 폰트 개발은 시간도 오래 걸리고, 비용도 만만치 않다. 발렌시아가, 지방시, 질 샌더, 로에베, 디올 옴므 등 세계적인 패션브랜드의 아이덴티티와 광고 비주얼을 제작했던 크리에이티브 에이전시 M/M에 바이레도만을 위한 폰트를 의뢰했고, 그렇게 탄생한 폰트는 현재까지도 브랜드의 정체성과 비전을 그대로 표출하는 상징이 되었다.

모던함과 유니크함이 느껴지는 바이레도 아이덴티티

'바이레도'라는 네이밍은 세상에 존재하지 않는 새로운 줄임말로써 모던함과 유니크함이 내포되어 있다. 또한 브랜드 폰트와 함께 브랜드 취향이 느껴지는 비주얼은 향수를 구매하는 소비자뿐 아니라 패션피플까지 열광시킬 만큼 충분히 감각적이었고, 향수 브랜드임에도 불구하고 패션브

Ikea X Byredo 향초
출처_ about.ikea.com

Byredo X Isamaya French 메이크업
출처_ www.buro247.me

랜드 못지않은 마니아들을 확보하게 됐다. 유명 패션브랜드 매장과 쇼룸에는 바이레도의 향초가 켜져 있고 화장실에 바이레도의 핸드워시가 비치돼 있으며, 바이레도를 쓰는 것은 감각적이며 트렌드에 민감하다는 것을 보여주는 상징이 되었다.

브랜드 로고를 필두로 폰트의 배열이나 배치 그리고 패키지 디자인은 물론이고 제품 전반의 분위기까지, 바이레도의 브랜드 아이덴티티는 많은 카피캣 브랜드를 배출하는 결과를 낳았다.

'바이레도' 브랜드 아이덴티티의 확장

바이레도는 이제 단순히 향수 브랜드를 넘어서 의류, 가방, 주얼리 라인까지 영역을 확장하며 계속 도전 중이다. 세계적인 가구 브랜드인 이케아IKEA의 향초 프로젝트를 맡아 3년여의 개발 끝에 곧 발매를 앞두고 있고, 명성이 높은 영국 출신의 메이크업 아티스트인 이사마야 프렌치와는 브랜드 론칭 이후 처음으로 메이크업 라인을 출시했다. 메이크업 라인의 패키지 디자인은 기존 바이레도 제품들의 심플하고 모던한 패키지와는 다소 다른 느낌이 있지만, 바이레도의 브랜드 아이덴티티인 유니크함이 이를 커버할 것으로 본다.

출처_ Ikeanewsroom(2021.4.8). IKEA launches OSYNLIG collection in collaboration with Ben Gorham. about.ikea.com
Buro247(2020.9.2). Byredo Makeup is officially happening. www.buro247.me
Esquire(2017.6.6). How Globe-Trotting Fragrance Expert Ben Gorham Got His Style. www.esquire.com
여성동아(2021.1.18). 브랜드의 퀄리티보다 중요한 것은 정체성. woman.donga.com

참고문헌

안광호, 한상만, 전성률(2008). *전략적 브랜드 관리: 이론과 응용*. 파주: 학현사.

안광호, 황선진, 정찬진(2010). *패션마케팅*(개정판). 서울: 수학사.

Aaker, D. A.(1991). *Managing brand equity: Capitalizing on the value of a brand*. New York: The Free Press.

Aaker, D. A.(1996). *Building strong brands*. New York: The Free Press.

Aaker, D. A. & Joachimsthaler, E.(2003). *브랜드 리더십*. 이상민, 최윤희 옮김(2007). 서울: 비즈니스북스.

Keller, K. L.(2003). *Strategic brand management: Building, measuring, and managing brand equity*(2nd ed.). Upper Saddle River, NJ: Prentice Hall.

Kotler, P.(2000). *Marketing management*(10th ed.). Englewood Cliff, NJ: Prentice-Hall.

Schmitt, B. H. & Simonson, A.(1997). *Marketing aesthetics*. New York: The Free Press.

Schmitt, B. H. & Pan, Y.(1994). Managing corporate and brand identities in the asia-pacific region. *California Management Review, 36*(4), 32-48.

Sirgy, M. J.(1997). *통합 마케팅 커뮤니케이션*. 김재진 옮김(2002). 서울: 시그마프레스.

시사저널(2019.3.20). '아재 브랜드' 휠라는 어떻게 '10대들의 핫템'으로 날아올랐나.
www.sisajournal.com

이랜드(2019.11.29). 이 곰이 브랜딩 하는 법_후아유 상품기획팀 스티브 브랜딩 스토리.
post.naver.com

중앙일보(2021.8.29). 브랜드를 오감으로 경험하게 만든 공간…이곳에서 오프라인의 미래를 봤다.
www.joongang.co.kr

한국섬유신문(2021.11.16). 나이키, 지드래곤과 두 번째 협업 '나이키 권도1'.
www.ktnews.com

연구노트
NFT 패션과 소비자 태도 조사

디지털 기술의 발달은 패션브랜드의 기존 마케팅 방식에 혁신적인 변화를 주었다. 특히, NFT는 패션제품의 희소성이 마케팅 도구의 기본이 되는 패션업계에 센세이션을 일으켰으며, 현재 많은 패션브랜드들이 NFT를 다양한 방식으로 마케팅 도구로 활용하고 있다. 본 연구는 패션브랜드의 NFT 사례를 분류하고 사례 유형별로 분석한 후, 실제 패션 NFT를 제작하여 소비자 태도를 분석하였다. 본 연구에서는 선행 연구에서 제시된 메타버스 유형에 따른 NFT 사례의 유형별 특성을 바탕으로 패션브랜드의 NFT 사례를 중심으로 사례분석을 실시하였다. 또한 전통 마케팅 4p 전략을 대체하는 최근 AMA가 정의한 마케팅 요소 creating, delivering, communicating, exchanging에 따라 패션 NFT를 개발한 후 소비자 태도를 분석하여 브랜드의 패션 NFT 제작 시 시사점을 도출하였다.

사진 1 OPENSEA에서 발행한 NFT 이미지 예시

사진 2 NFT 발행과 연계한 상품개발 예시 (스티커, 엽서, 쿠키, 게임 등)

출처

Hyeon, JH, Oh, N., Bang, S. & Ko, Ko. (2022). NFT Fashion Project and Consumer Attitudes. 2022 Korean Scholars of Marketing Science International Conference Proceedings. http://file.hanrimwon.com/ksms/ksms2022/proceedings.html

사진 1 Opensea Dalbodre_store https://opensea.io/account
사진 2 연세대학교 패션마케팅연구실의 2022년 NFT패션프로젝트 보고서

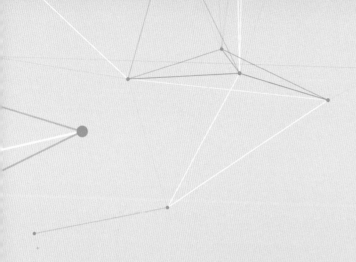

CHAPTER 5
패션브랜드와 통합 마케팅 커뮤니케이션

상황분석을 통해 브랜드 포지션을 수립하고 나면 소비자에게 원하는 연상을 구축하기 위해 다양한 마케팅 커뮤니케이션 활동을 수행해야 한다. 마케팅 커뮤니케이션 활동은 패션기업이 소비자에게 패션 브랜드를 알리고 설득하며 우호적인 태도와 관계를 형성하기 위해 다양한 마케팅 커뮤니케이션 수단을 활용함으로써 이루어진다. 각 커뮤니케이션 수단은 고유의 특징을 갖고 커뮤니케이션 역할을 수행하지만, 이들 수단의 궁극적인 목적은 패션브랜드의 인지를 창출하고 패션브랜드에 대한 강력하고 호의적이며 독특한 연상을 형성함으로써 패션브랜드 자산을 구축하는 데 있다.

브랜드 자산을 구축하는 과정에서 소비자 마음속에 일관된 메시지를 구축하기 위해 마케팅 커뮤니케이션 수단을 통합적으로 운영해야 한다는 통합 마케팅 커뮤니케이션integrated marketing communication: IMC 관점이 중요해지고 있다. 이 장에서는 IMC 관점을 다루기에 앞서 먼저 커뮤니케이션의 개념과 모형에 대해 살펴보고, 패션기업과 패션소비자 간의 커뮤니케이션 과정에 대해 알아볼 것이다. 그리고 패션브랜드 자산을 높이기 위해 마케팅 커뮤니케이션 방안들을 어떻게 최적으로 개발해야 하는지를 중심으로 IMC의 개념과 통합의 기준, IMC 전략의 수립 과정에 대해 정리하고자 한다.

1 · 커뮤니케이션 과정과 정보처리 과정

소비자가 패션브랜드의 마케팅 정보를 처리하는 과정에는 상당히 많은 관문
이 존재한다. 따라서 패션기업이 목표고객과 최적의 커뮤니케이션을 수행하기
위해서는 마케팅 커뮤니케이션의 과정을 이해하고 패션소비자의 정보처리 과
정을 파악할 필요가 있다. 이하에서는 마케팅 커뮤니케이션 과정과 구성요소
를 살펴보고, 패션소비자의 정보처리가 어떠한 단계를 거쳐 이루어지는지 알
아보고자 한다.

1 ◦ 커뮤니케이션 개념과 과정

커뮤니케이션communication은 '의사소통'이라는 뜻으로, '정보전달' 또는 '발신자와
수신자 간에 공통된 사고 영역을 구축하려는 과정'으로 이해된다Schram, 1995. 일
반적으로 커뮤니케이션 과정model of the communication process은 그림 5-1에서와 같이
9개의 요인으로 설명할 수 있다. 메시지를 보내는 '발신자'와 이를 받는 '수신
자', 발신자가 수신자에게 전달하고 싶은 의미인 '메시지'와 이 메시지를 담는
'채널', 발신자가 그 의도인 메시지를 상징적인 형태로 표현하는 '부호화'와 부
호화된 메시지를 수신자가 자신의 경험에 근거하여 이해하는 '해독화', 해독된
메시지에 대해 수신자가 보이는 '반응'과 그러한 반응이 발신자에게 전달되는
'피드백', 커뮤니케이션 과정상에서 메시지 전달을 방해하는 '잡음'의 9가지 요
소가 그것이다.

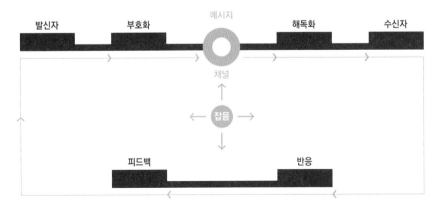

그림 5-1
커뮤니케이션 과정 모형

발신자와 수신자

'발신자sender'는 커뮤니케이션 과정을 시작하여 메시지를 생성, 전달하는 주체이고, '수신자receiver'는 메시지를 받는 사람으로 반응과 피드백을 주는 주체가 된다. 이를 패션시장에 적용해 보면 마케팅 커뮤니케이션의 발신자는 패션기업이고 수신자는 패션소비자이다. 그러나 발신자를 좀 더 좁은 의미로 살펴보면 패션기업의 판매원이 될 수도 있고 패션브랜드의 광고 모델, 홍보대사가 될 수도 있다. 여기서 발신자의 신뢰도나 매력도는 소비자가 원하는 반응을 유발하는 데 영향을 준다. 따라서 효과적인 마케팅 커뮤니케이션이 이루어지기 위해서는 신뢰도나 매력도가 높은 홍보대사나 광고 모델을 선정하는 것이 중요하고 판매원이 신뢰도를 갖출 수 있도록 서비스 교육이 실시되어야 한다.

메시지와 채널

'메시지message'는 발신자가 수신자에 전달하고 싶은 정보 또는 의미이고, '채널channel'은 그 정보가 전달되는 통로이다. 메시지는 패션기업이 소비자에게 심어주고 싶은 연상으로 이해할 수 있는데, 상징적 콘셉트를 주로 사용하는 패션브랜드인 경우 메시지는 고품격이거나 세련됨, 도시적 이미지 등과 같은 추상적인 내용이 된다.

이러한 메시지는 기업이 활용하는 여러 가지 마케팅 커뮤니케이션 채널, 즉 광고나 퍼블리시티, 스폰서십, 인적채널 등 다양한 커뮤니케이션 수단을 통해 전달된다. 목표고객에게 의도한 메시지를 전달하기 위해서는 목표고객의 특성에 맞는 커뮤니케이션 수단을 선택하는 것이 중요하다.

부호화와 해독화

'부호화encoding'는 발신자가 의도하는 메시지를 언어적/비언어적, 시각적/청각적 수단이나 상징을 통해 표현하는 과정이다. 반대로 '해독화decoding'는 수신자가 부호화된 메시지를 자신의 경험에 비추어 받아들이고 해석하는 과정이다.

효과적인 마케팅 커뮤니케이션이 이루어지기 위해서는 패션기업의 부호화와 패션소비자의 해독화가 일치해야 한다. 스포츠 브랜드인 '언더아머Underarmour'가 남성적인 이미지를 탈피하면서 '여성적이면서도 세련된 스포츠웨어'라는 메시지를 전달하려고 지젤 번천Gisele Bündchen이라는 톱모델을 기용했는데(부호화), 만약 이미 전성기를 지난 지젤 번천에 대한 소비자의 인식이 나이 많고 한물간 이미지로 형성되어 있어 언더아머를 올드한 브랜드로 인식한다면(해독화) 커뮤니케이션이 잘못 이루어진 것이다.

따라서 패션브랜드 관리자는 패션소비자에게 각인시키고 싶은 메시지를 전략적으로 잘 개발하는 것도 중요하지만, 무엇보다 그 메시지를 잘 부호화하는 것이 중요하다. 메시지를 잘 부호화하기 위해서는 패션기업과 패션소비자의 경험 영역이 중복되는 공통 경험 영역을 잘 형성해야 한다. 이를 위해 패션브랜드 관리자는 패션소비자의 자사 브랜드에 대한 지각, 태도, 가치 등을 잘 이해하고 목표고객에게 친숙한 단어나 상징을 사용하여 메시지를 작성해야 한다.

반응과 피드백

'반응response'은 수신자가 메시지를 해독하고 그러한 해독에 따라 소비자가 변화하는 것이다. 패션기업의 마케팅 커뮤니케이션 활동에 대한 패션소비자의 반응은 여러 가지로 나타날 수 있다. 패션브랜드에 대한 인지가 형성될 수 있고, 메시지를 토대로 여러 가지 연상이 형성될 수 있으며, 패션브랜드에 대한 판단이나 감정, 충성도가 형성될 수 있다. 더 나아가 패션브랜드에 대한 구매 의도나 구매 행동이라는 반응이 나타날 수도 있다. 이러한 패션소비자의 반응이 패션기업이 의도한 것이라면 커뮤니케이션 활동은 효과적이었다고 판단할 수 있지만, 의도와 달리 소비자가 엉뚱한 반응을 보인다면 메시지 자체가 잘못됐거나 부호화, 해독화 과정이 잘못된 것이다. 따라서 브랜드 관리자는 의도한 반응이 효과적으로 유발될 수 있도록 치밀한 커뮤니케이션 전략을 구상해야 한다. 패션소비자의 반응이 다시 패션기업에 전달되는 것을 '피드백feedback'이라고 하며, 패션기업들은 피드백을 차기의 커뮤니케이션 전략에 활용하게 된다.

잡음

커뮤니케이션 과정 중에는 효과적인 커뮤니케이션을 방해하는 요인들이 있는데, 이를 '잡음noise'이라고 한다. 마케팅 커뮤니케이션 과정을 둘러싸고 있는 잡음으로는 패션소비자가 주의를 기울이지 않거나 경쟁 브랜드들의 상업 메시지가 너무 많아 커뮤니케이션이 방해되는 상황을 들 수 있다. 패션브랜드 관리는 이러한 잡음요소를 고려해서 효과적인 커뮤니케이션이 이루어질 수 있도록 노력해야 한다.

이상의 마케팅 커뮤니케이션 과정을 요약하면 패션기업은 전달하고자 하는 메시지를 부호화하여 적절한 채널을 통해 패션소비자인 목표집단에 전달하고, 목표집단은 이 메시지를 해독하여 반응을 하며 이 반응이 다시 패션기업에 피드백되는 것으로 이해할 수 있다. 따라서 마케팅 커뮤니케이션 활동이 성공적으로 이루어지기 위해서 패션기업은 우선적으로 목표집단이 누구인가와 그들로부터 어떤 반응을 얻기를 원하는가를 확실히 설정하고, 그러한 반응을 얻기 위해 패션브랜드의 홍보대사나 모델이 필요하다면 누구로 선정할 것인지, 어떠한 메시지를 전달할 것인지, 목표집단이 메시지를 적합하게 해독할 수 있도록 어떻게 부호화할 것인지, 어떠한 채널을 통해 메시지를 전달할 것인지를 신중하게 결정해야 한다.

2 ◦ 패션소비자의 정보처리 과정

효과적인 마케팅 커뮤니케이션은 패션소비자로부터 원하는 반응을 얻는 것이다. 그러나 패션소비자들은 수많은 상업 메시지에 대해 선택적으로 노출하고 주의를 기울이기 때문에 패션제품이나 브랜드에 대해 특별히 관심이 높거나 자극물이 특이하지 않는 한 메시지에 주의를 기울이지 않는다. 또한 패션소비자들은 자신의 경험에 근거해서 메시지를 이해하기 때문에 패션소비자와 패션기업 사이에 공통 경험 영역이 없으면 패션기업이 의도한 대로 메시지를 수용하지 못할 가능성이 높다. 메시지가 이해되었다 하더라도 소비자의 기억 속에 남아 있지 않을 수 있고 기억 속에 저장되었다 하더라도 필요한 상황에서 그 메시지가 인출되지 않을 수 있다.

소비자의 정보처리 과정information processing이란 소비자가 자극물(기업, 브랜드, 광고 등)의 정보에 노출되고 주의를 기울이며 이해하는 과정에서 새로운 상표신념과 태도를 형성하거나 기존의 신념이나 태도를 변화시켜 기억 속에 저장하는 과정을 말한다. 이러한 복잡한 정보처리 과정은 패션기업의 성공적인 마케팅 커뮤니케이션 활동이 얼마나 힘든 작업인지를 설명해주며, 정보처리 과정에 대한 심도 있는 이해를 필요로 한다.

정보처리 과정에 대한 모형은 학자들마다 조금씩 다르지만 여기서는 그림 5-2를 중심으로 정보처리 과정에 대해 이해하고자 한다. 순서는 먼저 ① 정보처리의

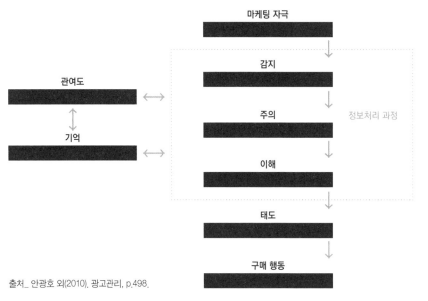

그림 5-2
정보처리 과정 모형

출처_ 안광호 외(2010), 광고관리, p.498.

전 과정에 영향을 주는 '관여도'에 대해 살펴보고, ② 정보처리 과정의 각 단계에 대해 정리하고자 한다.

관여도

관여도는 소비자의 정보처리 과정 전 단계에 영향을 주는 중요한 개념이다. '관여'라는 개념은 크루그먼Krugman, 1965이 소비자가 텔레비전 광고에 노출 될 때 수동적인 상태로 인해 인지 활동의 양이 인쇄광고에 비해 훨씬 적다는 것을 발견하면서 처음으로 사용되었다. 관여도는 연구자마다 다양한 맥락에서 서로 다른 용어(매체 관여, 자아 관여, 브랜드 관여, 상황적 관여, 지속적 관여 등)로 사용되고 있지만, 공통적으로 어떤 대상에 대한 개인적 관련성personal relevance이나 개인적 중요성personal importance의 지각 정도를 의미한다Petty & Cacioppo, 1981. 패션소비자는 간편한 티셔츠를 구매할 때보다 정장을 구매할 때 관여도가 높을 수 있고, 은사님께 펜을 선물하는 경우에 펜에 대한 관여도가 높아질 수 있다.

소비자의 관여도는 마케팅 자극에 내한 감사, 수의, 이해, 태도로 진행되는 소비자의 모든 정보처리 과정에 영향을 주기 때문에, 패션기업은 자사 브랜드의 관여 수준을 파악하고 정보처리 과정에 적합한 마케팅 전략을 수립할 필요가 있다. 가령, 소비자의 관여도가 높으면 패션제품에 대한 주의가 증가하고 패션정보를 능동적으로 탐색하게 된다. 반면 관여도가 낮으면 제품에 대한 정보 탐색이 활발하게 이루어지지 않고, 노출된 패션정보에 대해서도 주의를 기울이지 않게 된다. 또한 패션광고와 같은 설득 메시지를 처리할 때 고관여 상황에서는 인지적 노력이 증가해 패션소비자가 자신의 기존 신념이나 태도와 반대되는 주장에 대해 반박 주장이 늘어나고 일치하는 주장에 대해서는 지지 주장이 증가할 가능성이 크다. 반면 저관여 상황에서는 이러한 인지 반응의 양이 줄어든다. 이러한 정보처리 과정의 차이로 인해 관여도가 높은 제품에서는 패션소비자의 의사결정 과정이 각 브랜드에 관한 정보를 중심으로 이루어지고 비교적 합리적인 방식으로 구매가 이루어지지만, 저관여일 때는 제한적이고 불완전한 정보를 바탕으로 구매가 이루어질 가능성이 높다.

정보처리 과정

감지

'감지sensation'은 정보처리 과정의 첫 번째 단계로 자극에 대한 감각 수용기의 즉각적인 반응을 의미한다. 패션소비자의 정보처리 과정에서 마케팅 자극은 브랜드나 광고물, 제품, 포장 등 패션기업이 수행하는 모든 마케팅 활동이 될 수 있다. 그러나 모든 자극이 패션소비자에게 다 감지되는 것은 아니다. 마케팅 자극은 감각기관이 자극을 감지할 수 있는 최소한의 자극 에너지인 절대식역absolute threshold을 넘어야 한다. 가령, 향수를 통해 기분 좋은 감정을 유발하려고 하면 향기의 강도가 패션소비자가 감지할 수 있는 절대식역을 초과해야 한다.

주의

'주의attention'는 많은 자극들 중에서 처리할 자극을 선택하는 것이다. 패션소비자 주위에 존재하는 수많은 마케팅 자극이 모두 패션소비자의 주의를 끄는 것은 아니다. 주의는 특정 대상에 대해 인지적 용량을 할당하는 것을 의미한다. 패션소비자는 패션제품에 대한 관여도가 높을수록 관련된 자극에 대해 많은 정보처리 능력을 할당한다. 패션소비자의 관심과 필요에 의해 유발된 이러한 주의를 '소비자가 유발한 주의'라고 한다. 이외에 패션제품에 대한 관여도가 낮다 하더라도 마케팅 자극이 강렬하거나 생생하거나 특이해서 자연스럽게 눈길이 가게 되는 경우가 있는데 이를 '자극이 유발한 주의'라고 한다.

이해

주의를 받은 마케팅 자극은 그 단계에서 멈출 수도 있고 다음 단계인 '이해 comprehension' 단계로 진전될 수 있다. '이해'는 패션소비자가 마케팅 자극의 요소 들을 조직화하고 의미를 부여하는 과정이다. 이러한 이해 과정은 소비자의 경험, 기대, 기억 속에 저장된 관련 지식 등으로부터 영향을 받기 때문에 동일한 마케팅 자극에 대해서도 소비자마다 다를 수 있다.

　가령, 원산지가 영국인 신규 패션브랜드를 접했을 때 '영국=상류층, 귀족'이 라는 인식이 강한 소비자는 제품을 사용해보지 않고도 제품의 원단이 최고급 일 거라고 여기는 반면, '영국=물가가 비싼 나라'라는 인식이 강한 소비자는 품질에 비해 가격이 비싸게 책정되었을 거라고 추론할 수 있다. 또한 낮은 가 격대의 신규 브랜드에 대해 어떤 소비자는 대중을 겨냥해서 합리적인 가격을 책정한 브랜드로 생각하는 반면, 다른 소비자는 품질이 낮은 제품으로 인식할 수 있다.

　이처럼 소비자가 패션브랜드와 관련된 마케팅 자극을 어떻게 이해하고 추론 하느냐는 소비자의 기억에 저장된 패션브랜드와 관련된 기존 지식, 기대, 관여 도에 의해 영향을 받는다. 패션브랜드와 관련된 경험과 지식이 많고 관여도가 높은 소비자일수록 새로운 패션브랜드 정보를 접했을 때 기억 속에 있는 패션 정보와 관련된 여러 스키마schema를 동원하여 그 자극을 정교하게 분석할 수 있다. 그러나 패션브랜드에 대한 지식수준이 낮고 관여도도 낮은 소비자는 기 억 속에 연결할 정보가 적기 때문에 이해 정도가 낮고 주로 단서를 통해 단순 한 정보처리를 한다. 따라서 패션기업은 패션소비자의 이해능력을 고려하여 마케팅 커뮤니케이션 메시지를 구성해야 한다.

　가령, 루이비통은 '여정journeys'이라는 테마로 처음부터 끝까지 세계의 곳곳 을 여행하는 패셔너블한 사람들이 등장하는 90초짜리 광고를 제작했다. 광고 속의 카피는 "여정이란 무엇입니까··· 사람이 여정을 만드는 걸까요, 아니 면 여정이 사람을 만드는 걸까요? 당신의 삶은, 당신을 도대체 어디로 데려가 고 있습니까?"라는 강도 높은 철학적 질문을 던지며, 마지막 부분에서만 루이 비통 로고가 등장한다. 이 광고에 대해 어떤 소비자는 긍정적인 평가를 내렸지

그림 5-3

루이비통의 '여정(journeys)'

출처_ www.youtube.com

만 또 다른 소비자는 목적성이 없고 이해하기 어려운 광고라는 반응을 보였다.

기억

'기억memory'은 '작업기억working memory'과 '장기기억long-term memory'으로 나뉜다. 작업기억은 주의를 통해 유입된 정보가 장기기억에서 인출된 정보와 연계하여 정보처리가이루어지는 곳이다. 작업기억은 컴퓨터의 작업 용량과 같이 제한된 정보처리 용량을 가지기 때문에 패션기업이 한 번에 너무 많은 정보를 전달하면 패션소비자는 오히려 정보 과부하에 의해 혼란을 초래할 수 있다. 작업기억에서 처리되고 있는 정보 가운데 일부만 장기기억으로 옮겨지고, 많은 정보들이 작업기억에 머물다가 사라지는데, 여기서 기억의 선택성이 작용한다. 브랜드 인지도와 이미지는 모두장기기억과 관련된 개념이기 때문에 패션브랜드와 관련된 정보지식을 장기기억으로 이전시키도록 노력하는 일은 중요하다.

장기기억은 '삽화(일상)기억episodic memory'과 '의미기억semantic memory'의 두 가지 유형으로 분류된다. 삽화기억은 자신이 직접 경험한 것에 대한 기억으로, 여러 감각을 통해 입력된 많은 정보가 서로 인출단서의 역할을 해주기 때문에 의미기억보다 오래 기억되는 경향이 있다. 이는 체험 마케팅이 강조되는 이유이기도 하다. 의미기억은 어떤 사건이나 대상이 갖는 의미에 대한 기억을 말한다. 의미기억은 어떤 대상과 관련된 지식 혹은 정보 노드들이 서로 연결되어 있는 네트워크 구조로 이루어져 있다. 특정 패션브랜드가 어떤 정보 노드와 어느 정도로 강하게 연결되는가는 패션소비자가 해당 정보 노드를 부호화하는 과정에서 얼마나 노력을 기울이고, 새로운 패션정보가 얼마나 생생하고 구체적인가에 의해 좌우된다. 패션브랜드와 특정 정보 노드 간의 강력한 연결고리는 이후 패션브랜드의 상기 가능성을 높여준다.

태도

'태도_{attitude}'는 어떤 대상에 대해 일관성 있게 호의적 또는 비호의적으로 반응하려는 학습된 경향을 말한다. 이는 패션브랜드에 대한 패션소비자의 태도가 선천적인 것이 아니며 마케팅 노력에 의해 습득될 수 있는 것임을 의미한다. 패션기업이 수행하는 마케팅 커뮤니케이션 활동의 중요한 목표는 패션소비자가 자사 브랜드에 대해 호의적인 태도를 형성하도록 하여 구매를 유도하는 것이다. 많은 연구자들은 마케팅 커뮤니케이션 활동에 노출된 소비자가 정보를 처리하여 브랜드 태도를 형성하거나 변화하는 과정에 관심을 기울이고 있으며, 이러한 태도 변용을 '균형 이론', '다속성 태도 모형', '저관여 이론', '단순 노출 이론', '고전적 조건화 이론', '정교화 가능성 모형' 등과 같은 이론이나 모델로 설명하고 있다.

패션브랜드 관리자는 자사 브랜드가 속한 제품 범주의 특징, 목표집단의 성향, 시장 특징 등을 토대로 자사 브랜드에 대한 소비자의 관여도와 태도 형성 기제를 파악하고 자사 브랜드의 우호적 태도 형성을 위해 어떠한 마케팅 노력을 기울여야 하는지 고민해야 한다.

2 · 통합 마케팅 커뮤니케이션의 개념과 접근방법

패션소비자는 특정 브랜드가 수행하는 다양한 마케팅 커뮤니케이션 정보를 광고 뿐 아니라 수많은 채널을 통해 접촉한다. 이러한 브랜드 정보는 패션소비자에게 도움을 주기도 하지만 때로는 서로 충돌을 일으키며 패션소비자를 혼란스럽게 하고 브랜드 자산의 구축을 어렵게 만들기도 한다. 이러한 이유에서 다양한 커뮤니케이션 수단을 일관성 있게 통합해서 운용해야 한다는 통합 마케팅 커뮤니케이션_{integrated marketing communication: IMC}의 중요성이 부각되고 있다.

1 ○ 통합 마케팅 커뮤니케이션의 개념과 필요성

패션업계에서 점점 더 중요시되고 있는 통합 마케팅 커뮤니케이션의 개념과 필요성에 대해 정리하면 다음과 같다.

통합 마케팅 커뮤니케이션의 개념

미국광고업협회에 따르면 "IMC는 다양한 커뮤니케이션 수단들의 전략적인 역할을 비교·검토하고, 명료성과 일관성을 높여 최대한의 커뮤니케이션 효과를 거둘 수 있도록 이들 커뮤니케이션 수단들을 통합하는 총괄적 계획의 수립 과정"으로 정의하고 있다. 이러한 정의에서 핵심 내용은 다음과 같이 세 가지로 정리할 수 있다.

첫째, IMC는 다양한 마케팅 커뮤니케이션 수단을 사용함에 있어 각 부서 간에 통합이 이루어져야 한다는 관점이다. IMC 개념이 등장하기 전에는 광고, 다이렉트 마케팅, 판촉, 홍보 등의 마케팅 커뮤니케이션이 서로 다른 부서에서 소비자들에게 수직적으로 전달되었다. 이러한 상황에서 각 커뮤니케이션 도구가 전달하는 메시지가 서로 맞지 않을 경우 소비자들은 해당 브랜드에 대해 혼동스러운 이미지를 형성할 수밖에 없었다. IMC는 무엇보다 각 부서에서 개별적으로 이루어지는 마케팅 커뮤니케이션 활동을 통합시켜야 할 필요성을 지적하고 이를 통해 브랜드 메시지의 일관성을 높이고 매체의 비효율적인 낭비를 줄일 수 있다고 보는 시각이다. 둘째, IMC는 다양한 커뮤니케이션 수단의 전략적인 역할을 비교·분석하고, 통합적 관점에서 각 도구를 선정하는 '전략적인 의사결정strategic decision making' 과정이다. 패션기업은 각 커뮤니케이션 도구들이 갖는 특징을 파악하고 전체적으로 브랜드 자산을 높일 수 있도록 전략적 역할을 비교·평가하고 선택해야 한다. IMC 관리자의 중요한 자질 중의 하나는 마케팅 커뮤니케이션을 전달하는 최적의 수단을 선정하는 능력이다.

셋째, IMC는 커뮤니케이션 도구들의 단순한 자산 구축 통합을 의미하는 것이 아니라 소비자의 구매 행동을 변화시키고 고객과의 관계 구축을 위한 목표하에서 수립되는 총괄적인 플래닝이다. IMC가 광고, 인적판매, 판촉, PR 등 다양한 마케팅 커뮤니케이션 수단의 통합을 강조하지만 이러한 통합은 결국 브랜드 자산을 높이고 고객과의 관계를 구축하려는 목적에서 이루어진다.

최근 IMC에서의 통합은 광고와 PR, 판촉 등 전통적인 마케팅 커뮤니케이션 도구들의 통합을 넘어 소비자가 브랜드와 접하는 모든 접점을 포함하는 개념으로 이해되고 있으며, 더 나아가 제품, 가격, 유통 등 마케팅 믹스와의 통합도 강조되고 있다. 이러한 의미에서 패션기업은 그림 5-4와 같은 '큰 그림big picture' 속에서 마케팅 커뮤니케이션 활동이 패션소비자와 어떻게 상호작용하는지를 이해하고 일관성 있는 브랜드 메시지를 전달할 수 있도록 전체적인 계획을 수립해야 한다.

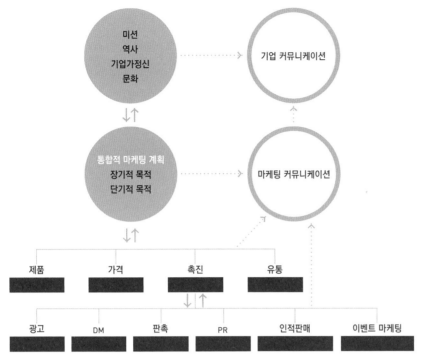

그림 5-4

IMC의 큰 그림(big picture)

출처_ Belch, G. E. & Belch, M. A.(2004). Advertising and promotion: An integrated marketing communication perspective, p.7.

통합 마케팅 커뮤니케이션의 필요성

패션업계에서 IMC 전략이 특히 중요한 상황을 몇 가지로 정리하면 다음과 같다.

다양한 매체의 등장과 커뮤니케이션 메시지의 급증

패션소비자들이 접하는 패션브랜드 정보는 양적, 질적으로 급격하게 증가하고 있다. 패션브랜드에 대한 정보는 대중매체 광고에 의해서만 이루어지는 것이 아니라 친구와의 대화나 기사, 이벤트, 매장 연출, 웹사이트, SNS 등 다양한 채널을 통해 이루어진다. 패션기업이 패션소비자와 효과적인 커뮤니케이션을 수행하기 위해서는 다양한 브랜드 접점을 파악하고 이를 통합적으로 운용하여 메시지의 일관성을 추구할 필요가 있다.

패션소비자층의 세분화

패션소비자의 욕구가 다양해짐에 따라 패션기업은 다품종 소량생산 방식으로 시장 경쟁을 더욱 심화시키고 있다. 패션기업의 마케팅 커뮤니케이션 수단도 LCD 동영상, 모바일, SNS, 인터넷 이메일 등 세분화된 시장을 겨냥할 수 있도록 다양한 매체가 개발되고 있다. 이러한 상황에서 세분화된 고객에 맞는 커뮤니케이션 수단을 통합적으로 운영하려는 IMC 전략이 더욱 중요해지고 있다.

데이터베이스 기술의 발달과 관계 마케팅

오늘날 데이터베이스 기술의 발달은 마케팅 접근방식에 큰 변화를 가져왔다. 패션소비자 개개인의 정보에 기초하여 그들의 욕구를 충족시키는 일대일 관계 구축이 가능하게 되었으며 잠재고객 및 현재고객과 직접적인 관계를 형성하는 일이 중요해졌다. 이러한 상황에서 IMC는 쌍방향 커뮤니케이션의 활용을 통해 소비자와의 관계 구축에 중요한 역할을 수행한다.

2 ∘ 마케팅 커뮤니케이션 도구의 통합

IMC 전략이 잘 수립되고 실행되려면 마케팅 커뮤니케이션 도구들의 특징을 잘 파악하고, 전체적인 계획안에서 각 마케팅 커뮤니케이션 도구들이 시너지 효과를 발휘할 수 있도록 선택하고 통합해야 한다.

마케팅 커뮤니케이션 도구들

목표소비자 집단에 심어주고 싶은 연상을 효과적으로 전달하기 위해서는 IMC의 각 커뮤니케이션 도구에 대한 정확한 이해가 필요하다. 이하에서는 패션브랜드 자산에 기여할 수 있는 마케팅 커뮤니케이션 도구로서 광고, 판매촉진, PR, PPL, 인터넷과 모바일, 소셜미디어와 소셜 인플루언서, 컬래버레이션, 패션쇼, VMD, 인적판매 등 다양한 도구에 대해 간략히 정리하고자 한다. 이들 커뮤니케이션 도구에 대해서는 3부와 4부에서 자세히 다루어질 것이다.

광고

광고advertising는 IMC에서 핵심적인 기능을 한다. 패션광고는 유료로 대중매체의 시간과 공간을 구매하여 패션기업의 의도된 메시지를 목표집단인 패션소비자에게 계획적으로 전달할 수 있는 도구이다. 패션광고매체는 TV와 신문, 잡지, 라디오의 4대 매체 이외에 옥외매체, 쌍방향 TV, 인터넷, 모바일 등으로 확대되고 있다. 이중 방송광고는 시청각이 가능하기 때문에 패션브랜드와 관련된 정보를 전달할 뿐 아니라 패션브랜드 이미지를 구축하는 데 효과적이며, 스타 마케팅과 연계하여 활용하기에 적합한 매체이다. 신문은 판촉행사나 스폰서십sponsorship과 같은 브랜드의 활동을 알리기에 적합한 매체이다.

판매촉진

판매촉진sales promotion은 소비자의 수요를 늘리기 위한 활동으로 일반적으로 단기간의 매출 향상을 위해 소비자에게 인센티브를 제공하는 것을 뜻한다. 광고가 주로 구매해야 할 이유를 제공하는 커뮤니케이션 수단이라면, 판촉은 구매를 유인하는 수단이다.

판촉은 최종 패션소비자와 중간상을 모두 대상으로 한다. 패션소비자에게는 패션브랜드를 더 많이, 더 자주 구매하도록 가격할인, 콘테스트, 경품 제공 등의 인센티브를 제공할 수 있고, 유통 거래자들에게는 자사 브랜드 취급과 판매를 더 적극적으로 하도록 VMD, 판매 교육 등을 지원할 수 있다.

패션소비자 대상의 판촉은 세분집단별로 가격차별 전략을 가능하게 하고, 자사 브랜드의 구매 경험을 높임으로써 브랜드 자산 구축에 기여한다. 특히 잘 설계된 판촉은 호의적이고 독특한 연상을 창출함으로써 긍정적인 브랜드 자산구축에 기여할 수 있다. 그러나 가격 지향적인 판촉이 많이 활용될 경우 브랜드 충성도가 감소하고, 지각된 품질이 낮아지며, 가격 민감성이 증가한다는 점에서 부정적이다.

PR

PRpublic relations은 패션기업에 영향을 미칠 수 있는 다양한 공중, 즉 소비자, 정부기관, 지역주민, 시민단체 등이 패션기업에 호의적인 이미지를 갖도록 상호관계를 증진시키는 모든 활동을 의미한다. PR 수단으로는 정부 대상 로비, 이벤트 개최 및 스폰서십, 세미나와 심포지엄, 박람회와 전시회, 퍼블리시티 등 다양한 활동이 포함된다.

PR 수단 중 퍼블리시티는 보도자료 배포, 기자회견, 뉴스레터 및 사진 제공 등 언론을 대상으로 한 커뮤니케이션 활동을 의미하며, 대중매체를 통해 패션기업이나 패션브랜드에 관한 기사나 뉴스가 제공되는 것을 목표로 한다. 퍼블리시티는 패션기업이 메시지를 통제할 수 없으나 패션소비자에게 신뢰성을 부여하기 때문에 잘 고안된다면 브랜드 인지도와 이미지를 제고하고 판매에도 간접적으로 기여할 수 있다.

스폰서십sponsorship은 스포츠, 예술, 오락 또는 사회적 명분과 관련된 활동이나 이벤트를 공식적으로 후원하는 것이다. 패션기업은 스폰서십을 통해 행사

그림 5-5
글로벌 E-스포츠 기업인 젠지이스포
츠(Gen,G Esports)와 스폰서십을 체
결한 푸마(Puma)

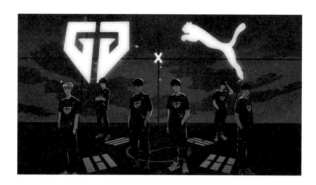

가 이루어지는 장소나 프로그램에 자사 기업 또는 브랜드를 삽입하거나 협찬을 공표함으로써 소비자의 인지도와 이미지를 높일 수 있다. 또한 자사 브랜드와 참여자가 상호작용을 할 수 있는 기회를 얻을 수 있다. 스폰서는 권리 정도에 따라 타이틀 스폰서(대회명에 브랜드 노출), 공식 스폰서(펜스광고, 대회로고 사용권리), 공식 제공업자(상품 및 서비스 무료 제공), 광고 및 판촉활동 사용권리 등으로 구분하기도 한다.

PPL

PPL$_{product\ placement}$은 기존의 상업광고에 식상함을 느끼던 소비자들을 설득하기 위해 특정 기업의 협찬을 대가로 영화나 드라마에서 기업의 상품이나 브랜드 이미지를 끼워넣는 광고기법을 말한다. 기업 측에서는 소비자들의 무의식 속에 상품 이미지를 심어 관객들에게 거부감을 주지 않으면서 상품을 자연스럽게 인지시킬 수 있고, 방송사에서는 제작비를 충당할 수 있다는 장점이 있다. PPL은 현재의 복잡한 메시지 노출 환경에서 소비자의 주목도를 높이려는 대안적 광고 방법으로 자리매김하고 있다.

PPL은 콘텐츠 내에 등장하는 브랜드가 얼마나 두드러지게 나오느냐$_{salience}$에 따라 온셋$_{on-set}$ 배치와 크리에이티브$_{creative}$ 배치로 구분할 수 있다. 온셋 배치는 의도적인 연출을 통해 제품을 등장시키거나, 연기자의 멘트나 사용 제품으로 노출시키는 것이다. 크리에이티브 배치는 화면을 구성하는 자연스러운 요소로 비교적 짧은 시간 동안 노출시키는 것이다. 온셋 배치가 눈에 더 잘 띄며, 기업은 더 많은 비용을 지불해야 한다.

인터넷·모바일

인터넷과 모바일은 다른 대중매체와 달리 상호작용의 특징이 강하며 최신 정보를 제공할 수 있고 패션소비자를 적극적으로 참여시킬 수 있는 도구이다. 특히 모바일은 사용자와 24시간 함께 한다는 휴대성으로 인해 타임기반_{timing based} 마케팅과 위치기반_{location based} 마케팅이 가능하다는 특징이 있다.

인터넷과 모바일에서 패션기업이 강력한 브랜드를 구축하기 위해 사용할 수 있는 도구로는 기업이나 브랜드의 웹사이트, 블로그, 이메일, SNS, 모바일 애플리케이션 등이 있다. 웹사이트는 방문한 패션소비자들에게 신뢰할 만한 고객 맞춤형 정보를 제공함으로써 긍정적인 경험을 제공할 수 있고, 다른 커뮤니케이션 수단과 시너지 효과를 창출할 수 있는 도구이다. 가령, 웹사이트를 통해 TV광고를 다시 보여주고, 패션기업이 후원한 행사에 대한 정보를 비롯해 각종 프로모션 정보를 제공할 수 있다.

이외에 패션기업은 뉴스나 가십거리를 제공하는 사이트, 게시판, SNS 등을 통해 자사 브랜드와 관련된 정보를 일정한 수준으로 관리할 수 있고 이를 통해 브랜드 자산을 제고할 수 있다.

소셜미디어와 소셜 인플루언서

소셜미디어란 사람들의 의견, 생각, 경험, 관점들을 서로 공유하기 위해 사용하는 온라인 도구나 플랫폼을 말한다. 대표적으로 블로그_{Blogs}, 소셜 네트워크_{Social Networks}, 메시지 보드_{Message Boards}, 팟캐스트_{Podcasts}, 위키스_{Wikis}, 비디오 블로그_{Vlog} 등이 있다. 소셜 네트워크 이용자들은 지인뿐 아니라 신뢰할 만한 전문가, 좋아하는 연예인들도 함께 팔로우한다.

소셜미디어 공간에서는 누구나 손쉽게 업로드할 수 있는 인터넷의 속성 덕분에 많은 사람들이 여러 분야의 '전문가'로 데뷔한다. '일반인'이 전통매체의 도움 없이 자신의 재능만으로 수많은 사람들에게 '영향력'을 끼칠 수 있게 된 것이다. 이런 사람들을 '인플루언서_{Influencer}'라고 부른다. 이러한 상황에서 패션기업을 포함한 많은 기업들은 인플루언서를 대상으로 한 '인플루언서 마케팅'을 시행하고 있다. 여기에는 브랜드를 '파워블로거'와 같은 인플루언서에게 무료로 제공하는 방법과, 인플루언서를 1차 타깃으로 삼아 이들의 구매를 유도하는 방법 등이 있다. 궁극적으로는 이들 모두 인플루언서들의 좋은 리뷰를

유도해 그 팔로워들에게 영향을 미치는 것을 목적으로 한다_{뉴데일리, 2017.1.10.}

컬래버레이션·VMD·패션쇼

컬래버레이션_{collaboration}은 동종업계 혹은 이종업계 간의 브랜드 제휴를 통해 제휴 파트너 모두의 이익을 극대화하는 전략이다. 이러한 기업 간의 상호협력은 경쟁과 협력이라는 상호 보완적인 성격을 바탕으로 '전략적 제휴_{strategic alliance}'를 통해 시너지 효과를 창출한다. H&M이 유명 디자이너인 칼 라거펠트_{Karl Otto Lagerfeld}와 제휴하여 컬렉션을 선보인 것이나, 패션브랜드 EXR이 이노디자인_{Innodesign}과 제휴하여 새로운 라인인 스니커즈를 출시한 것, 반스_{Vans}가 유사한 이미지를 지닌 폴프랭크_{Paulfrank}와의 제휴를 통해 팝아트적인 신규라인을 출시한 사례가 여기에 속한다_{이혜림, 이수진. 2008.} 패션산업에서의 컬래버레이션은 협업을 통해 원하는 기술이나 경영 능력을 얻을 수 있다는 것과 기존의 브랜드가 가지고 있던 이미지에 변화를 주어 차별성을 전달할 수 있다는 장점이 있다. 반면 컬래버레이션은 공동작업이기 때문에 기존 브랜드의 고유한 이미지 구축에 혼란을 줄 수 있고, 개별적으로 사업을 수행하는 것에 비해 기업 고유의 정보나 지식이 경쟁사에 노출될 위험이 있다는 점에서 한계가 있다.

VMD_{visual merchandising}는 점포의 이미지와 상품정보를 시각적으로 표현하는 전략으로, 매장의 메시지와 이미지를 일관성 있게 구축하는 종합적인 계획을 말한다. 성공적인 VMD는 제품을 미적으로 돋보이게 할 뿐 아니라 고객에게 쾌적한 판매 환경과 시각적인 즐거움을 전달한다는 점에서 상품판매에 기여할 뿐 아니라 브랜드 가치를 높이는 마케팅 수단이 된다.

패션쇼_{fashion show}는 음악과 무대연출을 통해 시청각적 효과를 극대화하고 실제 모델이 상품을 입고 연출함으로써 최신 유행상품이나 패션브랜드의 이미지를 효과적으로 전달하는 마케팅 커뮤니케이션 수단이다. 패션쇼는 공간적인 제약으로 참여 고객이 제한된다는 한계가 있지만 패션상품 이미지를 전달하는 데 매우 효과적인 도구이다.

인적판매

인적판매_{personal selling}는 판매를 목적으로 고객들과 직접 만나서 상호작용하는 것을 말한다. 이러한 상호작용은 고객들로부터 판매에 도움이 되는 피드백을 얻을 수 있고 판매 메시지를 상황에 맞추어 그때그때 수정할 수 있다. 또한 판매 후 고객들의 문제를 관리하고 고객의 만족도를 유지하는 데 유리하다. 그러나 비용이 많이 들기 때문에 주로 구매 과정상 최후에 사용할 수 있는 도구이다.

효과적인 IMC 프로그램이 실행되기 위해서는 각각의 마케팅 커뮤니케이션 도구의 특징을 바탕으로 시너지 효과를 높일 수 있도록 커뮤니케이션 수단을 통합해야 한다. 부호화 다양성 가설encoding variability hypothesis에 따르면 기억의 대상이 되는 정보가 잘 회상되기 위해서는 많은 회상단서를 갖고 있어야 하는데, 정보를 학습할 때 다양한 경로의 사용은 다양한 단서를 제공하고 기억의 성과를 제고시킨다고 한다. 이는 다양한 커뮤니케이션 도구를 활용하는 IMC 프로그램이 브랜드 연상을 창출, 유지, 강화하는 데 효과적인 방법이라는 시각을 뒷받침한다.

효과적인 IMC 프로그램이 되기 위해 고려해야 할 요소로서 '일관성'과 '상호보완성'에 대해 자세히 살펴보면 다음과 같다.

일관성

일관성consistency은 각기 다른 커뮤니케이션 수단으로부터 전달되는 정보가 일관적이며 서로 강화하는 정도를 말한다. 슐츠와 반Schultz & Barnes, 1995의 축적 모델accumulation model에 의하면, 소비자의 정보처리 과정은 대중매체를 통한 광고 이외에 소비자의 총체적 경험을 토대로 끊임없이 형성된다고 한다. 따라서 효과적인 커뮤니케이션이 이루어지기 위해서는 다양한 매체들을 적절히 활용할 뿐 아니라 메시지의 일관성이 요구된다.

가령, 국내 중저가 화장품 브랜드인 '에뛰드 하우스Etude House'는 핑크빛, 화사함과 같은 단어를 떠올리게 한다. 이러한 단어들이 생각나는 것은 에뛰드 하우스가 핑크빛 감성, 달콤한 상상, 생기발랄 에너지, 기분 좋은 설렘이라는 핵심 콘셉트를 일관성 있게 전달했기 때문이다. 에뛰드 하우스는 로고 자체를 핑크빛으로 구성하여 소비자가 그 브랜드 로고를 접했을 때 화사함, 핑크빛을 연상하도록 했다 그림 5-6. 또한 매장의 겉모습은 하얀 창문이 열려져 있는 2층 집처럼 꾸미고, 매장 내부 또한 전체적으로 핑크빛 톤으로 구성해 고객들이 마치 공주가 되어 궁전에 들어가는 듯한 느낌을 받도록 했다. 에뛰드 하우

그림 5-6
에뛰드 매장 외부

출처_ www.etude.com

스의 제품과 케이스 또한 전체적으로 핑크와 살구빛이 많다. 예를 들어, '마스카라'하면 대부분 케이스가 검은색이지만 에뛰드 하우스는 핑크빛으로 되어 있다. 광고 모델 또한 핑크빛, 화사함, 공주풍의 느낌을 주는 10대 걸 그룹을 기용하여 고객들로 하여금 에뛰드 하우스의 이미지를 강하게 느끼게 했다. 이러한 일관성 있는 에뛰드의 커뮤니케이션 전략은 에뛰드의 이미지를 성공적으로 각인시켰다.

상호보완성

상호보완성complementarity은 각 커뮤니케이션 수단들이 지닌 단점을 서로 보완할 수 있도록 커뮤니케이션 수단들이 서로 통합되는 정도를 말한다. 대부분의 마케팅 커뮤니케이션 도구들은 다른 도구가 갖지 못한 장점과 단점을 보유한다. 여기서 한 가지 대안의 장점이 다른 대안의 단점을 무마하는 방식으로 커뮤니케이션 수단이 통합될 때 시너지 효과가 나타날 수 있다.

가령 커뮤니케이션 수단 중 광고만 집행했을 때 패션소비자는 광고 모델만 기억하고 브랜드와 연계시키지 못하는 상황이 있을 수 있다. 캐주얼 브랜드 '애스크ASK'는 미국의 하이틴 드라마 '가십걸Gossip girl'의 남녀 주인공인 레이튼 미스터와 에드 웨스트윅을 전속 광고 모델로 발탁하고 이들의 패션 이미지를 추구하고자 공격적인 마케팅을 펼쳤으나 소비자들은 모델과 브랜드를 연계하여 인식하는 데 어려움을 겪었다. 이처럼 소비자가 브랜드가 아닌 광고 모델이나 배경과 같은 광고 요소만 기억하는 경우, 패션기업은 광고에서 보이는 어구나 시각적 정보와 같은 광고

그림 5-7
가십걸 주인공을 모델로 활용한 ASK 광고

출처_ www.ask4.co.kr

그림 5-8
투미의 토트넘 파트너쉽 기념 캠페인

출처_ www.tumi.co.kr

요소들을 다른 커뮤니케이션 도구 이용 시 인출단서로 활용함으로써 광고와 브랜드 간의 연계성을 강화할 수 있다. 즉, 광고 모델이나 슬로건 등과 같은 광고 회상 요소를 점포에 배치하거나 판촉과 결합하여 구매 시 인출단서로 활용하는 것이다. 남성화장품 더샘The saem은 광고 모델인 이승기의 판넬 사진을 매장과 쇼핑백에 활용하여 광고 모델을 인출단서로 적극적으로 활용한 바 있다.

또한 패션기업이 이벤트나 스폰서십만 수행하는 경우, 목표고객은 이벤트 주최 기업이나 스폰서 기업을 알지 못하는 경우가 많다. 이러한 상황에서 판촉도구나 웹, 광고와 같은 커뮤니케이션 도구를 통해 패션기업이 스폰서를 하는 행사에 대한 정보를 제공한다면 패션소비자들은 자연스럽게 행사의 스폰서를 인식할 수 있다. 가령, 여행 및 라이프스타일 브랜드 투미TUMI는 2022년 7월 토트넘과 공식 파트너십을 체결했다. 투미는 이 파트너십을 통해 팀과 클럽의 전체 여행 대표단에게 여행용 가방과 라이프스타일 액세서리를 제공한다고 밝혔다. 또한 파트너십을 기념해 매장과 공식 온라인 사이트에서 제품을 구매 시 다양한 사은품 증정 및 팬미팅에 참석할 수 있는 특별 캠페인을 선보였다한국경제, 2022.7.2.

이외의 패션기업이 가격 할인이나 경품 증정과 같은 판촉행사만 실시할 경우 일시적으로 매출이 높아지긴 하지만 판촉이 끝난 후에는 판매수준이 판촉 전보다 떨어지는 경향을 보일 수 있다. 이러한 상황에서 광고의 활용은 매출 하락을 어느 정도 막을 수 있다. 즉, 판촉 전에 광고 집행량을 증가시키면 브랜드에 대한 태도를 강화시켜 판촉효과를 증가시킬 뿐 아니라 판촉 후에 판매 저하를 막는 '래칫효과ratchet effect'를 얻을 수 있다Miltra, 1995.

이상에서 살펴본 바와 같이 각 커뮤니케이션 수단들이 지닌 장단점을 보완하는 방식으로 통합하는 것은 효과적인 IMC 프로그램이 되기 위해 반드시 필요하다.

3 · 통합 마케팅 커뮤니케이션 전략의 수립 과정

IMC는 하나의 개념concept이면서 동시에 과정process이다. 이하에서는 IMC 전략이 수립되는 과정을 ① 마케팅 전략에 대한 검토, ② IMC 목표의 설정, ③ 커뮤니케이션 도구들의 선정과 믹스, ④ 각 커뮤니케이션 도구의 역할 할당과 세부 전략 수립, ⑤ 마케팅 커뮤니케이션 예산의 확보 순으로 정리하고자 한다.

마케팅 전략에 대한 검토

IMC 전략을 수립하기 위한 첫째 작업은 마케팅 전략을 검토하는 것이다. 패션브랜드의 목표시장과 포지셔닝 방향에 대한 검토는 IMC 프로그램에서 표적청중을 설정하고 메시지 전략을 구성하는 토대가 되고, 마케팅 믹스 전략에 대한 검토는 IMC의 일관성 있는 이미지 구축을 위해 반드시 필요하다.

가령, 해당 패션브랜드가 가격차별화 정책을 수행하고 있다면 브랜드 관리자는 각 세분집단에 맞게 판촉도구를 사용하여 이익을 극대화할 수 있도록 해야 한다. 충성고객이라면 마일리지나 포인트 제도를 활용하고, 브랜드 전환자라면 세일이나 경품 제공과 같은 판촉도구가 적합할 수 있다. 이 밖에도 브랜드 관리자는 해당 패션브랜드와 관련된 마케팅 전략을 검토함으로써 커뮤니케이션 전략 수립의 방향을 설정할 수 있다.

그림 5-9
IMC 전략의 수립 과정

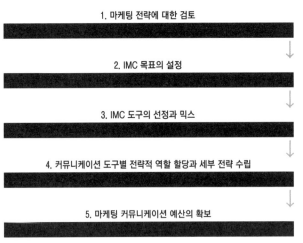

1. 마케팅 전략에 대한 검토

↓

2. IMC 목표의 설정

↓

3. IMC 도구의 선정과 믹스

↓

4. 커뮤니케이션 도구별 전략적 역할 할당과 세부 전략 수립

↓

5. 마케팅 커뮤니케이션 예산의 확보

출처_ 안광호, 이유재, 유창조(2010). 광고관리, p.158.

통합 마케팅 커뮤니케이션 목표의 설정

마케팅 전략에 대한 검토가 끝나면 IMC 목표를 설정해야 한다. IMC 목표는 패션기업이 IMC 활동을 통해 얻고자 하는 것이다. IMC 목표는 매출을 토대로 설정되는 경우도 있지만 커뮤니케이션 목표로 설정하는 것이 타당하다. 판매량, 시장점유율, 이익, 매출액 등과 같은 매출목표는 IMC 전략 이외에 여러 마케팅 믹스 요인에 의해 영향을 받기 때문이다. IMC 목표의 예로는 제품 범주에 대한 욕구 유발, 브랜드 인지도 제고, 브랜드 태도 형성, 브랜드 구매의도 형성 등이 있다.

마케팅 커뮤니케이션 도구의 선정과 믹스

IMC 목표가 선정되면 이를 달성하는 데 효과적인 커뮤니케이션 도구를 선정해야 한다. 마케팅 커뮤니케이션 도구는 IMC 목표를 바탕으로 자사 패션브랜드의 수명주기 단계, 경쟁사의 커뮤니케이션 전략, 기업의 푸시와 풀 전략 등을 고려하여 선택할 수 있다.

위계효과와 커뮤니케이션 도구의 믹스

서지Sirgy는 표 5-1에서와 같이 FCB 그리드 모델Foote, Cone & Belding Grid Model에 기초해서 브랜드의 마케팅 커뮤니케이션 전략을 '정보제공 전략', '감정유발 전략', '습관형성 전략', '자기만족 전략'의 4가지 유형으로 구분하고, 각 유형에 따라 IMC 목표와 전략 방향, 커뮤니케이션 믹스 전술을 제안하고 있다.

구체적으로 고관여 이성 영역에 해당하는 '정보제공 전략'은 커뮤니케이션 캠페인의 목표를 상표인지도와 학습에 두어야 하므로, 인쇄광고, 판매원 대상의 교육이나 상품 전시회와 같은 중간상 지원, 보도자료 중심의 퍼블리시티, 구전 커뮤니케이션 도구의 활용이 적합하다고 본다. 고관여 감성 영역에 해당하는 '감정유발 전략'은 상표 태도나 호감도를 높이는 데 초점을 두어야 하므로, 방송광고, 협동광고를 통한 중간상 지원, 기자회견이나 이벤트 등의 PR, 광고를 활용한 구전 커뮤니케이션이 효과적인 수단이 된다. 저관여 이성 영역에 해당하는 '습관형성 전략'은 상표 사용과 구매 그리고 상표 학습을 높일 수 있도록 인쇄광고와 상호작용 광고, 다이렉트 메일과 같은 직접 마케팅, 쿠폰과 같은 판촉, 중간상 지원 등이 적합한 커뮤니케이션 수단이다. 마지막으로 저관

표 5-1

효과위계와 IMC 전략, 그리고 마케팅
커뮤니케이션 믹스

마케팅 커뮤니케이션 전략	마케팅 커뮤니케이션 목표	마케팅 커뮤니케이션 믹스
정보제공 전략	상표인지도와 학습의 최대화	·광고(대개 인쇄광고) ·중간상 지원(교육훈련 및 상품 전시회) ·PR(보도자료 및 퍼블리시티) ·구전 커뮤니케이션(광고, 샘플제공 및 소개 시스템 등)
감정유발 전략	상품인지도와 긍정적 태도(호감)의 최대화	·광고(대개 방송광고) ·중간상 지원(협동광고) ·PR(기자회견, 기업광고 및 이벤트 후원) ·구전 커뮤니케이션(광고를 통한 구전의 자극)
습관형성 전략	최초 사용자의 경우 : 사용구매의 유발과 제품사용에 의한 학습유발 반복 사용자의 경우 : 학습 강화	·광고(대개 인쇄광고와 상호작용 광고) ·직접 마케팅(다이렉트 메일, 회보 등) ·판매촉진 (쿠폰·샘플 제공, 현금환불 및 리베이트, 보너스 팩 및 할인) ·중간상 지원(거래공제) ·PR(퍼블리시티)
자기만족 전략	최초 사용자의 경우 : 사용구매의 유발과 제품사용에 의한 상표호감 유발 반복 사용자의 경우 : 긍정적 태도 강화	·광고(옥외광고 등) ·직접 마케팅(카탈로그, 텔레마케팅 및 직접판매) ·판매촉진(경품 및 콘테스트) ·중간상 지원 (콘테스트 및 인센티브, 점포 내 광고, POP 전시, 인적판매) ·PR(기업광고, 이벤트 후원, PPL)

출처_ Sirgy, M. J.(1997). 통합 마케팅 커뮤니케이션. 김재진 옮김(2002).

여 감성 영역에 해당하는 '자기만족 전략'은 커뮤니케이션 목표를 상표 사용과 구매, 상표 태도에 초점을 두어야 하므로 옥외광고, 카탈로그, 텔레마케팅, 경품과 콘테스트와 같은 판매촉진, 중간상 지원, 기업광고, 이벤트 후원, PPL 등이 효과적인 커뮤니케이션 수단이라고 지적한다.

브랜드 수명주기 단계와 커뮤니케이션 도구의 믹스

커뮤니케이션 도구의 선정은 브랜드의 수명주기에 따라서도 달라질 수 있다. 브랜드 수명주기상 도입단계에서는 광고와 홍보가 인지도를 높이는 데 효과적인 도구이고, 판매촉진은 초기의 시험구매 단계에서 유용한 방법이다. 성장기에는 광고와 홍보를 지속해서 수행하는 것이 효과적이며, 성숙기에는 판매촉진이 광고에 비해 더욱 중요한 역할을 수행할 수 있다. 쇠퇴기에는 소비자들이 제품을 잊어버리지 않을 정도로만 광고를 유지하며 홍보보다는 판매촉진을 높은 수준으로 유지하는 것이 유리하다.

푸시 대 풀 전략과 커뮤니케이션 도구의 믹스

커뮤니케이션 도구의 선정은 기업이 푸시 또는 풀 전략 중 어떤 전략에 의존하느냐에 따라서 영향을 받는다. 푸시 전략Push strategy은 제조회사가 유통경로를 통하여 최종 소비자에게 작용을 가하는 전략으로, 유통경로 구성원이 자사 브랜드를 취급하고 소비자를 상대로 자사 브랜드의 구매를 설득하도록 하는 방법이다. 이 경우 제조회사는 유통경로 구성원을 상대로 비용지원, 리베이트 rebate, 제품설명, 판매 방법지도 등의 마케팅 커뮤니케이션 활동을 수행하게 된다. 반면 풀 전략pull strategy은 소비자들이 자사 브랜드를 소매점에서 자발적으로 찾게 만들어 중간상이 자사 브랜드를 취급하도록 하는 전략이다. 풀 전략을 위한 대표적인 마케팅 커뮤니케이션 활동으로는 광고와 퍼블리시티, 이벤트, 스폰서십 등이 있다.

의류나 가방, 스포츠화 등 소비재를 다루는 패션기업은 풀 전략에 의존하는 경향이 있지만 이 두 가지 전략을 같이 혼용한다. 예를 들어, 고급 패션의류 브랜드는 고급 여성 잡지 중심으로 패션광고와 퍼블리시티 등의 커뮤니케이션 활동을 수행하면서 동시에 백화점 등의 중간상이나 백화점 내 판매원을 대상으로 한 판촉에도 많은 마케팅 지원을 한다.

경쟁사의 커뮤니케이션 전략과 커뮤니케이션 도구의 믹스

커뮤니케이션 방안을 선택할 때는 경쟁사가 어떤 전략을 취하고 있는지도 중요하다. 경쟁사와 유사하게 마케팅 커뮤니케이션 믹스를 구성할 것인지 경쟁사와는 다른 방향으로 커뮤니케이션 믹스를 구성할 것인지를 결정해야 한다.

IMC 목표와 커뮤니케이션 도구의 믹스

커뮤니케이션 도구의 선정과 믹스는 패션브랜드의 커뮤니케이션 목표에 따라 달라질 수 있다. 패션브랜드의 인지도를 제고하기 위해서는 대중매체를 활용하는 '광고'와 '홍보'가 적합한 도구가 되고, 패션브랜드의 태도를 형성하는 단계에서는 광고와 이벤트, 홍보, 스폰서십, 인터넷 등 다양한 커뮤니케이션 도구가 활용될 수 있다. 패션브랜드와의 관계성을 구축하는 단계에서는 일방향적인 광고보다는 상호작용이 가능한 인터넷, 고객의 참여가 가능한 이벤트 등이 적합한 도구가 되며, 패션소비자의 호감을 높이고 확신을 주기 위한 단계에서는 인적판매가 보다 효과적이다. 의사결정의 마지막 단계인 구매단계에서는 POP나 판매촉진 등의 촉진 수단이 효과적이다.

커뮤니케이션 도구의 역할 할당과 세부 전략 수립

패션브랜드의 IMC 목표, 마케팅 커뮤니케이션 전략 방향, 브랜드 수명주기 단계, 경쟁사 전략 등을 고려해서 커뮤니케이션 믹스가 결정되면 각 커뮤니케이션 도구에 대한 역할 할당과 세부적 전략이 수립되어야 한다. 가령, '광고'라는 커뮤니케이션 도구가 필요하다고 결정했다면 전체적인 IMC 전략 속에서 '광고'가 해야 할 역할이 무엇인지를 명확히 할당하고 그 역할을 수행할 수 있는 세부 전략을 마련해야 한다. 구체적으로 광고의 메시지 구성은 어떻게 할 것인지, 미디어 믹스는 어떻게 결정하고 스케줄링 계획은 어떻게 가져갈 것인지를 결정해야 한다.

마케팅 커뮤니케이션 예산의 확보

각 커뮤니케이션 도구의 역할과 전략이 마련되면 필요한 예산을 책정해야 한다. 커뮤니케이션의 예산책정은 매우 중요하지만, 비용지출에 따른 커뮤니케이션 효과를 정확하게 측정하기 어렵기 때문에 쉽지 않은 작업이다. 커뮤니케이션 예산을 책정하는 방법은 크게 하향식 접근방법과 상향식 접근방법으로 구분할 수 있는데, IMC 계획하에서는 상향식 접근방법이 더 적합하다. 두 가지 접근법을 비교하면, 먼저 하향식 접근방법은 최고경영자가 커뮤니케이션 예산의 한도를 결정하고 이에 맞추어 커뮤니케이션 활동에 예산을 배분하는 방법으로, 구체적인 유형으로는 '가용 자금법'과 '매출액 비율법', '경쟁사 기준법' 등이 있다.

'가용 자금법affordable method'은 경영활동에 필요한 자금을 책정한 후 여유자금 한도 내에서 커뮤니케이션 예산을 수립하는 방법이다. 이 방법은 기업이 처한 재정상태를 반영하는 방법이긴 하지만 광고비를 가용자원 내에서 설정해야 할 근거가 없다는 점에서 비과학적인 예산책정 방법이다. 또한 매년 달라지는 예산 규모로 인해 장기계획이 어렵다는 단점이 있다.

'매출액 비율법percentage of sales method'은 매출에 비례해서 예산을 책정하는 방식이다. 이때 기준이 되는 매출량은 지난해의 매출이 될 수도 있고 이듬해의 목표량이 될 수도 있다. 가장 널리 사용되고 단순하여 실행이 용이하지만, 커뮤니케이션에 대한 투자로 매출이 이루어진다고 보는 것이 아니라 그 반대의 논리를 적용하기 때문에 합리적인 예산책정이나 탄력성 있는 예산 운용이 어렵다는 단점이 있다.

'경쟁사 기준법competitive parity method'은 커뮤니케이션 예산을 경쟁사의 수준에 맞추어 결정하는 방법으로 두 가지 방식이 있다. 먼저 절대량 기준 방식은 경쟁 브랜드의 절대적 지출 수준을 고려하여 커뮤니케이션 예산을 책정하는 방법이고, 상대적 기준 방식은 업계 내의 상대적 시장점유율을 고려해서 커뮤니케이션 비용을 책정하는 방법이다. 이들 경쟁사 기준법은 경쟁사의 지출 규모가 최적의 커뮤니케이션 지출액이라는 논리적인 근거가 없고, 각 브랜드가 처한 상황에 따라 커뮤니케이션 활동에 대한 소비자 반응이 다를 수 있다는 점에서 자사 브랜드에 적합하다고 보기 어렵다는 문제점을 가진다.

다음으로 상향식 접근방법은 커뮤니케이션 목표를 먼저 설정하고 목표를 달성하는 데 필요한 커뮤니케이션 활동 비용에 근거하여 커뮤니케이션 예산을 책정하는 방법으로, 대표적인 유형에는 '목표과업법objective and task method'이 있다.

'목표과업법'은 커뮤니케이션 목표를 정하고 그 목표 수행을 위한 각 커뮤니케이션 도구의 과업을 결정한 후 각 과업 수행에 필요한 커뮤니케이션 비용의 합을 예산으로 결정하는 방법이다. 가령, 새로 출시한 의류 브랜드의 커뮤니케이션 목표를 목표집단의 50%가 출시한 의류 브랜드를 인지하고 30%가 그 브랜드의 특징을 이해하는 것으로 설정할 수 있다. 그러면 이를 달성하기 위해 커뮤니케이션 도구로 TV광고와 신문광고를 집행하기로 결정하고, TV광고에 3억, 신문이 1억 등으로 과업별 소요 비용을 추정할 수 있다. 이 방법은 커뮤니케이션 목표로부터 논리적으로 예산을 산출한다는 점에서 합리적인 방법이다. 그러나 해당 마케팅 목표와 광고 목표 달성에 필요한 구체적인 커뮤니케이션 도구 선정과 과업별 소요 비용을 결정하기 어렵다는 단점이 있다. 목표과업법을 이용하여 예산을 책정하기 위해서는 커뮤니케이션 목표와 커뮤니케이션 도구, 커뮤니케이션 예산과의 관계를 파악할 수 있는 자료의 숙석과 활용이 요구된다.

온·오프라인의
통합 커뮤니케이션 전략

오프라인 고객 체험은 고객과의 직접적 소통으로 생생한 체험을 동반할 수 있지만 시간과 공간의 한계로 수적인 면에서 파급력이 작다는 단점을 갖는다. 반면 온라인상의 고객 체험은 소셜미디어의 파급력으로 인해 영향력은 크지만 간접적 경험이라는 한계를 가진다. 이러한 이유로 온라인과 오프라인 매체의 시너지를 통해 많은 고객이 공감할 수 있는 소통 전략을 구축하는 것이 점점 중요해진다.

티파니Tiffany & Co의 'Hand Meets Hand' 디지털 브랜드 캠페인

도쿄 긴자 티파니 매장 앞 가로등 아래에서는 커플이 서로의 손을 맞대고 책처럼 펼치면 가로등에 설치된 프로젝션을 통해 연인들의 러브스토리가 애니메이션으로 전개된다. 영상은 어린 아이들이 어른이 되면서 연인을 만나고 티파니 반지로 프러포즈를 하며 사랑을 완성해 간다는 스토리이다. 이러한 오프라인 이벤트는 온라인으로도 연계돼 카메라로 촬영한 커플의 손이 QR코드와 함께 프린트되고 이러한 체험 영상은 모바일로도 감상할 수 있게 했다. 더 나아가 오프라인으로 방문하지 못하는 사람들을 위해 두 사람의 손가락이 맞닿아야만 감상할 수 있는 모바일 버전의 스마트폰 전용 체험 컨텐츠도 제작하여 온라인과 오프라인을 함께 아우르는 캠페인을 진행했다.

이 캠페인을 기획한 에이전시 하쿠호도Hakuhodo에 따르면, 그들의 아이디어는 연인의 손을 매체로 이용해 브랜드 소책자brand book 즉, 티파니북을 창조하는 것이다. 연인은 서로의 손이 접촉되면서 특별한 관계가 되는데, 성장과정을 통해 연인이 된 두 사람이 반지를 통해 사랑의 맹세를 하는 스토리가 담긴 손바닥 책이다.

연인의 손이 그림책이 되고 사랑으로 마무리되는 이 캠페인은 그 아이디어를 인정받아 2017 스파이크Spikes 광고제 디지털 부문에서 은상, 2017 애드페스트ADFEST 광고제 디자인 부문 은상, 인터렉티브Interactive 부문 동상을 수상했다.

나이키 인스타포스터즈 프로모션

나이키는 2015년 전 세계 여성들의 피트니스와 스포츠 참여를 독려하기 위해 'Better for it' 글로벌 캠페인을 런칭했고, 이 캠페인의 일환으로 러시아 모스크바에서 'Instaposters' 프로모션을 진행했다.

이 프로모션은 여성들이 최선을 다해 피트니스와 스포츠를 즐기는 자신의 모습을 담은 사진을 인스타그램 해시태그 #betterforit를 사용해 업로드하면, 올라온 사진들을 선별해 옥외 포스터로 제작하고 모스크바 시내 도시 곳곳에 게릴라 포스터로 제공하는 것이다. 이 게릴라 포스터에는 포스터 부착시 사진, 본인 인스타그램 계정, 나이키 로고, 사진을 설명할 수 있는 문구를 함께 배치하여 누구나 쉽게 공유할 수 있게 했다.

나이키는 이러한 프로모션을 통해 많은 모스크바 여성들이 운동하는 모습을 인스타그램에 게시하고 캠페인에 참여하도록 유도했으며, 더 나아가 포스터를 본 친구가 친구에게 알리고, 본인도 포스터 앞에서 사진을 찍어 다시 인스타그램에 게재하는 식으로 바이럴 마케팅이 진행되도록 했다.

프로모션이 진행되는 동안 스포츠를 즐기는 많은 도전적인 여성들이 나이키 제품을 착용하고 브랜드 캠페인 슬로건 해시태그를 사용해 자신의 사진을 인스타그램에 업로드했고 그 결과 캠페인과 관련된 사진이 25,000건 넘게 게재되었다. 더불어 인스타그램과 실제 포스터를 연동시킴으로써 젊은 여성들이 운동에 관심을 가질 수 있는 계기를 마련했다.

출처_ www.hakuhodo-global.com
blog.naver.com/stussy9505
digitaltransformation.co.kr/모스크바에서-운동하는-여성들을-위한-인스타그램
online.2021discounts.ru

참고문헌

김완석(2000). *광고심리학*. 서울: 학지사.

안광호, 이유재, 유창조(2010). *광고관리*(개정판). 파주: 학현사.

안광호, 황선진, 정찬진(2010). *패션마케팅*(개정판). 서울: 수학사.

이규현(2006). *현대마케팅관리*. 서울: 경문사.

이명천(2013). *광고전략*. 서울: 커뮤니케이션북스.

이학식, 안광호, 하영원(2010). *소비자행동: 마케팅 전략적 접근*. 파주: 법문사.

이혜림, 이수진(2008). 패션브랜드 제휴-누구와 무엇으로 제휴할까? *한국의류학회지*, 32(9), 1467-1477.

Belch, G. E. & Belch, M. A. (2004). Advertising and promotion: *An integrated marketing communication perspective*. New York: McGraw Hill.

Jacoby, J., Speller, D. E., & Kohn, C. A. (1974). Brand choice behavior as function of information load. *Journal of Marketing Research, 11*(1), 63-69.

Keller, K. L. (2007). *Strategic brand management: Building, measuring, and managing brand equity*(3rd ed.). Upper Saddle River, NJ: Prentice Hall.

Kotler, P. (2000). *Marketing management*(10th ed.). Englewood Cliff, NJ: Prentice-Hall.

Krugman, H. E. (1967). The impact of television advertising: Learning without involvement. *Public Opinion Quarterly, 29*(3), 349-356.

Mitra, A. (1995). Advertising and the stability of consideration sets over multiple purchase occasions. *International Journal of Research in Marketing, 12*(1), 81-94.

Petty, R. E. & Cacioppo, J. T. (1981). *Attitudes and persuasion: Classic and contemporary approaches*, Dubuque. IA: Wm. C. Brown.

Schram, W. (1995). *The process and effects of mass communication*. Urbana, IL: University Illinois Press.

Schultz, D. E. & Barnes, B. E. (1995). *Strategic advertising campaigns*. Linconwood, IL: NTC Business Books.

Settle, R. B. & Alreck, P. L. (1986). *소비의 심리학*. 대홍기획 마케팅컨설팅그룹 옮김(2003). 서울: 세종서적.

Sirgy, M. J. (1997). *통합 마케팅 커뮤니케이션*. 김재진 옮김(2002). 서울: 시그마프레스.

뉴데일리경제(2017.1.10). 대형스타보단 '인플루언서'. biz.newdaily.co.kr

한국경제(2022.7.2). 투미, 토트넘 홋스퍼와 공식 파트너십 체결. www.hankyung.com

LGAD(1997). IMC의 실천방안과 과제. www.lgad.co.kr

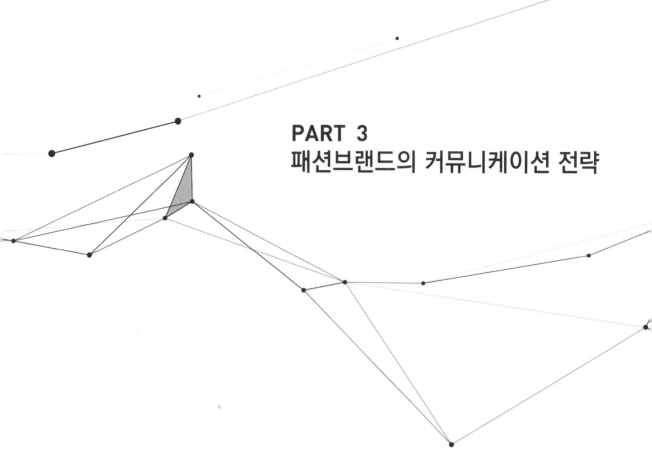

PART 3
패션브랜드의 커뮤니케이션 전략

CHAPTER 6
광고 전략 1_ 메시지 전략

CHAPTER 7
광고 전략 2_ 매체 전략

CHAPTER 8
PR 전략

CHAPTER 9
판매촉진 전략

CHAPTER 10
PPL

CHAPTER 11
패션 컬래버레이션

COMMUNICATION STRATEGY OF FASHION BRAND

패션기업이 특정 커뮤니케이션 목적을 수행하기 위해 사용하는 커뮤니케이션 믹스(communication mix)에는 광고, PR, 판매촉진, PPL, 컬래버레이션, 디지털 광고, 소셜미디어 마케팅, VMD, 패션쇼 등 다양한 수단들이 포함된다. 패션 커뮤니케이션에서 새로운 트렌드를 이끌어가는 디지털 커뮤니케이션에 대해서는 4부에서 다루기로 하고, 3부에서는 전통적인 커뮤니케이션 수단을 중심으로 패션브랜드의 커뮤니케이션 전략을 살펴보고자 한다.

우선 커뮤니케이션 전략 중 가장 핵심적인 광고 전략에 대해서는 6장과 7장에 걸쳐 정리하였다. 6장에서는 광고 전략 중 크리에이티브 전략과 모델 전략을 중심으로, 7장에서는 매체 전략을 중심으로 살펴보았다. 8장에서는 PR 전략을 다루었으며 특히 PR의 목적, 대상, 수단 그리고 상황을 중심으로 패션브랜드의 PR 활동을 설명하였다. 9장에서는 판매촉진의 효과에 대해 이론적으로 고찰해 본 후 판매촉진 전략의 수립 과정과 판매촉진의 다양한 유형에 대해 정리하였다. 10장에서는 일반적인 상업광고의 대안으로 제시되고 있는 PPL과 간접광고를 노출유형과 노출 효과, 장단점의 측면에서 고찰하였고, 11장에서는 패션제품에 차별적이고 감성적인 가치를 더해주는 컬래버레이션 수단의 목적, 유형 그리고 성공 요소를 살펴보았다.

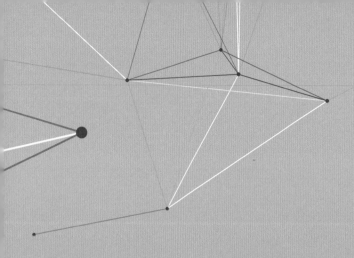

CHAPTER 6
광고 전략 1_메시지 전략

급격한 마케팅 환경의 변화와 더불어 광고의 역할이나 기능 그리고 광고 기법에서 많은 변화가 이루어 지고 있지만 광고는 여전히 중요하고도 매력적인 IMC 수단 중의 하나이다. PR, 판매촉진, 다이렉트 마 케팅, 인적판매 등과 같은 BTLbelow the line 수단이 증가하면서 광고의 영향력이 상대적으로 감소한 것 이 사실이지만, 광고는 소비자의 커뮤니케이션 반응 과정의 모든 단계에서 비교적 효율적인 도구로 평 가되고 있다. 본 장에서는 광고에 대한 정의와 특징 그리고 기능에 대해 설명하고 광고 전략의 수립 과 정에 대해 전반적으로 살펴볼 것이다. 특히 광고 전략의 수립 과정 중 광고 콘셉트 전략, 광고 크리에이 티브 전략, 그리고 광고 모델 전략에 대해서 자세히 다루고자 한다.

1. 광고의 개요

본 절에서는 광고에 대한 정의를 기반으로 하여 광고의 특징에 대해 설명하고 패션광고가 사회체계 안에서 수행하는 여러 가지 기능, 즉 마케팅 기능, 경제적 기능, 사회적 기능, 문화적 기능에 대해 살펴보고자 한다.

1. 광고의 정의 및 특징

광고에 대한 정의는 여러 학자에 의해 다양하게 규정되고 있지만 일반적으로 광고는 명시된 광고주가 특정 타깃시장이나 청중을 대상으로 다양한 미디어를 통해 정보를 제공하거나 설득하고자 하는 유료의 비인적 커뮤니케이션을 말한다. 이러한 정의에서 볼 수 있듯이 광고는 다음과 같은 몇 가지 중요한 특징을 갖는다.

첫째, 광고는 명시된 광고주에 의해 수행된다. 광고를 진행하는 주체는 기업, 비영리단체, 정부, 개인 등이 될 수 있으며 광고 수용자들은 이들이 누구인지 확인할 수 있다.

둘째, 광고는 특정 목표를 달성하기 위한 것이다. 광고는 단순한 정보전달에서부터 구매와 같은 행동적인 반응에 이르기까지 다양한 목표를 갖는다. 마케팅 관점에서 볼 때 광고는 상품이나 서비스 등의 촉진 또는 판매를 궁극적인 목표로 하지만, 커뮤니케이션 관점에서 광고는 정보의 전달과 설득이 목표가 될 수 있다.

셋째, 유료의 매체를 이용한다. 경우에 따라 무료로 게재되는 경우도 있지만 일반적으로 광고는 광고주가 매체 사용에 대한 일정한 대가를 지불하게 되어 있다.

넷째, 다양한 매체를 이용하여 일방향 또는 양방향 커뮤니케이션을 한다. 과거의 전통적인 미디어 상황에서는 일방향 커뮤니케이션이 주된 형태였지만 인터넷 광고시장이 생기면서 양방향 커뮤니케이션이 가능하게 되었다.

2. 광고의 기능

패션광고는 사회 시스템 안에서 패션소비자 또는 사회 전반에 영향을 미치는 다양한 기능을 수행한다. 패션광고는 기업 수준에서 패션소비자들에게 제품을 소개하거나 판매를 촉진하는 마케팅 기능을 수행한다. 또한 패션광고는 거시적 관점에서 하나의 사회제도로서 사회 전반에 걸친 경제적, 사회적, 문화적 기능을 수행한다. 패션광고의 기능을 몇 가지 측면에서 살펴보면 다음과 같다.

첫째, 마케팅 기능이다. 패션기업의 마케팅 활동은 제품, 가격, 유통, 촉진으로 구성되는 마케팅 믹스에 대한 관리로 요약될 수 있고 여기서 촉진은 소비자를 대상으로 커뮤니케이션을 수행하는 것을 말한다. 패션광고는 이러한 촉진믹스 중의 하나로 제품이나 서비스에 관한 정보를 표적청중들에게 전달해 주고 나아가서 제품이나 서비스를 구매하도록 설득하는 역할을 한다. 따라서 패션광고는 패션제품에 대한 인지, 지식, 호의, 선호도, 구매의도 등을 형성하는 중요한 마케팅 기능을 수행하고 있다.

둘째, 경제적 기능이다. 패션광고는 패션소비자의 수요를 유발하고 패션기업 간 경쟁을 유도하여 유통을 촉진하고 규모의 경제를 통해 패션제품의 가격을 낮추는 긍정적인 역할을 수행한다. 반면, 패션광고가 산업집중을 심화시키고 진입장벽을 높여서 시장경쟁을 위축시킨다는 비판적인 시각이 있을 수 있다. 이는 결과적으로 자본력이 강한 대기업의 지배력을 높이는 기능을 하게 된다.

셋째, 사회적 기능이다. 패션광고는 소비자의 의사결정에 필요한 다양한 정보를 제공함으로써 패션소비자들의 알 권리를 충족시킬 수 있다. 또한 패션광고는 현대 소비자의 내부의식에 존재하는 감정, 태도, 신념 등을 사회화하는 대리인으로서의 역할을 수행한다. 학자들에 따라서는 광고가 가족, 교육, 종교와 같은 전통적인 제도에 못지않게 큰 영향력을 행사한다고 보기도 한다. 반면 비판적인 시각에서는 패션광고가 재화의 소유에 가치를 두는 물질주의를 조장하고 소비자가 필요로 하지 않고 원하지 않는 제품의 구매를 강요하여 결과적으로 자원의 낭비를 가져온다고 주장할 수 있다. 또한 과장광고나 허위광고는 사회의 윤리나 도덕적 수준을 저하시키고 소비자의 올바른 구매 행동을 방해한다는 의견도 제시되고 있다.

넷째, 문화적 기능이다. 패션광고는 그 시대의 문화를 반영하는 거울의 역할을 하지만, 광고 속에 나타난 다양한 가치들은 다시 대중문화를 형성하고 창출하는 기능을 수행한다. 반면 비판적인 시각에서 대중매체가 발달하고 패션광고가 소비자에게 자주 노출될 경우 소비자들이 광고에 등장하는 인물이나 대상물을 상징화함으로써 그것을 고정관념화할 수 있다고 주장한다. 예를 들어, 광고에서 소수민족이나 여성들을 문화적으로 수준이 낮은 것으로 묘사하거나 은연중에 비하할 경우 이러한 메시지를 수용하는 사람들은 이들에 대해 편견을 갖기 쉽다. 또한 사회가 서구화, 개방화되면서 지나치게 진보적이거나 기발한 독창성을 추구하는 패션광고들이 등장하고 있는데 이러한 광고는 기존의 가치관이나 문화에 대치되는 내용을 담기도 한다. 국내 패션브랜드의 경우 세계적인 톱스타나 모델들이 등장하거나 외국을 배경으로 촬영한 광고가 많아지면서 한국적인 문화보다는 서양의 문화나 라이프스타일이 더 우수하거나 고급스럽다는 인식이 자연스럽게 수용되고 있는 상황이다.

2· 광고 전략의 수립 과정

광고 전략은 마케팅 전략을 기본 토대로 수립되어야 하며 전체적인 IMC 전략과도 맥을 같이 해야 한다. 다양한 마케팅 환경 속에서 타깃집단을 설득하기 위한 광고 전략을 수립하기 위해서는 광고 목표설정, 광고 표적시장 선정, 광고 예산 결정, 광고 콘셉트 및 광고 표현방식 결정, 매체 선정 등의 과정이 필요하다. 세부적인 광고 전략 수립 과정을 살펴보면 다음과 같다.

첫째, 광고 목표를 설정한다. 광고 목표를 설정하기 위해서는 그 위의 상위 개념인 IMC 목표 또는 마케팅 목표에 대한 전반적인 이해가 선행되어야 한다. 일반적으로 마케팅 목표는 시장점유율, 총매출액, 총판매량, 총수익률과 같이 수치적으로 산출되지만 광고 목표는 커뮤니케이션의 효과 모형에 근거하여 장·단기적 목표가 결정된다. 예를 들어, 패션기업은 해당 연도 또는 시즌의 마케팅 목표를 고려하여 상표 상기율, 광고 상기율, 상표 선호도, 구매의도와 같은 광고 목표를 설정하게 된다. 그러나 때로는 특정 마케팅 목표의 달성을 위해 전화 문의, 매장 방문, 구매, 재구매율과 같은 행동 및 결과 변수를 광고 목표로 설정할 수도 있다.

둘째, 광고의 표적시장을 정의한다. 광고의 표적시장은 마케팅 또는 IMC 전략의 표적시장과 일치하는 것이 바람직하다. 시장세분화를 통해 결정된 표적고객에 대한 라이프스타일 분석을 통해 그들의 욕구를 이해하는 것이 우선적으로 필요하다. 이러한 표적시장 분석을 통해 어떤 크리에이티브 전략을 사용할 것인지 그리고 어떤 매체를 통해 메시지를 전달할 것인지를 결정할 수 있다. 특히 표적시장은 광고 계획단계에서뿐만 아니라 광고 집행 후 결과를 평가하는 단계에서도 중요한 기준점이 된다.

셋째, 광고 예산을 결정한다. 광고 예산에 가장 큰 영향을 미치는 영향요인은 다름 아닌 광고 목표이다. 패션기업은 전체적인 IMC 목표 안에서 광고의 전략적 역할을 고려하여 광고 예산을 배정해야 한다. 광고 예산을 책정할 때는 광고 캠페인을 진행하는 데 어느 정도의 예산이 소요되는지와 그 비용을 산정하는 데 어떠한 방법을 사용할 것인지를 동시에 고려해야 한다.

넷째, 광고 콘셉트와 광고 표현방식을 결정한다. 광고 콘셉트는 광고 전략에서 가장 핵심적인 부분으로 무엇보다도 소비자가 공감할 수 있도록 만들어야 한다. 광고 콘셉트를 설정하기 위해서는 광고 타깃집단과 경쟁사 분석을 통해 브랜드의 차별점을 찾아내는 것이 우선적으로 필요하다. 여기서부터 도출된 핵심 콘셉트는 광고 타깃집단들이 가장 공감할 수 있는 소구법을 사용해야 하고 이를 가장 잘 전달할 수 있는 표현방식으로 구체화하여야 한다.

다섯째, 매체 전략을 수립한다. 타깃집단에게 전달할 메시지를 얼마나 정교하게 제작하는가만큼 중요한 것이 그들과 접촉하려면 어떤 매체를 이용해야 접촉률을 높일 수 있느냐 하는 것이다. 우선 표적시장의 라이프스타일 분석을 통해 개인 매체망에 대한 파악이 필요하다. 각 매체들은 비용이나 효과 면에서 각기 다른 특성을 가지고 있기 때문에 충분한 고려가 있어야 한다. 최근 뉴미디어들이 지속적으로 성장하고 있기 때문에 전통적 매체뿐만 아니라 비전통적인 매체들에 대한 전략적인 검토가 요구된다.

3·광고 콘셉트의 설정

광고 콘셉트는 광고에서 브랜드 또는 제품에 대해 무엇을 이야기할 것인가를 정하는 것으로, 패션기업 입장에서 광고 콘셉트는 브랜드의 아이덴티티를 전달하는 중요한 통로가 된다. 따라서 패션기업은 효과적인 광고 콘셉트를 도출하기 위해 여러 가지 전략적인 방법을 사용하고 있다.

1 · 광고 콘셉트의 개념

광고 콘셉트는 광고의 핵심적인 주제로 제품을 판매할 수 있는 아이디어를 표현한 것이다. 뛰어난 광고 콘셉트를 개발하기 위해서는 브랜드 STP$_{segmentation targeting positioning}$에 근거하여 타깃집단, 경쟁 브랜드, 경쟁적 차별점 등에 대한 면밀한 분석이 선행되어야 한다. 광고 콘셉트는 제품이나 서비스에 관해서 가장 강력하고 뛰어난 점을 말할 수 있어야 하고 타깃집단에게 의미있는 요구여야 한다. 이러한 광고 콘셉트는 모든 광고에서 중심 이슈가 되고 구체적인 광고소구 유형이나 실행 전략에 기초가 된다. 광고 콘셉트는 단기적으로는 시장조건이나 경쟁관계에 따라 변화될 수 있지만 장기적으로는 일관성을 이루는 개념이어야 하고 상호연관성이 있어야 한다.

패션브랜드들 역시 브랜드 고유의 광고 콘셉트를 정립하여 광고 캠페인을 통해 이를 일관성 있게 표현하고 있다. '나이키$_{Nike}$'의 'just do it', '드비어스$_{De Beers}$'의 'A diamond is forever' 등은 지속적으로 세계인들의 공감을 받고 있는 브랜드 슬로건이다. 경우에 따라 이러한 브랜드 슬로건이 그대로 광고 콘셉트로 사용되기도 한다. '유니클로$_{Uniqlo}$'의 경우 2010년 F/W부터 'made for all'이라는 새로운 슬로건을 제시하면서 유니클로가 사람을 구분 짓는 국적, 연령, 직업, 성별 등을 넘어서 모든 사람들을 위한 라이프웨어라는 광고 콘셉트를 전달하고 있다 그림 6-1.

대부분의 브랜드들은 광고 콘셉트로 보통 하나의 단어나 어구를 사용하는

출처_ www.retailnews.asia

그림 6-1

'made for all'의 슬로건을 전달하고 있는 '유니클로' 광고

경우가 많다. 이는 전달하고자 하는 제품의 특징들이 다수일지라도 이를 모두 전달하는 것보다 가장 가치 있고 중요한 특성 한 가지만을 부각시키는 것이 타깃 집단의 마음속에 브랜드 아이덴티티를 심는 데 더 효과적이기 때문이다. 광고 콘셉트가 갖추어야 할 필수조건을 두 가지 측면에서 정리해 보면, 첫째, 광고 콘셉트는 제품 특성들 가운데 가장 중요한 한 가지 특성single concept만을 표현해야 한다. 인간의 단기기억에서 처리될 수 있는 정보의 양은 한정되어 있고 대부분의 광고는 혼잡한 상태에서 소비자에게 노출된다. 따라서 가능한 한 소비자의 기억이 쉽게 처리할 수 있는 단일화된 콘셉트를 전달하는 것이 중요하다. 둘째, 광고 콘셉트는 단순하고 명료해야 한다. 광고는 시간과 공간이 제한되어 있는 상황이나 소비자들이 주의 집중을 하지 않는 상황에서 전달되는 경우가 많다. 따라서 복잡한 인지과정을 거치지 않아도 의미 전달이 명확하고 쉽게 이해할 수 있는 광고 콘셉트를 사용해야 한다.

2 ∘ 광고 콘셉트의 도출방법

세계 유수 광고대행사에서는 광고의 콘셉트를 찾기 위해 여러 가지 접근방법들을 사용하고 있는데, 그중 대표적인 것들이 고유한 판매제안의 발견, 강력한 브랜드 이미지 창조, 내재된 드라마의 발견, 제품 포지션의 개발 등이다.

고유한 판매제안

광고는 소비자에게 그 제품을 구매했을 때 얻게 되는 이점을 제안할 수 있어야 한다. 그리고 그 제안은 경쟁사 제품이 제공할 수 없는 고유한 것이며 소비자들을 끌어들일 수 있는 강력한 것이어야 한다. 특히 다른 경쟁사와 차별화된 독특한 모습이나 우월한 혜택을 강조함으로써 다른 경쟁자들이 쉽게 모방할 수 없을 때 가장 유용하다.

나이키는 '나이키 프리 5.0' 제품의 독보적인 가벼움과 유연성을 강조하기 위해 이색 스니커즈 패키지를 이용한 광고를 제작하여 2014년 칸 광고제 디자인 부문 실버상을 수상하기도 했다 그림 6-2. 이 광고에서는 기존 러닝화 패키지를 잘라서 3분의 1의 크기에 불과한 박스로 만든 후 여기에 나이키 프리 5.0를 반으로 접어 쉽게 집어넣는 장면을 보여준다. 나이키는 이 광고를 통해 상품의 탁월한 유연성을 증명해 보이면서 제품의 차별점을 성공적으로 알렸다.

그림 6-2
'나이키 프리 5.0'의 유연성을 강조한
러닝화 광고

출처_ www.behance.net

강력한 브랜드 이미지 창조

같은 제품 범주 안에서 경쟁하는 브랜드들은 때로는 너무 유사하여 브랜드 고유의 혜택을 제안하기 어려울 경우가 많다. 브랜드들이 유사할수록 구매에 있어서 소비자의 이성적 판단의 역할은 감소하고 브랜드 이미지 또는 브랜드 개성이 더 중요해지는 경향이 강하다. 강력한 브랜드 이미지를 창조하는 방법은 경쟁사와 차별화된 포인트가 없을 경우 주로 사용하게 되는 콘셉트 전략이다. 따라서 음료수, 주류, 담배 등과 같이 제품 차별점이 없는 동질적인 제품이나 쉽게 복제되는 제품에 주로 사용된다.

제품의 기능적 측면보다는 심리적 측면이 중요한 패션제품의 경우 브랜드 이미지는 가장 설득적인 커뮤니케이션 요소라고 할 수 있다. 따라서 대부분의 패션브랜드들은 소비자들에게 소구될 수 있는 브랜드의 개성이나 이미지를 만드는 것에 치중하고 있다. 프랑스 럭셔리 브랜드인 '샤넬'의 경우 전통에 기반을 둔 브랜드 정통성을 강조하면서 동시에 혁신적이고 과감한 트렌드를 제시하고 있다. 샤넬은 이러한 브랜드의 아이덴티티를 표현하기 위해 광고 전략에 있어서 당시에 가장 떠오르는 모델과 감독들을 기용하여 최고의 이미지를 만들어낸다. 특히 모델은 샤넬의 광고에서 가장 중요한 요소로 그 시기의 샤넬을 대표하는 이미지라고 할 수 있다. 이처럼 샤넬은 광고 모델의 이미지를 최대한 살릴 수 있는 광고 아이디어와 콘셉트를 구사함으로써 세련되고 우아하면서도 섹시함을 잃지 않는 샤넬의 이미지를 지속적으로 재창조해 가고 있다 그림 6-3.

그림 6-3
샤넬 향수의 뮤즈들

내재된 드라마의 발견

내재된 드라마의 발견이란 브랜드 또는 제품이 가지고 있는 고유한 스토리를 발견하고 그것을 한 편의 드라마와 같이 표현하는 것을 말한다. 고유한 스토리를 만들기 위해서는 소비자가 제품을 통해 얻고자 하는 핵심적인 가치나 혜택을 찾아내는 것이 관건이다. 특히 여기서 말하는 '드라마와 같은 표현'이란 비범하고 특이하게 표현하는 것이 아니라 있는 그대로를 일상적이고 평범하게 보여 주는 것을 말한다. 예를 들어, 온화함, 인간미, 신뢰성 등이 평범한 터치의 핵심이다.

프랑스 럭셔리 브랜드인 '루이비통'의 경우 여행가방 브랜드로서의 정통성을 강조하기 위해 '여행의 동반자'라는 핵심가치를 전달하는 광고를 진행하였다. 여행이라는 공통된 테마를 중심으로 소련의 초대 대통령 미하일 고르바초프_{Mikhail Gorbachev}, 프랑스 원로 여배우 까뜨린느 드뇌브_{Catherine Deneuve} 등 다양한 분야의 유명 인사들을 모델로 등장시켜 여행이 주는 인생의 의미를 유명 인사들의 삶과 연관시켜서 자연스럽게 제시하였다 그림 6-4. 경쟁 브랜드들의 광고들처럼 창조적이거나 도전정신이 깃든 광고는 아니지만 루이비통이 가진 가방에 대한 철학을 일상적으로 그려내고 있다.

그림 6-4
'루이비통'의 '코어밸류(core value)' 캠페인

제품 포지션의 개발

포지셔닝이란 특정 브랜드가 경쟁 브랜드와 비교하여 소비자의 심상에 차지하고 있는 상대적 위치를 의미한다. 일반적으로 마케팅 전략에서 제품 포지셔닝은 제품 속성, 사용 상황, 제품군, 제품 사용자, 경쟁상품 등 다양한 차원에서 이루어질 수 있다. 광고 콘셉트 전략으로서 제품 포지셔닝을 개발하는 경우는 주로 기존 또는 신규 브랜드가 경쟁 브랜드와의 차별점을 부각하고자 할 때 또는 기존 브랜드가 리포지셔닝을 한 후 새롭게 변화된 브랜드의 아이덴티티를 전달하고자 할 때이다.

언더아머Under Armour는 미식축구 선수 출신의 CEO 케빈 플랭크Kevin Plank가 만든 브랜드로 처음에는 미식축구 유니폼 안에 입는 이너웨어에서 출발했다. 이러한 초기 마케팅으로 인해 이후 브랜드 이미지는 이너웨어 브랜드, 특정 종목 중심의 스포츠웨어, 남성용 제품이라는 이미지를 벗어나기 어려웠다. 이러한 문제점을 해결하기 위해 언더아머는 다양한 스포츠 분야의 그리고 여성 운동인들 중심의 광고 캠페인을 전략적으로 진행하게 되었다. 발레리나 미스티 코플랜드Misty Copeland는 "I will what I want" 광고 캠페인에서 그녀가 흑인 발레리나로서 거쳤던 역경에 대해 설명하며 여성들을 일깨우는 메시지를 직접 전하고 있다 그림 6-5. 언더아머는 그 외에 올림픽 스키 선수 린지 본Lindsey Vonn, 테니스 선수 슬로 스티븐슨Sloane Stephens, 그리고 축구 선수 켈리 오하라Kelley O' Hara 등도 캠페인에 기용했다. 액티브 스포츠부터 필라테스에 이르기까지 대부분의 여성 스포츠웨어 시장이 나이키나 룰루레몬에 의해 주도하고 있는 상황에서 이러한 언더아머의 캠페인은 새로운 포지셔닝을 구축하려는 전략적 의도가 돋보인다.

그림 6-5
'언더아머'의 'I will what I want'
광고 캠페인

4 · 광고 크리에이티브 전략

광고 전략에서 전체적인 방향인 광고 콘셉트가 결정되면 이를 구체화하기 위해 어떤 광고 크리에이티브creative를 사용해야 할 것인가를 선택해야 한다. 광고 크리에이티브 전략은 크게 광고소구법과 광고 표현방식으로 나눌 수 있는데 이에 대한 설명은 아래에서 자세히 다루고자 한다.

1 · 광고소구법

광고소구법에는 크게 제품의 다양한 기능적 특성이나 차별점과 같이 제품정보를 전달하는 이성적 소구법과 소비자들에게 정서적 반응을 유발해 설득하려는 감성적 소구방법이 있다. 어떤 소구법을 사용해야 할 것인가는 제품군, 제품 특성, 제품 관여도 등을 고려하여 결정해야 한다.

이성소구

이성소구는 광고소구에 있어서 제품이나 서비스에 대한 소비자의 실용적·기능적 욕구에 초점을 맞추어 특성을 강조하거나, 특정 상표를 소유하거나 사용하는 데 따른 이점을 강조하는 방법을 말한다. 이처럼 이성소구는 제품이나 서비스가 가지고 있는 특정한 속성이나 편익을 부각하기 때문에 정보전달적인 경향이 강하다. 이성소구에는 특성소구feature appeal, 경쟁적 이점소구competitive advantage appeal, 호의적 가격소구favorable price appeal, 새로움 소구newness appeal, 인기소구popularity appeal 등이 있다. '특성소구'는 제품이나 서비스의 지배적인 특질에 초점을 맞추어 가능한 많은 정보와 중요한 제품 특성을 제시하여 소비자의 호의적인 태도나 합리적인 구매를 유도하는 데 사용된다. '경쟁적 이점소구'는 직·간접적으로 상표를 비교하여 하나 이상의 우월성을 제시할 때 사용되고, '호의적 가격소구'는 전달하는 메시지에서 가격을 강조하는 경우이다. '새로움 소구'는 신제품이나 서비스를 소개하면서 기존 제품에서 개선된 내용을 전달하는 방법이다. 또한 '인기소구'는 많은 소비자들이 사용하고 있다는 것을 강조하면서 상표를 전환한 사람이나 전문가들을 이용하여 품질이나 가치를 증명하는 것을 말한다.

　패션브랜드의 경우 일반적으로 감성소구를 주로 사용하고 있지만 브랜드의 특성에 따라 드물게 이성소구를 사용하기도 한다. '유니클로'의 경우 패션브랜드들

그림 6-6
'유니클로'의 히트텍 광고

출처_ www.youtube.com

이 거의 사용하지 않는 특성소구나 가격소구를 중심으로 광고를 진행하고 있다. 유니클로는 시즌별로 캠페인 상품을 통해 집중적인 판매고를 올리는 마케팅 전략을 사용하고 있는데 대표적인 예가 겨울을 겨냥한 '히트텍heattech' 상품이다. 히트텍은 단열과 발열을 가진 소재의 옷으로 가볍고 따뜻한 것이 특징이다. 위의 그림 6-6의 유니클로 광고는 히트텍이 보온이 아주 뛰어난 기술집약적 제품임을 전달하기 위해 '내몸과 만나 열을 내는 테크놀로지 웨어'라는 제품 슬로건을 제시하고 있다. 이와 함께 광고 마지막에 가격을 붙여 실용성과 경제성을 추구하는 소비자들에게 소구하고 있다. 가격을 공개적으로 제시하는 것은 소비자의 가격비교가 쉬워져 오히려 역효과를 낼 수 있고, 자칫 고급스럽지 못한 저가 브랜드라는 인식을 가져올 수 있다. 그러나 유니클로는 이러한 가격소구 전략을 통해 소비자의 머릿속에 디자인과 기능의 우수함에 비해 가격이 저렴하다는 인식을 심어주는데 성공했다.

감성소구

감성소구는 광고를 통해 소비자의 긍정적 정서를 충족시키는 소구방법을 의미한다. 즉, 광고 속 제품이나 서비스의 소비를 통해 소비자의 사회·심리적 욕구를 만족시킬 수 있다고 강조하는 광고이다. 실제로 소비자들의 구매 결정이 이성적인 판단이 아닌 감성적인 평가에 의해 이루어지는 경우도 많기 때문에 제품에 대한 소비자의 긍정적 정서가 제품이 제공하는 기능이나 효용보다 중요할 수 있다. 특히 경쟁상표 간의 차별성이 없을 경우 수로 소비자의 감성에 소구하는 경향이 크다.

감성소구는 사랑, 행복, 공포, 흥분과 같은 개인적 측면의 심리상태에 기초를 두면서 지위, 소속감, 인정과 같은 사회적 측면의 심리상태를 반영하여 설계된다. 이러한 감성소구를 이용한 광고는 광고상표를 사용해 본 적이 없는 사람에게 마치 자신이 사용해 본 적이 있는 것 같은 리얼한 감정을 연상시킨다는 강점이 있다. 즉, 감성소구 광고는 제품이나 서비스에 대한 감정과 이미지를 만들게 되고 이는 소비자가 광고상표를 사용할 때나 사용 경험을 해석할 때 활성화된다. 브랜드의 상징성을 중요시하는 패션제품의 경우 호의적인 무드나 정서를 일으킬 수 있는 광고를 제작하여 소비자들의 긍정적인 반응을 얻으려는 감성소구를 주로 사용하고 있다. 감성소구에는 온정소구warmth appeal, 유머소구humor appeal, 공포소구fear appeal, 성적소구sex appeal 등이 있다. '온정소구'는 우리에게 익숙한 생활 속의 한 단면을 통해 정, 향수, 효도와 같은 인간미 넘치는 정서를 유발하는 것이고, '유머소구'는 재미있는 소재를 사용하여 시청자들에게 박진감, 활력, 즐거움, 쾌감과 같은 감정을 불러일으키는 방식이다. 또 '공포소구'는 특정 제품이나 서비스를 수용하지 않음으로써 초래되는 물리적 또는 심리적 위험을 제시함으로써 소비자의 특정 행동을 유도하는 데 사용된다. 향수, 청바지, 속옷 브랜드들에서 많이 사용되는 '성적소구'는 인간의 근본적인 욕구인 성에 대한 관심을 상품에 연관시켜 소비자의 반응을 일으키는 방법이다.

성적소구를 사용한 아래 그림 6-7의 '캘빈 클라인' 향수광고는 해변가에서 아름다운 혹은 멋있는 이성과 낭만적인 사랑을 나누고 있는 장면을 담고 있다. 광고에 노출된 소비자들은 광고 속 모델들의 모습 속에서 자신의 모습을 상상하는 본능적인 욕구가 자연스럽게 생겨나게 된다. 따라서 소비자들은 광고 속 캘빈 클라인 향수를 구입함으로써 이러한 욕구를 간접적으로 충족시키게 된다.

그림 6-7
'캘빈 클라인'의 성적소구를 사용한
향수광고

성적광고에 대한 연구들은 대부분 시각적 측면에 초점을 맞추어 진행되고 있는데, 연구 결과에 따르면 성적 표현이 사람들의 주의를 집중시키고 관심도를 높인다는 측면에서는 비교적 일관되게 긍정적인 광고효과를 나타내고 있다LaTour & Henthorne, 1993; Reichert, Heckler, & Jackson, 2001. 그러나 상표 태도나 구매에 있어서는 성적 광고가 일반광고에 비해 효과적이지 않다고 주장하는 연구들도 진행되고 있다. 이러한 연구 결과는 소비자가 성적소구를 사용한 광고에 더 흥미를 느끼고 주의를 기울이게 되어 광고 자체는 잘 상기될 수 있지만, 광고에 대한 지나친 집중이 상표에 대한 기억을 방해할 수 있다는 의미로 해석할 수 있다Alexander & Judd, 1978.

2 ∘ 광고 표현방식

광고 표현방식은 소비자에게 전달하고자 하는 광고 콘셉트를 실제 광고 메시지로 만들어내는 실행 형식execution format을 의미한다. 광고소구법이 광고 메시지가 담고 있는 내용에 관한 전략이라면 광고 표현방식은 광고 메시지의 형식에 대한 전략을 말한다. 광고 표현방식에는 직접적 또는 사실적 표현, 암시적 표현, 비교 표현, 패러디 표현, 비일상적 표현, 증언용 표현 등이 있다.

직접적 또는 사실적 표현

제품의 실용적, 기능적, 효용적인 필요성에 중점을 두고 제품이 지닌 특징적 정보, 즉 제품의 핵심 편익이나 강점을 있는 그대로 솔직하게 전달하는 형식이다. 광고에서 전달해야 하는 메시지가 명확할 경우 또는 다른 제품과 비교해서 뚜렷한 장점이나 차별점이 있을 경우 효과적이다. 그러나 여러 장점들을 장황하게 표현하면 오히려 진부해지고 의미전달이 모호해질 수 있다. 따라서 앞서 언급했듯이 광고 콘셉트가 하나의 콘셉트를 주장해야 하는 것과 마찬가지로 한 가지 특징적인 장점만을 부각시키는 것이 효과적이다.

'좋은 옷, 좋은 가격'이란 캐치 슬로건으로 남성복 시장에 뛰어든 '파크랜드Parkland'는 1988년 론칭 당시 제일모직, LG패션, 코오롱 등 대기업 중심의 정장시장에서 중저가 정장이라는 새로운 틈새시장을 성공적으로 만들어냈다. 현재 중저가 남성복 시장에서 선두 브랜드로 자리매김하고 있는 파크랜드는 '좋

그림 6-8

좋은 품질과 기능에 더해 합리적 가격을 강조하는 '파크랜드' 광고

출처_ www.youtube.com

은 품질의 합리적 가격'이라는 브랜드 콘셉트를 지속적으로 유지하고 있다. 이러한 브랜드 콘셉트를 강조하기 위해 파크랜드 광고는 감성적인 소구를 주로 사용하는 대부분의 패션브랜드 광고와는 달리 이성적인 소구에 초점을 맞추고 있다. 그림 6-8의 파크랜드의 시리즈 광고들은 미세먼지를 차단하거나 무봉제의 신기술이 활용된 제품들을 강조하거나, 다양한 스타일로 연출할 수 있는 멀티웨이 아이템들을 소개하면서 품질과 가격을 모두 갖춘 브랜드라는 핵심적인 편익을 전달하고 있다.

암시적 표현

직접적 또는 사실적 표현방식과 반대되는 개념으로 전달하고자 하는 핵심주제를 연상요소 등을 사용하여 간접적으로 전달하는 방법을 말한다. 주제 자체가 추상적이어서 직접적으로 설명하기 어렵거나 주제의 범위가 넓어 어느 한 부분에 집중하기 어려울 때 주로 사용한다. 암시적 표현방식의 광고에서는 보통 주제를 암시하는 상징요소를 사용하는 경우가 많은데 이러한 상징요소가 광고 콘셉트의 의미를 전달하는 데 적합할 때 목표청중들이 광고가 제시하는 핵심 콘셉트를 이해할 수 있다.

리바이스의 '엔지니어드 진Engineered Jeans'의 광고 '아틀란티스Atlantis' 편을 살펴보면 현실에서 경험하기 힘든 신비롭고 미스터리한 여인들의 모습을 통해 리바이스가 추구하고 있는 자유로움을 암시하고 있다 그림 6-9. 이 광고는 싸늘하고 텅빈 도시 전체를 물의 도시 '아틀란티스'로 규정하고 있으며 죽어가고 있는 아틀란티스에

그림 6-9
'리바이스'의 '엔지니어드 진' 광고

엔지니어드 진이 생명을 불어넣어 준다는 스토리를 담고 있다. 엔지니어드 진의 자유롭고 편안한 이미지를 '물'이라는 소재를 통해 암시적으로 표현하고 있다.파이낸셜뉴스, 2006.3.10.

비교 표현

동일 범주 내의 경쟁상표들과 직접 또는 간접적으로 비교하여 자사제품의 우수함을 보여줌으로써 소비자를 설득하는 방법이 비교 표현방식이다. 비교광고는 경쟁 브랜드의 이름을 직접적으로 언급하는 직접 비교광고와 특정 경쟁 브랜드의 이름이 언급되지 않거나 경쟁 브랜드 전체를 대상으로 하는 간접 비교광고로 분류된다. 신제품인 경우 기존 경쟁제품과 비교하여 신제품의 특성을 제시할 수 있고 다른 소구법에 비해 브랜드 인지나 회상에 유리하기 때문에 비교광고가 효과적일 수 있다.

LG패션의 트래디셔널 캐주얼 브랜드 '헤지스Hazzys'는 론칭광고에서 시장선도 주자인 '폴로Polo'와 '빈폴Bean Pole'을 공략하는 비교 표현방식을 사용하였다 그림 6-10. 이 광고에서 폴로경기 복장을 하고 말을 타고 지나가던 한 남성 또는 자전거를 타고 지나가던 한 여성이 헤지스 매장을 발견하고는 매장에 들어간다. 헤지스 옷으로 갈아입은 각각의 남성과 여성은 말이나 자전거를 버려둔 채 가버리고 '굿바이 폴'이라는 카피가 광고의 마지막을 장식한다. 직접적인 브랜드 네임의 언급 없이 폴로와 빈폴의 상징인 말과 자전거만을 이용하여 재치있는 비교광고를 진행한 사례이다.

그림 6-10
'헤지스'의 비교광고

　　이러한 비교광고는 위트와 감각이 느껴지는 신선한 광고로 다가설 수 있지만 보는 이에 따라선 직접적으로 경쟁 브랜드를 깎아내리는 다소 공격적인 광고로 평가될 수도 있다. 비교광고의 효과에 대한 연구들은 다소 상반된 결과를 보이고 있는데, 일부 연구에서는 비교광고에 노출된 소비자들이 일반광고에 노출된 소비자들에 비해 브랜드 인지나 광고 메시지의 회상 수준이 더 높은 것으로 확인되고 있다Muehling, Stoltman, & Grossbart, 1990. 그러나 또 다른 연구에서는 비교광고가 인지적 측면의 상표회상이나 속성회상에서 일반광고에 비해 설득력이 부족하다고 주장하고 있다Swinyard, 1981. 뿐만 아니라 소비자들이 광고에 나타난 비교내용에 대해서 전적으로 믿지 않기 때문에 브랜드나 제품 신뢰성에는 긍정적인 역할을 하기 어렵다. 비교광고를 실행할 때 주의해야 할 점은 비교광고의 특성상 어떤 형태로든 경쟁 브랜드를 광고 속에 등장시킬 수밖에 없기 때문에 실제로는 상대 브랜드를 더 부각하는 역효과가 나타날 수도 있다는 것이다.

패러디 표현

잘 알려져 있는 문학, 연극, 영화, 미술 속의 특정 구조나 소재, 인물 등을 재현하거나 각색하여 웃음이나 과장 혹은 풍자적인 효과를 창출하는 것이 패러디parody 표현이다. 패러디 광고는 일종의 모방형 창작이라고 할 수 있으며 패러디 표현의 핵심은 원작의 내용을 새롭게 재해석하고 독특하게 재구성해 내는 기술이다. 패러디 표현이 효과적이기 위해서는 크리에이터와 수용자 간에 공유된 기호가 존재해야 한다. 따라서 그 시대의 대중들에게 잘 알려져 있고 자연스럽게 수용될 수 있는 전형적인 요소를 기호로 사용해야 한다.

　　이런 측면에서 패션브랜드의 경우 명화를 중심으로 한 패러디 광고를 종종 사용하고 있다. 이렇게 명화를 패러디한 광고의 경우 잘 알려진 원작의 친숙성이라

그림 6-11
'샤넬'과 '드비어스'의 패러디 광고

는 긍정적 반응을 모방을 통해 브랜드 광고에 그대로 전이시킨다는 장점이 있다. 그림 6-11의 샤넬의 향수 '코코Coco' 광고는 고전주의 화가 '앵그르Jean Auguste Dominique Ingres, 1780-1867'의 명작 '샘'을 패러디한 것이다. 원작 그림은 끝없이 흘러나 오는 물의 근원인 항아리를 들고 있는 여신을 통해 강한 생명력을 표현하고 있다. 마찬가지로 모델 의상과 배경에 사용된 블랙은 샤넬 브랜드 그 자체를 의미하며, 샤넬의 정신이 담긴 코코 향수의 작은 병에서 나오는 물줄기는 불멸의 향기라는 은유적 메시지를 전하고 있다.

명화를 패러디한 패션광고의 예는 다이아몬드 원석 업체 '드비어스De Beers'의 광고에서도 볼 수 있다. 모델의 머리 모양이나 머리를 기운 모습, 그리고 손의 위치 등은 '보티첼리Sandro Botticelli, 1445~1510'의 '비너스의 탄생'을 연상시킨다. 원작과의 차이점은 모델의 손가락에 반짝이는 다이아몬드 반지가 끼워져 있다는 것이다. 비너스의 탄생은 여러 브랜드의 광고에서 종종 패러디의 원전으로 사용되고 있다. 원작의 그림에서 비너스는 관능미와 고전미를 동시에 갖춘 완벽한 여인으로 표현되고 있다. 드비어스는 고대 예술의 아름다움 그 자체인 비너스를 현대적으로 재해석하여 드비어스가 추구하는 완벽한 절대미를 표현하고자 하였다.

비일상적 표현

사람들이 지금까지 별로 본 적이 없거나 전혀 예상하지 못했던 내용을 다루거나, 또는 상식을 깨뜨리거나 논리적으로 부적합한 소재를 도입하여 소비자들

그림 6-12
'디젤'의 'Be Stupid' 광고

출처_ www.diesel.com

의 관심을 유도하는 방법이 비일상적 표현방식이다. 이 방식은 표현된 아이디어가 재치 있고 위트가 넘쳐흐를 때 효력을 발휘할 수 있다.

이러한 표현방식을 가장 즐겨 쓰는 브랜드가 '디젤Diesel'이라고 할 수 있다. 디젤의 'Be Stupid' 광고는 스마트smart한 사람은 진정한 룰 브레이커rule breaker가 될 수 없으며 엉뚱하고 남과 다른, 그리고 행동하는 마인드를 가진 사람만이 세상을 이끌어 간다는 메시지를 전하고 있다 그림 6-12. 이 캠페인에서는 바보를 원초적이고 꾸밈없는 사람들로 간주하고 있으며, 위험을 감수할 용기가 있고 아무리 위험해도 새롭고 창의적인 것을 받아들이는 존재로 규정하고 있다. "영리함은 그것이 무엇인지 알아채지만, 어리석음은 그게 무엇이 될지 상상할 수 있다. 영리함은 비판적이지만, 어리석음은 창의적이다." 이와 같은 디젤의 광고 속 카피는 지극히 일상적이고 평범한 삶을 살아가는 사람들에게 신선한 자극이 되고 있다.

증언형 표현

증언형 표현은 제품에 대한 개인적인 경험에 의거하여 지지 발언을 하는 것으로 소비자의 구전효과에 대한 태도를 광고에 응용한 것이다. 과학적인 연구의 결과 또는 기술적 정보를 전달하는 것도 이 표현방식에 포함된다고 할 수 있다. 소비자들은 기업이 스스로 주장하는 편익은 신뢰하지 못하지만 그 제품을 이용하는 다른 사람들의 의견은 거부감 없이 받아들일 수 있다. 증언형 광고에서는 증언을 해주는 사람이 결정적인 역할을 하게 되는데, 제품과 모델과의 이미지 일치성이나 소비자의 모델 호감도 등을 고려해서 선택해야 한다. 증언형 광고의 전달자로는 유명인이나 일반인 모두 나름의 장점이 있는데, 유명인의 경우 높은 인지도와 신뢰도를 바탕으로 소비자의 설득을 유도할 수 있다. 또한 전달자가 타깃과 유사한 일반인인 경우 소비자들은 광고 속 모델들이 자신과 유사한 문제를 가지고 있다고 생각하기 때문에 모델이 제공하는 메시지에 쉽게 공감하게 된다. 화장품 브랜드 'SK-II'의 경우, 오랜 기간 동안 김희애를 전달자로 사용하는 증언형 표현방식을 통해 성공적인 광고 캠페인을 진행해 왔다. 김희애는 'SK-II' 광고에서 주름 하나 없이 어려진 피부로 생겨난 자신감을 자신만의 열정으로 표현하면서 타깃 소비자에게 제품의 효능에 대해 증언하고 있다. 당시 마흔이 넘은 나이에도 불구하고 여전히 매력적인 얼굴과 탄력 있는 몸매를 유지하고 있는 김희애의 광고는 동일한 나이대의 중년 여성들에게 큰 공감을 일으켰다.

5. 광고 모델 전략

광고 모델은 광고주를 대신하여 제품에 대한 정보를 제시하고 브랜드 이미지를 전달하는 사람, 동물 또는 기타의 매개체를 의미하는 말로 커뮤니케이션 모형에서 정보 원천source에 해당하는 개념이다. 패션기업은 스스로 직접적인 커뮤니케이션을 통해 소비자를 설득시키기보다는 이러한 광고 모델을 통해 제품이나 브랜드에 대한 사회적 의미를 형성하고 소비자의 감성적, 행동적 반응을 유도함으로써 의도한 광고 목적을 달성하고자 한다. 똑같은 광고 메시지라도 전달하는 사람에 의해 서로 다른 효과를 나타낼 수 있기 때문에 패션기업은 광고 메시지를 전달하는 모델을 신중하게 선택해야 한다.

광고 모델은 크게 두 가지 속성, 즉 신뢰성과 매력성을 가지는데 이 두 속성은 서로 다른 측면에서 소비자의 메시지 수용에 영향을 주게 된다. 여기에서는 이 두 가지 속성에 대해 자세히 살펴보고자 한다.

1. 광고 모델의 신뢰성

신뢰성은 소비자의 광고 메시지 수용에 영향을 미치는 중요한 광고 모델 속성 중의 하나이다. 광고 모델의 효과는 제품의 유형에 따라 다른데 일반적으로 이성적인 제품을 소구할 때 신뢰성이 높은 모델을 사용하는 것이 효과적인 것으로 나타나고 있다.

광고 모델의 신뢰성과 광고효과

광고 모델의 신뢰성credibility은 메시지의 전달자가 가지고 있는 지식 및 경험의 보유 정도와 객관적인 정보제공 능력을 말한다. 신뢰성은 전문성expertise과 진실성 trustworthiness의 개념을 포함하고 있는데, 전문성이란 광고 모델이 타당한 주장을 할 수 있는 지식이나 능력을 보유하고 있다고 지각되는 정도를 말하며, 진실성이란 광고 모델이 순수한 동기에서 자신의 입장, 의견, 생각 등을 제시하고 있다고 인지되는 정도를 의미한다McCracken, 1989. 광고 모델이 해당 분야의 경험이 풍부한 전문가라고 해서 그 전달자의 진실성까지 높게 평가하는 것은 아니기 때문에 전문성과 진실성을 동시에 확보하고 있는 광고 모델을 사용하는 것이 효과적이다.

신뢰성 높은 광고 모델은 타깃 소비자가 해당 브랜드에 대해 부정적인 마인드를 가지고 있을 경우 매우 중요한 요소이다. 왜냐하면 신뢰성이 높은 모델은 반박 주장을 억제하는 역할을 할 수 있기 때문이다. 그러나 소비자가 해당 브랜드에 대해 중립 또는 우호적일 때는 크게 의미 없는 변수일 수 있다. 따라서 신뢰성 있는 광고 모델의 사용 여부는 제품에 대한 타깃의 태도를 고려하여 결정해야 한다. 신뢰성 있는 광고 모델에 대한 메시지 수용은 내면화internalization 과정을 통해 소비자의 신념 체계에 통합되는데, 이는 메시지의 내용을 자신의 의견으로 수용하는 것으로 메시지의 정보 원천을 잊어버린 후에도 계속 유지되는 특징을 가진다.

신뢰성 있는 광고 모델의 유형

패션기업은 광고 메시지의 수용도를 높이기 위해 신뢰성 있는 광고 모델을 사용하는데, 여기에는 주로 전문가 모델, 최고경영자 모델, 그리고 기타 진실성 있는 모델 등이 포함된다.

전문가 모델

전문가 모델은 자신이 출연한 광고의 제품에 대해 전문적인 지식과 경험을 가지고 있는 집단을 말한다. 해당 분야의 전문가가 광고 메시지를 전달할 경우 정보 원천에 대한 공신력으로 인해 소비자는 그 메시지에 대해 보다 높은 신뢰성을 갖게 된다. 소비자의 건강과 관련된 제품광고에 의사나 치과의사가 등장하거나, 카메라 광고에 유명한 사진작가가 등장하는 것이 그 예이다. 특히 가격이 높은 제품이거나 고도의 기술이 필요한 제품의 경우 소비자는 전문가의 지지 주장에 크게

영향을 받는다. 전문성의 구성요인으로는 정보원의 교육수준, 경험 및 연령, 직업, 지위, 사회적 배경 등이 포함된다.

제품 유형별 효과적인 광고 모델 유형에 대해 일부 연구Friedman & Friedman, 1979에서는 재무적, 성능적, 물리적 위험이 높은 제품의 경우 전문가 모델이 가장 효과적인 것으로 나타나, 가격이 높은 기능적, 기술적 제품의 경우 해당 분야의 전문가를 사용하는 것이 더 설득적일 수 있음을 제시하였다. 예를 들어, 고가의 기능적 제품을 판매하는 아웃도어 브랜드들에서 전문 산악인과 같은 전문가 모델을 사용하는 것도 같은 맥락이라고 할 수 있다.

대부분의 글로벌 스포츠 브랜드들은 전문 스포츠인들을 광고나 마케팅에 적극적으로 활용하고 있다 그림 6-13. 설립 초기 에어로빅 붐을 마케팅에 활용하고 있는 리복의 질주를 막지 못하고 있던 나이키가 농구시장에 주목하면서 아디다스와 리복의 추격을 뿌리치고 정상에 오를 수 있었던 것은 NBA 최고 스타인 마이클 조던의 역할이 크다. 뿐만 아니라 골프시장에서 상대적으로 후발주자인 나이키를 지금의 위치에 올려놓은 것은 역시 타이거 우즈와 같은 스포츠 스타의 힘이 절대적이라고 할 수 있다. 다른 어떤 모델보다도 전문가 모델들은 스스로 상품의 가치를 증명할 수 있는 사람들이다.

최고경영자 모델

광고 모델로서 기업의 최고경영자를 기용하는 방법은 자주 사용되어 온 정보원천 전략이다. 기업의 책임자가 직접 광고에 등장하여 회사나 제품에 대해 설명함으로써 소비자에게 더 강력하게 소구하는 방식이다. 최고경영자를 기용할 경우 이들은 제품의 전문가로서 인식될 수 있어 신뢰성을 높일 수 있을 뿐만 아니라 기업대표라는 지위에서 오는 권위에 의해 메시지에 대한 순응성도 높일 수 있다. 특히 최고경영자가 일반인들도 잘 아는 유명 인사인 경우에는 더

그림 6-14

최고경영자를 기용한 '크라이슬러'와
'휠라' 광고

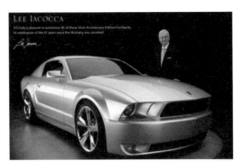

욱 기업 이미지 향상에 도움이 될 수 있다.

패션기업의 경우 90년대에 '엘지패션' 광고에 신홍순 사장이 등장하여 화제가 되었고, 캐주얼 브랜드 '인디언Indian'의 경우도 2004년 TV광고에 최고경영자 박순호 회장과 모델 정준호가 함께 나와 세간의 공감을 일으키면서 매출증대 효과까지 가져왔다. '휠라Fila'는 최고경영자 윤윤수 대표를 내세워 '세계와의 또 다른 대화'를 주제로 기업의 경영철학을 소개하면서 소비자들에게 어필하였다 그림 6-14.

광고 모델에 대한 일부 연구에서는Rubin, Mager, & Friedman, 1982 최고경영자를 광고 모델로 등장시킨 광고가 다른 모델을 등장시킨 광고에 비해 더 호의적인 것으로 밝혀졌으며 진실성이나 설득력에서 최고경영자의 광고효과가 높은 것으로 나타났다. 최고경영자 모델을 사용할 경우 고려해야 하는 사항은 제품이나 기업 이미지와 최고경영자의 결합이 조화를 이룰 때 광고 모델의 효과를 극대화할 수 있다는 것이다. 특히 최고경영자를 장기간 사용하는 것은 자칫하면 기업보다는 개인이 부각되기 쉽기 때문에 신중하게 사용하는 것이 바람직하다.

진실성 있는 모델

광고의 신뢰성을 높이기 위해서는 전문성 외에 진실성의 역할도 중요한데, 진실성이란 광고 모델이 제시하는 메시지의 객관성 또는 커뮤니케이션 동기의 순수성 등을 말한다. 특정 분야의 전문가 또는 최고경영자가 아니더라도 진실성만을 가지고도 소비자들의 제품에 대한 신뢰성을 유도할 수 있다. 진실성의 구성요인에는 광고 모델의 성격, 외양, 표현방법, 의도 등이 있으며 이 중 가장 중요한 요인은 광고 모델의 의도에 대한 수용자들의 판단이다. 따라서 소비자들은 금전적인 보상을 받고 광고에 출연하는 사람보다는 언론인과 같이 중립적 위치에서 제품에 대해 이야기 할 수 있는 사람들이 더 진실하다고 판단하는 경향이 있다.

정보 원천의 전문성과 진실성에 대한 연구에서 와이너와 모웬Weiner & Mowen, 1986은 진실성이 높을수록 메시지 설득에 효과적이라는 결과를 제시함으로써 진실성의 독립적인 효과를 검증하였다. 이 연구에서 정보 원천의 전문성이 높을 경우 진실성의 역할이 뚜렷하지 않지만, 전문성이 낮을 경우 진실성이 높은 정보 원천이 더 설득적인 것으로 나타났다.

2 ◦ 광고 모델의 매력성

광고 모델의 신뢰성과 함께 광고 모델이 얼마나 매력적인가 하는 것 역시 소비자의 광고 메시지 수용도에 중요한 영향을 미친다. 패션기업에서 광고 모델로 유명 연예인들을 이용한 인플루언서 마케팅을 빈번하게 사용하는 것은 정보 원천의 매력성이 그만큼 브랜드 광고에 효과적이라는 것을 확인해주는 예이다.

광고 모델의 매력성과 광고효과

매력성attractiveness은 광고 모델이 가진 유사성similarity, 친숙성familiarity, 호의성likability 등으로 인해 유발되는 정보 원천의 속성이다. '유사성'이란 메시지 전달자가 목표, 관심, 라이프스타일 등에서 소비자와 유사하다고 지각하는 정도를 의미한다. '친숙성'이란 반복 노출을 통해 메시지 전달자가 소비자에게 얼마나 익숙한가의 정도를 말한다. 또한 '호의성'이란 메시지 전달자의 신체적 외모나 행동 등 개인적 특성 때문에 생기는 긍정적인 감정을 말한다. 따라서 소비자들은 광고 모델이 자신과 유사하다고 지각할수록, 친숙하다고 느낄수록, 그리고 광고 모델에게 호감을 가질수록 광고 모델이 취하는 입장을 더 쉽게 수용하게 된다. 이러한 광고 모델의 매력성은 동일시identification 과정을 통해 소비자의 수용도를 높이는데, 이는 소비자들이 광고 모델과의 관계 형성을 통해 광고 모델의 신념, 태도, 행동에 유사한 입장을 취하고자 하는 것을 말한다. 즉, 소비자들은 매력적인 모델과 자신을 동일시하고 그들이 취하고 있는 태도를 선택함으로써 자신의 이미지를 향상시키고자 한다. 그러나 이러한 동일시 과정은 내면화와는 달리 소비자의 신념 체계에 통합되지 않기 때문에 광고 모델의 입장이 변하면 같이 변한다는 한계점이 있다.

일반적으로 신뢰성은 소비자들이 실용적 제품을 평가할 때 주로 거치게 되는 인지적 평가 과정과 관련성이 있으며, 매력성은 소비자들이 쾌락적 제품을 평가할 때 주로 거치는 감성적 평가 과정과 관련이 있다Hoyer & MacInnis, 2004. 따라서 패션제품과 같이 감성적이거나 쾌락적인 제품은 주로 매력적인 모델을 사용했을 때 광고효과를 높일 수 있다.

매력성 높은 광고 모델의 유형

많은 패션기업들은 제품의 광고효과를 높이기 위해 매력성이 높은 정보원을 사용하고 있는데, 여기에는 실제 제품의 타깃 소비자들과 유사한 일반인이나 대중적인 지명도와 인기를 가진 유명인들이 모두 포함된다. 일반적으로 유명인 모델이 신체적 매력성이나 호감도 등에서 강점을 갖는 반면, 일반소비자는 유사성이나 객관성에서 강점을 갖게 된다.

유명인 모델

유명인이란 자신이 권유하는 제품과는 관련 없는 다른 분야에서 성취한 업적 때문에 대중에게 널리 알려진 개인을 말한다Friedman, Termini, & Washington, 1976. 패션브랜드들은 소비자들의 광고에 대한 관심을 집중시키고 태도 변화를 유도하기 위해 대중에게 좋은 이미지와 높은 인지도를 가진 연예인, 영화배우, 스포츠선수 등 유명인들을 선별하여 광고에 등장시키고 있다.

유명인을 사용한 광고의 이점으로는 경쟁제품들 간 속성과 기능에서 차이가 없을 경우 모델의 유명도와 독특한 이미지가 제품을 차별화하는 수단이 될 수 있다는 것이다. 또 상표의 이미지나 성격을 소비자에게 전달하기 쉽지 않은 서비스 상품의 경우 유명인을 사용함으로써 유명인의 이미지나 속성을 전이시킬 수 있다는 장점이 있다. 이러한 이유 때문에 시장 경쟁이 치열한 중저가 패션브랜드나 뷰티브랜드의 경우, 특히 유명 연예인 모델을 많이 사용하게 된다. 일반적으로 메이크업 전문 브랜드의 모델은 여성 연예인들의 전유물이었지만, 최근에는 남자 배우나 아이돌이 발탁되는 경우가 흔하다. 릴리바이레드의 골든차일드 보민, 토니모리의 몬스타엑스, 더샘의 세븐틴 등이 대표적인 예이다. 남녀 구분 없이 누구나 메이크업을 할 수 있다는 젠더 뉴트럴gender neutral 트렌드의 영향이기도 하지만 무엇보다도 남자 셀러브리티들의 강한 팬덤은 바로 브랜드의 팬덤으로 이어질 수 있다는 마케팅 효과에 대한 기대 때문이다.

광고 모델과 관련한 여러 연구에서는 유명인을 사용한 광고가 일반소비자 모델을 사용한 광고보다 소비자들의 광고 태도나 브랜드 태도, 구매의도 등에서 더 긍정적인 역할을 하는 것으로 나타나고 있다Atkin & Block, 1983; Kamins, 1989. 그러나 향수, 남성용 코롱, 테니스 라켓, 디자이너 진 광고에 적합한 유명인 모델 4명을 선정하여 광고 모델의 효과를 검증한 오하니언Ohanian, 1991의 연구에서는 유명인 모델의 진실성, 매력성, 전문성 중 유명인의 전문성만이 소비자 구매의도에 유의한 영향을 미치는 것으로 나타났다. 이는 유명인 모델의 사용에 있어서 유명인 모델이 갖는 매력성에만 의존하는 것은 한계가 있음을 보여준다.

일반소비자 모델

일반소비자 모델은 광고하는 제품에 대해 특정한 전문지식 없이 일상적인 사용 경험만을 가지고 있는 보통의 사람을 말한다. 소비자들은 기본적인 욕구나 라이프스타일에서 자신과 유사하다고 지각되는 광고 모델이 전달하는 메시지에 대해 더 긍정적인 반응을 하게 된다. 어떤 어려운 일도 잘할 수 있을 것으로 보이는 전문적인 모델보다는 자신과 비슷한 어려움 또는 문제를 가지고 있는 일반인들에게 더 큰 심리적 동질감을 느끼기 때문이다. 따라서 그 제품 범주의 전형적인 소비자가 모델로 등장하여 제품을 만족스럽게 사용하는 장면을 보여 줄 경우 소비자들의 수용도가 높아질 수밖에 없다.

일반소비자 모델은 대체적으로 소비자의 위험 지각이 상대적으로 낮은 일상용품에서 가장 효과적인 것으로 제시되고 있으며Friedman & Friedman, 1979, 젊은 소비자들에 비해 나이 든 소비자들이 일반소비자 모델에 대해 더 호의적인 것으로 나타나고 있다Freiden, 1984.

최근 일반소비자 모델들의 사용이 늘고 있는데, 이는 소비자 참여가 중심이 되고 있는 사회 전반적인 흐름과 맥을 같이하는 것이다. 소비자들은 과거 소극적이고 수동적으로 광고 메시지를 수용하던 것에서 벗어나 스스로 메시지를 만들고 전달하는 활동에 적극적이고 능동적으로 참여하고 있다. 이들을 '애드슈머Adsumer'라고 부르기도 한다.

일반소비자 모델은 음료수나 화장품, 샴푸 등 제품의 광고에서 주로 사용되는데, '도브'나 '아이오페'의 광고가 일반소비자 모델을 전략적으로 사용해 온 대표적인 사례이다. 특히 SPA 브랜드 에잇세컨즈는 MZ세대를 대상으로 2018

그림 6-15
에잇세컨즈 #8초모델챌린지 캠페인

출처_ fashionseoul.com

년부터 소비자 모델 콘테스트를 진행해 왔는데, 2020년에는 코로나19 상황을 고려해 #집콕모델챌린지 캠페인을 진행해 큰 반향을 일으켰다. 2021년에는 동영상 공유 플랫폼 틱톡TikTok에서 진행한 #8초모델챌린지 캠페인을 통해 소비자 모델을 선발하여 다양한 광고 마케팅 모델로 활용하였다 그림 6-15.

잠깐!

유명인 모델 사용의 문제점

다른 브랜드와의 차별화에서 브랜드 이미지나 개성이 큰 비중을 차지하는 패션브랜드의 경우 유명인 모델은 광고 캠페인에서 결정적인 역할을 수행한다. 그러나 유명인 모델을 사용했을 때 장점만큼 고려해야 할 문제점도 여러 가지가 있다.

첫째, 표적고객의 성향에 따라 광고효과에서 차이가 있다. 유명인 모델은 제품지식이 낮고 중립적인 태도를 가진 소비자들에게 효과적일 수 있지만, 소비자가 제품에 대한 지식이 높고 이미 강한 태도를 가지고 있는 경우 큰 효과를 얻어내기 어렵다. 실제로 많은 패션브랜드가 유명인 모델을 사용하고 있지만 비교적 타깃의 연령층이 낮고 브랜드 간 제품 차별성이 크지 않은 유니섹스 브랜드에서 유명 연예인에 대한 호감도가 중요한 역할을 하여 매출증대에 효과적인 것으로 나타나고 있다.

둘째, 유명인 모델의 과다 노출overexposure을 고려해야 한다. 일반적으로 연예인이 유명세를 치르게 되면 여러 브랜드 광고에 겹치기 출연을 하게 된다. 이때 메시지들 간의 간섭현상interference effects이 발생하여 특정 제품의 메시지에 대한 기억을 방해하거나 브랜드와 모델 사이의 연상작용이 약화된다. 국내 유명인의 경우 인기가 최고정점에 있을 때 수익을 극대화하려는 의도로 동일 산업군을 피해가면서 여러 광고에 동시에 참여하는 형태를 보이고 있어 유명한 연예인일수록 과다 노출 경향이 심하게 나타나고 있다.

셋째, 모델과 제품 간에 이미지의 적합성을 고려해야 한다. 조화가설match-up hypothesis에 따르면, 인기있는 광고 모델의 사용은 제품과의 관련성이 높을 경우에만 브랜드 태도에 긍정적인 효과를 가져다 준다Till & Busler, 2000. 다시 말하자면 유명 보증인 광고가 효과적이기 위해서는 광고에 출연한 모델의 이미지와 제품의 이미지가 관련성이 높거나 일치해야 한다는 것이다Kamins & Gupta, 1994. 따라서 모델을 선택할 때 직관에 의한 결정이 아닌 소비자들의 선호도를 명확히 조사한 후에 결정하는 것이 필요하다.

넷째, 유명인의 강한 개성이 오히려 제품의 장점을 가리는 음영효과overshadow가 발생할 수 있다. 이는 광고하는 브랜드의 인지도는 낮지만 광고에 참여하는 모델은 아주 유명할 때 흔히 일어나는 현상으로, 소비자들이 제품보다 광고 모델에 집중함으로써 광고를 본 후에 광고 모델은 기억하지만 광고 브랜드는 기억하지 못하게 되는 것을 말한다. 결국 패션브랜드는 빅모델을 사용하는 데 고비용을 소요했지만 원하는 광고효과는 얻을 수 없게 된다.

다섯째, 광고 모델의 비윤리적 행동으로 인해 브랜드와 제품 이미지에 부정적인 영향을 미칠 수 있다. 즉, 광고에 출연한 모델들이 사전에 예상하지 못했던 돌발적인 행동으로 세간에 가십거리가 되고 이로 인해 광고주는 브랜드나 제품 이미지에 치명적인 손실을 입을 수 있다.

광고계의 블루칩 시니어 모델

코로나19 확산이 장기화되면서 50·60대 시니어들이 디지털 소비의 새로운 축으로 떠오르고 있다. 2020년 신한카드의 보고서에 따르면, 연령대별 음악·영상 스트리밍 서비스 이용 증가율이 2040세대가 71% 정도인데 비해 5060세대는 101%로 크게 늘고 있다. 또한 5060세대의 간편결제 이용 증가율 역시 51%로 2040세대의 증가율 19%에 비해 상당한 수치를 보인다. 일반적으로 자신이 응원하는 가수의 음원 순위를 높

김칠두 '밀레 광고'

이려는 목적으로 참여하는 음원 스트리밍 운동은 주로 젊은 아이돌 팬덤이 하는 활동이다. 그러나 송가인이 멜론 아지톡 채널에서 BTS를 누르고 종합 1위에 오르게 된 것은 시니어 팬들의 적극적인 음원 스트리밍 운동 참여 때문이었다. 이러한 시니어들의 반란은 그동안 소외되었던 디지털 소비시장에서의 그들의 영향력을 확실하게 보여주는 일례이다.

최근 시니어 모델이 광고계의 블루칩이 되고 있는 것도 이들 세대의 존재감과 무관하지 않다. 2020년부터 다양한 브랜드의 광고에 시니어 모델이 등장하고 있는데, 패션브랜드부터 식음료업계, 금융, IT 등으로 점차 확대되고 있는 중이다. 여기서 주목할 만한 점은 주로 젊은 층을 타깃으로 하는 브랜드들이 시니어 모델을 발탁했다는 것이다. 즉, 시니어 모델을 사용한 광고들의 주 타깃이 주력 소비층인 MZ세대라는 의미이다. 이전 시니어 모델을 사용한 광고들이 나이 들어 생기는 신체 변화, 건강 문제, 자녀 이야기 등에 초점을 맞추면서 모델들과 유사한 동시대의 시니어들을 광고 타깃으로 설정한 것과는 확연한 차이이다.

시니어 모델 사용은 당연 패션업계가 선두주자이다. 그동안 패션계의 불문율 중의 하나는 브랜드가 시니어 대상일지라도 반드시 젊은 모델을 사용해야 한다는 것이다. 그러나 이러한 규칙은 더 이상 통용되지 않는다. 코오롱스포츠는 2019년 FW 광고 모델로 80대 배우 김혜자를 기용했다. MLB는 모델 김칠두, 배우 문숙과 함께 모노그램 컬렉션을 선보이며 세대를 넘나드는 호평을 받았다. 시니어 모델은 자신의 연령대뿐 아니라 젊은 세대에게 큰 자극이 되고 있다.

온라인 여성 패션플랫폼 '지그재그'는 윤여정을 광고에 등장시킴으로써 광고 호감도를 역대 최고치로 끌어 올리고 있다. 지그재그의 고객 중 10~20대가 70%를 차지하고, 이전 광고 모델이 수퍼모델 출신의 한예슬이었다는 점을 고려하면 아주 이례적인 결과이다. 윤여정의 "네 맘대로 사세요"라는 메시지는 젊은 층들의 가치소비에 대한 자긍심을 세워주는 동시에 삶에 용감해질 것을 촉구하고 있다. 이러한 윤여정 광고는 화제 몰이를 하면서 유튜브에서 조회수 400만회를 돌파했다. 한편, 아웃도어 브랜드 밀레는 김칠두를 모델로 내세웠다. 그는 60대 은퇴 무렵 딸의 권유로 다시 모델을 시작하

게 되었는데, 희끗희끗한 장발과 개성 있는 외모를 더해 파격적인 스타일도 쉽게 소화하는 재능으로 인해 데뷔하자마자 시니어 모델 붐을 일으켰다. 밀레 광고 속의 김칠두는 단순한 패션 모델을 넘어 현실적인 이유로 접었던 젊은 시절의 꿈을 다시 이뤄내는 열정적인 도전자의 이미지로 젊은 세대의 공감을 사고 있다.

윤여정 '지그재그' 광고

　이러한 시니어 열풍에는 몇 가지 이유가 있다. 우선, 지금의 멋진 시니어들로부터 이전의 권위만 내세우던 어른과는 다른, 자신의 감정에 솔직하면서 타인을 특히 아랫사람을 배려하는 태도를 갖춘 롤 모델을 발견하게 된 것이다. 밀리논나 장명숙은 구독자 약 90만 명을 보유한 패션 유튜버. 그녀는 한국인 최초 밀라노 유학생으로 나이가 들어도 멋진 패션 감각과 자기 관리 비법을 알고 싶어 하는 젊은 여성층에 자신의 노하우를 아낌없이 전달한다. 뿐만 아니라 그녀의 채널은 나이 들어가면서 깨달은 것을 토대로 젊은이들에게 조언과 고민 상담을 제공하면서 소통하고 있다. 시니어 열풍의 또 다른 이유로는 기존의 진부한 것으로부터 탈피하여 고유의 개성을 표현하고 싶은 MZ세대들이 그 해법을 옛것에서 찾고 있다는 것이다. 최근 유통업계에서 '할매니얼'이라는 신조어가 등장할 정도로 뉴트로 열풍이 뜨겁다. '할매니얼'은 할머니의 사투리인 '할매'와 밀레니얼 세대인 '밀레니얼'의 합성어다. 포근함, 친근감, 향수 등이 느껴지는 할머니 감성에서 그들은 심적으로 따뜻한 위로를 받을 수 있을 뿐만 아니라 재미, 새로움이라는 반전 매력도 함께 느끼게 되는 것이다. 무신사같은 젊은 층 타깃의 플랫폼에서도 그래니룩granny look이 인기몰이를 하는 것도 같은 맥락이다.

　이러한 시니어 모델 마케팅에는 무엇보다도 긍정의 효과가 있다. 우선 패션기업 입장에서는 타깃 소비자층이 넓어지는 효과가 있을 것이다. 브랜드의 원래 주요 타깃층이었던 젊은 층과 새로운 소비 주체인 시니어층까지 소비자층을 확대할 수 있는 것이다. 또한 음식, 패션, 리빙과 같은 일상생활 속에서 서로의 생각과 경험을 공유함으로써 이해 부족에서부터 출발하는 세대 갈등을 줄이고 공감과 소통의 가치를 높이는 사회적 파급 효과도 기대할 수 있을 것이다.

출처_ 신한카드 트렌드 정보(2020.12.23). 집콕 생활, 시니어도 디지털 세상으로. www.shinhancard.com
한국섬유신문(2021.5.14). 패션계, 시니어모델 앞세워 MZ세대와 소통. www.ktnews.com
AP신문(2020.6.2). 젊은 층 타깃인 브랜드가 시니어 모델 찾는 이유. www.apnews.kr

참고문헌

박경순, 김상희(2004). *광고와 촉진 전략*. 서울: 형설.

안광호, 김동훈, 유창조(2009). *촉진관리_통합적 마케팅 커뮤니케이션 접근*. 파주: 학현사.

안광호, 이유재, 유창조(2010). *광고관리_이론과 실제가 만나다*. 파주: 학현사.

이두희(2009). *광고론*. 서울: 박영사.

Alexander, M. W. & Judd Jr, B.(1978). Do nudes in ads enhance brand recall. *Journal of Advertising Research, 18*(1), 47-50.

Atkin, C. & Block, M.(1983). Effectiveness of celebrity endorsers. *Journal of Advertising Research, 23*(1), 57-61.

Freiden, J. B.(1984). Advertising spokesperson effects: An examination of endorser types and gender on two audiences. *Journal of Advertising Research, 24*(5), 33-42.

Friedman, H. H. & Friedman, L.(1979). Endorser effectiveness by product type. *Journal of Advertising Research, 19*(5), 67-71.

Friedman, H. H., Termini, S., & Washington, R.(1976). The effectiveness of advertisements utilizing four types of endorsers. *Journal of Advertising, 5*(3), 22-24.

Belch, G. E. & Belch, M. A.(2004). *Introduction to advertising & promotion: An integrated marketing communications perspective*(6th ed.). Homeland, IL: McGraw Hill/Irwin Publishing.

Hoyer, W. & Macinnis, D.(2004). *Consumer behavior*(3ed). Boston, MA: Houghton-Mifflin.

Kamins, M. A.(1989). Celebrity and non-celebrity advertising in two sided context. *Journal of Advertising Research, 29*(3), 34-42.

Kamins, M. A. & Gupta, K.(1994). Congruence between spokesperson and product types: A matchup hypothesis perspective. *Psychology & Marketing, 11*(6), 569-586.

Latour, M. S. & Henthorne, T. L.(1993). Female nudity: Attitudes towards the ad and the brand, and implications for advertising strategy. *Journal of Consumer Marketing, 10*(3), 25-32.

McCracken, G. (1989). Who is the celebrity endorser? Cultural foundations of the endorsement process. *Journal of Consumer Research, 16*(3), 310-322.

Miller, G. & Baseheart, J.(1969). Source trustworthiness, opinionated statements, and response to persuasive communication. *Speech Monographs, 36*, 1-7.

Muehling, D. D., Stoltman, J. J., & Grossbart, S.(1990). The impact of comparative advertising on levels of message involvement. *Journal of Advertising, 19*(4), 41-50.

Ohanian, R.(1991). The impact of celebrity spokespersons's perceived image on consumers' intention to purchase. *Journal of Advertising Research, 31*(1), 46-53.

Reicher, T., Heckler, S. E., & Jackson, S.(2001). The effects of sexual social marketing appeals on cognitive processing and persuasion. *Journal of Advertising, 30*(1), 13-27.

Rubin, V., Mager, C., & Friedman, H. H.(1982). Company president versus spokesperson in television commercials. *Journal of Advertising Research, 22*(4), 31-33.

Swinyard, W. R.(1981). The interaction between comparative advertising and copy claim variation. *Journal of Marketing Research, 18*(2), 175-186.

Till, B. D. & Busler, M.(2000). The match-up hypothesis: Physical attractiveness, expertise, and the role of fit on brand attitude, purchase intent and brand beliefs. *Journal of Advertising, 29*(3), 1-13.

Weiner, J. L. & Mowen, J. C.(1986). Source credibility: On the independent effects of trust and expertise. *Advances in Consumer Research, 13*, 306-310.

파이낸셜뉴스(2006.3.10). 뉴스광고이야기-리바이스 엔지니어드 진, 연인 자유 입고 도심서 헤엄치다. www.fnnew.com

Retail News Asia(2015.7.22). UNIQLO's 'look good, do good' campaign takes off. www.retailnews.asia

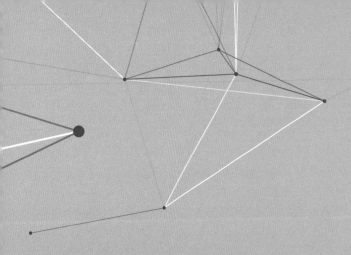

CHAPTER 7

광고 전략 2_매체 전략

패션기업이 광고를 집행하는 이유는 패션소비자를 설득하고 궁극적으로는 강력한 브랜드 자산을 구축하기 위해서이다. 패션광고를 통해 강력한 브랜드 자산을 구축하기 위해서는 광고 메시지를 잘 구성하는 것도 중요하지만 효과적인 매체 전략이 반드시 수반되어야 한다. 패션기업은 적합한 노출빈도로 적합한 시기에 적절한 매체를 집행함으로써 자사 브랜드를 인지, 이해시키고, 브랜드에 대한 긍정적인 태도를 형성할 수 있다. 이 장에서는 매체기획과 관련된 기본 개념을 살펴보고, 매체기획의 목표와 매체 전략을 점검한 후, 각 광고매체별 특징에 대해 정리하고자 한다.

1 · 매체기획의 개요

크리에이티브가 아무리 뛰어나더라도 표적집단에 광고가 적절히 노출되지 않으면 광고 메시지는 아무런 효과를 발생시킬 수 없다. 또한 노출 전략을 수립하는 과정에서는 광고매체 및 비히클의 수가 상당히 많으므로 비용 대비 효율적인 매체와 비히클을 선정하는 것이 매우 중요하다. 이하에서는 매체기획의 개념을 먼저 간략히 살펴보고, 매체효과를 평가할 수 있는 지표인 노출효과와 비용효율성에 대해 상세하게 정리하고자 한다.

1 · 매체기획의 개념

매체기획은 광고 메시지를 표적집단에 효과적으로 노출시키는 전략을 수립하는 것이다. 표적집단에 광고가 노출되지 않으면 광고는 효과를 발생시킬 수 없고, 적당한 빈도로 반복노출이 이루어지지 않으면 의도한 광고효과가 나타나지 않을 수 있다. 또한 비용 대비 효율적인 매체와 비히클을 선정하는 것이 중요하며, 광고효과를 높일 수 있는 노출시점을 잘 선택하는 것도 매체기획자의 중요한 과제가 된다.

　이렇게 볼 때 매체기획은 광고노출의 양, 노출매체, 노출시점과 관련된 의사결정을 전략적으로 수립하고 집행하는 것이다. 즉, ① 노출을 어느 정도 할 것인가(어느 정도의 도달률로 몇 회 정도 광고를 보게 할 것인가), ② 어떤 매체에 노출시킬 것인가(어떤 광고매체, 어떤 비히클에 노출시킬 것인가), ③ 언제, 어떤 패턴으로, 얼마나 오래 노출시킬 것인가의 세 가지 의사결정이 매체기획

" 잠깐!

광고매체와 광고 비히클

광고매체medium란 텔레비전, 신문, 잡지 등과 같이 광고 메시지의 전달을 위해 사용되는 매개체를 의미하고, 광고 비히클vehicle은 'KBS 9시 뉴스', 'TV동물농장', '복면가왕' 등과 같이 매체 안에서 광고 메시지를 전달하는 도구이다. 다시 말해 텔레비전과 신문은 매체이고, TV프로그램과 개별 신문은 비히클이 된다.

의 기본적인 전략을 구성한다. 이 중에서 '노출을 어느 정도 할 것인가'의 문제는 매체예산 및 매체 목표설정과 관련이 있고, '어떤 매체와 비히클에 노출시킬 것인가'는 매체 믹스 전략 및 최적화 과정과 관련되어 있으며, '언제, 어떤 패턴으로, 얼마나 오래 노출시킬 것인가'의 의사결정은 매체 스케줄링 전략과 관계된다.

2 · 매체효과 평가 개념

매체기획을 수립하고 매체효과를 평가하기 위해서는 여러 가지 지표가 이용된다. 크게는 두 가지로 분류할 수 있는데, 하나는 비히클 또는 매체 스케줄의 노출효과로 각 비히클 또는 스케줄이 얼마나 많은 표적청중에게 광고 메시지를 전달했는지를 평가하는 것이다. 다른 하나는 비히클 또는 매체 스케줄의 비용효율성 평가로 각 비히클 또는 스케줄을 집행하는 데 사용된 매체예산이 얼마나 효율적으로 집행되었는지를 평가하는 것이다. 이하에서 좀 더 상세히 살펴보기로 한다.

매체 노출효과 평가지표

광고 캠페인 기간 동안 사용된 각 비히클의 노출효과를 평가하는 지표로는 시청률, 청취율, 열독률 등이 있고, 전체적인 매체 스케줄의 노출효과를 평가하는 지표로는 총시청률, 도달률, 빈도, 유효도달률 및 유효빈도 등의 개념이 있다.

❝ 잠깐!

매체 스케줄의 의미

일반적으로 매체기획에서 사용되는 스케줄의 용어는 두 가지 뜻으로 사용된다. 하나는 전체 캠페인의 매체집행안을 뜻하는 용어이고, 다른 하나는 매체 전략에서 광고를 집행하는 구체적인 시기를 지칭하는 용어이다. 여기서 사용된 매체 스케줄의 의미는 광고 캠페인 내의 전체 매체집행안을 뜻한다. 따라서 매체 스케줄의 계량적 평가란 광고 캠페인 동안 집행된 모든 비히클의 노출효과와 비용효율성을 평가하는 것이다. 후자의 의미는 이 책 184쪽의 매체 스케줄링 전략 부분에서 자세하게 설명된다.

시청률, 청취율, 열독률

패션기업은 표적청중을 대상으로 패션광고를 집행할 때, 우선적으로 각 매체와 비히클에 대한 패션소비자의 노출정보를 파악해야 한다. 노출정보는 매체나 비히클에 노출된 목표집단의 백분율을 의미하며, 매체의 종류에 따라 시·청취율(방송매체)과 열독률(인쇄매체)로 표현된다. 시청률이나 청취율은 특정기간 광고를 집행한 특정 프로그램을 시청하거나 청취한 사람들의 전체 목표집단에 대한 백분율을 말하며, 열독률은 전체 표적청중 중 특정 인쇄매체 비히클에 노출된 사람들의 백분율을 의미한다.

시청률은 세대 가구별 시청률과 개인별 시청률로 구분하기도 하는데, 가구시청률은 전체 텔레비전 보유가구 중에서 특정 프로그램을 시청하거나 청취한 가구의 백분율이고, 개인시청률은 텔레비전 시청이 가능한 표적시청자 중 특정 프로그램을 시청하거나 청취한 사람들의 백분율을 말한다. 드라마 '스카이캐슬' 시청률이 20%라고 할 때, 보통 가구시청률을 의미하며, 이는 가구 구성원과 관계없이 1명이라도 보면 시청률에 포함되는 개념이다. 개인시청률은 개인단위로 산출되는 시청률로, 광고주 입장에서 더 중요한 지표로 간주하며, 보통 가구시청률보다 낮게 나온다.

시청률, 청취율, 열독률 등의 수용자 노출정보는 보통 표본을 통해 조사되며, 면접조사, 전화조사, 일기식 조사, 피플미터people meter(표본으로 선정된 가구의 TV 수상기에 부착된 전자감응장치)를 이용한 조사 등이 활용된다. 이 중 피플미터를 이용한 조사는 현재 텔레비전 시청률 조사를 위해 가장 많이 사용되는 방법이다. 인쇄매체의 열독률은 면접조사나 일기식 조사에 의존할 수밖에 없는데, 경우에 따라서는 발행 부수를 이용해서 추정하기도 한다. 발행 부수를 정확히 안다면 특정 비히클 한 부당 평균 독자 수를 파악해서 발행 부수를 곱하면 열독자 수를 추정할 수 있다.

총시청률

특정 기간 동안 매체 스케줄 내의 모든 비히클에 노출된 사람들의 비율을 더한 값이 총시청률gross rating points: GRPs이다. 만약 어떤 패션브랜드가 시청률이 20%인 동일 프로그램에 5번 집행했다면 GRPs는 100%가 되며, 표 7-1과 같이 15%의 시청률을 갖는 A프로그램에 6번, 10%의 시청률을 갖는 B프로그램에 2

표 7-1
GRPs 산출의 예

비히클	시청률	집행 횟수	GRPs
A프로그램	15%	6	90%
B프로그램	10%	2	20%
C프로그램	5%	4	20%
			130%(총 GRPs)

번, 5%의 시청률인 C프로그램에 4번 광고했다면 GRPs는 130%가 된다. 이를 수식으로 나타내면 다음과 같다.

$$\text{GRPs} = (\text{Rating} * \text{집행횟수})\text{의 전체 합}$$

도달률, 중복률, 빈도

- **도달률_** 일정 캠페인 기간 동안 최소한 한 번 이상 특정 광고에 노출된 사람들의 백분율을 말한다. 도달률reach은 GRPs와는 달리 중복되는 모든 노출량을 집계하는 것이 아니라 한 번 이상 노출된 사람들의 비율만을 의미한다. 따라서 도달률은 한 사람이 광고 메시지에 여러 번 노출된 경우라도 한 번으로 계산한다. 도달률은 GRPs와는 달리 100%라는 최대치가 존재하는데, 도달률이 100%라는 의미는 모든 표적청중이 광고 메시지에 한 번 이상 노출되었음을 의미한다.

- **중복률_** 도달률을 알기 위해서는 중복 노출된 사람의 비율, 즉 중복률duplication을 알아야 한다. 예를 들어, 어떤 패션브랜드가 목표집단을 겨냥해서 'KBS 9시 뉴스'와 '출발 비디오 여행'에 각각 한 번씩 광고를 집행했는데, 'KBS 9시 뉴스' 시청률이 30%, 'MBC 출발 비디오 여행' 시청률이 20%이고 두 개의 프로그램을 동시에 시청한 목표고객이 한 명도 없다면 도달률은 30%와 20%를 합친 50%가 된다(이 경우 도달률과 GRPs의 값은 동일하다). 그러나 이 두 개의 프로그램을 중복해서 본 시청자가 한 명이라도 있다면 50%에서 중복되는 비율을 빼야 도달률이 계산된다. 여기서 중복률은 두 개의 프로그램에 모두 노출된 사람들의 비율로 그림 7-1과 같이 만약 중복률이 7%라면 도달률은 두 프로그램의 시청률을 합친 50%에서 중복률 7%를 뺀 43%가 되는 것이다.

  중복률을 산출하는 것이 쉽지 않은데, 가장 간단히 산출할 수 있는 방법 중의 하나가 무작위 조합방법random combination method이다. 이는 비히클 A에 노출되는 사건과 비히클 B에 노출되는 사건이 독립적이라는 전제하에서 A의 시청률과

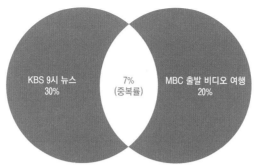

그림 7-1

중복률과 도달률

KBS 9시 뉴스
30%

7%
(중복률)

MBC 출발 비디오 여행
20%

도달률: 30% + 20% − 7% = 43%

B의 시청률을 곱해서 중복률을 계산하는 방법이다. 그러나 두 비히클에 노출되는 사건이 독립적이라는 전제는 거의 타당하지 않기 때문에 매체 기획자가 이 공식을 이용할 경우에는 두 비히클의 특징을 파악하여 산출된 회귀계수로서 중복률의 크기를 조정해야 한다.

한편 중복률은 '비히클 내 중복within-vehicle duplication'과 '비히클 간 중복between-vehicle duplication'의 두 가지 형태가 있다. '비히클 내 중복'은 같은 비히클 내에서 중복 노출되는 경우를 말한다. 가령, 일주일에 한 번 방영하는 출발 비디오 여행 프로그램에 연속 2회 광고를 집행했을 때, 이 두 개 광고에 동시에 노출된 사람의 비율이 '비히클 내 중복률'에 해당된다. 반면 '비히클 간 중복'은 다른 종류의 비히클 간에 나타나는 중복을 말한다. 위의 예와 같이 'KBS 9시 뉴스'와 '출발 비디오 여행' 간의 중복률이 '비히클 간 중복률'에 해당한다. 여기서 중요한 핵심은 시점이 다른 동일 비히클(하나의 프로그램)에 여러 번 집행하는 것보다 서로 다른 비히클(다른 프로그램)에 여러 번 집행할 때 중복률이 낮게 나올 가능성이 높고 이로 인해 도달률이 높아질 수 있다는 것이다.

• 빈도_ 광고 캠페인 기간 동안 광고에 한 번이라도 노출된 표적청중(도달률에 속하는 표적청중)의 평균 노출 횟수를 말한다. 따라서 빈도frequency는 매체 스케줄에서 중복률이 높을수록 증가하며 총시청률GRPs 안에서 도달률과 서로 상쇄되는 개념이다. 이러한 이유에서 평균 노출 횟수인 빈도는 GRPs를 도달률로 나누어 산출할 수 있다.

빈도 = GRPs / 도달률

노출분포, 유효빈도, 유효도달률

• **노출분포**_ 광고 캠페인의 각각의 노출 기회에 노출된 사람들의 분포를 보여주는 빈도분포표이다. 광고 캠페인 기간 중 광고가 집행된 프로그램을 한 번도 보지 않은 사람이 35%, 1회 본 사람이 25%, 2회 본 사람이 20%, 3회 본 사람이 10%, 4회 본 사람이 6%, 5회 본 사람이 4%, 6회 본 사람이 0%라고 가정할 때 이를 분포표로 나타내면 표 7-2와 같다.

표 7-2
노출분포도

빈도(노출 횟수)	비율(%)
0	35
1	25
2	20
3	10
4	6
5	4
6	0

노출분포표는 표적청중들의 노출의 질이 다르다는 것을 보여준다. 광고 메시지에 한 번 노출된 것과 세 번 노출된 것은 정보처리의 깊이 면에서 다를 수 있다. 노출의 질과 관련된 이러한 개념은 유효빈도와 유효도달률이라는 개념과 연결된다.

• **유효빈도와 유효도달률**_ 유효빈도effective frequency는 캠페인 기간 동안 인지도, 호감도 등 어떤 커뮤니케이션 효과를 발생시키기 위해 필요한 광고노출 횟수를 말하며, 유효도달률effective reach은 이러한 횟수에 도달된 사람들의 백분율을 말한다. 유효빈도의 개념은 소비자의 광고반응이 광고노출의 횟수에 따라 다르며, 광고물이 인지, 태도, 행동 변화와 같은 소비자의 반응을 유발하기 위해서는 반복노출이 필요하다는 점을 전제로 한다. 크루그먼Krugman, 1971은 3Hit 이론을 통해 소비자들에게 광고효과가 발생하기 위해서는 최소한 세 번의 노출이 필요하다고 주장했다. 첫 번째 노출 단계에서는 '광고하는 저 제품은 뭘까' 라는 인지적 반응을 일으키고, 두 번째 단계에서 '전에 본 저 상표는 어디에 쓰는 걸까?' 라는 개인의 평가 단계를 거치게 되며, 세 번째 단계에서 구매를 결정하거나 관심을 두지 않는 상태가 된다는 것이다. 이 이론은 광고 메시지가 효과를 발생시키기 위해서 최소한 세 번의 노출이 필요하다는 점을 시사한다.

그렇다면 광고의 반복 노출빈도가 높을수록 광고효과가 증가하는가? 많은 연구는 광고노출이 반복되면 포화점에 이르게 되고 그 이후 효과가 감소한다는 의견을 보이고 있다. 다시 말해, 광고 캠페인이 커뮤니케이션 효과를 발생하려면 어느 정도의 노출빈도가 필요하지만 인식역치를 넘어서게 되면 광고효과가 체감적으로 증가하다가 포화점을 경계로 더 이상 증가하지 않고 정체하거나 감소하게 된다는 것이다. 이러한 감소의 주된 원인은 광고노출이 증가하면서 주목도와 학습효과가 떨어지기 때문이다.

한편 아첸바움Achenbaum,1977은 유효빈도와 유효도달률에 대해 언급하면서, 유효노출량effective rating points: ERPs이라는 개념을 처음으로 소개했다. 그는 그림 7-2와 같이 소비자의 반응을 유발시키는 효과적인 유효빈도는 3회에서 10회에 이르는 부분이라고 지적하고, 이 유효빈도에 해당하는 도달률을 유효도달률(색칠된 부분)로 설명했다. 여기서 도달률이 3회 미만인 부분을 비유효노출ineffective exposure，11회 이상의 영역을 과잉노출excessive exposure，16회 이상의 영역을 부정적노출negative exposure로 언급하면서, 매체기획은 유효빈도로 볼 수 있는 3~10회 사이의 도달률을 끌어올리고 유효노출량을 높일 수 있도록 수립되어야 한다고 주장했다.

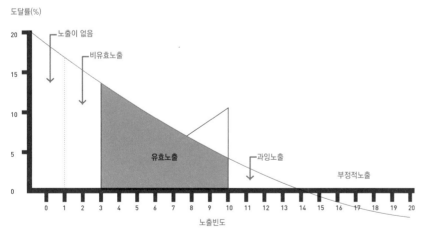

그림 7-2
유효빈도와 유효노출량

출처_ Belch, G. E. & Belch, M. A.(2009). Advertising and promotion: An integrated marketing communications, p.323.

이처럼 유효빈도는 매체기획에서 상당히 중요한 개념이지만 유효빈도를 정확히 파악할 수 있는 객관적인 모형이 존재하는 것은 아니다. 오늘날 실무에서는 광고효과를 얻기 위해서 최소한 세 번의 노출이 필요하다고 보고 있고, 적정한 유효빈도의 범위를 정하기 위해 마케팅 요소와 커뮤니케이션 요소와 같은 다양한 변수를 고려하고 있다.

매체 비용효율성 평가지표

앞에서는 매체의 노출효과를 평가하는 개념에 대해 살펴보았다. 매체 비히클을 선정할 때 중요한 기준은 되도록 많은 표적청중에게 적절한 빈도로 메시지를 전달하는 것이다. 그러나 이러한 '노출력'과 함께 고려해야 할 중요한 기준이 '비용효율성'이다. 'CPM$_{\text{cost per mille}}$'과 'CPRP$_{\text{cost per rating points}}$'는 매체 비히클 또는 스케줄이 광고요금과 관련하여 얼마나 효율적인가를 평가하는 개념이다.

CPM

표적청중 1,000명에게 광고 메시지를 전달하기 위해 필요한 비용을 CPM$_{\text{cost per mille}}$이라 한다. CPM을 계산하는 방법은 광고단가를 '프로그램에 노출된 표적 청중의 수'로 나누고 그 값에 1,000을 곱하면 된다. 여기서 '프로그램에 노출된 표적청중의 수'는 '표적청중의 수'에 시청률을 곱하면 된다. 매체 스케줄의 CPM을 계산할 때는 시청률과 광고단가 대신에 GRPs와 총광고비를 사용한다.

가령, A프로그램과 B프로그램에 노출된 표적청중의 수가 각각 5백만 명과 4백만 명이고, 각 프로그램의 광고시간을 구매하는 데 드는 비용이 동일하게 4천만 원이라고 했을 때, A프로그램의 CPM은 8,000원(4천만 원 ÷ 5백만 명 × 1,000), B프로그램은 10,000원(4천만 원 ÷ 4백만 명 × 1,000)이 된다. 이 경우 A프로그램과 B프로그램의 비용이 같다고 하더라도 A프로그램을 선택하는 것이 더 효율적이다.

$$\text{방송매체 CPM} = \frac{\text{광고단가(총광고비)}}{\text{시청률(GRPs)} \times \text{표적청중의 수}} \times 1,000$$

신문의 경우에 CPM은 독자 1,000명(열독률 데이터가 없는 경우 판매 부수 1,000부 당)에게 광고 메시지를 전달하기 위해 필요한 비용을 말한다. 만약 특정 신문의 1단 × 1cm의 광고단가가 2,000원이고 열독자가 1,000,000명이라면 그 신문광고면의 1단 × 1cm의 CPM은 2원이 된다. 신문광고의 CPM을 계산하는 공식은 다음과 같다.

$$\text{인쇄매체 CPM} = \frac{\text{광고단가(총광고비)}}{\text{열독자}} \times 1,000$$

*열독자 = 열독률 × 표적독자의 수

CPRP

표적청중 1%에 도달하는 데 드는 비용을 CPRP$_{\text{cost per rating points}}$라 한다. CPRP는 개별 프로그램의 광고요금을 그 프로그램의 시청률로 나눔으로써 산출할 수 있다. 전체 매체 스케줄의 CPRP를 계산할 때는 시청률과 광고단가 대신에 GRPs와 총광고비를 사용하여 산출한다.

　예를 들어, C프로그램과 D프로그램의 표적청중의 시청률이 각각 20%이고, 각 프로그램의 광고가격이 2천만 원과 3천만 원이라면, C프로그램의 CPRP는 100만 원(2천만 원 ÷ 20), D프로그램은 150만 원(3천만 원 ÷ 20)이다. 이러한 경우에는 C프로그램을 선택하는 것이 더 효율적이라고 할 수 있다.

$$\text{CPRP} = \frac{\text{광고단가(총광고비)}}{\text{시청률(GRPs)}}$$

2 · 매체기획의 수립 과정

패션브랜드의 광고매체 기획 수립 과정은 첫째, 패션브랜드의 광고매체 목표를 설정하고, 둘째, 매체 목표를 달성할 수 있는 매체 전략을 수립하며, 셋째, 집행된 매체의 효과를 평가하는 3단계로 이루어진다.

1 · 매체 목표 설정

광고 목표가 마케팅 목표를 달성하기 위해 광고가 담당해야 할 커뮤니케이션 목표를 수립하는 것이라면, 매체 목표는 광고 목표를 달성하기 위해 필요한 매체노출 수준을 설정하는 것이다. 가령 새로 출시된 패션브랜드의 마케팅 목표가 100억 원의 매출달성이라면 광고 목표는 그러한 마케팅 목표를 달성하기 위해 '2023년 1/4분기 캠페인 기간 동안 목표고객의 30%가 신규 브랜드를 인지하도록 한다'로 커뮤니케이션 목표를 정할 수 있다. 이 경우 매체 목표는 목표고객의 50%가 신규 패션브랜드를 인지할 수 있도록 '2011년 1/4분기 캠페인 기간 동안 목표 청중의 50%가 유효빈도인 5회 이상 노출되도록 한다'로 설정할 수 있다. 이때 5회 이상이라는 유효빈도는 광고 목표 달성을 위해 논리적으로 추산된 수치여야 한다.

이와 같이 패션브랜드의 매체 목표는 홀로 설정되는 것이 아니라 상위의 개념인 광고 목표로부터 도출되고, 광고 목표는 마케팅 목표로부터 도출된다. 마케팅 목표와 광고 목표, 매체 목표는 각기 역할에 맞도록 설정될 수 있는데, 일반적으로 사용되는 각 목표의 지향점을 제시하면 그림 7-3과 같다.

그림 7-3에서처럼 매체 목표는 '도달률', '빈도', '지속성'과 관련된 노출 수준을 결정하는 것으로, 각 요소에 대해 좀 더 구체적으로 살펴보면 다음과 같다. 첫째, '도달률'은 '얼마나 많은 표적청중에게 메시지를 노출시킬 것인가'를 결정하는 것이다. 둘째, 노출 횟수인 '빈도'는 '표적청중에게 몇 번 정도 메시지를 노출시킬 것인가'를 결정하는 것이다. 빈도는 평균빈도가 사용되기도 하지만 보다 명확한 효과를 얻기 위해 유효빈도 개념이 선호되고 있다. 셋째, '지속성'은 '얼마나 오랫동안 광고노출을 지속할 것인가'에 대한 의사결정이다. 매체 기획자는 광고노출을 특정한 기간 동안에만 집중시킬 것인지 혹은 캠페인 내내 지속시킬 것인지에 대해 의사결정을 내려야 한다.

매체 목표의 핵심 개념인 이러한 '도달률', '빈도', '지속성'은 주어진 예산 범위

그림 7-3
마케팅 목표·광고 목표·매체 목표의
지향점

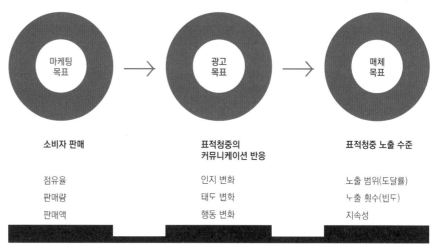

소비자 판매	표적청중의 커뮤니케이션 반응	표적청중 노출 수준
점유율	인지 변화	노출 범위(도달률)
판매량	태도 변화	노출 횟수(빈도)
판매액	행동 변화	지속성

출처_ 김희진 외(2007). 광고매체기획론, p.189.

내에서 서로 경쟁하는 상쇄적 개념들이다. 즉, 같은 예산하에서 도달률을 높이면 빈도나 지속성이 줄어들고, 빈도를 증가시키면 도달률이나 지속성이 감소하게 된다. 따라서 매체 기획자는 세 가지의 매체 목표 요소 중 중요한 매체 목표가 무엇인지를 판단하고 그러한 요소에 초점을 맞춰 매체 전략을 수립해야 한다.

2·매체 전략 수립

패션브랜드의 매체 목표가 설정되면 매체 목표를 달성하기 위한 매체 전략을 수립해야 한다. 매체 전략은 매체 목표가 잘 수행되도록 적절한 광고매체를 선택(매체 믹스 전략)하고 최적화 과정을 거쳐, 광고가 적절한 시기(매체 스케줄링 전략)에 집행될 수 있도록 합리적인 의사결정을 내리는 것이다.

매체 믹스 전략

매체 믹스는 광고 목표를 달성하기 위해 TV, 신문, 라디오, 잡지, 인터넷, 옥외광고 등 다양한 광고매체 중에서 하나 이상의 매체를 복합적으로 이용하는 것을 말한다. 매체 믹스가 필요한 이유와 매체 믹스를 할 때 고려해야 하는 사항을 살펴보면 다음과 같다.

매체 믹스의 필요성

매체 믹스 전략이 필요한 이유를 살펴보면, 첫째, 표적시장 범위가 넓고 다양한 경우 일정한 수준의 도달률을 확보하기 위해서이다. 표적시장이 다양할 경우 각각의 표적시장에 속한 소비자의 매체 접촉 행동이 다를 수 있기 때문에 하나의 매체를 사용하는 것보다 다양한 매체를 사용하여 도달률을 높일 수 있다. 둘째, 매체 믹스는 빈도가 한쪽으로 몰리는 것을 방지해 준다. 예를 들어, TV매체에만 광고를 집행할 경우 TV를 많이 시청하는 소비자에게는 노출이 집중되고 이들의 빈도가 증가하지만, 신문이나 라디오 매체를 주로 접하는 다른 표적시장에는 노출이 어려울 수 있다. 셋째, 다양한 각 매체가 가진 고유한 특성들을 활용하여 광고 크리에이티브의 시너지 효과를 극대화할 수 있다. 즉, 긴 카피가 가능한 인쇄매체, 시청각이 모두 가능한 방송매체, 상호작용이 가능한 인터넷 등 고유한 특징을 가진 다양한 매체를 믹스하면 표적시장에 다양한 자극을 줄 수 있을 뿐 아니라 각 매체의 장단점을 보완하여 시너지 효과를 극대화할 수 있다.

매체 선택 시 고려사항

다양한 광고매체를 적절한 비율로 믹스한다는 것은 쉽지 않은 문제이다. 따라서 매체 실무자는 브랜드에 대한 소비자의 관여 수준과 브랜드의 특징, 브랜드의 수명 주기단계, 목표집단의 매체 접촉률 및 매체에 대한 인식, 매체별 특징, 매체예산 등을 종합적으로 고려해서 매체를 선택해야 한다.

제품을 고관여 이성제품, 고관여 감성제품, 저관여 이성제품, 저관여 감성제품의 네 가지의 유형으로 구분한 FCB 그리드 모델은 각 유형에 적합한 광고 전략과 매체 선택 전략을 제안하고 있다. 먼저, 고관여 이성제품은 소비자의 정보처리 과정이 인지, 감성, 행동의 순으로 발생하기 때문에 광고 목표는 브랜드의 정보를 설득력 있게 알리는 것이어야 하고, 매체 전략은 긴 카피를 쓸 수 있는 신문이나 잡지와 같은 인쇄매체가 적합하다. 둘째, 고관여 감성제품은 긍정적인 감정과 태도를 불러일으키는 것이 중요하기 때문에, 강한 임팩트를 유발할 수 있도록 큰 지면을 활용하거나 이미지 등을 제고할 수 있는 잡지광고가 적합하다. 셋째, 저관여 이성제품은 주로 브랜드에 대한 상기도를 높이는 전략이 중요하다. 광고매체는 가격이 상대적으로 저렴한 작은 지면의 인쇄광고나 10초 정도의 자막광고에 반복적으로 집행하는 것이 유리하다. 또한 구매시점광고$_{pop}$처럼 구매 상황에서 브랜드의 회상도를 높일 수 있는 매체를 선택하는 것도 효과적이다. 넷째, 저관여 감성제품은 소비자의 구매 결정이 자기충족, 자기만족에 기초하는 경향이 강하기 때문에 주의를 환기시킬 수 있는 옥상광고, 신문, 구매시점광고 등이 효과적이다.

표 7-3
FCB 그리드 모형에 따른 광고효과 위계와 매체 선택 전략

제품의 성격	광고효과 위계	효과적인 매체
고관여, 이성	인지-감성-행동	긴 카피, 숙고가 가능한 매체
고관여, 감성	감성-인지-행동	큰 지면, 이미지제고 위한 매체
저관여, 이성	행동-인지-감성	작은 지면, 10초 정도의 자막광고, 라디오, POP
저관여, 감성	행동-감성-인지	옥외 빌보드, 신문, POP

이외에 광고매체를 선택할 때 실무에서 많이 사용하는 기준은 목표집단의 매체 접촉률과 관심도 등을 고려한 매체 접촉 행동이다. 가령, 목표집단에 대한 소비

구분	매체접촉률	광고관심도	매체 믹스 비율(%)
인터넷	67.3	34.5	50.9
TV	25.3	56.3	40.8
잡지	6.3	6.1	6.2
신문	1.1	3.1	2.1
계	100	100	100

표 7-4
매체접촉률과 광고관심도를 고려한
광고매체 믹스의 예

자 조사를 통해 각 매체에 대한 접촉률과 광고에 대한 관심도가 표 7-4와 같이 나왔다면, 이 두 가지를 함께 고려하여 인터넷 광고 51%, TV광고 41%, 잡지 6%, 신문 2% 등으로 광고매체를 믹스할 수 있다.

최적화 과정

매체에 대한 결정이 완료되면 각각의 매체에서 광고를 집행할 비히클을 선택해야 한다. 각각의 비히클들은 광고대상 및 광고 메시지의 특성에 따라 다른 효과를 지닐 수 있기 때문에 각 비히클의 가치를 평가하여 최적의 비히클로 스케줄을 만들어야 한다. 이것이 바로 최적화 과정이다.

최근에는 컴퓨터가 발달하여 비교적 간단한 과정으로 최적화 과정을 수행할 수 있는 미디어 모델들이 존재한다. 이들 모델에 예산의 허용치를 입력하고 광고 캠페인에 사용될 수 있는 모든 비히클들의 비용과 시청률, 열독률 등의 정보를 모델에 입력하면 모델은 도달률, 빈도수, 빈도분포 뿐만 아니라 비용 효율성을 평가할 수 있는 CPM, CPP등에 대한 정보도 제공한다. 이를 통해 바람직한 광고 집행 시간대와 비히클의 선정이 가능하다. 물론 이 과정에서 도달률이든 빈도수든 어떤 요인으로 최적화할 것인가에 대한 결정은 필요하다. 최적화를 원하는 요인을 선택하면 주어진 항목을 가장 극대화하는 상황에서 비용 효율성이 높은 비히클들의 조합을 제시해준다.

그러나 이들 미디어 모델들은 각각의 매체와 비히클에 중복노출되는 수용자 노출정보가 매체별로 추정되어야 한다는 점, TV를 제외한 다른 매체들도 주기적인 시청률 정보가 있어야 한다는 점, 매체간 중복노출이 규명되어야 한다는 점 등 이용에 필요한 전제조건들이 많아 여러 가지 면에서 활용하는데 한계가 있다. 그럼에도 불구하고 모델의 유용성으로 인해 실무적으로는 매체 기획의 필수적인 도구로 자리 잡고 있다.

매체 스케줄링 전략

광고를 시간에 따라 어떻게 배분하여 집행할 것인가를 결정하는 것을 매체 스케줄링이라 한다. 만약 매체 목표를 달성하기 위해 한 달 동안 10회의 광고를 집행해야 한다면 10일 동안 매일 연속해서 10회의 광고를 집행할 수도 있고 3일 간격으로 1회씩 10회의 광고를 집행할 수도 있다. 어떠한 패턴으로 광고를 집행하느냐에 따라 광고효과가 달라진다. 매체 스케줄링의 기본 유형은 연속형, 집중형, 파동형으로 나눌 수 있다.

연속형 스케줄링

캠페인 기간 동안 일정 수준의 광고를 지속적으로 유지하는 것을 연속형 스케줄링continuous scheduling이라 한다. 이러한 스케줄링은 판매가 꾸준히 이루어지는 제품이나 브랜드에 적합하고, 광고탄력성advertising elasticity(광고비 증감에 따른 수익증감의 정도)이 높은 성장기 제품에 효과적이다. 연속형 스케줄링은 소비자의 기억을 일정하게 유지시켜 준다는 점에서 효과적이지만, 광고비용이 많이 들고 과다 노출로 인한 소멸효과가 발생하며, 반복노출에 의해 주의집중이 감소할 수 있다는 점에서 한계가 있다.

집중형 스케줄링

광고예산을 일정한 간격을 두고 간헐적으로 집행하는 스케줄링 전략을 집중형 스케줄링flighting scheduling이라 한다. 집중형 스케줄링은 비용 효율성이 높고, 경쟁사에 대해 유연한 대응이 가능하다는 점에서 장점이 있지만, 광고를 하지 않는 동안 경쟁 브랜드가 표적시장의 마음속에 침투할 가능성이 높아진다는 점에서 주의해서 활용해야 한다. 일반적으로 광고의 이월효과가 전월의 30% 수준이라고 할 때 한 달이 지나면 광고의 효과는 거의 없어지게 된다. 따라서 집중형 스케줄링은 광고예산이 제한적일 때, 시장에서 자사 브랜드의 인지도나 브랜드 포지션이 확고할 때 주로 활용된다.

표 7-5
집중형 스케줄링(총 1,500 GRPs)의 예

월별	1월	2월	3월	4월	5월	6월	7월	8월	9월	10월	11월	12월
GRP수준	500	-	500	-	-	-	-			500		

월별	1월	2월	3월	4월	5월	6월	7월	8월	9월	10월	11월	12월
GRP수준	50	200	300	100	50	50	50	200	300	100	50	50

표 7-6
파동형 스케줄링(총 1,500 GRPs)의
예

파동형 스케줄링

광고 캠페인 기간 동안 최소한의 광고량은 유지하면서 시기별로 광고량을 다르게 배분하는 방법을 파동형 스케줄링pulsing scheduling이라 한다. 파동형 스케줄링은 연속형과 집중형 스케줄링의 장점을 모두 갖춰 소비자의 기억을 일정하게 유지하면서도 경쟁사에 대해 유연하게 대응할 수 있다는 장점이 있지만, 매체비용이 많이 들고 매체 구매상의 어려움이 있을 수 있다는 단점이 있다. 파동형 스케줄링은 판매가 캠페인 기간 동안 지속적으로 이루어지면서도 시기별로 다르게 나타날 경우 주로 활용된다. 패션기업의 경우 봄/여름 시즌 오픈 시기인 2, 3월과 가을/겨울 시즌 오픈 시기인 8, 9월에 광고가 집중되는 경향이 크다.

3 ∘ 매체효과 평가

최근 매체 환경이 복잡해지고 세분화되면서 더욱 다양한 매체와 비히클이 활용되고 있다. 그러나 이들 이종 매체 간에 사용되는 측정 기준이 상이하기 때문에 광고효과의 측정과 평가가 더욱 어려워지고 있다. 그럼에도 불구하고 광고 캠페인에 투입된 매체 및 비히클의 노출량과 집행 패턴을 평가하고 광고 캠페인 사후 처음에 의도했던 광고 목표치를 달성했는지에 대한 평가 및 분석 과정은 반드시 필요하다.

노출량 평가와 관련해서는 자사와 경쟁사들의 광고비 분석을 통해 시장 점유율 대비 광고비 점유율을 비교할 수 있다. 또한 광고 캠페인에 사용된 매체와 비히클이 경쟁사 대비 효율적이었는지를 분석해야 하고 이와 함께 광고의 크기, 집행 시간, 게재면, 게재 요일 등의 정성적인 부분에 대한 평가도 필요하다. 크리에이티브 수준이 비슷하다 하더라도 광고 캠페인 집행을 위해 사용하는 매체, 비히클, 시간, 크기, 게재면, 컬러 사용 유무, 집행 스케줄링에 따라 효과가 달라지기 때문이다.

경쟁사와 비교해서 같은 수준의 광고예산으로 기대에 못 미치는 광고효과를 가져왔다면 어떤 측면에서 전략이 잘못됐는지를 분석해야하고, 만약 비히클에 대한 전술이 미흡했다면 다음 캠페인을 위해 전략적인 조정을 해야한다. 매체와 비히클이 모두 경쟁사에 비해 효율적으로 집행되었다 하더라도 광고 캠페인에서 달성하고자 했던 목표가 달성되지 않았다면 그 원인에 대한 분석과 함께 차후 캠페인 집행을 위한 바람직한 대안을 찾아야 한다.

3 · 광고매체의 종류와 특성

매체 기획을 전략적으로 수립하기 위해서는 각 광고매체의 특징을 잘 파악해야 한다. 이를 위해 각 광고매체가 차지하는 시장규모와 함께 각 광고매체가 갖는 장점과 단점을 파악할 필요가 있다. 여기서는 집행된 광고비를 중심으로 각 광고매체의 규모를 살펴보고 각 광고매체가 갖는 특징과 장단점을 파악해보고자 한다.

먼저 광고매체 규모를 보면 표 7-7에서와 같이 2021년 말 기준으로 지상파TV, 라

표 7-7
매체별 광고비 구성

구분	매체	광고비(억 원)			성장률(%)		구성비(%)	
		'20년	'21년	'22년(F)	'21년	'22년(F)	'21년	'22년(F)
방송	지상파 TV	11,613	13,659	14,415	17.6	5.5	9.8	9.4
	라디오	2,181	2,250	2,301	3.2	2.3	1.6	1.5
	케이블/종편	18,916	21,504	22,507	13.7	4.7	15.4	14.7
	IPTV	1,029	1,056	1,085	2.6	2.7	0.8	0.7
	위성, DMB 등 기타	1,521	1,533	1,475	0.8	-3.8	1.1	1.0
	방송 계	35,260	40,002	41,783	13.4	4.5	28.6	27.3
인쇄	신문	13,894	14,170	14,350	2.0	1.3	10.1	9.4
	잡지	2,372	2,439	2,488	2.8	2.0	1.7	1.6
	인쇄 계	15,266	16,609	16,838	2.1	1.4	11.9	11.0
디지털	검색형	29,142	36,165	40,560	24.1	12.2	25.9	26.5
	노출형	27,964	38,953	44,661	39.3	14.7	27.8	29.2
	디지털 계	57,106	75,118	85,221	31.5	13.4	53.7	55.8
OOH	옥외	3,378	3,880	4,200	14.9	8.3	2.8	2.7
	극장	601	355	800	-41.0	125.3	0.3	0.5
	교통	3,581	3,926	4,000	9.6	1.9	2.8	2.6
	OOH계	7,560	8,161	9,000	7.9	10.3	5.8	5.9
총계		116,192	139,889	152,842	20.4	9.3	100.0	100.0

출처_ 제일기획 광고연감(2021)

디오, 케이블 등 방송매체 광고 규모가 4조원으로 28.6%를 차지했고, 신문, 잡지 등의 인쇄매체는 1조 6천 6백억 원으로 11.9%를 차지했다. 방송매체와 인쇄매체 광고가 2020년 대비 각각 13.4%, 2.1% 증가하는 동안, PC와 모바일을 포함하는 디지털매체 광고 규모는 7조 5천억 원으로 53.7%를 차지했으며 전년 대비 31.5%로 크게 성장했다. 이는 코로나19 상황으로 인해 재택근무, 온라인 수업 등 디지털 동영상을 활용한 온라인 서비스 이용이 증가했고, 이로 인해 디지털 광고 수요가 늘어난 것으로 분석할 수 있다. 이러한 비대면 환경으로 옥외광고 규모는 8천억 원 수준에 그쳤으며 전년 대비 7.9% 증가했다.

1 · 방송매체

전통적으로 방송매체는 텔레비전과 라디오로 구분된다. 그러나 케이블 TV와 위성 TV의 성장, 텔레비전과 컴퓨터의 결합에 따른 IPTV의 등장 등 방송매체의 종류는 늘어나고 있으며, 각 매체가 갖는 채널의 수 또한 무궁무진해지고 있다. 여기서는 상대적으로 비중이 높은 방송매체인 지상파 TV, 라디오, 케이블TV, IPTV가 광고매체로서 갖는 특징과 가치에 대해 정리하고자 한다.

지상파 TV광고

지상파 TV광고는 광고시장에서 높은 우위를 점해 왔으나, 케이블 TV와 인터넷 매체의 지속적인 성장, IPTV 및 스마트폰의 등장 등으로 총광고비에서 차지하는 비중이 지속적으로 감소하고 있다. 그럼에도 불구하고 지상파 TV광고는 아직까지 광고시장에서 큰 점유율을 차지하는 중요한 광고매체이다.

TV광고는 무엇보다 시각과 청각적 요소를 모두 활용할 수 있다는 점에서 메시지 설득이 인쇄매체보다 용이하다. 또한 시청자의 도달 가능성 측면에서 우수한 매체이며, 비용효율성도 높은 매체이다. 프로그램 장르나 시간대 선택에 따라서 어느 정도 표적청중을 세분화해서 도달할 수도 있다. 그러나 TV광고는 개별광고의 단가가 높아 절대금액 면에서 많은 비용이 필요하다는 점, 인쇄매체에 비해 저관여 매체이고 광고 혼잡도가 높다는 점이 단점으로 지적되고 있다.

TV광고 유형으로는 프로그램 광고, 토막광고, 자막광고, 시보광고, 간접광고, 가상광고, 중간광고 등이 있다. 이 중 프로그램 광고는 광고주가 프로그램의 스폰서로 참여하여 광고하는 것으로 프로그램 시작 전에 하는 광고를 전CM, 후에 하는 광고를 후CM이라고 부른다. 토막광고station break: SB는 특정 프로그램의 후CM과 이어진 다음 프로그램의 전CM 사이에 1분 30초 이내로 진행되는 광고로, 보통 지역방송사가 자체 지역광고를 내보낼 수 있는 유형이다. 자막광고ID, 곧이어는 음성적인 지원 없이 화면의 1/4크기의 자막만을 TV 화면 하단부에 내보내는 광고로 가장 저렴하다. 시보광고는 방송시간 고지 시 제공되는 광고를 말한다. 간접광고PPL는 2010년 이후 방송법에 의해 허용된 광고 유형으로 방송프로그램 안에서 제품을 소품으로 활용하여 그 제품을 노출시키는 형태의 광고이다. 가상광고는 방송프로그램에 컴퓨터그래픽을 이용하여 만든 가상의 이미지를 삽입하는 형태의 광고를 말한다. 중간광고는 1973년부터 금지되어 오다가 2021년 7월부터 공식 허용된 지상파 TV의 새로운 광고 유형으로 1개의 동일한 방송프로그램이 시작한 후부터 종료되기 전까지 사이에 그 방송프로그램을 중단하고 편성할 수 있는 광고를 말한다 표 7-8.

TV광고는 방송 시각에 따라서도 구분되는데, 시청률이 가장 높은 황금시간대인 SA급 시간대와 SA급 시간대의 전후에 해당하는 A급 시간대, A급 시간대보다 시청률이 낮은 B급 시간대, 시청률이 가장 낮은 새벽과 늦은 밤 중심인 C급 시간대로

표 7-8
TV광고 유형

광고 유형	시간 유형	규정	비고
프로그램 광고	15초	프로그램의 15/100 ~ 18/100이내	·프로그램의 스폰서로 참여하여 프로그램 전후에 방송 ·광고주 요구가 있을 경우, 다양한 초수 판매 가능
토막광고 (SB)	20초/ 30초	매시간 2회 1분30초 이내	·프로그램과 프로그램 사이의 광고
자막광고 (ID,곧이어)	10초	매시간 6회 이내 1회 10초	·방송순서고지(곧이어), 방송국명칭고지(ID) 시 화면 하단에 방송되는 자막 형태의 광고 ·자막크기는 화면의 1/4
시보광고	10초	매시간 2회, 1일 10회 1회 10초 이내	·방송시간 고지 시 제공하는 형태의 광고
간접광고 (PPL)		프로그램의 5/100 이내	·방송프로그램 안에서 상품을 소폭으로 활용하여 상품을 노출시키는 형태의 광고
가상광고		프로그램의 5/100 이내	·방송프로그램에 컴퓨터 그래픽을 이용하여 만든 가상의 이미지를 삽입하는 형태의 광고
중간광고		45분 이상 프로그램 1회 60분 이상 2회 90분 이상 30분당 1회씩 추가 180분 이상 최대 6회 1회 1분 이내	·1개의 동일한 방송프로그램이 시작한 후부터 종료되기 전까지 사이에 그 방송프로그램을 중단하고 편성되는 광고

출처_ www.kobaco.co.kr

방송사	시간	프로그램	시급	1회 단가
KBS	18:30-19:50	KBS2TV 생생정보	A/B	6,600,000
	19:50-20:30	일일드라마	SA	10,800,000
MBC	18:20-19:15	생방송 오늘저녁	A, B	7,500,000
	19:55-20:55	MBC 뉴스데스크	SA	10,500,000
SBS	19:00-20:00	생방송 투데이	A, B	6,000,000
	20:00-20:55	SBS 8시뉴스	SA	10,500,000

출처_ www.kobaco.co.kr

표 7-9
KBS, MBC, SBS 전국 15초광고 단가의 예(2019. 10)

구분된다. 국내 지상파 TV의 광고 요금은 기본적으로 시청률과 관계가 높은 시간대에 의해 가장 많이 영향을 받지만, 이외에도 프로그램별 시청률 차이나 시장환경 변수, 방송국 커버리지 등을 고려하여 프로그램이나 방송국별로 광고 단가가 차이가 난다 표 7-9.

라디오 광고

라디오는 프로그램별로 청중이 차별화되어 있어 표적청중에 대한 선별성이 높은 편이다. 또한 가격이 상대적으로 저렴하며 고정적인 청취자를 대상으로 반복노출효과를 기대할 수 있는 광고매체이다. 따라서 주부나 학생과 같이 청취율이 높은 특정 집단을 겨냥하거나 출퇴근 시간과 같이 특정 시간대를 이용하면 저렴하게 광고효과를 볼 수 있다. 또한 성우와 효과음 정도만 있으면 광고 제작이 가능하기 때문에 TV매체와 달리 빠르고 간편하게 제작할 수 있다.

그러나 청각효과만을 이용하기 때문에 크리에이티브 표현에 한계가 있다. 그리고 습관적으로 라디오를 켜놓는 경우가 많아 광고 메시지에 대한 주의력이 다른 매체에 비해 떨어지는 경향이 있다. 광고매체로서 라디오 매체에 대한 광고주들의 인식이 부족해 라디오광고를 TV광고의 보조수단으로 생각하며 예산 절감을 위해 라디오광고를 이용하는 경우도 적지 않다.

라디오 광고 유형은 TV광고와 유사하게 프로그램 광고, 토막광고, 시보광고 등으로 구분되고, 광고 요금도 TV광고와 마찬가지로 시급에 따라 결정된다.

표 7-10
라디오 광고 유형

광고 유형	시간 유형	규정	비고
프로그램 광고	20초	방송프로그램 편성시간의 최대 18/100 초과 금지	프로그램의 스폰서로 참여하여 본 방송 전후에 방송되는 광고
토막광고(SB)	20초	채널별로 1일 동안 방송되는 방송프로그램 편성 시간당 방송광고 시간의 비율의 평균이 15/100 이하	프로그램과 프로그램 사이의 광고
시보광고	10초		현재시간 고지하여 방송되는 광고

출처_ www.kobaco.co.kr

케이블 TV광고

케이블 TV광고는 불특정 다수를 대상으로 하는 지상파 TV와는 달리 세분화된 청중을 대상으로 할 수 있고, 특히 여가 및 취미와 관련된 채널은 관련 제품이나 서비스를 광고하기에 효과적인 채널이 될 수 있다. 가령, 골프웨어나 등산복, 스키복과 같은 의류광고는 골프 채널이나 스포츠 채널에 적합하다. 또한 케이블 TV는 광고의 길이가 다양하고, 정보형 광고의 일종인 인포머셜infomercial 형태의 광고나 직접반응 광고가 가능하다. 가령 새로운 기능을 갖춘 의류에 대한 인포머셜은 제품에 대한 정보전달과 함께 전화와 신용카드를 이용한 바로 구매가 가능하다. 광고비도 지상파 TV광고에 비해 상대적으로 저렴하고 다양한 형식의 광고가 가능하다.

반면 케이블 TV광고의 단점은 지상파 TV에 비해 광고량이 많아 광고회피 현상이 심하고 개별채널에 대한 수용자의 크기가 지상파에 비해 작기 때문에 전국적 커버리지를 확보하기가 어렵다는 한계가 있다. 또한 상대적으로 좁은 지역을 대상으로 하는 영세한 사업자들의 참여로 광고 메시지의 질이 떨어지기도 한다.

케이블 TV의 광고료는 지상파 TV나 라디오 매체와 마찬가지로 프로그램 광고와 토막광고가 시급에 따라 책정되어 있다. 그러나 현실적으로는 1회 광고에 대해 요금을 책정하는 실단가 제도가 적용되지 않는 경우가 많고, 대신 1억 원 세트, 2억 원 세트 등과 같이 세트 형식의 판매와 다양한 보너스를 얹어주는 형식을 띤다. 이 때문에 광고단가가 책정되어 있지만 실제 단가를 추정하는데 어려움이 있다.

표 7-11

케이블 채널별 프로그램 광고(15초 기준) 요금의 예
(단위: 천 원)

PP명칭	장르	시급별 단가				
		SSA 1급	SSA 2급	SA급	A급	B급
채널CGV	영화	1,000	450	250	150	80
OCN	영화	3,000	450	250	150	80
MBC스포츠	스포츠	1,500		1,250	1,000	-
SBS스포츠	스포츠	1,250		900	750	-
KBS드라마	드라마	400	350	270	150	80
MBC드라마	드라마	400		250	150	60
YTN	보도	500		400	200	80

출처_ 방송통신위원회

IPTV광고

IPTV는 인터넷으로 실시간 방송과 VOD를 볼 수 있는 서비스를 말하며, 'Internet Protocol TV', 'Interactive Personal TV', 'Intelligent Program Television TV'라는 세 가지 특징을 갖는다. 즉, IP를 기반으로 쌍방향 서비스가 가능하고, point-to-point 전달방식으로 개인화된 채널을 볼 수 있으며 초고속 인터넷과 결합하여 다양한 서비스가 가능하다. IPTV의 강점은 실시간 방송뿐 아니라 인터넷을 통한 주문형 비디오VOD 서비스를 이용할 수 있다는 것이다.

흔히 '다시 보기'라고 부르는 서비스로 TV 방송을 원하는 시간에 볼 수 있고, 영화나 다큐멘터리 등 여러 동영상 콘텐츠도 공급된다. 국내에는 SK의 'BTV', KT의 '올레TV쿡TV', LG의 'U+ tv G' 등 세 가지 IPTV가 서비스되고 있으며, 대체로 셋톱박스 형태로 TV와 연결된다.

IPTV광고 유형은 각 회사별로 명칭이 다르지만 집행되는 유형은 유사하다. 대표적으로 BTV광고 상품을 살펴보면, VOD 시청 시 노출되는 'VOD광고', 실시간 방송채널에 노출되는 '실시간 채널광고', 케이블 가입자를 대상으로 지역광고 시간에 노출되는 '케이블광고' 등이 있다. 이중 'VOD광고'는 시청 전 프리롤pre-roll 광고, 시청 중 중간광고, 시청 후 포스트롤post-roll 광고로 구성되며 건너뛰기가 불가능하며 프로그램이나 지역, 시간에 따라 타깃팅이 가능하다는 특징이 있다. '실시간 채널광고'도 가구별 타깃팅 광고가 가능하며, 광고를 완전 시청했을 때만 과금하는 CPVcost per view 과금 체계로 운영된다. '케이블 광고'는 지역 케이블SO단위를 선택한 후 광고를 집행하는 방식으로, 1회 광고노출 시 전체 가입자SO에게 일괄 노출되는 방식이다.

표 7-12
BTV광고 상품의 요금책정 예
(2021년)

VOD광고	프리롤 광고	구분	15초	20초	30초	60초
		CPM(원)	25,000	40,000	50,000	100,000
	중간광고	구분	15초			
		CPM(원)	30,000			
	포스트롤 광고	구분	15초	16초 이상		
		CPM(원)	15,000	20,000		
실시간 채널광고	프라임	구분	15초	20초	30초	45초	60초
		CPV(원)	6	8	12	18	24
	베이직	구분	15초	20초	30초	45초	60초
		CPV(원)	5	6.7	10	15	20
	SOV상품	구분	15초	30초(별도 협의)		
		1주 고정단가	3,500만원	7,000만원		

출처_ www.skbroadband.com

2 ∘ 인쇄매체

인쇄매체는 광고주의 메시지를 지면을 통해 집행하는 형태로, 신문과 잡지가 대표적인 형태이다. 여기서는 이 두 매체를 중심으로 각 광고매체가 갖는 특징과 가치를 살펴보고 광고요금 체계에 대해서도 정리하겠다.

신문광고

신문은 2000년 이후 가장 많은 광고비 감소를 보이고 있는 매체이다. 이는 다양한 뉴미디어의 등장과 함께 무가지가 신문광고 시장을 잠식하고 있고 무엇보다 젊은 층이 종이신문보다는 인터넷을 이용한 전자매체로 신문을 접하고 있기 때문이다. 그러나 전통적으로 광고비가 많이 투입되는 매체 중의 하나로 2020년 기준 1조 3천억 원 이상의 광고비가 투입되었다.

신문광고는 다음과 같은 점에서 장점이 있다. 먼저 신문광고는 방송광고와 달리 정보의 처리를 독자가 통제할 수 있기 때문에 정보가 필요한 고관여 이성제품의 광고매체로 적합하다. 또한 다른 매체에 비해 도달 범위가 넓고 일인당 도달비용이 비교적 저렴한 편이다. 제작기간이 짧고 게재절차가 간단하다는 장점도 있으며 수명이 방송광고에 비해 긴 편이다. 또한 주요 일간지들이 지방판을 발행할 뿐 아니라 전국적으로도 많은 지역 신문이 있기 때문에 특정 지역을 선택해야 될 때나 지역별로 광고 내용을 달리해야 하는 경우 적합한 광고매체가 된다.

반면 신문광고는 인쇄나 컬러의 질이 잡지매체에 비해 떨어져 패션브랜드의 색상과 고급감을 전달하기 부족하고, 패션소비자를 선별적으로 세분화해서 선택하기 어려우며, 구독자 연령층이 고령화되고 있어 젊은 소비층에게 노출되기 어렵다는 단점이 있다.

신문광고의 유형은 크게 디스플레이 광고, 안내광고, 간지광고로 구분할 수 있다. 디스플레이 광고는 헤드라인과 본문, 그림, 다른 시각적 요인을 담은 광고로, 우리가 흔히 보는 일반적인 광고 형태를 말한다. 안내광고는 개인이나 소규모 상인에 의해 게재되는 작은 박스 형태의 메시지이며, 간지광고는 별도의 인쇄물로 배달되는 전단지로 불리는 광고 형태이다.

신문광고는 실리는 위치나 모양에 따라 광고면 광고, 기사 중 돌출광고, 변형광고로도 구분된다. 광고면 광고는 신문 하단에 지정된 광고이고, 돌출광고는 제호 밑이나 만화 밑, 일반 면에 돌출되는 형태로 집행되는 광고이며, 변형광고는 일반적인 사각형의 광고를 크기나 위치, 형태 면에서 변형시킨 광고를 말한다. 그림 7-4

그림 7-4
변형광고 사례

스프레드형

New Style - 커플형

New Style - 스프레드형

변형광고의 효과

신문광고에서 변형광고는 사각형의 광고 형태가 변형된 것이다. 일반적으로 인간의 지각체계는 일관된 시각적 통일을 추구하는 경향을 보이기 때문에 정규적인 형태나 단순한 형태일 것이라고 기대하고 인지하다가 그에 반하는 불규칙하거나 의외성이 강한 형태가 나타나면 그쪽으로 주의를 기울이게 된다. 이것이 바로 변형광고가 주의를 끄는 이유이다. 시각적 차별화의 효과는 변형광고가 특이한 자극 요소들을 포함하고 있기 때문에 가능하다. 그것은 바로 최소의 비용으로 최대의 효과를 얻기 위한 것으로 기사를 광고와 맞물리게 하거나 기사와 광고를 한 덩어리로 보이게끔 하는 것이다. 따라서 기사를 읽어 내려가던 시선이 자연스럽게 광고에 연결될 수 있도록 함으로써 적은 광고비로 큰 지면 효과를 얻기 위한 것이다.

이러한 변형광고가 긍정적인 측면에서는 높은 주목률과 설득 효과를 기대할 수 있지만 부정적인 측면에서는 광고가 기사면을 침범하고 기사와 광고의 구분을 어렵게 하여 독자가 기사를 읽는 데 방해가 될 수도 있다. 또한 광고 표현이 적절하지 않으면 독자에게 오히려 기업이나 상품에 대한 부정적인 이미지를 낳을 수 있다.

출처_ 김영(2006.5), 광고계 동향, 미디어 전략적으로 본 변형광고 사례.

신문광고 요금은 방송광고와는 달리 협상에 의해 가격 조정이 가능하다. 그리고 면, 색상, 광고 내용 등에 따라 광고 요금이 달라지고, 광고회사나 광고주에 따라서도 관례적으로 형성되는 단가가 상이하다. 표 7-13은 중앙일보 광고 요금표로 면, 광고 내용, 돌출, 광고 형태 등을 중심으로 요금체계가 마련되어 있다.

유형	베를리너판 규격 Grid (가로x세로)	1면	2~3면	4~5면	종합 뒷면	종합 기타면	경제 섹션 1면	경제 섹션 기타면	대판기준
기본 규격	1 x 1	고정가격	@365	@325	고정가격	@265	@365	@230	1Grid
전면	12 x 24				105,450	77,700		66,600	15단37cm
하단	12 x 7	61,050							4단37cm
	12 x 8		35,040	31,200		25,440		22,080	5단37cm
	12 x 8						35,040		5단37cm
	6 x 8					12,720		11,040	5단18.5cm
	12 x 11					34,980		30,360	7단37cm
입절	7 x 15		38,325	34,125		27,825	38,325	24,150	9단21cm
	5 x 11		36,135				20,075		7단15cm
	9 x 11			32,175		26,235	36,135	22,770	7단27cm
	6 x 24					38,850		33,300	15단18.5cm
돌출	2.2 x 1.4	3,000					2,000		제호돌출
	2 x 3	10,000	8,000	6,000		5,000	6,000	3,000	2단5cm

* 단가는 컬러 기준이며, 흑백면인 경우 주요면은 표준 단가의 90%, 기타면은 50%가 적용
* New Style 광고는 면에 따라 30% ~ 50%의 할증료 부과

출처_ www.joongang.co.kr

잡지광고

잡지는 시사, 여성생활, 레저, IT 등 다양한 분야에서 점점 더 전문화되는 추세에 있다. 이 때문에 잡지광고는 세분화 된 소비자집단에 유효적절하게 소구할 수 있고, 매체 수명이 비교적 길어 타 매체에 비해 광고효과가 지속적이다. 또한 표현 방법이 다채로워 설득력이 풍부하며, 퍼블리시티와 결합하여 시너지효과를 노릴 수 있다. 인쇄의 질과 종이의 질이 좋아 시각적인 임팩트를 줄 수 있고, 특히 색상 표현이 중요한 의류제품의 경우 잡지광고가 적합할 수 있다. 최근에는 잡지광고의 주기능인 시각적인 효과 이외에 제품의 특성이나 성능을 확인할 수 있는 특수 효과를 삽입하여 소비자에게 강한 임팩트를 전달하고 있다. 그림 7-5는 푸조$_{Peugeot}$의 잡지광고로 에어백의 기능을 재치 있게 전달하기 위해 잡지 독자들이 직접 체험할 수 있는 형태의 광고를 진행하였다. 푸조의 외관을 보여주는 광고의 첫 페이지에 제시된 카피에 따라 동그란 원 안을 두들기면 그 페이지가 부풀어 오르고 다음 페이지로 넘기면 에어백이 달린 푸조의 내부를 볼 수 있다.

그림 7-5
푸조의 에어백 잡지광고

출처_ www.youtube.com

잡지광고의 단점은 광고를 통해 도달할 수 있는 수용자 범위가 제한적이라는 것과 광고의 혼잡도로 인해 주의를 끌기가 쉽지 않다는 점, 월간지의 경우 한 달에 한 번 발행되기 때문에 즉시성이 부족하다는 점을 들 수 있다.

잡지광고의 유형은 블리드bleed광고, 삽입inserts광고, 접지gatefolds광고, 기사 내 광고 등으로 구분된다. 블리드 광고는 광고의 배경 이미지가 페이지의 가장자리까지 확대되는 광고로, 광고 아이디어 표현에 유연성을 제공할 수 있다. 삽입광고는 광고 메시지에 무게를 더하고 극적 효과를 내기 위해 광고를 별지에 인쇄하여 잡지 사이에 끼워놓은 방식의 광고로 특별 요금을 지불해야 한다. 잡지광고는 광고 지면이 넓어서 중앙을 접어 넣어 다른 페이지의 크기에 맞도록 조정한 일종의 삽입광고로 일반적으로 할증 요금이 적용된다. 기사 내 광고는 한 페이지의 반쪽에 기사를 쓰고 나머지 반쪽에 광고를 게재한 광고이다. 이 밖에도 혁신적인 기법을 사용해 입체형으로 만들어진 광고와 제품 형태로 디자인된 돌출형 등 다양한 형태의 광고가 등장하고 있다.

잡지광고의 요금은 신문매체보다 협상에 의한 가격 조정의 범위가 더 크며 광고료의 결정이 게재면에 따라서도 차등적으로 부과된다. 잡지에서는 표지 바로 다음 장을 표지 2면, 잡지 마지막 장의 뒤 표지면이 표지 4면, 뒤 표지면의 앞면을 표지 3면이라고 하는데, 면별 광고효과 순위를 보면 표지 4면, 표지 2면, 표지 3면의 순으로 표지 4면의 광고료가 가장 비싸다. 잡지광고 요금은 게재지의 성격에 따라서도 다르다. 여성지, 주간지, 전문지에 따라 광고단가가 상이하며, 일반적으로 여성잡지와 시사잡지의 광고 요금이 가장 높다.

종별	금액
표지 2	15,000,000원
표지 3	10,000,000원
표지 4	20,000,000원
목차 전 DPS	16,000,000원 ~ 10,000,000원
목차대면	5,000,000원
GOODS 대면	4,000,000원
GOODS ENOUGH 대면	4,000,000원
기사대면	3,000,000원
TIE-UP(편집, 제작 포함)	4,000,000원

표 7-14
우먼센스 광고단가의 예 (2021. 7)

출처_ www.smlounge.co.kr

3 · 디지털 매체

인터넷이 등장하기 전, 전통적인 매체시장을 구성하고 있던 TV, 라디오, 신문, 잡지 등은 패션기업과 브랜드의 정보와 이미지를 전달하는 광고매체로서 많은 기업들에 의해 활용되어 왔다. 그러나 이러한 대중매체 광고는 기업의 일방적인 메시지 전달 방식으로 인해 표적고객과의 쌍방향 커뮤니케이션이 어렵고 고객의 욕구를 충분히 반영할 수 없다는 한계점을 가진다.

오늘날 인터넷의 지속적인 기술의 발달과 더불어 이전에는 없었던 새로운 개념의 인터넷 커뮤니케이션 수단들이 생겨나면서 디지털 매체는 인터넷광고라는 커뮤니케이션 도구뿐만 아니라 고객의 관심과 충성도를 높이고 구매로까지 직접 연결시키는 마케팅 도구로 활용되고 있다. 이러한 의미에서 최근 '트리플 매체 전략triple media strategy'이라는 개념이 등장하고 있는데, 이는 소비자와 브랜드의 접점이 되는 인터넷 매체의 종류를 광고매체paid media와 평가매체earned media, 고유매체owned media의 3가지로 분류하고 그림 7-6, 이 세 가지 매체를 적절히 믹스해 브랜드 인지부터 구매에 이르기까지 단계별로 목표타깃에게 자사 브랜드를 지속적으로 어필하는 전략이다Business2community, 2015.3.16.

이중 광고매체는 기업이 매체에 돈을 내고 시간과 공간을 빌리는 광고 유형으로, 유료로 진행되는 검색광고, 네이티브 광고, 제휴 마케팅 등을 포함한다. 이러한 인터넷 광고는 인터넷 마케팅의 한 축으로 중요한 역할을 담당하고 있다. 반면 고유매체는 기업이 직접 운영하는 미디어로, 홈페이지나 쇼핑몰, 공식

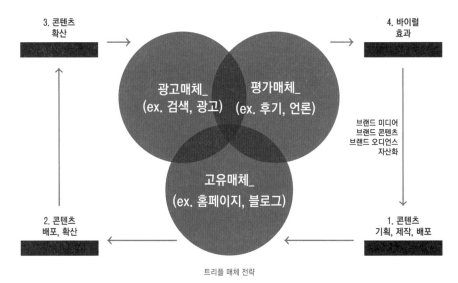

그림 7-6
트리플 매체 미디어 구조도

3. 콘텐츠
확산

4. 바이럴
효과

광고매체_
(ex. 검색, 광고)

평가매체_
(ex. 후기, 언론)

브랜드 미디어
브랜드 콘텐츠
브랜드 오디언스
자산화

고유매체_
(ex. 홈페이지, 블로그)

2. 콘텐츠
배포, 확산

1. 콘텐츠
기획, 제작, 배포

트리플 매체 전략

출처_ brancosblog.co.kr

블로그, 모바일 앱, 공식 페이스북 페이지, 유튜브 브랜드 채널 등을 말한다. 오늘날 많은 사람이 소셜미디어 채널을 개설해 자신의 생각을 남기고 반응을 이끌어내는 1인 미디어 시대가 되면서 기업 역시 소셜미디어에 공식 채널을 만들어 홍보와 마케팅에 적극 활용하고 있다. 평가매체는 입소문이나 게시판의 후기, 댓글 등을 가리키는 용어로, 기업의 PR 활동 뿐 아니라 트위터, 페이스북, 인스타그램, 기타 커뮤니티 내의 모든 온라인 대화를 포함한다.

효율적인 마케팅을 전개하기 위해서는 이 세 가지 매체를 적절히 활용하는 것이 중요한데, 그 출발은 소비자와 접점을 찾는 일이다. 여기서 기업은 목표 타깃이 선호하는 매체에 집중해 접점을 높이고 평가매체로의 유입을 강화해야 하는데 이때 활용되어야 할 매체가 인터넷 광고매체이다.

여기에서는 인터넷 광고매체와 관련하여 광고 유형, 효과측정방식, 광고비책정방법 등을 중심으로 살펴보고, 평가매체와 고유매체 등 트리플 매체 전략과 관련된 다양한 인터넷 마케팅 커뮤니케이션 수단에 대해서는 12장과 13장에서 상세하게 다루고자 한다.

인터넷 광고 유형

지속적인 기술과 미디어 환경의 변화로 인해 새로운 유형의 인터넷 광고가 계속 등장하지만, 이중 자주 사용되고 있는 광고 유형인 검색광고, 디스플레이 광고, 네트워크 광고, 네이티브 광고, SNS광고 등에 대해 정리하면 다음과 같다.

먼저 검색광고는 검색엔진에서 검색어를 입력하면 검색 결과 페이지에 관련 업체의 광고를 노출시켜 주는 광고 기법이다. 주요 포털사이트의 스폰서 링크가 대표적인 검색광고에 해당한다. 인터넷 사용자들이 온라인 공간에서 이메일 사용만큼 빈번하게 하는 행동이 검색 활동이다. 자신에게 적합한 정보를 찾기 위해 검색창을 사용하는 사람들은 그 내용에 대해 높은 수준의 흥미와 의도를 갖고 상호작용하게 된다. 따라서 검색광고는 특정 상품이나 서비스에 관심을 가진 사람들에게만 노출되는 타깃화된 광고로 불특정 다수를 상대로 하는 다른 인터넷 광고와는 차이가 있다.

디스플레이 광고는 시각적으로 궁금증이나 호기심을 유발하는 이미지나 문구를 통해 클릭을 유도하여 해당 브랜드나 브랜드의 상품을 홍보, 구매할 수 있도록 진행하는 광고를 말한다. 클릭 횟수 등을 과학적으로 실시간 분석할 수 있고, 연령·성별·지역별 타깃을 정해서 접근하는 1대1 마케팅도 가능하다. 특히 단기간 내에 대량 광고노출과 방문자 유입이 가능하여, 브랜드 인지도 향상에 효과적이다. 최근에는 단순한 텍스트나 그래픽에서 탈피하여 동영상, 음향, 애니메이션 등 다양한 멀티미디어 기술을 최대한 활용한 리치 미디어rich media 배너도 등장하고 있다.

네트워크 광고는 광고주의 웹사이트를 방문했던 이용자를 다수의 제휴 네트워크에서 타기팅하여 구매단계에 따라 각각 다른 메시지 광고를 내보내는 형태의 광고를 의미한다. 이용자의 검색 기록과 인터넷 경로를 기반으로 맞춤형 배너광고를 제공하는 것으로서 리타기팅retargeting이라고도 한다. 타기팅에 효과적인 키워드 광고와 브랜딩에 효과적인 배너 광고 각각의 장점을 모두 가지고 있는 광고 상품이다. 많은 잠재고객에게 상대적으로 저렴한 가격에 노출이 가능하며, 이탈고객을 잡는 데 효과적이다.

네이티브 광고native advertisement란 사용자들의 광고 회피를 최소화하고 노출 최적화를 위하여 광고 콘텐츠가 서비스 내에 통합된 형태로 자연스럽게 보여지는 광고 방식이다. 방송광고의 PPL 즉, 간접광고처럼 기존 콘텐츠와 유사하게 제작되는 후원형 콘텐츠 광고가 진화한 형태로 사용자가 콘텐츠를 접하는 맥락을 고려하여 제작된 고퀄리티의 광고를 말한다.

SNS광고는 페이스북, 유튜브, 인스타그램, 트위터, 카카오스토리 등 SNS 계정을 이용하여 진행하는 광고를 말한다. SNS 매체가 갖는 네트워크와 연동성이라는 특성으로 인해 확산성이 크기 때문에 바이럴 마케팅에 적합하다. 개별 소셜미디어는 매체 특성이나 주사용자 측면에서 서로 차이가 있기 때문에 이를 고려하여 통합적으로 운영할 때 채널 간 시너지 효과를 얻을 수 있다. 특히 고객에 주목을 끄는 주제와 혜택, 할인을 통해서 고객의 클릭을 유도하는 것이 바람직하다.

인터넷 광고효과 측정 및 광고비 책정

인터넷 광고 역시 오프라인 광고와 마찬가지로 효과 측정이 중요하지만 효과를 측정하는 기본적인 지표에서는 매우 차이가 있다. 전통적인 매체의 광고효과를 평가할 때 매체의 노출효과를 측정하는 지표로는 GRPs, 도달률, 빈도, 유효도달률 및 유효빈도 등을 사용하고, 매체의 비용효율성을 평가하는 지표로는 CPM, CPRP 등을 사용한다.

인터넷 광고의 경우는 매체의 광고노출효과 지표로 히트 수, 페이지뷰, 방문 또는 세션, 방문자 수, 광고뷰, 클릭 수(클릭률), 체류시간 등을 사용한다.

- 히트 수$_{hits}$_ 특정 웹사이트에 접속해서 파일을 요구한 숫자

- 페이지뷰$_{page\ view}$_ 특정 광고가 포함되어 있는 페이지를 요청한 수

- 방문$_{visit}$ / 세션$_{session}$_ 한 사용자에 의에 이루어지는 일련의 인터넷 접속 수

- 방문자 수$_{visitors}$_ 특정 웹사이트를 방문한 개인의 수

- 광고뷰$_{ad\ view}$_ 광고가 다운로드되어 방문자에게 노출된 횟수

- 클릭$_{ad\ cilck/click\ trough\ rate}$_ 사용자가 추가정보를 요청하기 위해 배너광고를 클릭한 횟수 또는 배너광고를 본 사람 중 그 배너광고를 클릭하는 사람의 비율

- 체류시간$_{duration\ time}$_ 한 방문자가 특정 웹페이지에 머물러 있는 평균 시간

매체의 비용효율성을 평가하는 지표로는 전통적인 미디어와 마찬가지로 노출에 기준 한 CPM을 사용하지만, 목적에 따라 방문자의 행동에 기준한 비용효율성을 측정하는 CPA$_{cost\ per\ action}$를 사용할 수도 있다. 또한 인터넷 광고성과를 측정하는 기준지표로 전환율, 클릭률, 투자수익률, 광고수익률 등이 있다.

- 전환율CVR: conversion rate_ 광고주가 의도한 행동(상품구매, 회원가입 등)을 한 방문자의 비율= (전환수/유입수)*100

- 클릭율CTR: click through rate_ 광고가 노출된 횟수 대비 광고 클릭 수 = (클릭 수/노출 수)*100

- 투자수익율ROI: return on investment_ 투자한 비용 대비 발생한 순이익 비율 = (광고순수익/광고비)*100

- 광고투자수익율ROAS: return on ad spending_ 광고에 지출된 비용 대비 총 매출이 얼마나 되는가를 측정 = (매출/광고비)*100

인터넷 광고의 매체비 책정방법 역시 오프라인의 경우와 차이를 보이는데, 인터넷 광고는 단순히 메시지를 전달하는 데 그치는 것이 아니라 광고 수용자의 반응까지도 바로 확인할 수 있기 때문에 전통적인 매체보다 정교한 가격체계를 가진다. 인터넷 광고에는 실제 노출과 관계없이 일정한 광고비를 지불하는 고정형 광고비와 광고가 사용자에게 노출된 횟수, 클릭 수 그리고 실제 구매 행위를 기준으로 한 광고비 등의 책정 방법이 사용된다.

- 고정형 광고비flat fee_ 일정한 기간 동안 정해진 금액의 광고비를 지불하는 방식으로 실제로 어느 정도의 노출이 유발되었는지는 산정하지 않는다.

- 노출 기준형 광고비CPM: cost per mille_ 사용자에게 노출된 횟수를 기준으로 광고비를 책정하는 방식으로 1000회 노출을 기준으로 하여 광고비를 부과하며 배너광고나 텍스트형 광고에 주로 사용된다.

- 클릭 기준형 광고비CPC: cost per click_ 광고를 한 번 클릭할 때마다 요금이 부과되는 형태로 검색 광고, 텍스트형 광고 등에 사용되는 방식이다. 주요 포털 사이트의 스폰서 링크가 대표적인 예이다.

- 행동 기준형 광고비CPA: cost per action_ 광고를 통해 이루어지는 회원가입, 설문, 구매 등과 같은 구체적인 행동에 기준하여 광고비를 책정하는 방식이다.

- 구매 기준형 광고비CPP: cost per purchase_ 구매당 광고비를 지불하는 형태로 배너 광고, 텍스트형 광고, 이메일 광고 등에 사용된다.

4 ◦ 옥외매체

주 5일 근무제의 확산과 레저활동의 증가로 옥외광고의 중요성이 커지고 있다. 전통적인 옥외광고를 넘어 교통수단을 이용한 광고, 경기장 광고, 극장광고 등 다양한 형태로 옥외광고가 발전하고 있으며, 비행선 광고나 열기구 광고, 애드벌룬 광고와 같이 시설물을 활용한 광고도 나오고 있다. 더 나아가 흔히 볼 수 있는 사물이나 자연 등을 매체로 활용한 앰비언트ambient 광고 등 특이한 형태의 광고도 등장했다.

서범석2001은 여러 유형의 옥외광고를 전통적인 옥외광고, 교통광고, 스포츠경기장 광고, 특수광고로 나눈 바 있다 표 7-15. 이하에서는 이중 전통적인 옥외광고와 교통광고에 초점을 맞추어 매체의 특징과 유형을 살펴보고, 이외의 광고 유형에 대해서는 기타 항목에서 간단히 살펴보고자 한다.

전통적인 옥외광고

전통적인 의미의 옥외광고는 간판이나 포스터가 발전된 형태로, 공중이 자유로이 통행할 수 있는 장소에서 일정기간 계속하여 볼 수 있는 '빌보드 광고', '전광판 광고', '네온사인 광고', '벽면 부착물 광고' 등을 말한다.

이중 전통적인 옥외광고의 대표격인 '빌보드 광고'는 건물 옥상에 광고 게시물을 설치하는 옥탑광고와 고속도로 등 도로변에 세우는 야립광고를 포함한다. 유리를 필요한 모양대로 구부리고 가스를 주입하여 여러 가지 빛을 내도록 하는 네

표 7-15
옥외광고의 종류

분류	종류	
전통적인 옥외광고	·빌보드 광고(옥상, 야립)	·네온광고(단순, 점멸)
	·전광판 광고(LED, Q-Board)	·기타 옥외광고
교통광고	·버스 및 택시광고(버스, 택시 내·외부의 차량광고, 쉘터광고)	
	·지하철 광고(전동차 내·외부광고, 역구내 광고)	
	·철도광고(열차 내, 수도권 전철 내, 전국 역사 내·외부광고)	
	·공항 및 터미널 광고(공항 내·외부광고, 터미널 내·외부광고)	
스포츠 경기장 광고	·야구장 광고	·축구장 광고
	·골프장 광고	·스키장 광고
	·볼링장 광고	·기타 경기장 광고
특수광고	·비행선 광고	·열기구 광고
	·애드벌룬 광고	·각종 시설물 광고

출처_ 서범석(2001). 옥외광고론.

온사인 광고는 도심 미관을 해치고 빛 공해를 야기할 수 있다는 점에서 비판을 받지만 텍스트나 로고 등을 선명하게 드러낼 수 있다는 점에서 많이 활용된다. '전광판 광고'는 전자식 발광發光이나 화면 전환의 특성을 이용하여 문자나 기호, 동영상을 표현하는 광고물이다. '벽면 부착물 광고'는 벽면을 이용하여 광고간판을 설치하는 것인데, 최근에는 유동인구가 많은 지역에 대형 빔 프로젝터를 설치하고 건물 외벽에 영상을 쏘아 광고를 하는 빔버타이징beamvertising 기법이 활용되고 있다.

이들 옥외광고는 통행하는 사람들의 주의를 끌 수 있고 교통량이 많은 지역에 부착할 경우 반복적인 노출을 기대할 수 있다. 이 때문에 TV나 신문을 통해 노출된 시각적 정보가 반복 노출됨으로써 브랜드의 인지도와 호감도를 높일 수 있다. 또한 옥외광고는 소비자가 제품을 구매하기 위해 판매 장소로 이용하는 과정에서 노출될 수 있기 때문에 구매 의사를 강화할 수도 있고, 크기나 독특한 소구로 주의를 끌 경우 구전효과까지 기대할 수 있다는 장점이 있다.

반면 옥외광고는 인구통계적인 선별성이 낮고 많은 정보를 제공하지 못한다는 점에서 한계가 있다. 임팩트는 있지만 잠깐 동안의 노출이 메시지의 상기recall로 이어진다는 보장도 없다. 또한 옥외광고는 법적, 공간적 제약이 많아 좋은 위치를 확보하기가 쉽지 않고, 매체 장소를 대여하는 비용과 광고물 제작비용이 많이 들기 때문에 초기 투자비용이 높은 편이다. 얼마나 많은 소비자가 어느 정도로 메시지에 노출됐는지를 규명하기 어렵다는 점에서 효과측정 기

그림 7-7
전통적 옥외광고

프라다 아이웨어 빌보드 광고

리바이스 아립광고

폴로랄프로렌 빔버타이징

나이키 전광판 광고

표 7-16
고속도로 야립광고 단가의 예
(2021. 7)

매체명	경부고속도로 야립	서울외곽순환고속도로 야립	경부고속도로 야립
설치주소	경기도 성남시 분당구 백현동 472-24	인천광역시 계양구 노오지동 42-2	충북 청주시 흥덕구 신전동 157-1
설치위치	서울 ~ 수원	일산 ~ 시흥	서울 ~ 대전
계약조건	1년 이상 / 내부 조명(파나플렉스) / 양면	1년 이상 / 내부 조명(파나플렉스) / 양면	1년 이상 / 내부 조명(파나플렉스) / 양면
광고료	월 90,000,000원 (vat, 제작비 별도)	월 60,000,000원 (vat, 제작비 별도)	월 45,000,000원 (vat, 제작비 별도)

출처_ marketingmoa.modoo.at

반이 취약한 것도 단점으로 작용한다.

옥외광고 요금은 다른 광고매체에 비해 광고의 형태나 규격, 유동인구, 노출의 질, 조명의 유무 등 매우 다양한 요인에 의해 책정되며 그 체계가 매우 복잡하다. 규격의 통일성도 부족한 상황이다.

교통광고

교통광고는 교통수단이나 주변시설 등 교통과 관련된 광고매체로, 버스 및 택시 광고, 지하철 광고, 철도광고, 공항 및 터미널 광고, 고속도로 광고 등이 있다. 이 중 '버스 및 택시광고'는 버스와 택시의 내·외부에 실리는 차량광고와 버스 정류 장에 설치되는 버스 쉘터광고로 구분된다. '지하철 광고'는 지하철 내부광고와 외 부광고, 지하철 스크린 도어광고, 역 구내 포스터 형태의 광고, 승강장 내 대형 프 로젝터를 이용한 동영상 광고 등이 있다. '철도광고' 역시 열차 내부의 광고와 출입 문 광고, 역사 내부 및 외부광고, 철로변 입간판 광고 등이 있다. 공항 및 터미널 광고도 공항 내부와 외부, 터미널 내부와 외부에 다양한 형태의 광고가 존재하며, 고속도로에도 휴게소와 톨게이트, 긴급 전화대 등 여러 장소에 설치되고 있다.

교통광고는 일정한 노선에 따라 특정 지역을 정기적으로 운행하는 지역매체이 다. 소비자들이 대중교통을 이용하는 패턴은 매일 비슷하기 때문에 높은 빈도와 메시지의 반복적 노출을 기대할 수 있다. 특히 차량 내부에 부착된 교통광고는 승 차하는 동안 메시지에 대한 시선을 유도하여 비교적 긴 노출시간을 제공할 수 있 고, 역내의 매점이나 주변 상점을 통해 직접 구매로 연결될 가능성을 높인다. 화 제성과 시사성이 강한 메시지를 활용할 경우 통행인의 시선을 집중시키고 관심과 흥미를 이끌어 구매 동기를 효율적으로 자극할 수 있다. 따라서 해당 지역에 위치

그림 7-8
교통광고

레이벤 버스 쉘터광고 　　　코카콜라X칼라거펠트 공항광고 　　　나이키 지하철 역사 매핑광고

하는 기업이나 상점 등의 제품과 서비스를 판매하거나 이벤트 등을 고지하는
데 유효하다.

　반면 교통광고는 지하철이나 버스를 이용하는 계층이 다양해 세분화된 수
용자에게 메시지를 전달할 수 없다는 한계가 있다. 제한적인 게재 면적으로
제품정보에 대한 충분한 전달이 어렵다는 측면도 있다. 또한 지하철이나 버스
등 대중교통의 광고면이 훼손되거나 더럽혀질 경우, 광고상품의 이미지에 부정
적인 요인으로 작용할 수 있고, 차량 내부에 많은 양의 광고물이 함께 게재되
기 때문에 광고 혼잡도가 높은 편이다.

　광고 요금은 전국적으로 어느 정도 규격이 통일되어 있긴 하지만 교통수단
및 광고 형태에 따라 상이하며, 전통적 옥외광고와 마찬가지로 효과 측정 기반
이 약하다는 것이 한계점으로 지적된다.

표 7-17
버스광고 형태별 단가의 예 (2021. 7)

	버스 외부광고	버스 내부광고	버스 쉘터광고
매체명	간선버스	버스중앙문	가로변 버스정류장
지역	서울특별시	전 지역	전 지역
특징		버스 후문 유리창 위치	도로 인도면
운영방식	패키지 판매 (일부 개별 판매 가능)	개별 판매 가능 (시도별 정책 상이)	개별판매 가능
광고료	1대당 60만원~160만원 (vat, 제작비 별도)	1기당 2만원~6만원 (vat, 제작비 별도)	1기당 30만원~300만원 (vat, 제작비 별도)

출처_ marketingmoa.modoo.at

그림 7-9
스포츠 경기장 광고 유형

위) 펜스광고 아래) A보드 광고   경기장 전광판 광고

기타 옥외광고

앞서 소개한 전통적 옥외광고와 교통광고 이외에도 다양한 형태의 옥외광고가 존재한다. 스포츠 경기장 광고는 야구장, 축구장, 골프장, 스키장 등 경기장을 활용한 광고를 말한다. 전통적 의미의 옥외광고가 해당 지역의 유동인구에 기반을 둔 노출효과를 기대한다면, 경기장 광고는 관객들에 대한 노출뿐 아니라 TV 중계를 통해 보다 많은 소비자 집단에 브랜드를 노출시킬 수 있다. 경기장 광고의 유형으로는 펜스광고, A보드 광고, 롤링보드 광고, 전광판 광고, 안내판 광고 등이 있다.

경기장 광고가 스포츠를 위한 장소를 활용한 것이라면 비행선 광고, 열기구 광고, 애드벌룬 광고 등과 같이 각종 시설물을 활용하는 광고도 늘고 있다. 이외에 주변에서 흔히 볼 수 있는 사물이나 자연 등을 매체로 활용하는 앰비언트 광고도 등장했다. '앰비언트 광고ambient advertising'는 환경을 의미하는 'ambient'와 광고를 의미하는 'advertising'가 합쳐진 용어로, 주변에서 흔히 볼 수 있는 사물이나 자연 등을 매체로 소비자들의 일상 속으로 뛰어든 게릴라식 광고를 의미한다. 앰비언트 광고는 우리가 일상에서 만나는 가로수, 전봇대, 벤치 등 모든 사물들을 광고매체로 활용하며 때로는 기존의 옥외광고를 새롭게 활용하기도 한다.

그림 7-10
시설물을 활용한 옥외광고

의자를 활용한 광고(닥터마틴)   벤치를 활용한 광고(나이키)

연구노트
디지털 시대의 패션브랜드의 비대면 마케팅 활동

소비자들은 코로나19로 사회적 거리두기를 경험하면서 디지털 기술을 더욱 활용하기 시작하였다. 이에 많은 기업들은 소비자들을 직접 대면으로 만나지 않더라도 경험할 수 있는 서비스를 제공하기 위해 노력하고 있다. 본 연구는 비대면 마케팅 활동이 고객 만족과 재방문 의도에 미치는 영향에 대해 알아보았다. 한국 정부가 사회적 거리두기 조치를 시행할 때 패션브랜드의 비대면 서비스를 경험한 소비자들을 대상으로 비대면 마케팅 활동에 대한 인식에 대해 설문을 진행하였다. 연구 결과, 패션브랜드의 비대면 마케팅 활동은 오락성, 상호작용성, 최신성, 맞춤성, 시각적 관여의 다섯 가지 요인을 구분되며, 이러한 비대면 마케팅 활동은 고객 만족과 재방문 의도에 유의한 영향을 미치는 것으로 나타났다. 특히 즐거움 추구 집단이 정보 추구 집단보다 고객 만족과 재방문 의도를 더 크게 인식한 것으로 밝혀졌다. 팬데믹으로 경험한 뉴노멀 시대에 디지털 기술을 활용한 패션브랜드의 비대면 마케팅 활동이 어떤 속성들로 구성되어 있고, 이러한 기업들의 노력이 고객 만족과 재방문 의도에 긍정적인 영향을 미친다는 점을 본 연구를 통해 확인하였다. 본 연구는 국제 저명학술지 유럽피언 매니지먼트 저널(European Management Journal)에 게재되었고, 아래 논문 출처에서 확인할 수 있다.

사진 1 VR을 활용한 쇼핑

출처

Cho, M., Yun, H., & Ko, E. (2022). Contactless marketing management of fashion brands in the digital age. European Management Journal. Online published.

사진 1 www.pexels.com

스케줄링 패턴의 종류와 사례

로시터와 퍼시Rossiter & Percy, 1997는 'Advertising Communications & Promotion Management'에서 매체 스케줄링과 관련하여 제품 특성에 맞는 8가지의 전략 모델을 소개했다. 이는 제품수명주기product life cycle, 구매결정시간purchase decision time 등을 고려해서 신제품 캠페인을 위한 4가지 모델과 기존 브랜드에 적합한 4가지 모델을 제시한 것으로, 매체 스케줄링 접근방식의 좋은 예가 될 수 있다.

신제품 캠페인을 위한 4가지 모델

전면공격blitz 패턴

'전면공격 패턴'은 캠페인 기간 내내 엄청난 물량의 광고비를 투입하는 방법이다. 현실적으로는 집행이 거의 불가능할 정도의 최단기간의 도달률reach과 빈도frequency 수준을 요구한다. 많은 물량이 투입되는 만큼 소재 교체 역시 빈번하게 이루어져야만 소멸wearout 효과로 인한 역효과를 방지할 수 있다.

그림 1 전면공격 패턴

웨지wedge 패턴

'웨지 패턴'은 신제품 출시를 위한 캠페인에 많이 활용되는 패턴이며, '전면공격 패턴'을 좀 더 현실에 맞게 개선한 형태라고 볼 수 있다. 기본적인 형태는 그림 2에서 나타나듯이 초반엔 전면공격 패턴으로 시작하다가, 캠페인이 진행되면서 점차 광고비를 줄여가는 방법이다. 중요한 점은 단순히 광고비를 줄이는 것이 아니라, 도달률은 같은 수준을 유지하면서 접촉 빈도를 줄여간다는 것이다. 주기적으로 구매되는 제품에 적절한 형태의 타이밍 전략이다.

그림 2 웨지 패턴

역웨지reverse-wedge / **구전 PI**personal influence **패턴**

이 패턴은 그림 3과 같이 '웨지 패턴'과는 정반
대의 모습을 하고 있다. 이 방법은 특정 소비자
계층의 구매가 다른 소비자들에게 영향을 주는
제품들에 적합하다. 초반의 광고는 전체 소비자
보다는 혁신수용층innovators이나 지도층opinion
leaders을 효과적으로 겨냥하고, 이들이 제품을
사용하게 함으로써 일반 소비자들에게 구매를
확산시키는 것이다.

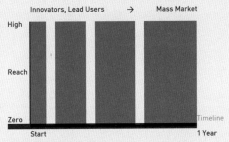

그림 3 역웨지/구전 PI 패턴

단기간 유행short fad **패턴**

일반적으로 'fad'는 단기간 끝나는 유행을 뜻한
다. 따라서 여기에 속하는 제품들은 수명주기가
매우 짧으며, 대부분 한 번의 구매에 그치거나
가격이 저렴한 경우 유행이 계속되는 동안에 한
해 두세 번의 구매가 이루어질 뿐이다. 어린이
장난감과 게임, 영화, 다이어트 상품, 한철 유행
하는 가방이나 액세서리 등이 여기에 맞는 제품
들이다. 집행 형태는 짧은 '전면공격 패턴'과 같지
만, 정확히 제품수명주기를 예측하여 제품출시
에서 제품성장기growth stage까지만 광고를 집중
한다.

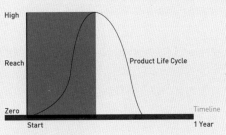

그림 4 단기간 유행 패턴

기존 브랜드에 적합한 4가지 모델

주기적 구매주기regular purchase cycle 패턴

일상적으로 사용되는 대부분의 제품이나 서비스는 비교적 일정한 주기를 두고 구매가 이루어진다. 슈퍼마켓, 편의점, 대형 할인점을 통해 유통되는 비교적 구매주기가 짧은 제품들fast-moving consumer goods이 여기에 속한다. 매체기획자는 이러한 소비자의 구매주기를 이용하여 그림 5에서 나타나듯이 구매주기에 맞추어 구매주기의 길이만큼 광고를 집중하고, 한 번 혹은 두 번의 구매주기에 해당하는 길이만큼 쉬었다가 다시 구매주기의 길이만큼 광고를 집행하는 것을 반복한다.

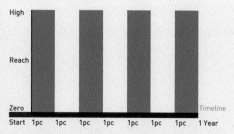

그림 5 주기적 구매주기 패턴

인지awareness 패턴

이 패턴은 제품구매주기와 구매결정시간이 매우 긴 제품/서비스에 적합한 모델로서, 소비자들이 브랜드에 대해 항상 '인지aware' 할 수 있도록 하는 것이 목적이다. 캠페인 기간 동안 일정한 간격으로 몇 회의 플라이트flight(광고시기)를 가지게 되며, 도달률은 매번 100%가 되도록 한다. 각각 플라이트 시점에서의 빈도는 최소 유효빈도수minimum effective frequency: MEF 수준으로 한다. 역시 이월효과가 적정수준 지속될 수 있는 정도에 따라 MEF와 광고를 하지 않는 기간을 결정한다. 이 패턴은 장기여행/관광상품이나 비교적 비싼 고급제품에 적절하다.

그림 6 인지 패턴

교대 도달률shifting reach 패턴

구매주기가 길고, 구매결정시간이 짧은 제품/서비스에 적합한 모델이다. 즉, 한 번 구매가 이루어지면 장기간 동안 구매동기가 없어지는 제품처럼 1년 내내 광고를 집행하기에 비효율적인 경우 해당된다. 이 경우 목표 소비자들을 도달 가능한 범위 내에서 세분화하고 각각의 그룹에 일정한 시기를 정해 따로따로 광고를 노출하는 형태가 효과적이다. 교대 도달률 패턴은 각각 소비자그룹의 크기가 작을수록 더 효과가 있으며, 광고주는 광고비와 매출을 연중 고르게 유지할 수 있는 장점이 있다.

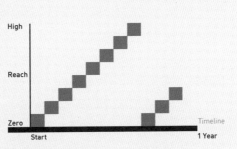

그림 7 교대 도달률 패턴

계절성seasonal priming 패턴

계절성이 있는 제품의 매출이 집중되는 시점에 광고를 집행하는 타이밍 전략으로, 중요한 점은 성수기가 되기 직전(약 한두 달 정도)에 짧은 플라이트를 갖는다는 것이다. 계절성이 뚜렷한 업계일수록 모든 경쟁 브랜드들이 같은 기간에 광고를 집중하기 때문에, 이 모델은 경쟁사들보다 먼저 성수기를 '준비priming' 하여 소비자 인식을 선점하는 방식이다.

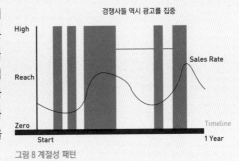

그림 8 계절성 패턴

출처_ 서지영, 안민영(2001.6). 보다 넓은 시각에서의 미디어플래닝. 제일커뮤니케이션.에서 발췌

참고문헌

김영(2006). 미디어 전략적으로 본 변형광고 사례. *광고계동향*, 5월.

김희진, 이혜갑, 조정식(2007). *광고매체기획론*. 파주: 학현사.

박현수(2019). *광고매체기획론*(개정판). 서울: 한경사.

서범석(2001). *옥외광고론*. 서울: 나남.

서지영, 안민영(2001). 보다 넓은 시각에서의 미디어플래닝. *제일커뮤니케이션, 6월*.

Achebaum, A.(1997). *Effective esposure: A new way of evaluating media*. New York: ANA Media Workshop.

Belch, G. E. & Belch, M. A.(2009). *Advertising and promotion: An integrated marketing communications*. New York: McGraw-Hill.

Krugman, H. E.(1971). Why three exposures may be enough. *Journal of Advertising Research, 12*(6), 11-14.

Rossiter, J. R. & Percy, L.(1997). *Advertising communications & promotion management*(2nd ed.). Boston, MA: McGraw-Hill Companies.

Sissors, J. Z. & Bumba, L.(1996). *Advertising media planning*(5th ed.). Loncolnwood: NTC Publishing Group.

방송통신위원회. kcc.go.kr

브랜코스(2020.4.23). 트리플 미디어의 의미와 활용 방법에 대하여. brancosblog.co.kr

우먼센스. www.smlounge.co.kr

제일기획(2020). *광고연감*.

중앙일보. www.joins.com

채움컴퍼니 marketingmoa.modoo.at

한국방송광고진흥공사. www.kobaco.co.kr

Business2community(2015.3.16). Owned, earned paid media and social media marketing. www.business2community.com

CIO Korea(2014.1.7). 구글 와일드파이어, '언드 미디어' 전략 보고서 발표. www.ciokorea.com

SK브로드밴드. www.skbroadband.com

연구노트
디지털 패션쇼의 사례 연구

코로나19로 인해 오프라인 패션쇼가 디지털 패션쇼로 전환되었다. 디지털 패션쇼는 디자이너 각자의 개성을 살린 새로운 형식으로 창조되며, 단순히 제품만 보여주는 것이 아니라 어떤 식으로 제품이 만들어졌는지 등의 이야기를 담은 내러티브식으로 소개된다. 더불어, 디지털 패션쇼의 가장 큰 장점은 시공간 제약 없이 진행되어 휴대폰, 태블릿 등 디지털 기기를 통해 전 세계 유명 디자이너의 제품을 쉽게 볼 수 있다는 것이다. 이처럼 패션쇼의 디지털화는 기존 패션쇼의 단점을 보완하여 다양한 고객층을 확보할 수 있는 새로운 비즈니스 모델로서의 첫 발걸음을 내딛고 있다.

디지털 패션쇼는 크게 VR, AR, 3D 패션쇼로 구분된다. 혼합 현실(Mixed Reality) 등의 기술을 적용하여 고객 관여를 높일 수 있으며, 모든 소비자들은 제품을 상세하게 확인할 수 있다. 또한 패션쇼와 구매를 연동하여 MOT(Moment of Truth)를 포착하는 것도 중요하다. 즉, 디지털 친화적인 고객들을 타깃으로 하여 새로운 시장으로 확장할 수 있는 수단으로 패션쇼를 활용해야 할 것이다.

사진 1

사진 2

출처

윤혜수 & 고은주(2021). 7대 디지털 패션위크의 비교분석 연구. 패션비즈니스, 25(3), 36–50

사진 1 geralt. Pixabay. https://pixabay.com/photos/fashion-catwalk-woman-tablet-news-3931912/
사진 2 GUCCI. www.gucci.com

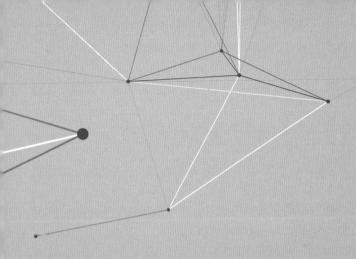

CHAPTER 8
PR 전략

오늘날 패션기업의 성공은 환경변화에 대한 적응능력에 의해 크게 좌우된다. 패션기업은 자신을 둘러
싼 급변하는 상황을 감지하고 이를 해석하여 조직의 경영 전략에 반영함으로써 필요한 경영목표를 달
성하고자 한다. 이러한 과정에서 패션기업은 다양한 공중public들과 만나게 되고 기업과 공중은 서로에
게 영향을 주고받는 양방향적 관계를 형성하게 된다. 즉, 패션기업은 외부환경에서 발생하여 기업의 경
영활동에 영향을 미치는 주요 이슈들을 관리하면서 때로는 공중들의 의견을 수용하기도 하고 때로는
특정 방향으로 여론형성을 유도하기도 한다.

본장에서는 PR의 전체적인 체계를 다루고자 하며 구체적으로 PR 활동이 표적화하고 있는 대상집단,
PR의 목표와 대상에 따른 다양한 수단, 그리고 PR 활동이 이루어지는 상황에 대해 설명하고자 한다.

1·PR의 개요

패션기업의 마케팅 커뮤니케이션에 있어서 광고가 여전히 굳건한 위치를 차지하고 있음에도 불구하고 최근 PR의 중요성은 지속적으로 증대되고 있다. PR은 광고와 차별되는 특징을 바탕으로 광고의 한계를 보완하면서 기업의 공중관계 관리가 필수적인 현 상황에서 PR만의 독자적인 역할을 넓혀가고 있다.

1·PR의 정의

공중Public의 관심사에 대한 이해를 바탕으로 기업 및 공중의 이익을 도모하고 공중과 우호적인 관계를 형성하는 일련의 과정에서 의도적으로 계획되고 수행되는 쌍방향 커뮤니케이션 활동을 PRPublic Relations이라 한다.

이러한 PR의 정의에 근거하면 PR은 다음과 같은 몇 가지 특징을 갖는다. 첫째, PR은 다양한 공중을 대상으로 이루어지는 커뮤니케이션 활동이다. 여기서 공중이란 패션기업이나 조직의 활동과 정책에 영향을 주고받는 공통적인 이해관계를 가진 집단, 즉 소비자, 언론, 지역사회 등을 말한다.

둘째, PR은 공중의 이익을 중요한 목적으로 한다. PR은 기업이 마케팅 활동의 일환으로 고객의 욕구 충족과 만족을 통한 기업의 적정이윤 확보를 일차적인 목표로 두고 있지만, 좀 더 장기적인 관점에서 공중의 복리 추구와 같은 사회지향적인 개념에 큰 가치를 두고 있다.

셋째, PR은 공중의 태도나 행동 변화를 목표로 한다. PR은 패션기업 또는 패션제품과 관계하는 다양한 공중에게 설득적 메시지를 제공함으로써 그들로부터 호의적인 감정, 문의, 참여, 구매와 같은 태도적, 행동적 반응을 얻기 위해 설계되는 활동이다.

넷째, PR은 쌍방향 커뮤니케이션 활동이다. PR은 공중에게 패션기업의 메시지를 전달하고 설득하는 활동을 수행하고 있지만, 공중의 관심사를 파악하고 이를 기업의 마케팅 활동에 반영하는 역할을 하기도 한다.

이와 같이 PR의 특징을 살펴보았을 때 몇 가지 측면에서 광고와 차이를 보인다. PR이 다양한 공중과의 바람직한 관계를 유지함으로써 공중의 호의를 구축하는 것이 목적인 반면, 광고는 패션제품, 서비스 및 아이디어를 비인적 매체를 통해 알리고 구매를 자극하는 데 목적이 있다. PR이 공중과의 대화를 통해 이루어지는 쌍방향 커뮤니케이션 활동인 반면, 전통적인 광고는 정보를 일방적으로 제공하는 단방향 커뮤니케이션이다. 또 PR 활동은 언론의 긍정 또는 부정적 반응에 따라 공중에 미치는 영향이 크게 달라지지만 패션기업이 이를 통제하기 어렵다. 그러나 광고의 경우 메시지의 전체 제작과 집행 과정이 기업의 통제하에 있으며 공중에게 항상 긍정적인 메시지만이 전달된다.

2 ∘ PR의 중요성

미국의 유명한 마케팅 컨설턴트인 리스 모녀Ries & Ries, 2002가 "이제 광고의 시대는 가고 PR의 시대가 왔다."라고 주장한 것처럼 기존 대중광고의 효과에 의문이 제기되면서 그 대안적 차원에서 PR에 대한 관심이 집중되고 있다. PR은 최근 중요성이 점차 커지고 있는데, 그 배경은 다음과 같다.

첫째, 대중미디어의 영향력 감소와 그 역할의 한계이다. 최근 패션시장이 점차 세분화되면서 과거와 같이 대중매체를 통한 커뮤니케이션보다는 특정 표적집단에 노출될 가능성이 높은 채널을 통한 메시지 전달이 더 효율적인 상황이 되었다. 또한 전통적인 광고는 패션기업과 상품에 대한 호감을 전달할 수는 있지만, 패션기업이 이를 통해 다양한 공중들과 쌍방향 커뮤니케이션을 하는 것은 다소 불가능하다. 반면, PR은 각각의 공중집단에게 적절한 정보를 제공할 수 있으며 그들과 쌍방향적인 커뮤니케이션을 가능하게 한다.

둘째, PR이 제공하는 메시지의 신뢰성이다. 광고의 경우, 기업에 의해 주도되는 커뮤니케이션으로 매체에 비용을 지불하는 형태로 제공되기 때문에 광고가 전달하는 메시지에 대한 소비자의 신뢰는 낮은 편이다. 반면, PR 메시지는 패션기업이 직접 전달하는 것이 아니라 언론기관, 전문가 집단과 같이 제3자 정보원에 의해 객관적으로 전달된다. 따라서 소비자의 신뢰성을 확보할 수 있어 메시지의 설득적 효과도 높은 것으로 나타나고 있다. 특히 패션기업은 경영활동을 수행하는 과정에서 뜻하지 않게 부정적인 사건에 대응해야 하는 위기의 상황에 놓일 수 있다. 이때 기업 광고와 같은 기업 주도적인 커뮤니케이션보다는 신뢰성 높은 PR 활동이 공중의 이해와 동조를 구하는 데 결정적인 역할을 할 수 있다.

셋째, PR의 관계 구축 기능이다. 최근 기업의 사회적 책임에 대한 관심이 증대되면서 패션기업은 단순히 제품을 제조하고 판매하는 조직이 아니라 소비자와 장기적인 관계를 형성하고 발전시켜 나가는 사회적 주체임을 알리는 것이 중요해졌다. 그러나 기존의 기업광고나 제품광고로는 소비자와 우호적인 관계를 맺는 것이 어렵다는 인식을 갖게 되면서 패션기업은 소비자와의 우호적인 관계 형성의 도구로 PR 수단을 사용하게 되었다.

이와 같이 PR은 패션제품의 기획이나 기타 프로모션 활동에서 경쟁사들과의 차별화가 점점 어려워지고 있는 현시점에서 비용대비 효과적인 커뮤니케이션 도구로서, 그리고 광고와는 다른 장점을 지닌 커뮤니케이션 믹스로서 중요한 역할을 수행하고 있다.

3 ∘ PR의 체계

PR은 다양한 영역으로 구분할 수 있지만, 그림 8-1과 같이 PR 목적, PR 대상, PR 수단, PR 상황에 따라 분류할 수 있다.

첫째, PR은 그 목적에 따라서 CPR$_{Corporate PR}$과 MPR$_{Marketing PR}$로 구분할 수 있다. CPR은 패션기업이 다양한 공중들과의 관계를 개선하거나 호의를 형성하기 위해 수행하는 PR 활동을 의미하고, MPR은 패션기업의 마케팅 목표를 달성하기 위해 마케팅을 지원하고 협조하는 PR 활동을 말한다.

둘째, PR은 그 대상에 따라 종업원 관계, 투자자 관계, 유통경로 관계, 지역사회 관계, 언론관계, 정부 관계, 소비자 관계로 분류된다. CPR에서는 기본적으로 종업원, 투자자, 유통경로 구성원, 지역사회, 언론, 정부 등을 대상으로 하지만 소비자 역시 직·간접적으로 중요한 대상이 될 수 있다. 반면 MPR은 주로 소비자를 대상으로 한 PR 활동이다.

셋째, PR은 그 수단에 따라서 포럼·심포지엄·세미나, 로비, 기업광고, 퍼블리시티, 스폰서십, PR 이벤트, PPL로 분류된다. PR의 목적이 CPR이냐 MPR이냐에 따라 사용하는 수단에 있어서도 약간의 차이를 보인다. 우선 CPR에서 주로 사용하고 있는 수단으로는 퍼블리시티, 기업광고, 포럼·심포지엄·세미나, 로비 등이 있다. MPR에서도 CPR에서 사용하고 있는 퍼블리시티나 기업광고가 중요한 수단으로 이용되고 있지만 그 외에 스폰서십, PR 이벤트, PPL 등도 핵심적인 역할을 하고 있다. 따라서 CPR과 MPR 두 영역에서 사용하고 있는 수단들은 완벽하게 구분되어 사용되기보다는 서로 호환되어 사용된다.

그림 8-1
PR의 체계

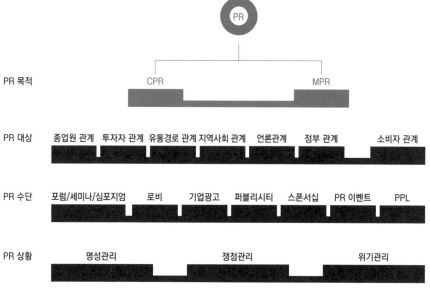

PR 목적		CPR				MPR		

| PR 대상 | 종업원 관계 | 투자자 관계 | 유통경로 관계 | 지역사회 관계 | 언론관계 | 정부 관계 | | 소비자 관계 |

| PR 수단 | 포럼/세미나/심포지엄 | | 로비 | 기업광고 | 퍼블리시티 | 스폰서십 | PR 이벤트 | PPL |

| PR 상황 | 명성관리 | | 쟁점관리 | | | 위기관리 | | |

출처_ 김주환(2009). PR의 이론과 실제, p.28. 에서 수정

넷째, PR은 그것이 전개되는 상황에 따라 크게 명성관리, 쟁점관리, 위기관리로 나누어지는데, 각각의 상황에 따라 PR의 목적과 수단도 달라진다. 명성관리는 오랜 시간에 걸쳐 패션기업에 대한 공중의 긍정적인 평가를 관리하는 PR 활동이고, 쟁점관리는 패션기업의 경영에 영향을 미치는 현재 또는 잠재적인 이슈를 관리하는 PR 활동을 말한다. 또 위기관리는 패션기업에 부정적인 영향을 미치는 중대한 위협에 대해 체계적으로 대처하는 관리활동을 말한다.

이하에서는 PR의 대상과 수단 그리고 PR 활동이 이루어지는 상황에 대해 자세히 살펴보고자 한다.

2 · PR 대상

PR 활동의 주요 대상으로는 패션기업의 종업원, 투자자, 유통경로 구성원, 지역사회, 언론, 정부 그리고 소비자 등을 들 수 있다. PR 활동은 그 대상에 따라 목적과 내용 그리고 수단이 달라진다. 여기에서는 PR 대상에 따른 PR 활동의 목적, 내용 그리고 수단에 대해 설명하기로 하자.

1 · 종업원 관계

기업과 구성원 간의 관계증진을 목표로 패션기업이 종업원의 관심사가 되는 정보를 제공하거나 동기를 부여하는 커뮤니케이션 활동을 종업원 관계라 한다. 종업원은 패션기업의 목적 또는 목표를 공유하면서 고객과 접촉하는 일선에서 고객만족의 중요한 역할을 담당하고 있기 때문에 효과적인 종업원 관계가 선행되어야만 패션기업은 대내외적으로 하나의 통일된 목소리를 낼 수 있다.

종업원 관계를 증진하기 위해서는 우선적으로 종업원에게 기업의 비전과 정책을 정확히 전달하여 종업원의 오해나 불신으로 인한 불필요한 마찰이나 업무의 비효율성을 제거해야 한다. 또한 기업에 대한 긍정적 정보 외에 부정적 정보도 가장 먼저 알려줌으로써 종업원들이 객관적인 관점에서 균형 있는 정보를 습득할 수 있도록 해야 한다. 특히 기업에 대한 종업원들의 태도 또는 의견을 정기적으로 조사하고 이에 대한 적절한 피드백을 통해 쌍방향적인 커뮤니케이션이 되도록 해야 한다.

이러한 원칙들이 지켜질 때 경영진과 종업원 간에는 상호신뢰가 구축되고 공동의 가치 공유를 통해 생산성 향상을 가져올 수 있다. 종업원 만족이 진정한 고객만족의 선행요인이기 때문에 종업원들이 기업에 대해 자부심을 갖고 주변 사람들에게 기업의 신뢰성과 제품의 우수성을 전달하는 PR 활동의 주체가 될 수 있도록 최선을 다해야 한다. 종업원 관계를 강화하기 위해 주로 사용하는 커뮤니케이션 도구로는 기업의 정기적 간행물인 뉴스레터나 신문, 사보 등이 있고 비정기적 간행물로 일회성 출판물이나 편지 등이 있다. 그 외에 긴급한 정보를 전달하는 게시판이나 정책에 대한 사내 공문서 등이 포함된다.

종업원 관계가 얼마나 중요한지는 성공한 기업들의 사례에서 쉽게 찾아볼 수 있다. 성공한 패션기업들은 대부분 우수한 인재를 확보하고 그들의 충성심을 유지한다는 특징이 있다. 글로벌 아웃도어 브랜드 파타고니아Patagonia는 직원 충성도를 높이는 '고용주 브랜딩employer branding'을 전개하는 윤리경영기업으로도 유명하다. 파타고니아는 환경에 대한 사회적 책임이라는 브랜드 목적과 가치에 대해 내부 구성원들의 공감을 적극적으로 이끌어내는 것을 최우선한다. '회사를 위해 일하는 것'은 '환경에 대한 책임지는 것'과 동일하다는 원칙 하에 직원이 원할 경우 2개월간 환경단체에서 일하면서 급여도 받을 수 있도

그림 8-2
파타고니아 직원들

출처_ patagonia.com

록 지속가능한 실천의 장을 마련하고 있다. 직원을 채용하는 기준은 학력이나 스펙이 아니라 얼마나 야외활동을 즐기는지, 환경보호에 관심이 있는지, 독립적으로 일할 수 있는지 등이다. 또한 파타고니아는 사내 유치원을 운영하고 있어 아이들이 퇴근한 부모와 함께 집으로 갈 수 있도록 배려한다. 그 결과 직원들의 자발적 이직률은 연간 3~4%에 불과하고, 현재 근무하는 직원들의 79%가 '일하기 좋은 회사'로 적극 추천한다. 파타고니아가 '지구 제일의 회사'라고 불리는 이유다 그림 8-2 더피알뉴스, 2018.7.4.

2 ∘ 투자자 관계

패션기업은 일상적인 경영과 지속적인 발전을 위해 투자자 집단과 호의적인 관계를 구축하고 유지하는 것이 필요한데, 이러한 목적을 위해 수행하는 커뮤니케이션 활동을 투자자 관계Investor Relations: 이하 IR라고 부른다. IR의 목적은 단순하게 패션기업의 주가를 높이는 것이 아니라 투자자들에게 기업의 실적과 미래비전을 제공함으로써 자사의 우량성과 신뢰성에 대한 인식을 높이고 안정적인 자금조달을 확보하는 것이다.

IR 커뮤니케이션을 위해 사용되는 주요 수단으로는 출판물형, 개인미디어형, 매체형 등이 있다. 출판물형에는 사업보고서나 주주통신, 애뉴얼 리포트, 팩트북fact book, 뉴스레터 등이 있고, 개인미디어형으로는 기업설명회, 결산설명회, 소집단 미팅, 개별면담 등이 있다. 또 매체형에는 법성공고, 보도자료, 기자회견, IR광고 등이 포함된다.

최근 IR 활동은 소규모의 룸미팅이나 기업설명회를 통해 심층적인 정보를 제공

하는 것이 추세이다. 또한 해외의 여러 도시를 순회하면서 개최하는 기업로드
쇼나 국제적인 금융행사에 스폰서로 참가하는 것과 같은 이벤트를 활용한 IR
프로그램도 효율적인 수단으로 활용되고 있다.

제일모직이나 FnC코오롱과 같은 패션 관련 대기업은 싱가포르나 홍콩과 같
은 아시아 지역 또는 런던, 뉴욕, 샌프란시스코, 로스앤젤레스 등 유럽 및 미주
지역에서 정기적으로 외국기관 투자자나 애널리스트 등을 대상으로 기업설명
회를 개최하고 있다. 기업설명회는 주로 경영실적과 전망 등의 내용을 중심으
로 일대일 미팅이나 그룹미팅의 형식을 통해 이루어진다. 특히 코로나19 이후
에는 투자기업과 발표기업이 각자 사무실에서 영상회의 플랫폼에 참여하여 사
업계획 등을 발표하고 질의·응답하는 방식의 온라인 투자설명회가 활성화되
고 있다.

3 · 유통경로 관계

최근 경영의 관심이 대소비자 시장에서 대비즈니스 시장으로 이동됨에 따라
패션기업 입장에서 공급업자나 중간상과의 협력관계를 통한 경영합리화가 그
어느 때보다 중요해졌다. 패션기업은 공급업자와 동반자적 관계를 유지하기 위
해, 경로 구성원들에 대한 적극적인 판매지원을 위해, 그리고 우수한 판매원을
모집하고 판매원의 성과를 높이기 위해 경로 구성원들을 대상으로 한 커뮤니
케이션 활동을 강화하고 있다. 예컨대 패션기업은 경로 구성원들과의 관계관
리를 위해 다양한 초청행사나 설명회를 개최하여 자사의 유통경로 정책이나
신제품 개발과 관련된 유용한 정보를 제공할 수 있다. 또 경로 구성원에 대한
판매지원을 위해 판매사원 세미나를 주최하여 상품이나 서비스와 관련된 교
육프로그램을 실시할 수 있다.

베자Veja는 2004년에 설립된 친환경 운동화 브랜드로 생태적 원료 사용, 공정
무역을 통한 면과 라텍스의 판매, 직원 존엄성 보장을 기업 운영의 원칙으로 삼
고 있다. 그들은 여느 브랜드와 달리 광고나 마케팅에 사용되는 비용을 오히려
생산 과정에 참여하는 구성원들에게 투자한다. 주원료인 유기농면과 야생고무
는 각각 페루나 브라질 농부들과 아마존 원주민을 통해 조달된다. 실제로 베자
는 원재료 구매시 현지 생산조합을 통해 시장 가격보다 높은 가격을 지불한다.
이는 생산경로 구성원들의 높은 만족도와 삶의 질의 향상으로 이어지고 있다.

4 ∘ 지역사회 관계

패션기업의 입장에서 지역사회란 회사의 본점, 지점, 판매장소 등이 속해 있는 곳의 언론사, 지역사회 리더, 지역사회 조직 등 전체적인 지역사회 구성원들을 포함한다. 지역사회 관계란 패션기업이 일정한 지역사회 안에서 자신과 지역사회의 상호이익을 창출하려는 목적으로 계획하고 실행하는 제반 활동을 말한다. 이러한 지역사회 관계는 단순한 커뮤니케이션 관계가 아니라 지역사회에 대한 기업의 사회적 책임과 관련된 개념으로 지역사회의 교육제도나 복지제도, 문화나 여가활동 등과 관련된 기업의 조직적이고 지속적인 활동을 요구한다. 패션기업은 지역사회 관계에 있어서 문제가 발생하면 대처하는 수동적인 자세보다는 지역사회의 정치·경제적 이슈와 사회·문화적 관심사를 미리 파악하고 그에 적절하게 대처하는 적극적인 자세가 필요하다.

지역사회를 대상으로 한 PR 프로그램에는 지역주민의 고용, 지역사회 리더와의 간담회 개최, 지역사회 구성원의 기업견학 프로그램 제공, 지역사회 행사의 후원이나 기업임직원의 참여, 지역사회 생산품 구입, 지역 매체에 광고 게재 등이 있다.

아모레퍼시픽은 책임있는 기업 시민으로서 지역사회와 공생·상생하면서 아름다운 세상 만들기에 힘쓰고 있는 대표적인 기업 중의 하나이다. 아모레퍼시픽은 2012년 '뷰티파크' 준공 이후 2013년 생산·물류 거점인 경기도 오산시와의 지역사회 발전을 위한 상호 협력 MOU를 체결하면서 다양한 활동을 이어오고 있다 그림 8-3. 오산시 '물향기수목원' 내에 '아모레 허브원 설치', '오산천 생태하천 가꾸기', '남촌 소공원 리뉴얼' 등 주민들의 복지를 위해 아름다운 환경 조성에 나서고 있다. 또한 아모레퍼시픽은 오산시의 교육, 복지, 문화사업 등에도 적극적인 지원을 아끼지 않고 있다. 2013년 오산대학교와 산학 협력 MOU 체결을 통해 매년 장학금 및 학교 발전 기금을 지속적으로 지원하고 있다. 뿐만 아니라 오산다문화가족지원센터에 다문화 가정 여성들을 위한 카페 공간 '해피 레인보우'를 오픈하는 등 공간문화사업에도 힘쓰고 있다 녹색경제신문, 2019.5.29.

제품 생산 공장이나 상품 판매처가 있는 곳에 거주하는 소비자들은 기업 입장에서는 소비자이기 이전에 이웃이라고 할 수 있다. 소비자 환경 개선을 위한 다양한 차원의 지역사회 환원이 이루어질 때 기업의 충성스러운 소비자를 확보할 수 있으며, 동종 기업에 대해 경쟁력도 제고할 수 있다.

그림 8-3
아모레퍼시픽, 오산 뷰티파크
(구. 뷰티사업장)

출처_ www.greened.kr

5·언론 관계

패션기업이 공중과의 우호적인 관계를 형성하는 데 중요한 매개체 역할을 하는 이해관계자 집단이 바로 언론매체이다. 언론 관계는 언론의 보도를 이끌어내는 활동뿐만 아니라 언론과의 상호 이해와 신뢰를 바탕으로 긴밀한 관계를 형성하고 유지하기 위한 일련의 활동을 모두 포함한다. 언론은 PR 활동의 중요한 대상이기도 하지만 동시에 다른 공중들을 관리하기 위한 PR 활동의 수단이기도 하다. 언론은 공중이 관심을 가지고 있거나 그들이 알아야 할 가치 있는 내용이라고 판단되는 정보를 신속하고 정확하게 제공하는 역할을 한다. 또한 언론은 패션기업의 경영활동이 공중들에게 어떤 영향을 미치는지를 감시하는 기능을 수행하기도 한다. 따라서 패션기업에 대한 언론 기사는 항상 긍정적일 수 없으며 많은 경우 부정적인 정보도 기사화되어 공중에게 전달된다. 부정적인 내용의 언론 기사는 기업의 위기를 초래하기도 하고 심지어는 기업의 존립에도 영향을 미칠 수 있다. 따라서 특정 사안과 관련된 자사의 경영활동에 대해 부정적인 면이 부각되지 않도록 언론에 충분한 자료를 제공해야 하며, 지속적인 기자관리를 통해 기업에 대한 호의적인 내용이 기사화될 수 있도록 노력하는 것이 필요하다. 언론사와의 관계를 위해 주로 사용되는 커뮤니케이션 도구에는 보도자료, 기자회견, 인터뷰, 프레스 투어 및 기자관리 등이 있다. 자세한 내용은 PR 수단의 퍼블리시티에서 소개하기로 하자.

6 ∘ 정부 관계

패션기업이 당면한 정치적, 경제적, 사회적 문제를 해결하기 위해 정부와 호의적인 관계를 유지하면서 대정부 로비, 세미나와 포럼 등과 같은 활동을 통해 정부에 직·간접적인 영향력을 행사하는 것을 말한다. 정부는 공중의 사회복지를 향상시키거나 그들의 권익을 보호하기 위해 패션기업의 활동을 지원하지만, 다른 한편으로는 각종 시책이나 규제를 입안함으로써 패션기업의 활동을 통제하거나 패션기업에 추가적인 비용을 발생시키기도 한다. 즉, 정부는 패션기업의 활동을 보호하는 동시에 통제하는 방법으로 패션기업의 활동에 개입하고 있다.

따라서 패션기업은 기업의 경영활동에 긍정적 또는 부정적 영향을 미치는 정부의 시책이나 규제의 입안 과정에 압력을 행사하기 위해 특별위원회를 구성하거나 세미나, 포럼 등을 개최하여 여론을 형성하는 활동을 하게 된다.

7 ∘ 소비자 관계

소비자를 대상으로 한 PR은 전통적으로 가장 중요하게 인식되는 PR 활동이다. 소비자 관계 관리는 소비자들에게 신뢰할 수 있는 정보를 제공하고 다양한 문화활동을 지원하거나 사회적 공익활동에 참여함으로써 기업의 호의적인 이미지를 구축하여 기존고객을 유지하고 신규고객을 확보하는 데 그 목적이 있다. 소비자를 대상으로 한 PR 수단으로는 퍼블리시티, 기업광고, 스폰서십, 자선활동, 공익 마케팅, PR 이벤트, PPL 등이 있다.

3 · PR 수단

PR의 수단에는 퍼블리시티, 기업광고, 포럼, 심포지엄, 세미나, 로비, 스폰서십, 공익 연계 마케팅, PR 이벤트, PPL 등이 포함된다. 이하에서는 강력한 패션브랜드 형성에 가장 핵심인 소비자 관계 구축에 해당하는 MPR 수단에 초점을 두어 살펴보고자 한다. 단, MPR 수단인 PPL의 경우 최근 간접광고가 새롭게 등장하면서 PPL시장의 변화를 주도하고 있다는 점과 패션 커뮤니케이션에 있어서 PPL의 중요성이 지속적으로 증가하고 있는 점을 고려하여 제10장에서 별도로 다루고자 한다.

> ❝ **잠깐!**

CPR에 사용되는 도구들

- 포럼Forum: 특정한 주제에 대한 상반된 의견을 놓고 사회자가 청중과 토론자 간 활발한 참여와 대화를 이끌어냄으로써 하나의 합의를 이루어 가는 집단토론 방식
- 심포지엄Symposium: 전문가 집단들이 단일 주제에 대해 서로 다른 견해를 간략하게 발표하고 그 내용을 중심으로 청중과 질의응답을 교환하는 공개토론회
- 세미나Seminar: 특정 주제 분야에서 전문적 지식과 견해를 갖춘 수십 명 정도의 권위 있는 전문가들에 의해서 진행되는 토의 방식
- 로비Lobby: 전문적인 지식과 인적 관계를 바탕으로 특정 집단의 이익을 위해 정부나 공공기관의 활동에 영향력을 행사하는 커뮤니케이션 활동
- 기타 기업홍보물: 기업에서 발행하는 정기 또는 비정기 간행물, 기업이 제작한 기업소개 인쇄물 및 영상물 등

1 · 퍼블리시티

퍼블리시티는 언론매체 입장에서 볼 때 대중매체가 추구하는 뉴스성을 가지고 있다는 점에서 대중매체의 중요한 정보원 역할을 하고 있다. 또한 패션기업 입장에서 퍼블리시티는 공중들에게 기업의 PR 활동에 대해 널리 알리고 이를 통해 호의적인 이미지를 구축하는 커뮤니케이션 매개체의 역할을 수행한다.

퍼블리시티의 개념

퍼블리시티는 개인 또는 조직체가 공중의 이해와 호의를 도모하기 위해 방송, 잡지, 신문 등의 미디어에 관련 정보를 전달하여 자신이 원하는 방향으로 설득하는 것을 말한다. 즉, 매체에 조직이나 개인에 관한 뉴스 가치가 있는 정보를 제공하여 긍정적인 기사가 게재되도록 설득함으로써 패션기업 또는 제품에 대해 신뢰감을 갖도록 하는 활동이다. 이러한 퍼블리시티는 현대 대중매체 사회에서 중요한 정보원이 되고 있으며, PR 주체의 호의적인 이미지를 유지하고 강화하는 데 중요한 역할을 수행하고 있다.

퍼블리시티는 패션기업과 관련된 인물, 마케팅, 행사, 경영 등 다양한 소재를 중심으로 이루어질 수 있다. 퍼블리시티에서 인물은 중요한 소재 중의 하나

표 8-1
퍼블리시티의 소재 및 내용

소재	내용
인물	인사, 저서출간, 부음, 종업원 실적, 강의, 연설, 세미나 참석, 해외출장, 유명 인사 방문
마케팅	신제품 개발, 새로운 실험의 진행 또는 기술상의 진전, 유통과정의 변경, 가격변동, 시장점유율 증가, 경기상황에 대한 분석, 구제품의 새로운 용도 발견, 새로운 생산설비의 도입, 새로운 서비스 개발, 판매 전략 수립, 소비자 경향에 관한 자료
행사	복지활동, 사업설명회, 바겐세일, 기업인 후원의 밤, 공개강좌 개설, 주주총회, 전시회, 창립기념일, 소비자 견학
경영	로고, 심벌 등 기업의 상징, 사내 캠페인, 새로운 경영제도 도입, 광고대행 계약·제작·집행, 입찰의 성공, 하청계약, 타 기업과의 제휴 및 인수·합병, 신입사원 충원 계획, 기업문화, 경영계획, 노사관계, 각종 수상, 공익활동, 대형공사의 수주, 해외시장 개척, 법인신설 및 설립, 재무보고

출처_ 김주환(2009). PR의 이론과 실제, p.160.에서 수정

인 데, 예를 들어 글로벌 패션브랜드의 CEO 또는 수석디자이너와 같이 중요한 기업 관계자가 방문하였을 경우 이는 중요한 뉴스거리가 될 수 있다. 신제품의 개발이나 시장점유율의 증가, 소비자 트렌드에 대한 자료 역시 마케팅 영역에서 중요한 퍼블리시티의 소재가 될 수 있다. 복지활동, 사업설명회, 전시회 등과 같은 행사 관련 내용이나, 기업문화, 경영계획, 노사관계, 공익활동 등의 경영 관련 내용들도 퍼블리시티의 중요한 원천이 되고 있다. 퍼블리시티의 소재에 대한 내용은 표 8-1에서 자세히 다루었다.

퍼블리시티의 종류

퍼블리시티의 대표적인 수단으로는 보도자료, 기자회견, 인터뷰, 프레스 투어 및 기자관리 등이 있다. 각 수단은 패션기업이 기획하고 있는 PR의 목표나 타깃 그리고 구체적인 사안에 따라 차별적으로 사용되어야 한다.

보도자료

기업이나 조직체가 뉴스가 될 만한 내용을 뉴스 형식에 맞게 작성하여 매체 측에 제공하는 것을 말한다. 패션기업은 다양한 퍼블리시티 소재를 활용하여 매체에서 필요로 하는 기사 유형에 적합한 보도자료를 제작할 수 있다. 보도자료의 유형에는 시의성 있는 뉴스를 전달하는 스트레이트 뉴스용, 특정 사안에 대한 분석과 전망을 제시하는 기획·해설 기사용, 사실 자체에 대한 전달보다 이면에 숨어 있는 이야기를 다루는 피처 기사용, 그리고 사진을 중심으로 뉴스를 전달하는 사진 기사용 등이 있다.

기자회견

언론에 전달하고자 하는 정보가 매우 뉴스 가치가 있다고 판단될 경우 퍼블리시티 효과를 극대화하기 위해 언론매체의 기자를 특정 장소로 초청하여 공식적으로 발표행사를 갖는 것을 말한다. 기자회견은 중대한 사건이 발생하여 패션기업의 공식적인 입장이 필요할 때, 패션기업이 중요한 대외행사를 개최할 때, 패션기업이 가치 있는 신제품을 개발했을 때 주로 실시하게 된다. 그러나 사안의 중대성이 약하거나 긴급성이 없을 경우에는 대부분 간단한 형식의 기자 간담회를 개최하는 것이 관례이다. 패션업계의 경우 브랜드 관련 해외 유명 인사가 방문하거나, 화제가 될 만한 신규 브랜드가 론칭할 때 주로 기자 간담회의 수단을 사용한다.

인터뷰

패션기업의 중요한 이슈를 경영자나 관련 책임자가 직접 설명하게 하는 커뮤니케이션 수단이다. 무엇보다도 기업이 의도한 방향에 맞게 기사화할 수 있다는 장점이 있고, 특히 최고경영자의 인터뷰일 경우 더 큰 홍보효과를 얻을 수 있다. 인터뷰 시 기자가 정확한 기사를 작성할 수 있도록 질문에 대해서는 짧고 명확하게 대답하는 것이 좋고 그 외에 기사 작성에 도움이 되는 관련 자료를 사전에 준비하여 제공하는 것이 필요하다. 인터뷰에는 접촉하는 방식에 따라 직접 만나는 대면 인터뷰와 매체를 이용하는 전화 인터뷰, 서면 인터뷰, 이메일 인터뷰 등이 있다.

프레스 투어 및 기자관리

프레스 투어란 기업이 어떤 행사가 열리는 특정 장소로 기자들을 초청하여 견학 또는 연수시키는 프로그램을 말한다. 패션기업은 이러한 프레스 투어를 통해 언론의 기사 게재효과를 극대화할 수 있고 기자들과의 우호적인 관계를 유지할 수 있다. 언론사와의 관계는 특별한 사안이 있을 때뿐만 아니라 평상시에도 지속적인 관리가 필요하며, 정기적인 언론 순방과 같은 활동을 통해 매체와 관련된 새로운 정보나 동향을 수집하는 한편 새로운 퍼블리시티의 기회를 확보해야 한다.

2 ∘ 기업광고

기업광고는 다양한 목적에 의해 수행되고 있지만 궁극적으로는 패션기업의 아이덴티티를 알리고 기업이나 브랜드를 하나의 이름으로 통일시키는 기능을 수행한다. 이를 통하여 소비자들은 패션기업에 대한 호의적인 이미지와 긍정적인 태도를 형성하게 된다.

기업광고의 개념

기업광고는 기업의 이미지 제고나 사회의 특정 이슈에 대한 입장정리 차원에서 기획하는 광고로, 패션기업에 대한 소비자의 호의적인 태도를 유도하고자 하는 광고이다. 패션산업의 전반적인 기술 수준의 향상과 함께 패션기업 간 제품에서의 차별화가 점점 어려워지게 되면서 패션제품을 생산, 판매하는 기업의 이미지가 소비자 선택의 중요한 요인이 되고 있다. 이에 따라 패션기업의 긍정적인 이미지를 형성해 줄 수 있는 기업광고의 역할이 더욱 증대되고 있다.

기업광고의 목적을 세부적으로 살펴보면 첫째, 패션기업의 정책이나 목표, 비전 등을 제시하여 기업에 대한 긍정적인 이미지를 제고하는 것이다. 둘째, 패션기업이 합병, 인수 등에 의해 대내외적으로 구조적인 변화가 있을 경우 기업의 정체성을 새롭게 수립하기 위한 것이다. 셋째, 이슈 대응이나 위기관리와 같이 사회적, 경제적, 환경적 이슈에 대한 기업의 입장을 전달하는 것이다. 넷째, 건실한 재무구조를 강조하여 주주나 투자자들의 기업에 대한 인식과 투자 욕구를 높이고 미래의 취업자들에게는 일하기 좋은 기업임을 알리는 것이다.

기업광고의 장점은 무엇보다도 패션기업의 이미지를 포지셔닝하는 훌륭한 수단이라는 것이다. 또한 확실한 기업 이미지의 후광효과를 받은 패션제품이 그렇지 못한 패션제품보다 성공확률이 높기 때문에 기업광고는 궁극적으로 매출 증대 효과도 가져올 수 있다. 그러나 우호적인 기업 이미지는 단순한 몇 토막의 광고로 만들어지는 것은 아니다. 패션기업의 긍정적인 이미지는 제품과 서비스의 질, 기업의 혁신성, 건전한 재무구조, 바람직한 마케팅 활동, 훌륭한 시민으로서의 기업활동 등이 뒷받침될 때 형성될 수 있다.

기업광고의 유형

기업광고들은 제품에 대한 정보를 제공하거나 구매를 촉구하는 제품광고와는 달리 기업에 대한 긍정적인 이미지와 호의적인 태도 형성을 주목적으로 하기 때문에 기업광고로 구분되어 PR 활동의 영역에 포함된다. 기업광고는 그 목적에 따라 여러 유형으로 분류될 수 있지만 여기에서는 기업 소개광고, 옹호광고, 후원광고, 투자유치 및 직원 채용광고 위주로 살펴보고자 한다.

그림 8-4
LF의 사명 변경광고

출처_ www.the-pr.co.kr

기업 소개광고

패션기업에 대한 이미지 제고와 다양한 공중들과의 우호적인 관계형성을 목적으로 기업의 경영이념이나 비전, 활동내용, 업적 등을 알리는 광고를 말한다. 이외에도 패션기업은 자사 기술의 우수성이나 변화하는 사회환경 속에서 기업의 위치를 강조함으로써 기업에 대한 신뢰감을 형성하기도 한다. 때로는 자신의 아이덴티티 또는 기업명 등을 바꿀 때도 기업광고를 진행한다. 2014년 LG 패션은 LF라는 이름으로 새롭게 출발하면서 새 사명을 알리는 대대적인 광고를 집행했다 그림 8-4. 광고에는 마릴린먼로, 오드리햅번, 제임스딘 등 옛 할리우드 스타들이 등장하고 있다. 이들은 모두 옷이라는 매개체를 통해 세상에서 잊혀지지 않는 이미지를 창조한 시대의 아이콘들이다. LF는 '라이프 인 퓨처life in future · 미래의 삶'의 약자로, '고객 개개인에게 알맞은 라이프스타일을 창조하는 미래 생활문화 기업'이라는 의미를 담고 있다. LF 광고는 "옷은 그 사람의 미래입니다. 당신이 입을 미래는 무엇입니까"라는 문구로 이러한 새 사명의 의미를 공중들에게 각인시키고자 하였다더피알뉴스, 2014.4.1.

옹호광고

사회문화적, 환경적 문제와 관련되어 토론의 여지가 있는 내용에 대한 기업의 입장을 표명하기 위한 광고를 말한다. 보통은 공공의 문제에 초점을 맞추고 있으며 건전하고 바람직한 사회 분위기 조성을 목적으로 한다. 옹호광고advocacy advertising의 특징은 직접적으로 기업의 이미지를 표현하는 것이 아니라 특별한

그림 8-5
라코스테
Save our species 광고 캠페인

출처_ www.lacoste.com

이슈에 대해 기업이 취하는 입장정리를 통해 간접적으로 기업 이미지를 표현한다는 것이다.

프랑스 캐주얼 브랜드인 '라코스테Lacoste'는 지난 2009년 '세이브 유어 로고 Save your logo' 캠페인에 참여한 이후 브랜드의 상징인 악어 보호에 앞장서고 있다. 세이브 유어 로고 캠페인은 각 기업과 기관들이 그들을 대표하는 로고의 동물을 보호하자는 약속을 통해 지구 생명의 다양성을 유지하려는 취지에서 기획된 환경운동이다. 라코스테는 네팔 세계자연보호기금과 함께 협조하여 악어 방생활동을 계속하면서 악어 멸종을 막기 위한 다양한 홍보활동을 진행하고 있다. 특히 2018년에는 세계자연보전연맹IUCN과 협업을 통해 'Save our species' 캠페인을 진행했다 그림 8-5. 이 캠페인에서는 85년 이상의 전통을 지닌 라코스테 아이코닉 아이템인 폴로 셔츠에 브랜드의 상징인 악어 로고 대신 10종의 멸종 위기 동물을 담아냈다는 것이 특징이다. 특히 남은 개체 수만큼 티셔츠를 제작해 한정 판매함으로써, 멸종 위기 동물의 심각성과 함께 상품의 희소가치를 전달했다. 한정판 제품은 24시간 만에 완판이라는 진기록을 세우기도 했다. 멸종 위기 동물 보호 프로젝트에서 발생한 모든 이윤은 국제자연보존연맹의 멸종 위기 동물 보호 지원을 위해 사용된다.

투자 유치와 직원 채용광고

패션기업은 다양한 공중들 중에서 투자자나 미래의 종업원들을 대상으로 투자유치 광고나 채용광고를 실행하기도 한다. 투자 유치광고는 투자자들에게 기업의 실적과 미래상을 제공함으로써 자사의 우량성과 신뢰성에 대한 인식을 높이려는 목적으로 실행되는 광고를 말한다. 직원 채용광고는 기업의 아이덴티티나 비전 등을 제시하면서 기업의 좋은 이미지를 창출하여 기업에 필요한 우수한 인재를 확보하려는 광고이다.

기존 패션기업의 직원 채용광고들은 기업의 규모나 비전을 강조하는 형태의 진지한 이미지나 그래픽이 중심을 이루었지만, 최근에는 기업의 자유롭고 개성있는 조직문화를 강조하기 위해 카툰이나 일러스트레이션 등을 사용한 가볍고 유연한

출처_ www.catch.co.kr

출처_ www.kakaocorp.com

그림 8-6
세정 및 카카오 사원 채용광고

이미지의 광고들이 많이 등장하고 있다 그림 8-6. 특히 이러한 채용광고의 트렌드는 최근 부상하고 있는 IT기업들의 광고가 한몫을 하고 있다. 카카오는 지원서에 학력, 전공, 나이, 성별 등의 정보를 받지 않는 블라인드 채용 방식을 2017년부터 유지하고 있다. 우수한 개발자를 선발하기 위해 채용 과정에서 지원자의 스펙이 아닌 지원자의 개발 역량과 업무 적합성을 집중적으로 고려하겠다는 취지다. 따라서 이들의 채용광고는 기업의 정체성과 함께 직원 채용의 투명성을 간결하고 함축적인 이미지로 보여주고 있다.

3 · 스폰서십

기존의 전통적인 커뮤니케이션 도구를 통한 상업적인 정보들이 흘러넘치면서 소비자들이 광고에서 느끼는 식상함은 더욱 증가하고 있다. 이런 측면에서 스포츠나 문화예술에 대한 스폰서십sponsorship은 소비자들의 무관심과 거부감을 최소화하는 효율적인 커뮤니케이션 도구로 평가되고 있다.

스폰서십의 개념

스폰서십은 여러 학자들에 의해 다양하게 정의되고 있는데, 금전이나 용역을 제공받는 자와 그 대가로 상업적 목적을 실현할 수 있는 권리를 부여받은 자와의 사업적 관계Sleight, 1989 또는 상업적 조직이 상업적 이익을 목적으로 특정 활동에 재정적 또는 이에 상응하는 물적, 인적 자원을 제공하는 것_{Meenaghan, 1983} 등으로 정의할 수 있다. 종합해 보면 스폰서십은 기업이 커뮤니케이션 목표를 달성하기 위해 스포츠, 문화, 사회복지 분야의 특정 개인 또는 조직을 대상으로 기업의 재원, 상품 또는 서비스 등을 제공하는 활동을 기획하고 실행하는 것으로 정의할 수 있다_{송해룡, 1998}. 이와 같이 스폰서십의 정의는 학자들마다 다소 차이가 있지만 공통적으로 적용되는 내용은 양자 간에 상호이익을 제공한다는 것이다. 즉, 스폰서십은 대가없는 지원이 아닌 반대급부를 얻는 것이 주목적이다. 이때 스폰서십을 통해 기업이 얻고자 하는 목표에는 기업 이미지의 창조·유지·개선과 같은 기업 목표, 브랜드 촉진 및 판매증진과 같은 마케팅 목표, 지역사회와의 관계개선, 사회적 책임감의 수행과 같은 사회적 목표 등이 포함된다.

이러한 목표를 달성하기 위해 패션기업은 스포츠, 음악회, 무용, 음악, 연극과 영화 그리고 지역사회 행사 등 매우 광범위한 영역의 스폰서십에 참여할 수 있다. 본 장에서는 패션기업들이 주로 사용하는 스포츠 스폰서십과 문화예술 스폰서십을 중심으로 살펴보고자 한다.

스포츠 스폰서십

최근 소비자들의 라이프스타일이 스포츠 지향적이 되면서 스포츠는 경기장 밖에서 소비자 행동에 영향을 미치는 중요한 역할을 하고 있다. 이러한 사회문화적 환경의 변화는 스포츠 스폰서십을 기업의 중요한 마케팅 커뮤니케이션 믹스 중의 하나로 고려하도록 만들고 있다. 기업들이 스폰서십의 대상으로 스포츠를 가장 빈번하게 사용하는 이유는 스포츠가 국가 간의 사회문화적 차이와 언어의 장벽을 초월한 인류화합에 기여하면서 하나의 드라마처럼 생동감과 성취감 같은 색다른 경험을 소비자들에게 전달하기 때문이다. 따라서 패션기업은 스포츠에 대한 후원을 통해 소비자와 자연스럽게 접촉하면서 기업의 긍정적인 이미지를 전달할 수 있다. 특히 기업의 사회적 책임에 대한 요구가 높아지고 있는 환경 속에서 스포츠 스폰서십은 기업의 공익적 이미지를 부각하는 방편으로도 사용되고 있다.

스포츠 스폰서십은 기업이 특정 커뮤니케이션 목적을 달성하기 위해 스포츠 이벤트, 스포츠 협회, 스포츠 선수나 팀에 현금 및 물품과 같은 재정적 지원이나, 인력 및 노하우 같은 조직적 서비스를 제공하는 행위라고 할 수 있다. 패션기업은 스포츠 스폰서십을 통해 다음과 같은 몇 가지 효과를 기대할 수 있다. 첫째, 기업의 인지도 제고이다. 일반적으로 지명도가 높은 국제 스포츠 이벤트의 경우 공식스폰서가 업종별 또는 제품 영역별로 하나씩만 참여하도록 제도화하고 있다. 따라서 공식스폰서로 참가하는 패션기업은 공식적으로 독점성을 보장받기 때문에 매체 노출의 빈도와 강도를 높일 수 있다. 예를 들어, 월드컵 축구 대회의 경우 세계적인 공식스폰서에게 한 경기장에서 일정 개수의 보드 광고를 보장하고 있기 때문에 TV 중계를 통해 전 세계인에게 노출되어 기업의 인지도 향상을 꾀할 수 있다. 또 기업이 특정 스포츠팀이나 선수를 후원하는 경우 역시 이들의 경기장면을 통해 자연스럽게 기업이나 상표명을 노출할 수 있다.

'아디다스_{Adidas}'는 1970년 멕시코 월드컵부터 현재까지 스포츠 브랜드로서 유일하게 피파_{FIFA}의 공식파트너를 맡아 오고 있다. 따라서 피파가 주최하는 모든 경기에서는 아디다스 공인구가 사용되며 경기를 운영하는 모든 심판들은 머리 끝부터 발끝까지 아디다스 용품을 착용하게 된다. 아디다스는 월드컵과 같은 국제적인 스포츠 행사의 홍보효과에 힘입어 지난 40여 년간 축구시장에서 부동의 1위를 차지하고 있다.

둘째, 기업의 이미지 제고이다. 패션기업은 스포츠 스폰서십을 통해 스포츠 대회의 권위 또는 스포츠 선수의 긍정적 이미지가 기업이나 상표 이미지로 전이되는 효과를 얻을 수 있다. 패션기업이 올림픽과 같은 권위 있는 스포츠 대회를 후원하는 경우 기업의 제품이나 광고 등에 올림픽 로고와 명칭을 사용할 수 있어 기업의 위상을 높일 수 있다. 또 패션기업이 개별적으로 후원하는 스포츠팀이나 선수가 국제적인 스포츠 대회에서 괄목할 만한 성적을 거두었을

FIFA PARTNERS

그림 8-7
FIFA World Cup 2022 공식 파트너

그림 8-8
영원아웃도어 노스페이스 팀코리아 단복

출처_ www.youngonestore.co.kr

경우 이들에 대한 호의적인 감정이 제품, 서비스 혹은 상표로 전이되어 기업의 이미지를 제고시킬 수 있다.

글로벌 아웃도어 브랜드 '노스페이스'를 전개하는 영원아웃도어는 지난 2014년 인천 아시안게임 후원을 시작으로 2016년 리우 하계올림픽, 2018년 평창 동계올림픽에 이어 2020년 도쿄 하계올림픽의 국가대표 선수단 '팀코리아' 스포츠의류 부문 공식 파트너로 참여하였다 그림 8-8. 도쿄 하계올림픽 팀코리아 '공식 단복'은 역대 최초로 리사이클링 폴리에스테르와 리사이클링 나일론 소재를 적용한 친환경 제품으로 만들어졌다. 이러한 국제적인 스포츠 행사 후원은 친환경 소재 개발에서 경쟁을 벌이고 있는 나이키, 아디다스 등 글로벌 기업들과 대등한 기업이라는 이미지 구축에 중요한 역할을 한다. 특히 도쿄 하계올림픽을 통한 자연스러운 노스페이스 브랜드 노출은 일반인들을 겨냥한 '노스페이스 K-에코 테크'의 시장 확대에도 도움이 될 것으로 보인다.

셋째, 판매촉진 또는 판매증진의 기회 확장이다. 스포츠 단체는 공식스폰서에게 경기장 주변에서 독점적인 행사를 개최할 수 있는 기회를 제공하기 때문에 기업은 경기장이나 특별 전시장을 통해 직접적인 판매 활동을 할 수 있다. 이러한 직접적인 판매증진 이외에도 이미지 제고를 통한 반사이익 효과로 간접적인 매출 증대를 이룰 수도 있다.

또 패션기업은 개별적으로 후원하는 스포츠팀이나 선수를 통해 판매촉진이니 판매증진의 기회를 얻을 수 있다. 예를 들면, 독일 스포츠 브랜드 푸마Puma가 후원한 자메이카의 육상선수 우사인 볼트Usain Bolt는 푸마가 특별 제작한 러닝화를 신고

출처_ www.puma.com

2008년 베이징 하계 올림픽 육상 100m에 이어 2009년 베를린 세계육상선수권대회 100m, 200m에서 모두 세계신기록으로 우승하였다. 볼트가 푸마신발을 들어 올리면서 하늘을 향해 화살을 쏘는 듯한 포즈로 우승 세레모니를 하는 모습이 전 세계인들에게 노출되면서 푸마는 엄청난 광고효과를 획득했다 그림 8-9. 뿐만 아니라 볼트가 신었던 러닝화를 포함한 일부 프로모션 제품들이 완판되는 매출증대 효과까지 얻어냈다한국경제신문, 2008.8.23.

문화예술 스폰서십

문화예술 스폰서십은 유사한 의미를 가진 '메세나mecenat'라는 용어로 이미 오래전부터 사용되어 왔다. 메세나는 예술과 문학세계의 발전과 보호에 자신을 헌신하는 사람들을 의미하는 메셴mecene에 어원을 두고 있다. 메세나는 원래 문화예술가들을 지원하는 고대 로마의 왕족이나 귀족, 부유한 상인들의 개인적인 활동에서 시작되었으나 현대에 들어와서는 문화예술을 지원하는 기업적 활동으로 변화되고 있다.

기업의 메세나는 기업의 이미지 제고를 위해 기업과 문화예술의 상호호혜관계에 기초하여 수행하는 재정적인 후원 활동을 말하며, 영국, 미국 등의 영어권에서는 이러한 문화예술단체에 대한 재정적 지원을 스폰서십이라는 단어로 표현하기도 한다. 특히 최근 기업의 문화예술후원 활동의 목적이 과거와는 달리 자선적인 메세나에서 반대급부를 기대하는 투자개념의 메세나로 변화하고 있어 문화예술후원은 스폰서십의 한 유형으로 분류되고 있다.

문화예술 스폰서십의 등장배경을 살펴보면, 우선 제품 또는 서비스 수준의 향상과 품질의 평준화로 인해 소비자들은 상품에서 단순한 물질적 가치만이 아닌 그 이상의 상징적 의미를 요구하게 되었다. 또한 경제성장과 더불어 문화 환경이 변화되고 질적 풍요를 추구하는 가치관이 확산되면서 소비자들은 가격, 품질 등 기본적인 상품의 속성 외에도 브랜드, 이미지, 디자인 등 감성적 요소를 함께 고려하게 되었다. 즉, 소비자들은 물리적인 제품이 아닌 제품이 주는 상징과 감성적 체험을 요구하게 된 것이다.

패션기업은 문화예술 지원을 통해 다음과 같은 몇 가지 효과를 기대할 수 있다. 첫째, 기업의 정당성을 확보할 수 있다. 패션기업은 문화예술 지원을 통해 기업의 이윤을 사회에 환원함으로써 공익적 기업으로서의 긍정적인 이미지를 심어주게 된다. 이러한 긍정적인 이미지는 기업의 정당성을 높여주고 소비자, 주주, 투자자 등 기업과 관계를 갖는 다양한 공중들에게 기업의 가치를 새롭게 인식시키는 계기를 제공해 줄 수 있다.

둘째, 대중들에게 예술 향유의 기회를 폭넓게 제공함으로써 잠재고객과의 접근성을 높이는 한편, 기존 고객과의 관계를 강화하거나 구매 행동을 유도할 수 있다. 특히 패션기업의 문화예술활동에 대한 지원은 좋은 기업시민이라는 이미지를 부여하고 기업의 상표를 고품질로 인식하게 하여 궁극적으로는 프리미엄 가격에 대한 소비자 수용도를 높일 수 있다.

셋째, 종업원과의 긍정적인 관계를 증대시킬 수 있다. 패션기업이 문화예술활동을 지원함으로써 사회적으로 긍정적인 평가를 받게 되는 경우 그 기업에 속한 종업원들은 기업에 대한 자부심을 갖게 되어 결과적으로 기업에 대한 종업원들의 만족도를 높이고 업무능률을 향상시키는 효과를 가져올 수 있다.

이러한 문화예술후원 활동이 성공적으로 수행되기 위해서는 브랜드 이미지와의 적합성이 중요한데, 프랑스 뷰티 브랜드인 '로레알L'oreal'의 경우, 1997년부터 '칸Cannes 국제영화제'의 공식 파트너이자 공식 메이크업 브랜드로 지속적인 후원 활동을 진행해 왔다 그림 8-10. 로레알파리는 칸 영화제를 통해 여배우, 패션브랜드, 미디어 및 영화 산업 참가자들을 10일간의 워크숍, 인터뷰, 교류 현장 등에 초청하면서 레드카펫을 넘어선 다양한 PR 활동을 펼치고 있다. 대륙과 문화를 뛰어넘어 정해진 형식 없이 다양성이 지닌 아름다움을 대변하면서 로레알파리가 지향하는 미에 대한 시각을 현대적이고 진정성 있게 표현한다. 로레알파리는 칸 영화제의 화려한 무대 뒤로 팬들을 초대하여 다양한 경험을 선사함으로써 칸 영화제에 직접 참여한 사람들뿐만 아니라 온라인으로 참여하는 수백만 명의 청중들이 함께 할 수 있는 축제의 현장을 만들어 나가고 있다.

패션산업 분야에서는 문화예술 스폰서십이라는 개념보다 문화 마케팅이라는 용어를 더 자주 사용하는데, 문화 마케팅이란 기업 측면에서 볼 때 문화예술과의 접목을 통해 패션기업이나 패션상품의 이미지 제고와 같은 부가가치를 창출하고 문화예술이 가지는 고유의 가치도 높여 주는 경영활동이라고 할 수 있다.

국내에서 이러한 문화의 개념을 마케팅에 가장 잘 적용한 브랜드로는 '쌈지 Ssamzie'의 사례를 들 수 있다. 쌈지는 경영부실로 인해 기업이 현재 존재하지는 않지만 상품의 예술화, 예술의 상품화라는 가치 아래 10여 년간 문화 마케팅을 실시하면서 패션산업 분야에서 문화 마케팅의 프레임을 구축한 선구자 역할을 수행했다. 쌈지는 단기적인 판촉수단이 아닌 장기적인 문화활동의 측면에서 패션제품의 기획에 신진 디자이너나 작가들의 감성과 의견을 적극 반영해 왔다. 국제 미술대회에서 선발된 젊고 실험적인 예술가들을 후원하는 아트 프로젝트를 진행했고, 쌈지스페이스를 통해 신진 작가들에게 작업실을 대여해 주기도 하였다. 또한 쌈지미술창고, 갤러리 쌈지 등의 전시공간도 운영하여 신진 작가들이 등단할 수 있는 기회를 제공하였다. 특히 공예, 디자인, 전통문화 등의 문화상품과 전시공간이 한 자리에 집결된 복합문화 공간인 '쌈지길'도 설립하여 향후 국내 패션유통의 방향성에 새로운 이정표를 제시하기도 하였다.

그림 8-10

칸 국제영화제 70주년에 참석한 로레알 파리의 홍보대사들

출처_ www.lorealparis.co.kr

4 ∘ 자선활동

자선활동은 패션기업이 직접 사회활동을 지원하거나 비영리단체를 후원하는 것으로 크게 물적지원과 인적지원으로 분류된다. 물적지원이란 패션기업이 현금으로 직접 지원하거나 생산품 또는 장비들을 기부하는 것을 말하고, 인적지원이란 사원들로 하여금 비영리단체의 프로그램들에 직접 참여하게 하거나 기업이 가진 특정한 재능을 기부하는 것을 말한다.

자선활동은 기업 외부적 측면에서 기업의 이미지 및 위상 제고를 통해 기업 가치나 브랜드 가치를 높일 수 있으며, 소비자에게 정서적인 만족감을 부여하여 제품의 사용 만족도를 향상시킬 수 있다. 뿐만 아니라 지역사회 내의 명성과 입지를 증가시켜 기업이 위기에 처했을 때 도움이 될 수 있는 지역사회 구성원의 호의를 축적할 수 있다. 또 기업 내부적 측면에서 임직원들의 리더십을 개발하거나 기업 목표에 대한 의식을 고양시킨다는 순기능도 있다.

영국의 친환경 뷰티 브랜드 '더바디샵The Body Shop'은 동물실험반대, 공정무역, 여성 권익신장 캠페인 등으로 유명하며, 최근에는 비건 & 베지테리언 뷰티운동을 선도하고 있다. 더바디샵은 커뮤니티 공정무역을 통해 공급자들에게 공정한 임금을 지불하거나 맞춤형 생산을 지원하는 등 우호적인 무역조건을 제시하고 하고 있다. 또한 추가적인 경제지원을 통해 교육, 의료복지, 위생 같은 지역사회에 필요한 공공사업을 수행하기도 한다. 가나 여성들에게 경제적인 독립을 제공하고 장기적인 투자를 통해 지역사회에 학교를 7곳이나 신설하여 매년 천명 이상의 학생들에게 배움의 기회를 제공한다 그림 8-11. 많은 기업들이 단발적인 홍보성 캠페인을 펼치는 것과

그림 8-11
더바디샵의 지역사회 공익 캠페인

출처_ www.thebodyshop.co.kr

는 달리 이윤과 무관하게 지속적인 사회활동을 전개하고 있는 더바디샵은 사회적 문제에 관심을 갖는 책임감 있는 기업이라는 이미지를 얻고 있다.

5 · 공익연계 마케팅

자선활동과 유사한 개념으로 공익연계 마케팅cause-related marketing이 있는데 이는 기업의 자선행위를 전략적으로 이용함으로써 기업의 수익을 증대시키는 것을 말한다. 즉, 공익연계 마케팅은 기업이 경제적 목표와 사회적 책임을 동시에 추구하기 위해 특정한 공익활동의 후원을 약속하며 소비자의 구매활동을 유도하는 마케팅 활동으로 정의된다.

　공익연계 마케팅은 기업 측면에서 볼 때 소비자의 제품구매로 획득된 수익의 일부를 특정 공익활동의 후원에 사용한다는 점에서 소비자의 구매와 무관하게 이루어지는 순수한 자선행위나 일반적인 사회공헌활동과는 구별된다. 또한 소비자 관점에서 볼 때 제품구매 시 대의명분에 동참한다는 정서적 만족감 외에는 어떠한 추가적인 보상도 받지 않기 때문에 판매촉진과도 차이가 있다. 최근 다양한 분야에서 '공익'을 골자로 하는 마케팅들이 빈번하게 사용되면서 공익연계 마케팅은 직접적인 기부뿐만 아니라 비영리단체와의 공동 캠페인이나 스폰서십 등 공익과 관련된 여러 형태의 마케팅을 포함하는 포괄적인 개념으로 확대되고 있다.

　패션브랜드의 경우 공익연계 마케팅을 위해 새로운 디자인과 제품을 개발하는 등 차별화된 마케팅 전략을 구사하고 있다. 예를 들어, 글로벌 에이즈 퇴치운동인 레드 캠페인에 참여하는 패션브랜드들은 캠페인용 의상, 액세서리, 패키지 등에 캠페인 콘셉트 컬러인 빨간색을 전략적으로 사용하여 제품 아이덴티티를 부각시키고 있다 그림 8-12. 또한 레드 캠페인용 광고에는 'DESIRED',

그림 8-12
'갭'과 '루이비통' 의 레드 캠페인

'ADMIRED', 'INSPIRED', 'GATHERED'와 같이 'RED'라는 캠페인 로고를 부각하는 창의적인 메시지를 전달하고 있어 소비자들의 자선에 대한 긍정적인 반응을 유도하고 있다.

6 ∘ PR 이벤트

이벤트는 평범한 일상에 독특한 연출을 부가함으로써 사람들의 관심과 집결을 유도하는 커뮤니케이션 유형으로 이벤트에 참가하는 대상과 직접적인 접촉을 한다는 측면에서 다른 커뮤니케이션 수단과는 차이를 보인다.

이벤트의 특징은 네 가지로 나누어 볼 수 있다. 첫째, 현장성으로, 이벤트는 메시지의 수신자와 발신자가 현장에서 만나 상호작용하고 반응하는 직접 커뮤니케이션의 형태를 띤다. 둘째, 화제성으로, 이벤트는 직접적인 집객효과나 간접적인 구전효과를 목적으로 하기 때문에 이벤트 형식 또는 내용에는 비일상적이고 독창적인 요소가 담겨 있다. 셋째, 문화성으로, 이벤트는 문화적이고 예술적인 메시지를 전달하는 도구로 수신자들은 이벤트 참가를 통해 이를 체험할 수 있다. 넷째, 공감성으로, 이벤트는 메시지가 오감을 통해 현장감 있게 전달되므로 발신자는 수신자에게 메시지의 의미를 공감할 수 있는 기회를 제공한다. 다섯째, 제한성으로, 특정 장소에서 특정 기간 동안 개최되기 때문에 참여자가 제한되는 특징을 가진다. 기업이 주체가 되어 진행되는 PR 이벤트는 기업이 뚜렷한 목적을 가지고 특정 대상을 현장에 참여시켜 일련의 자극적이고 매력적인 메시지를 전달함으로써 참여한 사람들에게 감동을 창출하고 이를 통해 기업이 목표하는 바를 달성하고자 하는 현장 커뮤니케이션 활동이다. 특히 화제성 있는 PR 이벤트는 언론의 관심과 보도를 유도할 수 있어 참가자들 외에 다른 공중들에게까지 간접적으로 기업의 메시지를 전달할 수 있다.

패션기업이 대중의 호감과 지지를 얻기 위해 실시하는 PR 이벤트는 상품이나 서비스의 판매를 목적으로 수행하는 판매촉진형 이벤트와는 차이가 있다. 예를 들어, 패션기업이 어린이 환경캠프와 같은 공익적 측면의 이벤트를 개최한다면 이 것은 PR 이벤트라고 할 수 있시만, 자사 제품을 착용한 소비자들의 사진 콘테스트를 개최한다면 이것은 판촉 이벤트가 되는 것이다.

스포츠 브랜드 룰루레몬은 커뮤니티를 중심으로 하는 다양한 이벤트 행사로

lululemon
The Forbidden City 北京紫禁城

출처_ www.openads.co.kr

충성스러운 고객을 성공적으로 확보하고 있다. 룰루레몬은 각 지역마다 매장 주관으로 요가 관련 클래스를 여는 등 자체적인 지역 커뮤니티 행사를 기획할 수 있도록 본사 차원에서 적극 지원한다. 룰루레몬 매장에서는 요가 클래스뿐만 아니라 명상·호흡, 건강 식단 짜는 법, 꽃꽂이 등 다양한 체험 이벤트를 제공한다. 요가 운동은 특성상 요가 매트를 깔 수 있는 곳 어디에서든지 요가 행사를 열 수 있다는 것이 가장 큰 장점인데, 때로는 공원, 숲, 호수 같은 자연 공간이나, 광장, 성, 궁 등 유명한 장소에서 대규모 요가 클래스가 열리기도 한다. 이러한 곳에서의 이벤트는 단순한 요가 클래스 참여뿐만 아니라 가보고 싶은 장소에서 관광이나 레저의 체험까지 겸할 수 있다는 측면에서 참여자들에게 매력적일 수 밖에 없다. 특히 2017년 중국 베이징 자금성에서 진행한 룰루레몬 요가 클래스에는 1,000여 명이 참여하였는데, 이러한 이벤트는 피트니스 시장이 폭발적으로 성장하는 중국시장에서 브랜드 인지도를 크게 올리면서 존재감을 드러내는 계기가 되었다 그림 8-13.

패션기업은 PR 이벤트를 개최함으로써 이벤트의 장場이 가져다주는 직접적인 효과와 매스미디어나 구전 등을 통해 발생하는 간접효과를 유도할 수 있다. 패션기업의 PR 이벤트의 효과에 대한 자세한 내용을 살펴보면 다음과 같다. 첫째, 직접적인 효과로, 패션기업은 이벤트장을 개최함으로써 입장료 수입, 행사장 내 매출, 관중동원과 같은 직접적인 성과를 달성할 수 있다. 또한 PR

이벤트에 참여한 사람들의 기업에 대한 의식이나 태도의 변화도 직접적인 효과라고 할 수 있다. 둘째, 퍼블리시티 효과로, PR 이벤트 관련 내용이 언론매체에 노출됨에 따라 간접 경험을 하게 된 많은 사람들로부터 이벤트 내용에 대한 이해와 공감, 이벤트 주최측에 대한 인지도 상승과 같은 효과를 얻을 수 있다. 셋째, 구전효과로, PR 이벤트의 참가자나 이벤트에 관한 정보에 노출된 사람들로부터 구전을 통해 전파되는 효과이다. 최근 블로그나 트위터 같은 개인 미디어가 생기면서 개인 간 구전의 영향력이 더욱 커지고 있다. 넷째, 판촉효과로, 패션기업의 PR 이벤트는 직접적인 판매촉진을 목적으로 하지 않지만 소비자의 기업에 대한 호의성을 높여주어 구매 욕구를 자극하고 매출에 기여하는 효과를 가지게 된다. 다섯째, 사회적인 파급효과로, 이벤트 개최에 대한 투자에 따른 경제효과, 새로운 문화나 기술을 보급하는 개발효과, 사회의 특정 문제에 대한 인식전환 효과, 기업을 둘러싼 관련 구성원들의 이해증진으로 인한 관계개선 효과 등이 있다.

패션기업은 PR 이벤트를 기획할 때 다음과 같은 몇 가지 사항을 고려해야 한다. 우선 PR 이벤트의 내용이 기업의 특성이나 이미지와 잘 부합되어야 한다는 것이다. 기업의 이미지와 적합성이 낮은 PR 이벤트는 이벤트 주최에 대한 연상작용이 약해져서 목표한 효과를 얻기 어렵다. 또한 PR 이벤트는 대체적으로 공연, 전시회, 문화행사 등과 같은 문화적 성격을 띠게 되는데, 무엇보다도 화제를 불러일으킬 수 있는 이벤트 내용과 형식을 통해 홍보효과를 극대화하고 참가한 사람들에게 감동을 전달할 수 있어야 한다. 그 외에도 원하는 표적고객에게 도달할 수 있는 방법인지, 이벤트가 열리는 장소가 적절한지, 경쟁기업이 유사한 이벤트를 개최한 적이 있는지, 전반적인 마케팅 프로그램과 통일성이 있는지, 경제적인 수단인지 등을 고려해서 기획해야 한다.

4 · PR 상황

패션기업은 다양한 상황에서 PR 활동을 수행하게 되는데 평상시의 일반적인 상황에서는 주로 명성관리를 중심으로 한 PR 활동을 수행하게 된다. 그러나 사회문화적으로 특정한 쟁점이 발생할 경우에는 쟁점관리를 위한 PR 활동을 가동하게 된다. 쟁점은 기업에 긍정적일 수도 부정적일 수도 있는데 그중 부정적인 쟁점에 대한 관리를 위기관리라고 부른다.

1 · 명성관리

오랜 시간에 걸쳐 다양한 공중들이 한 기업이나 조직에 대해 전반적으로 가지게 되는 긍정적인 평가에 대한 관리를 명성관리reputation management라 한다. PR의 궁극적인 목표는 결국 장기적으로 긍정적인 명성을 확립하는 것이다. 명성은 종업원, 투자자, 언론, 고객 등 모든 공중들에게 평가되는 기업이나 조직의 총체적인 매력이라고 할 수 있다. 명성은 제품이나 서비스, 작업장 환경, 재무 성과, 비전 및 리더십, 감정적 호소 등의 요인에 의해 결정된다 차희원, 2004. 따라서 기업의 명성을 지켜가기 위해서는 정확하고 진실한 정보, 그리고 일관되고 통합된 메시지를 전달하여 지속적인 신뢰를 구축하는 것이 중요하다.

프랑스 럭셔리브랜드 '에르메스Hermes'는 브랜드의 전통과 장인정신, 품질에 대한 강박적인 집착, 그리고 극단적인 희소성 추구로 명품신화를 만들어 내면서 세계 최고의 명성을 유지하고 있다. 에르메스는 150년 전 말안장을 만들었던 도구를 그대로 사용하여 최고급 품질의 가죽제품을 만들고 있으며 한 해에 생산되는 제품의 수량을 철저히 관리하여 희소성을 유지하고 있다. 또한 팔고 남은 재고나 약간의 흠집이 있는 완제품은 모두 소각함으로써 제품의 완벽성도 추구하고 있다. 패션제품군으로 진출 후 가방에서 출발했지만 이후 스카프와 넥타이, 향수, 그리고 테이블웨어에 이르기까지 영역을 확대하면서 입지를 다져가고 있다.

에르메스는 자신들이 이룬 럭셔리 신화와 브랜드 지위를 소비자들과 커뮤니케이션하기 위해 예술후원, VMD, 셀럽 활용, 광고 등 다양한 수단을 사용하고 있다. 우선 에르메스의 DNA라고 할 수 있는 장인정신과 창의력의 결합을 공고히 하기 위해 에르메스가 진출해 있는 각 나라에서 미술상을 시상하는 등 적극적으로 예술활동을 지원하고 있다. 전통을 강조하는 에르메스의 철학은 소비자와의 최접점인 매장의 VMD나 인테리어를 통해서 나타나는데, 2010년 파리에서 오픈한 에르메스 매장은 1935년 건축된 아르데코 양식의 호텔 뤼트시아Lutetia를 리뉴얼한 것으로 예전의 모습을 최대한 보존하면서 현대적으로 디자인하였다. 이는 매장이 단순히 상품을 판매하는 곳이 아니라 과거의 역사와 전통을 공감하는 곳이라는 메시지를 전달하고 있다. 에르메스의 광고 역시 이러한 맥락에서 진행되고 있는데, 'Something changes, But Nothing changes'

그림 8-14

에르메스의 다양한 커뮤니케이션 도구

출처_ www.hermes.com

(모든 것은 변하지만 아무것도 변하지 않는다)는 광고 문구처럼 시대를 거쳐도 변하지 않는 에르메스의 전통과 정신을 표현하고 있다 그림 8-14.

2 ○ 쟁점관리

쟁점이란 해결을 필요로 하고 논쟁의 여지가 있는 문제로 기업 경영에 중대하게 영향을 미칠 수 있는 내외부의 사안, 사실 또는 가치라고 할 수 있다. 따라서 이러한 쟁점들이 의미하는 바를 파악하고 쟁점들의 발전 방향에 영향을 주기 위해 기업이 조직적으로 대처하는 것을 쟁점관리issue management라고 한다.

과거에는 위기가 기업이 예측하지 못한 상황이나 통제 불가능한 영역에서 발생되는 경우가 많았기 때문에 많은 기업들은 사건 발생 후에 대처하는 수동적인 대응 방식을 취해 왔다. 그러나 최근에 부각되고 있는 쟁점관리란 기업이 쟁점을 예견하고, 이 쟁점이 문제로 발전하여 위기가 뒤따르기 전에 이를 막는 것을 의미한다. 쟁점관리는 넓은 의미에서 적극적인 사전적 반응 PR이라고 할 수 있다.

전례 없는 코로나 팬데믹이 가져온 가장 큰 변화 중의 하나는 성장 중심에서 지속가능 중심으로 경영 패러다임이 전환하고 있다는 것이다. 그 중심에 ESG가 있다. ESG는 기업의 비재무적 요소인 '환경environment, 사회social, 지배구조governance'의 약자로, 기업이 고객, 주주, 직원에게 얼마나 기여하는가, 환경에 대한 책임을 다하는가, 지배구조는 투명한가를 나삭석으로 평가하는 글로벌 스탠더드이다. 이는 단순한 수익 가치를 넘어서 환경, 사회 등 비재무적 가치가 경영의 주요 변수가 되었음을 의미한다. 소비자 또는 투자자들도 ESG를 적극적으로 실천하는 기업들에 긍

기업명	ESG 등급	환경	사회	지배구조	평가년도
효성티앤씨	A+	A+	A+	A	2020
한섬	A	B+	A	A	2020
신세계인터내셔날	A	B	A	A	2020
휠라홀딩스	B+	B	B+	B+	2020
LF	B	D	B	B+	2020
영원무역	B	D	B	B+	2020
형지엘리트	C	D	B	C	2020
신원	D	D	C	C	2020
F&F	D	D	C	C	2020

표 8-2
주요 상장 패션기업 ESG평가

출처_ www.meconomynews.com

정적인 반응을 보이면서, ESG 경영은 리스크 관리를 넘어 새로운 가치 창출을 하는 기업의 성장 동력이 되고 있다.

해외의 다국적 기업들은 우수한 기술을 바탕으로 ESG를 성공적으로 경영에 도입하고 있지만, 아직 국내기업들은 갈 길이 먼 상황이다. 국내 패션산업계에서는 효성티앤씨가 친환경 사업을 필두로 ESG 경영에 앞장서고 있다 그림 8-15. 효성티앤씨는 폴리에스터, 나일론, 스판덱스 등 주요 화학섬유 3종을 재활용이 가능한 섬유로 제조할 수 있는 국내 최초 기업이다. 원사생산부터 염색 및 가공까지의 섬유일관 생산체제를 갖추고 있는 국내 유일의 기업이기도 하다. 국내 최초로 페트병을 재활용한 리사이클 폴리에스터 원사인 '리젠'을 출시했으며, 친환경 인증마크인 일본환경연합의 에코 마크와 네덜란드 콜트롤 유니온사의 GRS_Global Recycled Standard 인증을 획득했다. 최근에는 환경부 및 제주도와 자원순환체계 구축 업무협약_MOU을 체결하였으며 업사이클링 브랜드 플리츠마마와 협업한 가방도 출시하였다. 효성티앤씨는 ESG라는 새로운 쟁점을 선도적으로 경영에 적용함으로써 직원과 고객, 환경, 사회단체 등 모든 이해 관계자들을 위한 새로운 가치를 창출하고 코로나19의 위기 상황에서도 충분히 대처할 수 있는 경쟁력 향상을 도모하고 있다_시장경제, 2021.2.22..

3 · 위기관리

높은 명성을 가진 패션기업이라고 해도 기업의 명성을 위협하는 다양한 이슈와 위기들은 항상 도처에 존재하기 마련이다. 위기란 기업의 제품이나 서비스에 대한 신뢰, 기업의 명성, 재정적 안정, 일반 공중의 삶 등에 부정적으로 영향을 미치는 사건으로 정의된다. 패션기업이 위기에 대해 적절히 대응하지 못하면 기업의 이미지나 명성, 제품매출에 치명적인 타격을 입게 된다. 기업이나 조직에 부정적 결과가 일어나는 것을 예방하고, 만약 예상하지 못한 일이 발생했을 경우 이를 빠르고 효율적으로 해결하기 위해 사전에 철저한 계획을 세우고 대처 능력을 키우는 것을 위기관리crisis management라고 한다.

실제 위기상황에 봉착했을 경우 패션기업은 무엇보다도 조속한 시간 안에 위기관리팀을 구성하여 위기관리 전략을 수립해야 한다. 우선적으로 현재의 위기를 치밀하게 진단하여 가장 잘 해결할 수 있는 방안을 모색해야 한다. 또한 기업 내외의 관계자들에게 발생된 사건에 대한 정확한 정보를 신속하고 충분히 제공함으로써 불필요한 루머가 확산되는 것을 방지해야 한다. 특히 일반 공중들에게 사회적 책임을 다하기 위해 최대한 노력하는 기업이라는 바람직한 모습을 보임으로써 공중들의 이해와 신뢰를 획득해야 한다.

세빛섬(구. 세빛둥둥섬) 오픈행사에 참여했던 펜디Fendi의 사례를 되돌아보자. 이탈리아 패션브랜드인 '펜디'의 대형 패션쇼가 개최된다는 기사가 보도되자 모피 패션쇼에 대한 거센 반대운동이 일어나기 시작했다. 연일 넘쳐나는 매스컴들의 부정적인 기사와 제품 불매운동으로 인해 서울시, 세빛섬 운영사 그리고 펜디 모두는 위기상황으로 내몰리게 되었다. 모피반대 운동가의 시위 속에서도 결국 패션쇼 행사는 강행되었지만 국내 사진기자들의 출입이 엄격히 제한되었으며 최소한의 사진자료만을 국내 주요 매스컴에 제공하는 등 홍보활동도 최대한 자제하였다.

이러한 결과는 펜디나 서울시 측에서 위기상황을 충분히 예상하지 못하고 사후적으로도 적절히 관리하지 못했기 때문에 발생한 것이다. 펜디 측의 패션쇼 기획자는 우선 한국에서 모피 패션쇼를 할 경우 모피반대 여론이 어느 정도 될 것인지에 대해 사전 조사를 철저히 했어야 했고, 둘째로 모피반대 운동이 거셀 것이라는 판단이 섰다면 이를 완화시킬 수 있는 대안을 고려했어야 했다. 예를 들어, 패션쇼 장소를 한국이 아닌 일본으로 옮길 수도 있으며, 모피반대 운동가들을 설득할 수 있는 반대급부를 제시할 수도 있을 것이다. 그리고 마지막으로 이 모든 것이 한국에서의 패션쇼 개최를 결정하기 전에 이루어졌어야 한다. 그러나 주최 측은 이미 행사를 위한 모든 준비를 완료한 상태에서 이러한 위기상황과 맞닥뜨리게 되었고 다른 어떤 방법도 선택할 수 없는 진퇴양난에 빠지게 되어 무리하게 패션쇼를 강행하게 되었다.

결과적으로 한국에서 세계적인 브랜드의 패션쇼가 열렸다고는 하지만 국내 언론을 배제한 상태의 행사였고 국내 소비자들은 제대로 된 사진이나 기사 한 줄 접하기 어려웠다. 특히 서울시민들을 위한 공간으로 만들어진 한강의 세빛섬은 오픈 초부터 이러한 잡음에 시달리면서 시민들과의 사이에 골만 깊어졌다. 위기관리의 실패가 준 큰 교훈이라고 할 수 있다.

5 · PR 전략의 수립 과정

패선기업은 당면한 과제를 효과적으로 해결하기 위해 명확한 상황분석을 바탕으로 PR의 목표와 타깃을 설정한 후 PR 프로그램을 계획하고 실행하는 과정을 체계적으로 수행해야 한다. 이하에서 패션기업의 PR 전략의 수립 과정을 자세히 살펴보자.

1 · 문제규명 및 상황분석

문제규명은 공중과 관련된 중요한 문제가 무엇인지 그리고 그 영향력은 어느 정도 인지를 명확히 밝히는 것을 말한다. 특히 문제규명에서는 당면한 사안이 이미 잘못된 일에 대한 수습과 관리의 차원인지 아니면 잠재적인 문제에 대한 예방 차원인지를 파악하는 것이 중요하다.

상황분석은 크게 내부요인 분석과 외부요인 분석으로 나눌 수 있는데, 우선 내부적으로는 패션기업 구성원들의 인식과 행동에 대한 정확한 조사와 더불어 문제와 관련된 패션기업의 구조와 시스템을 분석해야 한다. 또 외부적으로는 패션기업을 둘러싸고 있는 정치·경제적, 사회·문화적, 기술적 요인 등의 환경분석이 필요하고 PR 환경 내의 다양한 경쟁자 유형과 범위를 고려하여 PR 경쟁자를 분석해야 한다. 그리고 PR의 대상이 되는 공중들의 지식, 의견, 태도, 행동에 대한 분석도 동반되어야 한다. 이러한 문제규명과 상황분석을 위해서는 이미 가공된 2차 자료 외에 직접 조사를 통해 수집된 1차 자료를 모두 활용해야 한다.

2 ◦ 목표 및 타깃 설정

문제규명과 상황분석이 이루어지고 나면 여기서 수집된 정보를 바탕으로 PR 캠페인의 목표와 타깃을 선정해야 한다. 우선 목표설정에서는 이러한 PR 활동을 통해서 얻고자 하는 공중들의 반응이 무엇인지에 대해 명확히 규정해야 한다. 단순한 인지에 대한 내용인지 아니면 호의적인 태도 또는 행동 변화를 요구하는 것인지를 결정해야 한다. 목표를 설정한 후에는 PR의 대상도 결정해야 한다. 즉, 종업원, 투자자, 유통경로 구성원, 지역사회, 언론, 정부, 소비자 등 다양한 공중들 중에서 앞으로 수행할 PR 활동의 대상이 누구인지 정확히 결정해야 한다. 특히 PR의 목표 달성에서의 효율성을 고려하여 1차 타깃 외에 2차 타깃까지 모두 고려하는 전략을 구사해야 한다.

3 ◦ PR 프로그램의 계획

목표와 타깃을 설정한 후에는 PR 프로그램을 계획해야 하는데 이때 가장 중요한 것 중의 하나가 예산이다. 예산은 PR 프로그램이 다른 IMC 프로그램보다 타깃에게 도달하는 데 비용 측면에서 더 효율적인지의 여부를 판단하게 해주는 매우 중요한 요소이다. 또한 예산을 결정함으로써 PR 활동의 범위와 수단을 선별할 수 있다.

PR 프로그램을 계획하는 데 있어서 먼저 PR 대상인 공중의 성격을 파악하고 이에 따라 적합한 PR 수단을 선택해야 한다. PR 대상에 따라 세미나나 포럼 같은 수단이 사용될 수도 있고 스폰서십이나 이벤트가 사용될 수도 있다. 또한 PR 내용을 확산시키는 방법으로서 미디어의 선택도 중요하다. 이때는 타깃의 성향과 매체의 효용도를 고려하여 선택해야 한다. 그다음 어떤 메시지를 전달할 것인가를 결정해야 한다. 그러나 PR 메시지는 단독적으로 결정된다기보다는 전체 IMC 전략하에서 한 목소리one voice를 낼 수 있도록 기획되어야 한다. 즉, 광고, 판촉 등에서 사용하는 메시지와도 일관성을 가져야 하며 다양한 PR 프로그램 안에서도 통일된 메시지를 전달해야 한다.

PR 프로그램을 계획하는 데 있어서 시간 역시 중요한 요소인데, 예를 들어 패션기업의 명성관리를 위한 PR 프로그램은 한시적으로 가동될 수 있으나, 위기관리와 같은 PR 프로그램은 긴 시간이 소요될 수도 있다. 따라서 개별 프로그램의 계획과 집행에 소요되는 모든 시간이 일목요연하게 정리된 일정 계획표도 준비해야 한다.

4 · PR 프로그램의 실행 및 평가

위와 같이 PR 프로그램에 대한 계획이 완성되면 실제 PR 활동을 공중들에게 알리고 이를 이해시키거나 설득시키는 실행단계를 거치게 된다. 그리고 PR 프로그램이 실제 실행된 후에는 관련된 사람들을 대상으로 조사하거나 보도 내용을 수집 또는 분석하여 공중의 반응이나 PR 프로그램의 성과를 평가한다.

PR 프로그램의 성과는 일반적으로 매체의 발행 부수, 시청률, 청취율로 표현되지만 때로는 매체에 노출된 소비자 수나 독자 수로 나타내기도 한다. 어떤 경우는 PR 프로그램의 계획단계에서 미리 세워둔 수량적 목표를 기준으로 하여 그것을 달성했는가로 측정하기도 한다. 예를 들어, 매체의 경우 총도달률로, 행사의 경우는 총 입장객 수 등으로 측정할 수 있다. 경우에 따라서는 주문자 수, 문의자 수, 가입자 수, 콘테스트에 응모한 수 등으로 성과나 효과를 측정하기도 한다. 그러나 PR 프로그램의 평가는 최종성과에 대한 평가 외에 프로그램의 기획이나 실행단계와 같은 과정에 대한 평가도 동시에 이루어져야 한다.

이와 같은 PR 전략의 수립 과정을 요약해 보면, 우선 패션기업이 당면한 문제를 규명하고 정확한 상황분석을 통해 PR 목표와 타깃을 정해야 한다. 또 PR 목표와 타깃에 적합한 PR 프로그램을 계획하고 타깃에 효율적으로 도달할 수 있는 다양한 통로를 통해 일관성 있는 커뮤니케이션을 수행해야 한다. 그리고 마지막으로 PR 프로그램의 성과에 대한 평가는 추후의 새로운 PR 프로그램의 입안에 피드백될 수 있어야 한다.

예술로 소통하는
럭셔리 브랜드의 전시회

해를 거듭할수록 럭셔리 브랜드의 아트 마케팅이 진화하고 있다. 유명 화가의 그림이나 모티브를 제품에 직접 차용하는 것에서부터 예술가와 직접 협업한 제품을 출시하거나, 신진 아티스트를 발굴하고 그들의 작품을 전시하는 형태에 이르기까지 럭셔리 브랜드는 다양한 방식으로 예술과 자신들을 결합하는 시도를 계속해왔다. 럭셔리 브랜드들이 활용하고 있는 아트 마케팅 중 가장 주목할만한 것이 전시회이다. 전시회는 소비자와 브랜드, 예술이 서로 소통하는 중요한 도구이다. 그런 의미에서 패션브랜드의 제품과 매장은 소통보다는 판매도구에 가깝다. 럭셔리 브랜드들이 전시회를 통해 얻고자 하는 마케팅 목적은 명확하다. 럭셔리 브랜드의 전시회는 참여고객들에게 그동안 잘 몰랐던 또는 잠깐 잊고 있었던 제품들의 예술적 의미와 아름다움을 되새겨 보는 기회를 제공한다. 이는 브랜드 제품을 예술 작품과 동등한 위치로 만드는 결정적인 역할을 하게 된다. 럭셔리 브랜드들은 이러한 전시회를 통해 예술을 마케팅의 한 부분이 아닌 자신의 일부로 만들어 갈 수 있게 된다.

럭셔리 브랜드들이 전시회를 운영하는 전략에는 몇 가지 공식이 있다. 첫째, 브랜드가 추구하는 핵심 가치가 항상 전시회의 스토리텔링을 이룬다. 에르메스 '헤리티지 전시'는 에르메스의 기원부터 현재까지의 이야기를 들려준다. '마구의 뿌리', '루즈 에르메스', '에르메스 꿈을 꾸는 여행자', 그리고 '에르메스, 가방이야기'의 시리즈로 이어지는 전시는 에르메스의 창의성과 장인정신을 표현하고 있다. '비행하라, 항해하라, 여행하라'의 주제를 내세운 루이비통 전시회는 지금의 루이비통으로 성장해오기까지의 발자취를 좇는 기록이자, 160년 넘게 이어져온 메종의 오랜 여정을 되돌아볼 수 있는 자리다. 루이비통은 여행과 운송 수단의 발전에 따라 안전하고 견고한 트렁크를 개발해온 일종의 개발자이다. 전시는 메종의 상징과 히스토리, 도전정신이 담긴 앤티크 트렁크를 보여주는 것으로부터 시작한다. 유구한 전통과 역사를 풀어낸 스토리텔링은 브랜드 아이덴티티를 공고히 하는 강력한 도구이자 참신함과 트렌디함을 강점으로 도전장을 내미는 신생 브랜드들과 겨룰 수 있는 비장의 무기이기도 하다.

둘째, 럭셔리 브랜드들이 전시회에서 보이는 제품들은 더 이상 제품이 아니라 하나의 예술작품으로 조명된다. '에르메스, 가방이야기' 전시회는 오뜨아크로아Haut à courroies 공간에서 출발한다. 에르메스의 3대손 에밀 에르메스가 남미 여행 후 디자인한 승마용품을 담는 기방으로 1910년경에 제작된 가방이다. 유리 박스 안에 전시된 오뜨아크로아는 아름다운 디자인과 더불어 에르메스가 가죽 제품으로 진출하게 된 계기를 보여주는 역사의 증인으로 예술 작품의 가치와 견줄 만하다. 또 다른 전시공간에서는 에르메스의 잠금장치Clasp를 만날 수 있다. 에르메스의 네 번째 회장 로베르 뒤마Robert

Dumas가 차용했던 빈티지 금속부품부터 첨단기술을 사용한 디자인에 이르기까지 잠금장치는 각가 다른 가방의 개성을 세밀하게 보여준다. 특히 베루백은 절묘한 곡선의 실루엣과 가방 안쪽에 손을 넣을 때 느껴지는 촉감, 잠금

에르메스 '가방이야기' 전시회   불가리 컬러 전시회

장치를 여닫을 때 나는 미세한 소리에 이르기까지 치밀하게 설계된 제품들이다. 이렇게 가방을 이루는 개별 요소들이 제 역할을 충실히 수행할 때 하나의 예술품으로서의 오브제가 완성된다고 할 수 있다.

셋째, 전 세계적으로 전시회를 기획하면서 특정 전시회가 열리는 지역의 로컬 예술가들과 협업하여 제품의 예술적 가치를 확대 생산한다. 세계 최초로 서울에서 개최된 '불가리 컬러' 전시회에는 190여점의 불가리 헤리티지 주얼리와 함께 컬러를 테마로 한 7인의 한국 아티스트(김종원, 노상균, 이세현, 이수경, 오순경, 최정화, 빠키) 현대 미술 작품도 전시되었다. 뿐만 아니라 차별화된 성능과 디자인을 자랑하는 LG전자의 올레드 디스플레이가 설치되어 자연적인 색감과 생생한 화질로 불가리 고유 컬러의 고급스러움을 극대화시켰다. 루이비통은 도쿄 시부야에서 하우스의 오랜 협업 역사를 기념하는 전시〈LOUIS VUITTON &〉를 선보였다. 이 프레젠테이션은 하우스의 초기 기원과 성장 과정을 10개의 방을 통해 풀어냈다. 그중에서도 쿠사마 야요이Yayoi Kusama, 무라카미 타카시Murakami Takashi, 니고Nigo 등 유명한 일본 예술가들의 협업을 통한 영감에 초점을 맞추었다. 전시는 브랜드와 진출 국가의 관계를 돈독하기 위한 우호적인 플랫폼의 역할을 충실히 수행한다.

최근 럭셔리 브랜드들의 전시회는 오프라인과 온라인의 경계를 넘나들며, AR, VR 등 다차원의 가상 세계 메타버스로 이동되고 있다. 이러한 시도들은 오프라인의 시간적 공간적 제한을 없애면서 소비자들의 경험의 폭을 한층 넓혀주고 있다.

출처_ 조선일보(2017.6.16). 럭셔리 브랜드들은 왜 전시를 여는가. www.chosun.com
LG Display 뉴스룸(2021.7.28). 불가리 컬러 전시회, OLED로 보여주는 색채의 향연. news.lgdisplay.com

참고문헌

고현진(2010). 패션기업의 공익 추구 현상. *한국의류학회지, 34*(10), 1717-1730.

김경식, 이석규, 이용기(2006). 스폰서십에 의한 브랜드-이벤트 이미지 전이에 관한 연구: 브랜드와 이벤트 속성의 유사성을 중심으로. *광고학연구, 17*(5), 143-153.

김요한(2010). 스포츠 관여도와 스폰서-이벤트 간 관련성이 스폰서십 효과에 미치는 영향: 스폰서십에 대한 신념, 스폰서 동기 지각의 매개역할을 중심으로. *홍보학연구, 14*(3), 5-43.

김주환(2009). *PR의 이론과 실제*. 파주: 학현사.

나준희(2003). 보상판매에 있어서 자선기부 광고가 소비자의 제품구매에 대한 태도에 미치는 영향. *광고연구, 60*(가을), 37-54.

민동원, 김지헌, 현용진(2010). 기업이미지와 공익연계 마케팅 간 적합성이 기업 공익연계 마케팅에 대한 태도에 미치는 영향. *광고학연구, 21*(3), 7-25.

송해룡(1998). 한국의 스포츠 저널리즘 그 현주소와 진단. *저널리즘비평, 26*, 42-51.

안광호, 김동훈, 유창조(2009). *촉진관리_통합적 마케팅 커뮤니케이션 접근*. 파주: 학현사.

윤각, 서상희(2003). 기업의 사회공헌 활동과 기업 광고가 기업이미지와 브랜드 태도 형성에 미치는 영향력에 관한 연구. *광고연구, 61*(겨울), 47-72.

임채영(2002). *기업의 커뮤니케이션 수단으로서 스포츠마케팅의 역할*. 명지대학교 대학원 박사학위논문.

차영란, 허성호(2008). 기업의 스폰서십 활동이 후원효과에 미치는 영향 분석: 선호도, 후원목적, 후원형태를 중심으로. *광고학연구, 19*(5), 167-191.

차희원(2004). 조직 명성관리와 기업 커뮤니케이션; 발표1_ 기업명성에 대한 쟁점 논의: 명성과 PR의 관련성을 중심으로. *한국홍보학회 춘계정기 학술대회*, 1-25.

Barone, M. J., Miyazaki, A. D., & Taylor, K. A. (2000). The influence of cause-related marketing on consumer choice: Does one good turn deserve another? *Journal of the Academy of Marketing Science, 28*(2), 248-262.

Meenaghan, J. A. (1983). Commercial sponsorship. *European Journal of Marketing, 17*(7), 5-73.

Menon, S. & Kahn, B.(2003). Corporate sponsorships of philanthropic activities: When do they impact perception of sponsors brand? *Journal of Consumer Psychology, 13*(3), 316-327.

Pringle, H. & Thompson, M.(1999). *Brand spirit: How cause-related marketing builds brands*. Chichester: John Willey & Sons.

Ries, A. & Ries, L. (2002). *The fall of advertising and the rise of PR*. New York: Harper Business.

Sleight, S. (1989). *Sponsorship: What is and how to use it*. London: McGraw-Hill.

Smith, G. & Stodghill, R. (1994). Are good causes good marketing? *Business Week*, March 21, 64-66.

Varadarajan, P. R. & Menon, A.(1988). Cause-related marketing: A coalignment of marketing strategy and corporate philanthropy. *Journal of Marketing, 52*(3), 58-74.

Webb, D. J. & Mohr, L. A. (1998). A typology of consumer responses to cause-related marketing: From skeptics to socially concerned. *Journal of Public Policy and Marketing, 17*(2), 226-238.

녹색경제신문(2019.5.29). [창간기획] 패션·뷰티업계, 지역사회환원...소비자 이웃과 함께 하는 공생·상생 경영. www.greened.kr

뉴데일리경제(2021.10.7). [기고] ESG경영, 규제가 아닌 제도적 뒷받침 필요. biz.newdaily.co.kr

더피알타임즈(2018.7.4). '착한 브랜드' 파타고니아의 진짜 힘은 직원들에 있다. www.the-pr.co.kr

시장경제(2021.2.22). 패션기업 '친환경' 대세인데...F&F·신원, ESG경영 최하위 'D등급'. www.meconomynews.com

에르메스. 기업가 정신. www.hermes.com

오픈애즈(2018.10.31). 요가복계의 샤넬이 된 룰루레몬의 커뮤니티 마케팅. www.openads.co.kr

이코노믹리뷰(2021.7.22). [ER리포트] 땡큐 도쿄올림픽...'팀코리아' 숨은 진주 영원아웃도어. www.econovill.com

한국경제신문(2008.8.23). 번개 볼트 덕에··· 퓨마 러닝화 동났다. www.hankyung.com

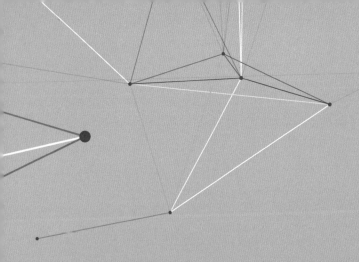

CHAPTER 9
판매촉진 전략

소비자들의 심리적 또는 행동적 특성이 점차 다양해지면서 패션시장 역시 지속적인 세분화가 이루어지고 있다. 이러한 시장환경 속에서 불특정 다수를 대상으로 하는 매체광고는 예전과 같은 효과를 기대할 수 없게 되었다. 패션기업들이 마케팅 비용의 효율성을 고려하여 특정 타깃에 집중화된 마케팅으로 전환하면서 적은 시장을 효율적으로 공략할 수 있는 판매촉진이 중요한 커뮤니케이션 도구로 활용되고 있다. 한편 소비자는 해외 브랜드 유입과 국내 브랜드 증가로 패션상품이 과잉 공급되고 있는 시장환경 속에서 품질과 디자인에서 차별성이 없는 여러 대안 중 하나를 선택해야 하는 의사결정 과정에 노출되어 있다. 이러한 상황에서 판매촉진은 소비자의 복잡한 대안평가 과정을 단순하게 만들어 주면서 즉각적인 구매 결정을 유도하고 있다.

1 · 판매촉진의 개요

일반적으로 판매촉진sales promotion은 신규고객을 창출하고 기존고객의 구매를 증가시키거나 구매 사이클을 단축시키는 강력한 매출 증대의 수단으로 사용되지만 일부 판매촉진 수단들은 단기적인 수익 창출보다는 장기적인 브랜드에 대한 선호도나 충성도를 유도하는 효과적인 커뮤니케이션 도구로서의 역할을 수행하기도 한다.

1 · 판매촉진의 정의 및 필요성

판매촉진은 고객의 구매를 자극하고 유통의 효율성을 향상시키기 위한 제반 마케팅 활동으로 제조업자가 중간상이나 최종 소비자의 구매를 유도하고 가속화시키기 위해 인센티브를 제공하는 직접적인 프로모션 방법을 의미한다. 미국 마케팅협회AMA에서는 판매촉진을 광고, 홍보, 인적판매를 제외한 소비자의 구매나 유통업자의 효율성을 자극하는 모든 마케팅 활동이라고 정의하였으며, 상품진열, 전시, 전람, 시연 등을 포함한다고 하였다. 로시터와 퍼시Rossiter & Percy, 1997는 판매촉진이 고객이 상품을 즉시 구입하도록 설계된 것으로 본질적인 상품의 혜택보다는 외부적인 인센티브에 기초를 두며 광고보다 더 직접적인 설득의 형태라고 설명하였다.

종합해 볼 때, 판매촉진은 하나의 가속화 도구acceleration tool로서 더 많은 양의 구매를 유도하거나 구매 사이클을 단축시키는 것을 목적으로 하며, 이를 위해 가격이나 가치에 영향을 주는 단기적인 인센티브incentive를 제공하는 프로모션 활동이라고 할 수 있다. 여기서 인센티브란 샘플링이나 쿠폰, 가격할인, 경품 등과 같이 구매자가 특정 제품이나 서비스를 구매할 때 추가적으로 받게 되는 혜택을 말한다. 따라서 광고가 브랜드 인지도나 브랜드 선호도를 개선하고 브랜드 태도를 긍정적으로 변화시키는 등 장기적으로 브랜드에 대한 전반적인 포지셔닝을 구축하는 역할을 한다면, 판매촉진은 단기적으로 강력한 자극을 줌으로써 즉각적인 구매를 일으키게 하는 직접적인 파급 기능을 수행한다. 즉, 판매촉진은 마케팅 활동이 집약되는 구매시점에서 결정적인 판매지원의 기능을 하는 도구라고 할 수 있다.

패션시장이 성숙기로 접어들면서 소비자에게 제품을 인지시키고 제품을 구매하도록 유인하는 판매촉진의 역할이 그 어느 때보다 강조되고 있다. 이처럼 판매촉진의 필요성이 커진 이유는 다음의 몇 가지로 요약할 수 있다.

첫째, 기술이 표준화되고 시장경쟁이 치열해지면서 제품의 차별성을 유지하는 것이 더욱 어려워지고 있다. 기술과 정보의 공유로 인해 유사상품이 남발하고 있는 시장 상황에서 판매촉진은 중요한 제품 차별화의 수단이 될 수 있다. 특히 판매 촉진 수단은 소비자에게 가격적인 혜택이나 편익을 제공하여 제품선택에 소요되는 시간을 줄여주는 등 구매 시점에서 강력한 영향력을 행사한다.

둘째, 판매촉진은 소비자의 구매환경에서 이미 제도화되어 있어 패션기업의 판촉활동에 대한 소비자들의 민감성이 증대되었다. 소비자들은 신상품이 나오고 일정기간이 지나면 가격할인이나 기타의 판촉활동이 진행될 것으로 예상하고 있기 때문에 인센티브가 제공되지 않은 제품에 대해 오히려 가격가치가 낮다고 평가하게 되었다.

셋째, 소비자 시장이 세분화되면서 대중매체에 의한 커뮤니케이션 활동의 비효율성이 증대되었다. 브랜드 인지도나 이미지에 영향을 미치는 광고와는 달리 판매촉진은 여러 세분시장을 대상으로 사용을 촉진하고 구매량을 증대시키거나 지속적인 반복구매를 자극하는 등 다양한 목적을 수행할 수 있어 효과적이다. 뿐만 아니라 판매촉진은 판매되는 상품에 대해서만 적용되기 때문에 고정비 성격이 강한 광고에 비해 비용효율성이 높다.

넷째, TV 홈쇼핑이나 인터넷 쇼핑몰의 활성화로 인해 유통채널이 다양화되고 있지만 유통업계의 막강한 파워는 감소하지 않고 있다. 특히 판매가 어려워질수록 판촉활동에 대한 유통업계의 요구는 더욱 커지게 된다.

2 • 판매촉진의 효과

판매촉진의 효과는 구매 가속화나 재구매와 같은 매출지향적 관점에서의 효과와 브랜드 인지나 태도, 충성도와 같은 커뮤니케이션 관점에서의 효과로 나눌 수 있다. 이하에서는 관련 선행연구를 중심으로 두 관점에서 판매촉진의 효과에 대해 자세히 알아보고자 한다.

매출지향적 관점에서의 판매촉진 효과

매출지향적 관점에서의 판매촉진 효과란 구매 가속화, 재구매 또는 브랜드 전환 등에 대한 효과를 말하는 것으로, 일반적으로 판매촉진은 브랜드 비구매자의 시험구매를 유도하거나 기존 구매자의 구매량을 증가시키는 것과 같은 단기적인 효과를 가져온다고 보고되고 있다. 특히 판매촉진은 구매가속화에 큰 영향을 미치는 것으로 나타나고 있는데, 구매 가속화란 판매촉진에 의해 발생하는 소비자의 구매량 또는 구매간격에서의 변화를 말한다. 판매촉진의 단기적인 효과에서 구매량과 구매간격의 효과를 분리하여 분석한 연구들은[Neslin, Henderson & Quelch, 1985; Shoemaker, 1979] 판매촉진에 의해 구매가 가속화되는 것이 구매간격이 축소되어서가 아니라 구매량이 증가해서 발생한 것이라는 결과를 제시하였다. 그러나 다른 연구에서는[Blattberg, Eppen & Lieberman, 1981] 구매 가속화가 구매간격 축소 및 구매량 증가 모두와 유의한 관계가 있는 것으로 나타났다.

판매촉진에서 중요한 목적 중의 하나는 기존고객의 구매량 증대 외에 신규 고객의 유치이다. 판매촉진이 사용된 제품으로의 전환, 즉 상표전환이란 소비자가 판매촉진이 실시되기 이전에 구매하던 상표와 다른 상표를 구매하게 되는 것을 말한다. 판촉 중인 상표를 구매한 경험은 추후 그 상표를 구매하게 될 확률에 영향을 미치게 되는데, 일부 연구에서 판촉상표에 대한 재구매 확률은 구매 전보다 구매 후에 더 높게 나타나고 있다[Kuehn & Rohloff, 1967; Bawa & Shoemaker, 1987]. 판매촉진이 단기적으로는 판매증가의 효과를 가져올 수 있지만 판촉사용 효과로 인해 그 상표에 대해 인지된 가치를 하락시켜 장기적으로는 구매가능성을 낮출 수도 있다. 적응수준 이론[adaptation-level theory]에 따르면[Helson, 1964], 특정 가격에 대한 소비자 반응은 그들이 인지하고 있는 비교가격에 의해 결정되는데, 판매촉진을 통해 낮은 가격으로 특정 브랜드를 구매한 경우 이를 기준으로 준거가격을 형성하게 된다[Gupta & Cooper, 1992]. 따라서 구매 후에 그 제품의 가격이 다시 정상가격으로 환원되면 준거가격에 비해 정상가격이 너무 높다고 평가 하여 제품의 재구매율이 떨어지게 된다. 크리시나, 커림, 슈메이커[Krishna, Currim & Shoemaker, 1991]의 연구에 따르면, 잦은 판매촉진을 통해 준거가격이 떨어진 경우 소비자들은 재구매를 위해 그 브랜드가 다시 할인되기를 기다리게 된다. 특히 소비자가 특정 판매촉진이 제공될 것이라고 예측하게 될 경우 소비자의 구매 지연 행동은 더욱 커지게 된다.

일부 선행연구들은 판촉활동이 재구매 확률에 미치는 부정적인 영향을 자아지각 이론[theory of self-perception]에 근거하여 설명하고 있다[Doob et al., 1969; Dodson, Tybout

& Stemthal, 1978. 이는 판촉이 시행되는 기간에 제품을 구매한 소비자의 경우 자신이 그 브랜드를 선호해서 구매한 것이 아니라 판촉 때문에 구매했다고 생각하기 때문에 판촉을 철회하였을 때 재구매 확률이 줄어든다는 것이다.

커뮤니케이션 관점에서의 판매촉진 효과

커뮤니케이션 관점에서의 판매촉진 효과란 브랜드 이미지, 브랜드 평가나 태도 그리고 브랜드 충성도에 대한 효과를 말한다. 일반적으로 판매촉진은 소비자들에게 즉각적인 구매 이유를 제공하는 단기촉진 수단이기 때문에 브랜드 이미지나 충성도를 형성하는 데 도움을 주지 못하는 것으로 알려져 있다. 그러나 일부 연구에서는 판매촉진이 소비자의 해당 브랜드에 대한 인지나 태도에 긍정적인 영향을 미치며 브랜드 충성과 같은 장기적인 측면에서도 효과를 가진다는 주장을 제기하고 있다.

소비자들은 자신에게 필요 없다고 느끼거나 관심이 없는 정보는 무시하는 반면 필요하다고 느끼거나 관심을 두고 있는 정보에는 주의를 집중하는 경향이 있다. 따라서 패션기업은 소비자들의 시선을 끌 수 있는 판매촉진 활동을 통해 선택적 주의를 일으키고 이를 통해 브랜드 연상을 강화시킬 수 있다. 특히 프렌티스Prentice, 1977는 CFBcustomer franchise building의 개념을 도입하여 판매촉진이 장기적 효과가 있음을 주장하였다. 여기에서 CFB는 어떤 브랜드의 속성이나 아이디어를 소비자의 마음에 심어줌으로써 브랜드의 가치를 형성하는 것을 말한다. 이러한 CFB를 통해 판매촉진은 호의적인 브랜드 이미지 형성에 영향을 미치고, 궁극적으로 브랜드에 대한 긍정적인 태도를 가져온다는 것이다.

일부 연구자들은 마케팅 커뮤니케이션 도구 중에서 판매촉진과 광고가 그 역할 영역에서 일치되는 부분이 많으며 가장 밀접한 관계를 가지고 있는 도구라고 설명하고 있다. 따라서 판매촉진이 광고와 마찬가지로 브랜드 인지나 브랜드 태도에 미치는 커뮤니케이션 효과가 있으며 브랜드 이미지 구축과 매출 증대를 동시에 달성할 수 있다고 강조하고 있다Tellis, 1997.

그러나 장기적 관점에서 판매촉진이 브랜드에 미치는 효과를 다룬 많은 연구들은 주로 부정적인 결과를 제시하고 있다. 인지적 이론cognitive approach에 근거해서 볼 때 브랜드가 친숙하지 않은 상황에서 가격과 판촉은 소비자의 심리적 평가 과정을 이끌어내는 중요한 단서가 된다. 따라서 사전시용pre-trial 단계에서 높은 가격은 제품 속성에 대한 긍정적인 추론을 낳게 되지만 판촉 중에 있는 브랜드에 대해서는 부정적인 추론을 하게 된다. 소비자들은 자신이 좋아하는 브랜드와 판촉 중인 브랜드를 금전적 이득과 품질손실이라는 인지적 측면에서 평가하게 되는 데, 이때 사전에 특정 선호 브랜드에 충성적인 사람들은 다른 브랜드들의 품질을 아주 낮게 평가하는 경향이 있어 판촉에 별로 영향을 받지 않는 것으로 나타나고 있다Raju & Hastak, 1980. 특히 라구비르와 코프만Raghubir & Corfman, 1999은 서비스 제품에 판촉이 제공될 경우 과거에 유사한 판촉이 있었는지의 여부와 관계없이 일회성 판촉만으로도 상표에 대한 평가가 낮아진다고 주장하였다.

판매촉진 수단 중에서 소비자와의 장기적 관계를 목적으로 구축된 것이 애호도제고 프로그램loyalty program이다. 그러나 이러한 프로그램은 브랜드 충성도 제고를 목적으로 실행되고 있지만 실제로는 신규 고객 유치나 기존 고객의 일회성 재구매에 더 영향을 미치는 것으로 나타나고 있다O'Brien & Jones, 1995. 그 외에도 판매촉진은 브랜드 커뮤니케이션에 있어서 장기적인 효과가 없으며, 판매촉진이 장기적으로 지속되면 상표에 대한 호감도나 브랜드 자산을 감소시킨다는 연구 결과들도 제시되고 있다Kahn & Louie, 1990.

이와 같은 연구 결과들은 판매촉진의 긍정적 또는 부정적 효과를 모두 제시하고 있어 패션기업이 판매촉진 전략을 기획하고 세부 판촉수단을 고려하는 데 있어서 신중한 판단과 결정이 필요하다는 점을 확인시켜 주고 있다.

2 · 판매촉진 전략의 수립 과정

판매촉진 전략의 수립 과정은 크게 다섯 단계로 나눌 수 있는데, 우선 판매촉진의 목표를 설정한 후 표적고객을 정의해야 하고 그 다음으로 구체적인 판매촉진 수단을 결정하며 실제 판매촉진을 실행하고 난 후에는 효과 측정을 통해 평가하는 과정을 거친다. 판매촉진 전략의 수립 과정을 단계별로 살펴보면 다음과 같다.

첫 번째 단계에서는 판매촉진의 목표를 설정한다. 판매촉진을 통해 달성해야 하는 목표는 다양하다. 판매촉진은 잠재고객을 구매고객으로 전환시키기 위해 사용될 수도 있고, 기존고객의 단기적인 판매를 증대시키기 위해 사용될 수도 있다. 또 시험구매를 목적으로 할 수도 있고, 연속적인 반복구매를 목적으로 할 수도 있으며, 판매 목적 외에 브랜드 인지도나 브랜드에 대한 체험을 높이는 것을 목적으로 수행될 수도 있을 것이다.

두 번째 단계에서는 판매촉진의 표적고객을 정의한다. 판매촉진을 수행하기 위해서는 우선 누구를 대상으로 할 것인가를 결정해야 한다. 무엇보다도 구매잠재력이 있는 소비자 집단을 선별해 내어 그 집단이 가지고 있는 특성과 구매동기를 파악하는 것이 중요하다. 특히 표적고객이 판매촉진에 어느 정도 민감한지에 대한 분석은 필수적이다. 표적고객이 판매촉진에 민감하지 않은 경우 판매촉진은 오히려 기업의 이윤을 감소시키고 브랜드 이미지의 저하만 가져오게 된다.

세 번째 단계에서는 구체적인 판매촉진 수단을 결정한다. 목표와 표적집단이 결정되면 해당 목표를 가장 잘 수행할 수 있고 표적집단에 가장 효과적인 판촉수단을 결정해야 한다. 예를 들어, 가격에 민감한 소비자를 대상으로 한 단기적인 판매 증대를 위해서는 가격할인과 같은 수단이 적합하지만, 가격보다는 브랜드 이미지나 품질과 같은 요소를 중시하는 소비자의 지속적인 반복구매를 유도하기 위해서는 브랜드 이미지에 어울리면서 고급스러운 사은품이나, 마일리지와 같은 보상 프로그램을 제공하는 것이 더 효과적이다.

네 번째 단계에서는 판매촉진 수단이 결정되면 세부적인 실행 프로그램에 들어가게 된다. 실행 프로그램에서는 구체적으로 사용될 판촉수단과 함께 판촉의 시기와 기간, 지역, 그리고 판촉예산 등이 반영된 판촉 스케줄표를 만들어 전체 판촉활동을 관리해야 한다. 예를 들어, 판촉시기의 경우, 정기적으로 실시될 수도 있지만 경쟁사의 활동에 대응해 비정기적으로 실시될 수도 있다. 또 판촉지역의 경우 패션기업은 전체 시장을 대상으로 판촉활동을 실행할 수도 있고 새로 매장을 오픈하는 특정 지역에 국한된 판촉활동을 실시할 수도 있다. 특히 단일 판촉수단보다는 각각의 강점이 있는 몇 개의 판촉수단을 동시에 사용하면 시너지 효과를 유도할 수도 있다.

마지막 다섯 번째 단계에서는 판매촉진을 실행한 후 효과를 측정하고 평가한다. 앞에서의 방식으로 실행된 판매촉진 프로그램은 반드시 효과측정을 통해 결과에 대한 평가 과정을 거쳐야 한다. 평가는 애초에 설정된 판매촉진 목표에 근거하여 이루어져야 하고 평가 결과는 다음 판촉활동에 반영되도록 해야 한다.

3 · 판매촉진의 유형

판매촉진은 크게 유통 판매촉진과 소비자 판매촉진으로 분류할 수 있으며 소비자 판매촉진의 경우 비가격적인 판매촉진과 가격적인 판매촉진으로 구분된다. 이하에서는 유통 판매촉진과 소비자 판매촉진에 어떤 수단들이 포함되어 있는지에 대해 알아보고 수단별 특징과 장단점을 살펴봄으로써 패션기업이 판매촉진 수단을 선택할 때 전략적으로 고려해야 할 점을 제시하고자 한다.

1 · 판매촉진의 대상별 분류

판매촉진은 그 대상에 따라 유통업자를 대상으로 하는 유통 판매촉진과 최종적인 소비자를 대상으로 하는 소비자 판매촉진으로 분류된다.

유통 판매촉진은 패션기업이 유통업체를 대상으로 자사 제품의 거래규모를 증대시키거나 신규 거래를 시도하기 위해 수행하는 판매촉진 활동을 말한다. 패션기업의 브랜드 이미지는 매장의 이미지, 즉 편의시설, 판매원, 제품의 진열과 배열, 인테리어 및 점포외관 등이 복합되어 형성된다. 소비자와의 접점인 유통은 판매촉진에 핵심적인 역할을 하기 때문에 좋은 매장에 입점하거나 이를 유지하기 위해서는 유통과의 관계관리가 매우 중요하다.

유통 판매촉진의 주요 목적과 내용은 다음과 같다. 첫째, 패션기업은 자사 브랜드의 신규입점이나 기존 브랜드의 입점 유지를 위해 유통업체를 대상으로 다양한 관계관리 활동을 수행한다. 둘째, 기존 브랜드의 프로모션 강화를 위해 영업사원에게 인센티브를 지급하거나 유통업체를 대상으로 각종 혜택을 지원한다. 셋째, 제조업체와 유통업체 간의 유대를 강화하고 신뢰를 구축하기 위해 각종 초청행사를 개최하거나 매장관리를 지원한다.

이러한 유통을 대상으로 한 판매촉진의 유형에는 표 9-1에서와 같이 판매사원 인센티브, 판매원 교육, 초청행사, 디스플레이 & POP, 트레이드쇼trade show, 연합광고 등이 있다.

패션기업은 푸시 전략의 일부로서 유통업체를 대상으로 한 판매촉진을 수행하는 한편, 풀 전략의 하나로 최종 소비자를 대상으로 한 판매촉진 활동도 수행하고 있다. 우리가 일상적으로 접하게 되는 대부분의 판촉은 소비자 판매촉진으로 소비자의 즉각적인 구매 행동을 유도하는 것을 목적으로 한다.

표 9-1
유통 판매촉진의 수단

판매사원 인센티브	제조업체가 판매사원이 목표한 판매량을 달성할 수 있도록 독려하기 위한 보상
판매원 교육	고객들에게 새로운 제품의 장점과 사용방법에 대해 자세히 알려주고 고객의 욕구에 적합한 제품을 추천할 수 있는 지식을 습득시키는 것
초청행사	유통업자들과의 자연스러운 상호교류와 관계유지를 위해 개최하는 신상품 품평회, 브랜드 론칭행사, 전시회, 창립기념행사 등
디스플레이 & POP	고객의 시선과 관심을 유도하기 위해 매장 내에서 이루어지는 다양한 형태의 제품연출이나 구매시점 광고물
트레이드쇼	새로운 유통경로를 확대하고 자사의 제품에 관한 정보를 알리거나 대량주문을 받기 위해 참가하는 박람회
연합광고	유통업체를 대신하여 광고를 수행하거나 유통업체의 광고에 비용을 보조하는 것

소비자를 대상으로 한 판매촉진의 세부적인 목적은 다음과 같다. 첫째, 신규 브랜드에 대한 초기 사용이나 재구매의 유도이다. 초기 사용과 사용 후 재구매를 유도하는 적절한 판촉활동의 부족으로 인해 시장진출에 실패한 브랜드 사례는 우리 주위에서 쉽게 찾아볼 수 있다. 판매촉진은 신규 브랜드의 프로모션에 중요한 역할을 한다. 둘째, 기존 브랜드에 대한 소비 증대이다. 판매촉진은 기존 고객들의 구매량을 늘리는 것뿐만 아니라 경쟁사 고객을 유인하는 것도 중요한 목적이다. 셋째, 기존 고객 유지이다. 판매촉진은 자사 고객을 유인하려는 경쟁 브랜드들의 적극적인 광고나 판매촉진 활동에 대응하여 기존 고객을 유지하기 위한 수단으로 사용된다. 그 외에 판매촉진은 광고 및 기타 마케팅 방법에 대한 보조수단으로 사용될 수도 있다. 소비자 판매촉진의 수단은 여러 가지 유형으로 분류될 수 있으나 크게 비가격적인 판매촉진 수단과 가격적 판매촉진 수단으로 나눌 수 있다. 비가격적인 판매촉진 수단으로는 샘플링, 프리미엄, 콘테스트와 추첨, 시연회, 애호도제고 프로그램, 공동판촉 등이 있고, 가격적 판매촉진 수단에는 쿠폰, 가격할인, 보너스팩 등이 포함된다. 이러한 소비자 판매촉진 수단에 대해서는 다음 항에서 보다 상세하게 소개하고자 한다.

2 · 소비자 판매촉진의 수단

소비자 판매촉진은 크게 비가격적 판매촉진과 가격적 판매촉진으로 나누어진다. 비가격적 판매촉진은 가격에 대한 변화 없이 제품의 차별점을 전달함으로써 궁극적으로 브랜드 아이덴티티의 발전과 강화에 기여하는 판매촉진 활동이라고 할 수 있다. 반면 가격적 판매촉진은 제품의 가격변동을 통해 소비자의 구매 결정을 가속화시키고 즉각적인 판매를 유도하는 방법이다. 이 방법은 소비자를 단순히 다른 브랜드에서 빌려오는 형태의 마케팅이기 때문에 궁극적으로 브랜드 강화에 부정적일 수 있다.

비가격적 판매촉진 수단

비가격적 판매촉진은 제품의 가격적인 부분을 변화시키지 않고 고객에게 부가적인 혜택과 특전을 제공하는 방법이다. 예를 들어, 고객 데이터베이스 구축을 통해 고정고객을 우대하는 보상 프로그램을 진행함으로써 고객의 충성도를 높일 수 있고, 콘테스트나 추첨을 통해 고객의 높은 참여와 흥미를 유발할 수도 있다. 가격적 판매촉진 수단과 비교했을 때 즉각적인 모방이 어렵고 오래 사용해도 제품의 이미지가 손실되지 않는다는 장점이 있다.

샘플링

제품의 일정량을 소비자에게 비용 부담 없이 제공하는 판매촉진 방법을 샘플링sampling 또는 무료 샘플링free-sampling이라고 한다. 샘플링은 제품을 사용해 보지 못한 소비자들을 대상으로 구매를 유도하는 것이 주목적으로 신제품을 출시할 때 주로 사용된다. 즉, 해당 제품의 샘플을 잠재고객층에 배포하여 소비자가 사용하게 함으로써 구매 욕구를 자극하는 것이다.

샘플링을 실행하기 위해서는 몇 가지 조건이 있어야 하는데, 첫째, 제품이 일정 소량으로 분리가 가능해야 하고, 둘째, 제품 샘플의 단가가 낮아서 기업의 비용부담이 적어야 한다. 그리고 셋째, 제품의 구매주기가 짧아서 샘플을 사용해본 후 빠른 시간 내에 정상 가격의 제품을 구매할 수 있어야 한다. 소비자가 새로운 상품을 구입할 때 사전 지식이 없을 경우, 선택에 대해 심리적 불안감을 느끼게 되는데, 샘플링은 이러한 위험 지각을 최소화하기 위한 방법으로 적절하다. 의류제품의 경우 제품 특성상 샘플링 기법이 사용되기 어렵지만, 제품의 소량 분리가 가능한 화장품 업계에서 신제품을 출시할 때 흔히 사용하는 판매촉진 수단이다. 화장품 제조기업들은 신제품에 대한 반응을 조사하기 위해 신상품 체험단이나 모니터들을 모집하여 신상품 샘플을 배포함으로써 직접 체험할 수 있는 기회를 제공하고 있다. 화장품 제조기업들은 이러한 샘플링을 통해 신상품에 대한 정확한 소비자 평가를 확보하고 더불어 입소문 마케팅을 통한 신제품 홍보도 진행하고 있다.

화장품의 샘플링은 타깃화된 잡지와 같은 미디어를 통해서 또는 타깃층들이 많이 모이는 가두에서 진행되기도 하지만 주로 매장에서 많이 이루어진다. 그러나 코로나19 이후 매장에서 화장품 샘플을 테스팅하는 것이 금지되면서 온라인을 통한 가상 샘플링이 적극적으로 도입되고 있다. 글로벌 뷰티 브랜드인 에스니로더나 로레알의 경우 오프라인 매장 내 디지털 인스톨레이션을 통해 마스크를 벗지 않은 상태에서 화장품을 가상으로 테스트해볼 수 있는 언택트형 버추얼 트라이온 virtual try-on 서비스를 제공하고 있다. 풍부하고 사실적인 시뮬레이션이 가능한 스캐너가 얼굴 곳곳을 분석한 뒤 피부색과 가장 예쁘게 어울리는 파운데이션을 추천하는 식이다. 또한 소비자들은 매장 방문 없이 자신의 스마트 기기 앱을 통해서도 스스로 피부를 진단하고 다양한 화장품을 가상으로 체험해 본 후 온라인에서 구매를 결정할 수 있다 그림 9-1.

샘플링의 장점을 몇 가지로 요약해 보면, 첫째, 샘플링은 타깃집단에게 실제 제품을 전달하기 때문에 샘플 사용률, 즉 판촉에 대한 반응률이 다른 프로모션에 비해 높고, 최초 구매유도나 새로운 브랜드로의 전환에 효과적이다. 둘째, 신제품 또는 개선된 제품의 장점을 광고를 통해 증명하기 어려울 때 샘플링을 통한 체험이 제품평가 및 구매선택에 매우 중요하게 작용할 수 있다. 셋째, 소비자에게 신속하게 배포할 수 있어 광고에 비해 적은 비용으로 빠른 반응을 얻을 수 있다. 그러나 샘플링은 몇 가지 단점도 가지고 있다. 첫째, 비록 소량단위로 샘플을 만들더라도 제작비용과 유통비용이 많이 소요된다. 둘째, 최초 구매가 재구매로 연결되기

그림 9-1
로레알사 메이블린의 가상 샘플링
(virtual sampling)

출처_ www.maybelline.com

위해서는 제품력이 뒷받침되어야 하지만 실제로 제품의 효과를 즉시 평가하는 것이 어려울 경우가 많다. 셋째, 세분시장을 타깃으로 하는 제품보다는 대중적인 제품에서 효과적이기 때문에 샘플링을 적용할 수 있는 제품이나 브랜드에는 한계가 있다.

샘플 제품을 배포하는 방법으로는 미디어 배포, 우편 배포, 패키지 배포, 직접 배포 등이 있으며 자세한 내용은 다음과 같다.

- 미디어 배포 in magazine_ 타깃층이 많이 구독하는 잡지를 선택하여 잡지의 사은품과 같은 형태로 잡지 안에 부착하거나 또는 잡지와 함께 구독자에게 배포하는 방법이다.

- 우편 배포 in mail_ 타깃층에 샘플을 우편으로 우송하는 방법으로 대상, 발송일, 발송 장소 등을 통제할 수 있다. 소비자를 매장으로 유도하는 데 적합하며 대상고객의 70%가 사용 구매로 이어지는 효과적인 샘플링 방법이다. 그러나 제품의 크기나 형태에 제한이 있고 우편비용이 많이 든다는 단점이 있다. 특히 표적고객의 정확한 리스트가 준비되어야 효율성을 높일 수 있다.

- 패키지 배포 in/on package_ 복수제품을 생산하는 기업이 동일 타깃층의 기존 제품에 샘플을 부착하여 배포하는 방법이다. 기존제품에 부착하여 배포하기 때문에 비용에 있어서 효율적이지만 샘플이 부착된 상품을 사는 고객들에게만 배포된다는 단점이 있다.

- 직접 배포 direct to consumer_ 소비자에게 직접 배포하는 방법에는 여러 가지가 있는데, 상품 취급 점포에서 방문하는 고객들을 대상으로 배포하는 방법, 잠재 고객이 많이 이용하는 공공장소나 거리 등에서 배포하는 방법, 그리고 타깃층이 많이 거주하는 지역을 선정하여 직접 집으로 배포하는 방법 등이 있다.

- 가상 배포 virtual sampling_ AR 가상피팅 앱 등을 통해 이용자가 실제로 제품을 사용하지 않고도 색상, 스타일 등을 부분적으로 체험해볼 수 있도록 하는 방법이다.

프리미엄

자사 제품을 구매한 고객에게 무료 또는 저렴한 가격으로 특정 제품을 제공하는 것으로 비가격적인 특전을 제공하는 판촉 테크닉의 대표적인 유형이다. 상품력과는 별도의 가치를 부가해 주는 프리미엄premium은 구매 시점에서 자사의 상품을 경쟁상품에 비해 돋보이게 하여 소비자의 충동구매를 자극하는 역할을 한다. 프리미엄 이용 시 지나치게 비싼 사은품을 제공하는 것은 불공정 거래 행위로 간주되고 있으며 사은품의 액수에 대한 법적인 제한이 있으므로 주의해서 사용해야 한다.

프리미엄의 가치를 높이고 효과적인 결과를 유도하기 위해서는 몇 가지 조건이 필요한데, 우선 프리미엄은 표적고객이 선호하면서 쉽게 구할 수 없는 품목일수록 소비자로부터 호응을 얻을 수 있고 판매와 연계될 수 있다. 따라서 표적고객이 어떤 품목을 원하는지에 대한 사전조사가 필요하다. 또한 프리미엄은 본 제품과의 연결성이 높아 함께 사용될 수 있을 경우 가치가 더 커지게 된다. 예를 들어, 특정 의류제품을 판매하면서 그 제품과 어울릴 만한 목걸이나 브로치 등을 프리미엄으로 줄 경우 소비자의 구매 결정이 쉽게 이루어질 수 있다. 프리미엄의 장점으로는 첫째, 제품 수준이 평준화되고 경쟁이 심한 상황에서 상품력과는 별도의 매력을 부가하여 상품가치를 보강해 주는 효과가 있다. 둘째, 지속적으로 사용해도 제품 자체의 이미지에 손상을 주지 않으며 가치있는 프리미엄을 제공할 경우 오히려 브랜드에 대한 관심과 브랜드 이미지 강화에 도움이 될 수 있다. 셋째, 특히 타깃들이 관심을 갖는 프리미엄은 제품 구입을 망설이는 대상에게 강한 흥미를 유발하여 구매 결정을 쉽게 만들어 준다. 넷째, 기존고객들에 대한 보상으로 브랜드 충성도를 높인다.

그러나 프리미엄은 일반적으로 제품의 최초 구매를 유발하지 못한다는 단점이 있다. 만일 새로운 고객을 대상으로 제품의 구매를 유도하려면 프리미엄은 매우 강력한 것이어야 한다. 또한 본사가 적절히 관리하지 않을 경우 유통업자나 판매 사원이 프리미엄을 부당하게 사용하는 경우도 있다.

때로 희소성이 높은 사은품의 경우는 본 제품의 가치를 능가하는 경우도 발생한다. 스타벅스의 e-프리퀀시 사은품이 대표적인 케이스이다 그림 9-2. e-프리퀀시 행사는 계절 음료 17잔을 구매한 고객에게 한정판 사은품을 증정하는 이벤트로 매년 여름과 겨울 2회에 걸쳐 진행된다. 연이은 사은품 매진에도 해당 굿즈를 추가 생산하지 않기 때문에 일정 기간이 지나면 획득하기 어렵다는 특징이 있다. 이러한 한정판이 주는 '희소성'으로 인해 사은품의 획득 자체가 큰 자랑거리가 된다.

그림 9-2
스타벅스의 e프리퀀시 사은품

출처_ hypebeast.kr

PART 3 패션브랜드의 커뮤니케이션 전략

CHAPTER 9 판매촉진 전략

품절된 굿즈의 경우 리셀시장에서 높은 가격으로 거래되기도 한다. 스타벅스 굿즈 전략은 한정판에만 있는 것은 아니다. 그들은 소비자들이 스타벅스 굿즈를 어디서, 어떤 상황에서 사용하고 있는가를 항상 탐색하며, 그 상황에 더 필요한 굿즈는 무엇인가에 집중한다. 특히 코로나19로 인해 여행이나 외부 활동이 제한되는 상황에서 서머 레디백, 서머 나이트 싱잉 랜턴과 같은 아이템은 그 자체가 소비자의 소유욕을 크게 자극하게 된다. 스타벅스 굿즈를 당장 사용하기보다 수집품처럼 소장하는 경우도 많은데, 유사한 컨셉을 가지고 연속적으로 출시되는 사은품 시리즈는 소비자들의 소장 욕구를 자극하면서 브랜드 충성도를 높이게 된다.

프리미엄의 유형으로는 패키지형, 연속형, 무료 우편형, 소비자 부담형이 있으며 구체적으로 살펴보면 다음과 같다.

- **패키지형 프리미엄** package related premium_ 패키지형 프리미엄에는 본 제품의 포장 안이나 겉에 프리미엄을 삽입하거나 붙이는 인·온패키지 프리미엄in-on package premium, 프리미엄을 본 제품과 함께 포장하거나 부착하기 어려울 경우 별도로 제공하는 분리형 프리미엄near package premium이 있다. 그러나 때로는 패키지 자체가 재활용이 가능해서 프리미엄reusable premium의 역할을 하기도 한다.
- **연속형 프리미엄** continuity premium_ 프리미엄 제품을 여러 개로 나누어 제공함으로써 몇 개의 본 제품을 구매해야만 하나의 프리미엄이 완성되는 것을 말한다. 이러한 연속형 프리미엄의 경우 소비자들의 완결성에 대한 욕구를 불러 일으켜 연속적인 구매를 유도하게 한다.
- **무료 우편형 프리미엄** free mail-premium_ 소비자가 메일로 구매증빙 서류를 보내면 프리미엄을 제공하는 형태를 말한다. 그러나 이 방법은 소비자가 프리

262 ● 263

미엄 제품을 구매 즉시 받을 수 없다는 단점 때문에 구매촉진의 기능이 약하다.

- **소비자 부담형 프리미엄** self liquidating premium_ 소비자가 프리미엄 제품의 대금, 세금 및 발송 비용의 일부를 부담하는 형태의 프리미엄을 말한다. 패션기업은 비용의 일부를 소비자에게 부담시킴으로써 비용절감을 할 수 있고, 불특정 다수가 아닌 해당 제품에 관심이 있는 소비자들을 대상으로 판촉활동을 진행할 수 있기 때문에 효율적이다.

콘테스트와 추첨

콘테스트나 추첨contest & sweepstakes은 응모하는 모든 소비자들이 자신이 큰 상을 탈 것이라는 기대와 흥분을 갖게 하는 소비자 지향적 판촉도구이다. 콘테스트는 소비자가 자신의 장기를 이용하여 상이나 상금을 타게 하는 판매수단으로 콘테스트에 참가하는 소비자는 어느 정도의 관련 지식이나 기술을 보유하고 있어야 한다. 패션기업은 사전에 결정한 기준에 정확히 일치하거나 가장 근접한 참가자를 선발하여 우승자로 결정한다. 일반적으로 제품을 구매했다는 증빙을 제출하거나 기업이 제공한 설문 등의 참여가 전제되어야 콘테스트에 참가할 수 있다. 반면, 추첨은 승자가 능력을 활용하는 것이 아니라 단순히 행운에 의해 결정되는 판매촉진 수단이다. 단지 우연에 의해 당첨자가 결정되기 때문에 소비자 입장에서는 부담 없이 참여할 수 있다. 이러한 콘테스트나 추첨이 지나치게 남발될 경우 고객의 흥미를 반감시킬 수 있기 때문에 유의해서 사용해야 한다.

공모전과 같은 경진대회는 콘테스트의 대표적인 유형으로 패션기업은 이러한 대회를 개최함으로써 고객 참여를 유도하고 이를 통해 기업의 제품이나 서비스를 개선하거나 패션기업이 필요로 하는 콘텐츠를 확보하기도 한다. 패션기업에서 주최하는 콘테스트는 주로 디자인 공모전이나 브랜드명 공모전, 브랜드 옷을 착용한 셀피 콘테스트 등과 같은 것들이다. 패션기업은 이러한 대회를 개최함으로써 브랜드에 대한 소비자들의 관심을 유도하여 소비자가 브랜드에 대한 다양한 정보를 수집하도록 할 수 있다. 이러한 콘테스트의 참여를 통해 소비자들은 패션브랜드에 대한 다양한 정보를 취득하게 되고 콘테스트에서 수상을 하게 되면 추가적으로 깊이 있게 브랜드를 체험할 수 있는 기회를 가지게 된다.

신발 전문 글로벌 쇼핑몰 Zappos는 #ImNotABox 캠페인을 통해 쓰레기로 버려지는 쇼핑몰의 택배 상자를 창의적인 용도로 리디자인하는 콘테스트를 진행했

그림 9-3
Zappos의 #ImNotABox 콘테스트

출처_ shortyawards.com

다 그림 9-3. 상금은 $500 Zappos 기프트 카드였지만 콘테스트는 실제로 입소문이 나서 많은 사람들이 참여했다. 콘테스트 출품작 중 노숙자를 위한 골판지집에 대한 스토리는 창의성과 공감을 담은 짧은 예술영화인 'Box Home'을 만들어지기도 했다. 일반적으로 패션기업의 콘테스트는 브랜드의 판촉을 위한 것이 대부분이지만, 자포스의 콘테스트는 공익이라는 콘텐츠를 통해 브랜드 가치를 팔로워와 공유하면서 잠재적 구매자와 더 깊은 관계를 구축하는 것에 초점을 두고 있다. 이러한 콘테스트는 판매촉진을 넘어 PR 활동으로 연결된다는 측면에서 IMC 관점을 충분히 활용하고 있다.

콘테스트나 추첨의 장점으로는 첫째, 콘테스트나 추첨을 통해 소비자의 데이터를 수집할 수 있다는 것인데, 소비자들이 상품을 타기 위해 정확한 정보를 기입하기 때문에 패션기업 입장에서는 정확한 데이터베이스를 구축할 수 있다. 둘째, 콘테스트나 추첨에 참여하는 소비자들은 브랜드에 대한 지식이나 관심도가 높아지게 되고 궁극적으로 브랜드에 대한 긍정적인 태도를 형성할 수 있게 된다. 특히 콘테스트에서 수상하거나 추첨에 당첨된 고객의 경우 브랜드에 대한 호의도와 충성도가 크게 높아질 수 있다.

콘테스트나 추첨의 단점으로는 패션기업에서 실행하는 많은 콘테스트나 추첨이 제품에 대한 소비자의 신뢰를 형성하기보다는 그 자체에 포커스가 맞춰지는 경향이 강하다는 것이다. 브랜드에 관심이 있는 사람들이 아니라 단순히 대회에서 우승을 하려는 사람들이 콘테스트에 참여할 경우 콘테스트의 기존 취지는 흐려지고 판촉수단으로서의 효과는 반감된다.

로열티 프로그램

로열티 프로그램loyalty program이란 고객의 충성도를 높이고자 하는 목적으로 구매량이 많거나 구매빈도가 높은 고객을 다른 고객과 차별화하기 위해 차등적인 혜택을 제공하는 프로그램을 말한다Dowling & Uncles, 1997. 로열티 프로그램은 단기적으로는 기존 고객을 유지하여 판매수익을 높이는 효과가 있지만, 장기적으로는 경쟁기업과 차별화하고 진입장벽을 형성하여 고객의 미래가치를 높이는 것을 목적으로 한다.

로열티 프로그램은 처음에는 항공회사에서부터 시작되었으나 최근에는 대부분의 기업에서 사용하고 있다. 자신의 점포에 지속적으로 방문하여 구매하는 소비자들에게 쿠폰에 도장을 찍어 주거나 또는 카드를 발행하여 마일리지 포인트를 적립해 주고 표준화된 보상절차에 따라 이에 상응하는 혜택을 부여하는 방식이 가장 일반적이다. 효과적인 로열티 프로그램을 운영하기 위해서는 두 단계의 세분화 과정을 거쳐야 한다. 첫째, 생애가치LTV: lifetime value, 주문 건수, 평균 주문 금액AOV: average order value 등의 재무적 지표를 사용하여 애호도가 낮은 고객과 높은 고객으로 시장을 세분화할 수 있어야 한다. 둘째, 내부 고객 데이터 외에 외부 채널3rd-party의 합법적인 데이터를 활용하여 고객들이 찾아본 토픽과 키워드를 바탕으로 그들의 관심사를 발견하고 고객을 다시 미세 세분화하는 것이다. 따라서 패션기업 입장에서 로열티 프로그램의 가장 큰 장점은 고객에 관한 자료를 구축하고 그들의 욕구, 관심, 행동 특성 등을 파악할 수 있어 가장 가치 있는 고객이 누구인지를 확인할 수 있다는 것이다. 또한 여기서 구축된 데이터베이스를 통해 어떤 보상 프로그램이 어떤 소비자에게 더 적절한지를 확인할 수 있어 그들과 강한 유대관계를 유지하는 데 도움이 될 수 있다.

성공적인 고객 리텐션retention을 위해서는 그들에게 매우 강력하고 매력적인 인센티브를 만드는 것이 우선되어야 한다. 포인트, 할인 쿠폰, 또는 상품이나 서비스 무상 제공 등이 가장 일반적인 형태의 보상이다. 최근에는 브랜드 홍보대사, 소셜미디어 인플루언서, 유명 인사나 CEO 등을 만날 수 있는 기회와 같은 "특별한 경험"을 제공하는 사례도 늘고 있다. 성공적인 로열티 프로그램의 조건에는 포인트를 쌓는 것이 얼마나 쉬운가, 그리고 이것을 사용하는 프로세스가 얼마나 편리한가도 포함된다. 제품 판매에 있어서 소셜미디어의 역할이 확대되면서 패션브랜드들은 고객이 SNS에 공유한 제품이 친구들에 의해 구매가 일어날 경우 할인혜택

그림 9-4
노스페이스의 XPLR Pass 프로그램

출처_ www.thenorthface.com

등을 제공하거나 때로는 공유만 해도 포인트를 부여하기도 한다.

아웃도어 브랜드 노스페이스The North Face는 고객의 애호도 제고를 위해 XPLR 패스XPLR Pass 프로그램을 운영하고 있다 그림 9-4. 다른 브랜드의 프로그램들과 차별점이라고 한다면 고객의 브랜드 경험을 포인트로 전환할 수도 있다는 것이다. 예컨대, 노스페이스가 주최하는 아웃도어 행사에 참석하면 포인트를 쌓을 수 있고 네팔로의 등산 여행과 같은 라이프스타일 관련 이벤트에 이러한 포인트를 사용할 수 있다. 고객의 관심사를 토대로 정밀하게 타깃팅된 혜택과 경험을 제공함으로써 단순한 의류 브랜드 이상의 평생 지속되는 추억의 동반자로서 지위까지 점유하려는 노스페이스의 전략이 돋보이는 사례이다.

공동판촉

접근하기 어려운 목표고객을 대상으로 둘 혹은 그 이상의 기업들이 공동으로 개최하는 프로모션을 말한다. 공동판촉tie-in promotions은 여러 브랜드들이 참여하여 소비자들의 주목과 흥미를 유발할 수 있다는 장점이 있으며 판촉활동에 소요되는 경비는 참여한 브랜드들이 나누기 때문에 비용 측면에서도 효율적이다. 서로 보완적인 혜택을 제공할 수 있는 기업들 사이에 이루어졌을 경우 시너지 효과가 크다.

이러한 공동판촉을 기획할 때 고려해야 할 사항으로는 공동판촉에 대한 철저한 관리를 통해 파트너 간 업무와 비용분담이 공정하게 이루어져야 하고, 소비자가 참여기업으로부터의 혜택을 편리하고 쉽게 제공받을 수 있어야 한다는

그림 9-5
'스토케와 아난티'의 공동판촉

출처_ www.wedding21news.co.kr

점이다. 또한 두 기업의 파트너십을 통해 개별 브랜드 가치가 한 차원 높게 느껴지도록 공동판촉을 기획해야 한다. 특히 파트너 기업에게는 효과적인 판촉성과를 공유하고 소비자에게는 더 많은 실질적 혜택이 돌아가야 한다.

  프리미엄 유아용품 전문기업 스토케Stokke는 럭셔리 호텔·리조트 브랜드 아난티Ananti와 차별화된 고객 경험을 제공하기 위한 공동 프로모션을 진행하였다 그림 9-5. 아난티 호텔을 이용하는 영유아 동반 투숙객이나 방문객은 스토케의 신제품 유모차 '익스플로리 엑스Xplory X'와 스테디셀러 유아의자 '트립트랩Trip Trap'을 체험할 수 있다. 익스플로리 엑스는 최신형 프리미엄 디럭스 유모차로 호텔·리조트 주변의 빼어난 경치를 보며 산책할 때, '트립트랩'은 아난티 레스토랑에서 식사할 때 사용해 볼 수 있다. 또한 체험 서비스 이용 고객을 위해 경품 이벤트도 함께 진행하였는데, 아난티에서 스토케 체험 인증 사진을 개인 SNS에 필수 해시태그와 함께 올리면 자동으로 응모되는 형태이다. 이러한 공동판촉은 아난티 호텔의 이국적인 분위기와 스토케 상품의 럭셔리 프리미엄을 동시에 경험할 수 있다는 점에서 소비자의 만족도를 높일 수 있다. 특히 기업 입장에서는 다양한 환경에서 소비자에게 제품을 자연스럽게 노출할 수 있고, 상호 파트너 간 고객을 공유함으로써 신규 고객을 창출하거나 판촉비용을 절감하는 효과도 기대할 수 있다.

시연회

소비자들을 대상으로 실제 상품을 보여주면서 시연을 통해 상품의 사용법과 차별화된 우위성을 납득시키는 방법이다. 특히 고가의 전문품이나 대중에게 시험구매를 유도하기 어려운 제품에서 많이 사용하는 판매촉진 방법이다. 시연회demonstration는 보통 점두 또는 점내에서 전개되는데 이벤트 형식이나 제품발표회,

전시회 등의 형식으로 이루어진다. 화장품 브랜드에서 모델이나 고객 등을 대상으로 무료로 메이크업을 해주거나 럭셔리 브랜드에서 브랜드의 대표적인 아이템을 제작하는 과정을 보여주는 것 등이 여기에 속한다.

이탈리아 럭셔리 브랜드 '토즈Tod's'는 토즈의 아이코닉 제품인 '디 백D bag'을 제작하는 과정을 보여주는 시연회를 개최하였다. 토즈의 장인이 직접 내한하여 국내에서는 처음 선보이는 디 백의 제작 과정을 보여줌으로써 소비자들의 제품에 대한 신뢰성을 높이고자 하였다. 특히 시연회가 진행되는 동안 고객들은 자신의 이름이나 이니셜을 핫 스탬프로 찍은 단 하나뿐인 제품을 가질 수 있어 제품에 대한 희소가치를 향유할 수 있었다. 토즈는 이러한 시연회를 통해 최상의 가죽만을 사용하여 만든 최고의 품질이라는 자부심과 함께 동시에 작은 결함도 인정하지 않는 토즈 웨어 하우스의 모토를 전달하고 있다.

가격적 판매촉진 수단

가격적 판매촉진은 일시적으로 가격을 내리는 효과를 제공하여 시험구매 또는 반복구매를 유도하는 수단을 말한다. 가격적 판매촉진은 소비자에게 가장 강력한 구매동기를 제공하지만 자주 사용할 경우 상표에 대한 이미지나 가치를 하락시켜 소비자의 브랜드 충성도를 감소시킬 수 있다. 또한 가격적 판매촉진이 소비자의 준거가격에 영향을 미칠 경우 소비자들은 가격할인이 이루어질 때까지 구매를 유보할 수 있다.

쿠폰

쿠폰coupon은 가장 오래되고 가장 널리 쓰이고 가장 효율적인 판매촉진 수단으로 가격할인이나 선물과 같은 혜택을 주기 위해 발행되고 유통되는 일종의 증서이다. 처음에는 주로 인쇄매체의 형태로 배포되었지만 최근에는 온라인 쿠폰이 주를 이루고 있다.

쿠폰의 장점을 살펴보면 첫째, 모든 사람에 대한 가격 인하 없이 가격에 민감한 소비자들에게 할인혜택을 제공한다. 둘째, 쿠폰은 소비자들이 자연스럽게 점포를 방문할 수 있도록 유인한다. 셋째, 신규고객의 최초 구매나 기존고객들의 재구매를 유도할 수 있다.

쿠폰의 단점을 살펴보면 첫째, 샘플링만큼 즉각적이고 단기적인 반응이 일어나지 않는다. 즉, 쿠폰은 유효기간 안에 언제든 사용이 가능하기 때문에 소비자들이 바로 구매하지 않을 수 있다. 따라서 패션기업이 쿠폰 사용기간을 명시하여도 소비자가 실제 언제 사용할 것인지 정확하게 예측하기 어렵다. 둘째, 이미 자사 브랜드를 사용하는 기존고객들의 사용을 방지하기 어렵다. 따라서 신규고객 유입보다는 기존고객의 사용이 많아질 수 있기 때문에 기업이 의도하는 프로모션 목적에 위배될 수도 있다. 셋째, 어떤 소비자가 쿠폰을 사용했는지 명확히 추적하기 어렵다. 최근에는 이를 개선하기 위해 쿠폰 사용 시 소비자 정보를 기재하도록 하거나, 쿠폰 제작 시 바코드를 삽입하는 등의 노력을 기울이고 있다. 넷째, 쿠폰의 액면가만큼 비용이 발생하고, 인쇄매체형 쿠폰의 경우, 쿠폰의 제작 및 유통에 소요되는 비용이 높다.

아이디어있는 이벤트를 겸한 쿠폰 발행은 신규고객을 획득하거나 충성고객을 양성하는 좋은 도구가 될 수 있다. 패션 전문 쇼핑몰 하프클럽은 '쓰면 쓸수록 커지는 전국민 릴레이 쿠폰' 이벤트를 진행했다 그림 9-6. 10% 중복 쿠폰으로 최대 50%의 파격 할인을 받을 수 있는 '릴레이 이벤트' 형식으로 진행되었다. 10% 중복 쿠폰은 하프클럽 회원이면 누구나 받을 수 있으며 해당 쿠폰을 사용해서 구매를 하게되면 다시 5,000원 할인 쿠폰을 받을 수 있다. 또 이렇게 받은 쿠폰으로 할인을 받아 다시 상품을 구매하면 최종적으로 50% 파격 할인 쿠폰을 제공받게 된다.

그림 9-6
하프클럽의 릴레이 쿠폰

출처_ www.mbn.co.kr

- **미디어를 이용한 쿠폰** in magazine-coupon_ 신문, 잡지 등의 전통매체를 이용하여 쿠폰을 배포하는 방법은 다수의 고객에게 접근할 수 있다는 장점이 있으나 소비자의 주의를 끌지 못할 경우 쿠폰의 회수율이 낮아지기 때문에 비용대비 효율성이 떨어진다. 패션브랜드처럼 타깃이 비교적 명확한 경우 타깃 선별성이 높은 잡지를 사용하여 쿠폰을 배포할 경우 효과적이다.

- **직접우편 쿠폰** in mail-coupon_ 패션기업이 선별된 소비자들에게 DM을 통해 쿠폰을 제공하는 방법으로 시장 세분화를 통해 잠재고객층에 직접 배포할 수 있어 높은 회수율을 얻을 수 있으나 비용이 높다는 단점이 있다. 또 사전에 대상 소비자들의 정보를 확보하고 있어야 하기 때문에 정확한 고객 데이터베이스를 관리하고 유지하는 데 비용이 많이 소요된다.

- **패키지형 쿠폰** in/on package-coupon_ 동일한 제품을 반복적으로 구매하는 소비자들의 재구매를 유도하기 위한 방법으로 기존 제품의 포장 안에 넣거나 포장에 부착하거나 하는 방식으로 배포한다. 쿠폰 유통을 위해 별도의 비용이 들지 않는다는 장점이 있지만 비사용자보다 기존고객에게 더 소구할 가능성이 높다.

- **즉석 쿠폰** instant coupon_ 즉각적인 소비를 유발할 목적으로 발행되는 쿠폰으로 할인혜택이나 선물을 받기 위해 장기간 쿠폰을 모아야 하는 번거로움이 없어서 소비자들이 빨리 그리고 쉽게 사용할 수 있다.

- **온라인 쿠폰** online coupon_ 최근에는 쿠폰제작 및 배포비용 때문에 인터넷이나 모바일을 이용한 쿠폰이 많이 발행되고 있는 상황이다. 특히 무선인터넷에 접속하여 쿠폰을 직접 다운로드 받는 형태인 모바일 쿠폰은 원하는 타깃들에게 쉽게 배포가 가능하고 쿠폰 사용 고객의 인구통계적 특성이나 구매행태와 같은 정보획득이 편리하다는 장점이 있다.

가격할인

가격할인price-off은 제품을 구매했다는 증빙자료를 제시해야 하는 번거로움 없이 경제적인 측면에서 혜택을 직접적으로 제공하는 판매촉진 방법이다. 가격할인은 기업의 수익률을 고려하여 적절한 수준에서 이루어져야 한다.

가격할인의 장점으로는 소비자에게 가격인하의 혜택이 바로 돌아가고 소비자로 하여금 즉각적인 구매를 유도할 수 있다는 것이다. 특히, 소비자의 구매 사이클을 변화시켜 다량의 제품을 구매하도록 하여 경쟁사의 판매량을 감소시킬 수 있다. 그러나 가격할인의 단점으로는 가격할인이 장기적으로 반복될 경우 동종산업 내 기업들이 가격경쟁의 함정에 빠지게 되어 이윤이 감소할 뿐만 아니라 브랜드 이미지도 훼손될 수 있다.

패션제품에서의 가격할인은 다른 제품군의 경우와는 본질적으로 차이가 있다. 패션제품은 수명주기가 비교적 짧고 유행과 계절의 변화로 인해 시간에 따른 가치 하락의 폭이 크기 때문에 타 제품군에 비해 할인판매의 비율이 높은 편이다. 정상 제품과 가격할인이 된 제품과의 차이는 물리적 품질의 차이가 아니라 유행성과 같은 사회심리적 효용성의 차이이다. 따라서 패션기업에 있어서 가격할인은 유행성보다는 가격을 중시하는 소비자의 수요를 유도해 내면서 재고를 감소시키는 전략적인 판매촉진 수단이다.

보너스 팩

보너스 팩bonus packs이란 기존 가격으로 제품의 일정량을 추가적으로 제공하는 판매촉진 방법이다. 복잡한 쿠폰이나 리베이트 제공 없이 간단하게 소비자들에게 부가적인 가치를 제공할 수 있어 널리 사용되는 수단이다.

동일한 가격에 제품량을 추가해 주는 보너스 팩은 제품 단위당 가격인하와 동일한 효과를 가져오기 때문에 가격에 민감한 소비자들을 대상으로 제품의 경쟁력을 높일 수 있다는 장점이 있다. 또한 경쟁사의 프로모션이나 새로운 브랜드 도입에 대한 효과적인 방어수단이 된다. 그러나 브랜드를 정상적으로 구매하는 기존 고객보다는 브랜드 충성도가 약하고 판촉 프로그램에 민감한 고객에게 더 어필할 수 있어 잠재고객의 확장에는 한계가 있다. 또한 브랜드 이미지 제고나 장기적인 시장판매 효과에도 부정적인 영향을 미칠 수 있다. 패션브랜드의 경우 언더웨어나 티셔츠 등 제품단가가 낮은 제품에 한해 하나를 구매하면 하나를 덤으로 주는 'buy one, get one'의 형태가 보너스 팩의 일종이라고 할 수 있다.

연구노트
서비스 접점에서 럭셔리 브랜드와 고객과의 상호작용에 관한 탐색적 연구

기술의 발전으로 럭셔리 브랜드에서도 디지털 서비스를 제공하려는 활동이 중요해지고 있다. 본 연구는 디지털 기술이 적용된 브랜드와 소비자간 상호작용을 오프라인과 온라인 서비스 접점에서 살펴보았다. 브랜드와 고객 간의 상호작용의 과정을 사회적 교환 이론으로 살펴보았으며, 상호작용의 영역을 사람과 사람, 사람과 디지털, 사람과 물리적 환경으로 나누어 분석하였다. 럭셔리 브랜드의 마케팅 및 고객 서비스 분야에서 10년 이상 근무한 담당자 15명을 대상으로 심층 인터뷰를 진행하였으며, 주요 결과는 다음과 같다. 첫째, 전통적인 서비스 접점에서는 고객과 판매직원 간의 특별한 우정의 관계를 형성하는 것이 필요하다. 둘째, 브랜드에서 직접 고객과 교류하는 것뿐만 아니라 고객 간 서로 교류하는 긍정적인 활동도 권장되어야 한다. 셋째, 브랜드에 대한 정보를 고객에게 제공할 때 다양한 디지털 도구를 활용하여 경험을 제공해야 한다. 넷째, 오프라인에서만 제공될 수 있는 서비스의 장점들을 극대화해야 한다. 본 연구는 디지털 시대에 럭셔리 브랜드에서 고객과 어떻게 소통해야 하는지 논의할 수 있는 장을 마련하였다.

사진 1 매장 직원의 도움 없이 모바일로
패션상품을 정보를 확인

출처
조민정 & 고은주(2022). 서비스 접점에서 럭셔리 브랜드와 고객과의 상호작용에 관한 탐색적 연구. *패션비즈니스, 26(5)*, 49–61.
사진 1 www.pexels.com

사례분석

"경험"의 혁신을 이끄는 이케아

패션기업들은 자사의 제품이나 서비스를 직접 사용해 보지 않은 잠재고객들이 보다 제품의 사용상황을 생생하게 체험할 수 있도록 다양한 형태의 판촉활동을 기획하고 있다. 제품의 구매 의사결정 과정에서 보다 많은 시간과 노력이 소요되는 고관여 제품의 경우 체험을 제공하는 마케팅은 잠재고객의 복잡한 구매 과정을 단순화 시키는 데 중요한 역할을 한다. 패션기업들은 고객에게 필요한 경험이 무엇인지에 대한 세밀한 분석을 통해 고정된 매장에서 고객을 기다리는 마케팅이 아니라 먼저 소비자들에게 적극적으로 다가가는 현장 체험 프로모션을 진행하고 있다. 최근 AR이나 VR과 같은 기술의 발전으로 인해 온라인 환경에서 이루어지는 가상 경험의 질이 높아졌을지라도 직접 경험하고 느끼는 것은 소비자의 의사결정에 여전히 중요한 영역을 차지하고 있다.

'IKEA IN MUSIUM OF ROMANTICISM'

고객 체험을 가장 성공적인 마케팅 도구로 활용하고 있는 브랜드는 당연 스웨덴 가구 기업 이케아다. 이케아 체험 전략의 핵심은 고객에게 이케아의 우수성을 증명하고 설득하는 것이다. 이케아의 제품은 가격 대비 품질이 우수하고 상대적으로 디자인도 좋은 제품으로 포지셔닝되어 있다. 그러나 이러한 이케아의 포지셔닝은 가성비는 높지만 디자인보다 기능성에 초점을 맞춘 제품이며 따라서 고급스럽고 세련된 공간에는 어울리지 않는다는 부정적 측면이 공존한다. 이러한 문제점을 해결하기 위해 이케아는 스페인 마드리드에 위치한 '낭만주의 박물관Museum of Romanticism'과 협업하여 이색 프로모션 진행하였다. 1924년 개관한 낭만주의 박물관은 10~19세기 유럽 낭만주의를 대변하는 고품격 전시물로 구성되어 있다. 그런 고품격 전시품들 사이로 이케아의 판매 중인 디자인 가구들을 미리 배치해 놓고 마치 숨은 그림 찾기처럼 박물관 방문객들이 진짜 이케아 가구들을 찾아보게 하는 이벤트를 기획하였다. 특히 박물관에 직접 오지 못한 사람들에게는 페이스북 360도 사진과 인스타그램 스토리를 통해 이케아 가구 찾기 체험에 참여할 수 있도록 하는 등 온·오프라인 동시 이벤트를 진행하였다. 결과적으로 참여자들은 숨겨놓은 이케아 가구들을 쉽게 찾지 못했고 세련되고 품격 높은 낭만주의풍 거실 곳곳에 비치된 이케아 가구의 디자인 역시 세련되고 감각적이라는 사실을 증명할 수 있었다.

국내에서 이케아는 고객들을 성수 에피소드 101 '이케아 룸'으로 초대해 1박 2일의 시간을 보내는 '이케아와 하루살기 슬립오버' 프로모션을 진행하기도 했다. 외곽의 쇼룸이 아니라 실제 주거 공간에 이케아의 제품을 그대로 옮겨 와 최근 빠르게 증가하고 있는 1인 가구들에게 이케아의 홈퍼니싱 솔루션을 체험할 수 있도록 한 것이다.

이케아가 제안하는 6개의 룸은 스마트&펀 디자인, 기능성과 실용성에 초점을 맞춘 공간, 홈 오피스, 숙면 솔루션, 휴가를 떠나온 것 같은 공간, 반려동물을 기르는 사람을 위한 공간을 콘셉트로 각각 구성되었다. 예를 들어, 반려동물 전용 룸에는 반려동물을 위한 놀이 공간은 물론, 반려동물과 주인이 함께 쉬고 잘 수 있는 소파베드가 갖춰져 있고, 스마트&펀 디자인 룸은 소파베드 아래 숨어있는 수납공간과 접을 수 있는 테이블을 배치해 작은 공간을 똑똑하게 사용할 수 있는 아이디어를 제안한다. 또 기능성과 실용성에 초점을 맞춘 룸은 중앙에 침대를 배치하고 침대 헤드 부분에 수납장을 세워 공간을 분리해 쓰는 솔루션을, 홈 오피스 룸에서는 침대를 펼치면 침실, 접으면 소파로 변신하는 오피스 솔루션을 선보인다.

에피소드 성수 101에 꾸며진 이케아 룸

이벤트 참여자들은 이케아 룸에 머물면서 1인 가구의 다양한 라이프스타일과 니즈를 반영한 이케아의 홈퍼니싱 솔루션을 경험하게 되고 이를 통해 집에서도 쉽게 적용할 수 있는 실용적인 노하우를 얻게 된다. 이는 제품의 구매 가능성과 함께 고객의 충성도도 높일 수 있다. 구매를 주저하는 고객들을 사로잡는 가장 확실한 방법은 일방적으로 제품의 우수성을 강조하는 푸시 메시지를 전달하기보다 제품이나 서비스의 성능을 고객이 충분히 인정하고 구매하고 싶도록 체험을 통해 증명해 보이는 것이다.

출처_ Otto Monitor(2018). Ikea: Museum Of Romanticism. insight.ottomonitor.com
브리크(2020.5.25). 에피소드 성수 101. magazine.brique.co

참고문헌

김주영, 민병필(2005). 판매촉진 수단 유형의 판촉효과 비교. *경영학연구, 34*(2), 449.

김희진(2004). *세일즈프로모션*. 서울: 커뮤니케이션북스.

박상준, 박소진(2008). 고객보상프로그램의 비교가능성과 매개물의 효과. *마케팅연구, 23*(3), 75-92.

송정미(2006). 브랜드관리를 위한 판매촉진(SP)전략 연구: 국내 디지털 카메라 시장을 대상으로. *한국 광고홍보학보, 8*(1), 67-93.

안광호, 김동훈, 유창조(2009). *촉진관리_통합적 마케팅 커뮤니케이션 접근*. 파주: 학현사.

이호배(2008). 판매촉진이 점포애호도에 미치는 영향. *상품학연구, 26*(4), 139-151.

한광석, 고한준(2007). 판매촉진이 매장 내 소비자에게 미치는 영향. *한국광고홍보학보, 9*(2), 145-176.

Bawa, K. & Shoemaker, R. W. (1987). The effect of a direct mail coupon on brand choice behavior. *Journal of Marketing Research, 24*(4), 370-376.

Blattberg, R. C., Eppen, G. D., & Lieberman, J. (1981). A theoretical and empirical evaluation of price deals in consumer nondurables. *Journal of Marketing, 45*(1), 116-129.

Dodson, J. A., Tybout, A. M., & Stemthal, B. (1978). Impact of deals and deal retractions on brand switching. *Journal of Marketing Research, 15*(1), 72-81.

Doob, A. N., Carlsmith, J. M., Freedman, J. L., Landauer, T. K., & Tom, S., Jr. (1969). Effect of initial selling price on subsequent sales. *Journal of Personality and Social Psychology, 11*(4), 345-350.

Dowling, G. R. & Uncles, M. (1997). Do customer loyalty programs really work? *Sloan Management Review, 38*(4), 71-82.

Gupta, S. & Cooper, L. G. (1992). The discounting of discounts and promotion thresholds. *Journal of Consumer Research, 19*(3), 401-411.

Helson, H. (1964). *Adaptation-level theory*. New York: Harper & Row.

Kahn, B. E. & Louie, T. A. (1990). Effects of retraction of price promotions on brand choice behavior for variety-seeking and last-purchase-loyal consumers. *Journal of Marketing Research, 27*(3), 279-289.

Keller, K. L. (1998). *Strategic brand management: Building, measuring, and managing brand equity*. New Jersey: Prentice-Hall.

Krishna, A., Currim, I. S., & Shoemaker, R. W. (1991). Consumer perceptions of promotional activity. *Journal of Marketing, 55*(2), 4-16.

Kuehn, A. A. & Rohloff, A. C.(1967). Consumer response to promotions. In P. J. Robinson(ed.), *Promotional decisions using mathematical models*(45-145). Boston: Allyn and Bacon, Inc.

Mela, C. F., Gupta, S., & Lehmann, D. R. (1997). The long-term impact of promotion and advertising on consumer brand choice. *Journal of Marketing Research, 34*(2), 248-261.

Neslin, S. A., Henderson, C., & Quelch, J. (1985). Consumer promotion and the acceleration of product purchases. *Marketing Science, 4*(2), 147-165.

O'Brien, L. & Jones, C. (1995). Do rewards really create loyalty? *Harvard Business Review, 73*(3), 75-82.

Pauwels, K., Hassens, D. M., & Siddarth, S. (2002). The long-term effects of price promotions on category incidence, brand choice, and purchase quantity. *Journal of Marketing Research, 39*(4), 421-439.

Prentice, R. M. (1977). How to split your marketing funds between advertising and promotion. *Advertising Age, 10*, 41-42.

Raghubir, P. & Corfman, K. (1999). When do price promotions affect brand evaluations? *Journal of Marketing Research, 36*(2), 211-222.

Raju, P. S. & Hastak, M. (1980). *Consumer response to deals: A discussion of theoretical perspectives.* In J. C. Olson (Ed.), Advances in Consumer Research, (Vol. 7, pp.296-297). Ann Arbor, MI: Association for Consumer Research.

Rossiter, J. R. & Percy, L. (1987). *Advertising communications & promotion management*(2nd ed.). New York: McGraw-Hill.

Shoemaker, R. W. (1979). An analysis of consumer reactions to product promotions. *Proceedings of the American Marketing Association*, Chicago, August, 244-248.

Tellis, G. J. (1997). *Advertising and sales promotion strategy.* MA: Addison-Wesley.

웨딩21뉴스(2021.6.10). 스토케-아난티, 가족 고객 대상 공동 프로모션 진행. www.wedding21news.co.kr

하입비스트(2021.5.9). 올해도 대란? 역대 스타벅스 여름 e-프리퀀시 이벤트 굿즈 살펴보기. hypebeast.kr

Affde(2021.2.15). 소셜미디어 콘테스트: 5가지 창의적인 브랜드 사례 및 이를 복제하는 방법. www.affde.com

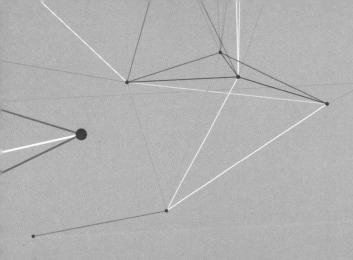

CHAPTER 10

PPL

새로운 미디어들이 지속적으로 등장하면서 상업적 메시지는 더욱 큰 폭으로 늘어나고 있다. 이러한 미디어 환경의 혼잡 속에서 마케터 주도적인 상업 메시지에 대한 노출을 의도적으로 피하려는 소비자의 광고 회피 경향은 더욱 커지고 있다. 따라서 패션기업은 경쟁적 커뮤니케이션 상황에서 원하는 노출 효과를 확보하면서 자사의 제품이나 브랜드를 보다 효율적으로 알리기 위해 새로운 커뮤니케이션 도구를 개발하여 이를 활용하는 기법들을 전략적으로 고려하고 있다. 최근 소비자의 신뢰가 낮고 비용 부담이 큰 기존 매체광고의 단점을 보완하면서 광고 수용도를 높여주는 PPL이나 간접광고가 상업광고의 대안으로서 활성화되고 있다.

1·PPL의 개요

PPL_{product placement}은 기존의 상업광고에 식상해 있던 소비자들을 설득하기 위해 할리우드에서 개발한 커뮤니케이션 기법으로 설득의도를 노출시키지 않는 혼성메시지 전략이다. PPL은 현재의 복잡한 메시지 노출 환경에서 소비자의 주목도를 높이려는 대안적 광고 방법으로 자리매김하고 있다.

1·PPL의 개념

여기에서는 PPL의 개념을 명확히 정의하고, PPL의 역사를 간단히 정리해 봄으로써 PPL이 새로운 커뮤니케이션 수단으로 도입된 배경을 살펴보고, 마지막으로 PPL의 현황에 대해 알아보고자 한다.

PPL의 정의

PPL이란 '상품 배치하기'라는 의미로, 보다 정확하게 말하자면 '특정 제품이나 브랜드가 영화 혹은 TV 프로그램에 녹아 들어가 통합되는 것'을 뜻하는 말이다. PPL의 정의는 학자들마다 다양한데, '영화, 뮤직비디오, TV 프로그램 등 각종 영상 제작물 안에 브랜드명이나 로고 등을 포함시키는 행위_{Steortz, 1987}' 또는 '브랜드나 제품의 계획적인 배치를 통해 수용자에게 영향을 미치려는 유료의 메시지_{Balasubramanian, 1994}', '영화, TV 드라마 외에 잡지, 뮤직비디오, 게임과 같은 대중적인 엔터테인먼트 콘텐츠 속에서 시각적 또는 청각적 수단을 통하여 제품이나 브랜드를 배치하는 것_{염성원 외, 2006}' 등으로 정의되고 있다.

정리해 보면 PPL은 소비자에게 광고라는 지배적인 생각을 주지 않으면서 영화나 TV 등에 유료로 기업의 브랜드나 제품을 등장시켜 소비자에게 자연스럽게 노출시키는 행위라고 할 수 있다. PPL은 시청자들에게 광고로 인식되지 않으면서 광고와 같은 설득적 효과를 얻을 수 있기 때문에 PPL의 개념을 설명할 때 혼성메시지_{hybrid message}라는 말을 자주 사용한다. 이는 광고주가 메시지에 대한 통제력을 유지하면서 퍼블리시티와 같은 비상업적인 메시지 특성을 강조할 수 있기 때문에 수용자의 신뢰를 확보할 수 있다는 의미이다. 따라서 혼성메시지라는 것은 광고의 장점과 퍼블리시티의 장점을 통합한 개념이라고 할 수 있다 그림 10-1.

그림 10-1
혼성메시지의 개념도

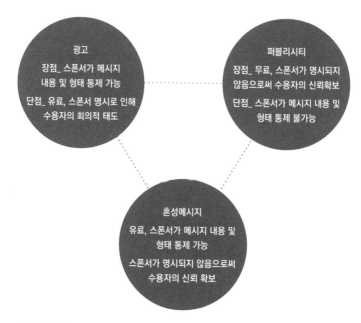

출처_ Balasubramanian(1994). Beyond advertising and publicity : Hybrid message and public policy issue. p.30.

PPL의 등장 배경

PPL이란 원래 영화 제작사 소품 담당자가 영화에 사용할 소품들을 배치하는 업무를 이르는 용어였다. 1970년대 이전만 해도 할리우드 제작사와 소품 담당자들은 영화 속에 등장하는 소품을 확보하는 데 어려움을 겪는 경우가 많았다. 이때부터 소품 담당자 출신들이 주축이 되어 초기의 PPL 대행사들이 출현하게 되었는데 이때까지만 해도 공급받은 제품들은 소품으로만 사용되었을 뿐 제품에 대한 상표 노출의 강제성은 거의 없었다이준일, 김하리, 2000. 최초의 PPL은 1945년 미국의 영화 '마일드리드 피어스Mildred Pierce'의 버번 위스키 '잭다니엘Jack Daniel'로 기록되고 있지만 PPL이 본격적으로 등장하게 된 것은 1982년 영화 'E.T'에서이다. 영화 'E.T'에 등장한 '리스 피스Reese's Piece' 사탕의 매출이 영화 개봉 3개월 만에 65%까지 급증하면서Nebanzahl & Secunda, 1993 PPL에 대한 가치가 새롭게 인식되기 시작했다. 현재 할리우드 영화는 PPL이 홍수를 이루고 있다고 해도 과언이 아니다.

국내의 경우 1990년대 초반 영화 '결혼이야기'에 처음 PPL이 등장한 이래 국내 영화시장이 커지면서 하나의 산업으로 태동하기 시작했다. 2010년 방송법 시행령의 개정으로 인해 PPL이 간접광고라는 명칭하에 합법적인 TV광고로 허용되면서 PPL 시장이 본격화되었다. 최근에는 영화나 TV에서 여러 가지 기법을 활용한 다양한 형태의 PPL이 운영되고 있어 그야말로 PPL의 전성기를 이루고 있다.

PPL이 하나의 강력한 커뮤니케이션 수단으로서 등장하게 된 배경을 살펴보면 다음과 같다.

첫째, 시청자의 광고 회피 현상zapping or zipping으로 인해 기존 방식의 TV광고의 메시지 효과가 하락하면서 패션기업들은 전통적인 광고매체가 가지고 있는 약점을 극복할 수 있는 새로운 광고매체를 추구하게 되었다. 따라서 상업적 의도를 배제시켜 심리적 반감을 줄임으로써 소비자의 수용도를 높일 수 있는 PPL을 고려하게 되었다.

둘째, TV매체가 광고 과잉으로 인하여 혼잡도가 높아지면서 패션브랜드들은 광고를 통한 인지도 제고가 이전보다 어려워졌다. 이에 따라 상업광고보다 노출확률이 높고, VODvideo on demand, TV 재방영 등의 반복적 노출을 통해 광고 효과를 높일 수 있는 PPL을 고려하게 되었다.

셋째, 영화나 TV에서 주요 인물들이 사용하는 패션상품들의 경우 소비자들 사이에서 큰 인기를 끌면서 유행으로 확산되기도 한다. 스타들을 모방하려는 욕구로 인하여 패션상품들의 수요가 폭발적으로 늘어난 성공사례들이 등장하면서 패션기업들은 PPL을 중요한 판촉도구로 고려하게 되었다.

최근 영화나 TV에서 유행했던 PPL 상품만을 전문적으로 파는 인터넷 사이트가 생겨나면서 판매촉진 수단으로서의 PPL 역할은 점차 확대되고 있다.

패션산업과 PPL

매체 환경의 변화에 새롭게 대응하기 위해 등장한 새로운 마케팅 기법인 PPL은 처음에는 영화에서 시작되었으나 현재는 TV 프로그램, 연극, 뮤지컬, 뮤직비디오, 인터넷 및 모바일 게임 등 다양한 분야로 확대되어 활용되고 있다. 특히 TV 드라마의 경우, 전체적인 질적 수준이 향상되면서 다양한 특수효과나 컴퓨터 그래픽 사용, 유명 배우들의 출연, 제작 기간의 증대 등으로 인해 제작 비용이 급격히 상승하고 있다. 따라서 TV 프로그램 제작사들 역시 제작비를 충당할 수 있는 새로운 수입원으로 PPL을 적극 활용하게 되었고, 이로 인해 TV PPL 시장은 영화 PPL 시장을 능가하면서 크게 성장하고 있다.

패션기업 입장에서 볼 때 TV 콘텐츠는 영화에 비해 제작 기간이 짧고 광범위한 소비자 노출이 가능하며, 안정적인 시청률 가지고 있고 젊은 층에 단기간에

그림 10-2
간접광고 제품 구매/이용 경험

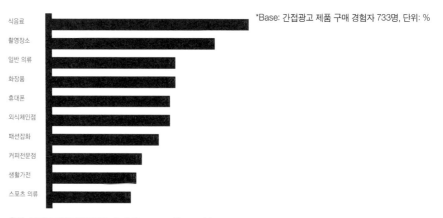

*Base: 간접광고 제품 구매 경험자 733명, 단위: %

- 식음료
- 촬영장소
- 일반 의류
- 화장품
- 휴대폰
- 외식체인점
- 패션잡화
- 커피전문점
- 생활가전
- 스포츠 의류

출처_ 코바코 2019 MCR (Media & Consumer Research)

어필할 수 있는 콘텐츠를 확보하고 있다는 점에서 매력적인 PPL 도구이다. 특히 제작 기간이 짧은 TV의 경우 패션상품의 PPL은 해당 시즌에 바로 방송되어 판매로 연결되기 쉽지만, 상대적으로 제작 기간이 긴 영화의 경우 해당 판매시즌이 종료된 후에야 영화가 상영되는 경우가 빈번하여 판매로 연결되는 데는 한계가 있다.

코바코 2019 소비자행태조사MCR 데이터에 따르면, 브랜드 인지에 기여한 매체 순위에서 TV PPL(45%)은 TV광고(82%)와 주변사람 추천(59%)에 이어 3위를 차지했고, 정보획득이나 호감형성 단계에서도 TV PPL을 꼽은 비율이 각각 36%로 5위안에 랭킹하였다. 특히 간접광고 제품의 구매 또는 이용 경험에 대해서는 식음료가 35%로 가장 높았고, 그 다음으로 촬영장소(29%)였으며, 의류제품과 화장품은 각각 22%로 3위를 차지하였다 그림 10-2. 그 외에 패션잡화(19%)도 20% 가까이 되고 있어 패션 관련 분야의 경우 PPL의 영향이 높음을 알 수 있다.

2∘PPL과 간접광고의 차이점

2010년 방송법 세부시행령이 개정되기 전까지는 지상파 TV 방송에서 PPL은 법적인 근거가 없이 관행적으로 집행되어 왔다. 그러나 간접광고가 법적 테두리 안에서 양성화되어야 한다는 주장이 설득력을 얻게 됨에 따라 방송법 시행령에 법적 근거가 마련되면서 PPL은 합법적인 광고의 하나로 간접광고라는 공식 명칭을 사용하게 되었다. 따라서 현재 방송 PPL은 기존의 방식대로 진행되는 협찬 형태의 PPL과, 방송광고공사에 비용을 지불하고 광고를 집행하는 간접광고가 혼재되어 운영되고 있다.

간접광고란 상업적 의도를 감추고 방송프로그램 포맷 안에서 브랜드명이나 제품 배치를 통해 소비자에게 자연스럽게 노출되는 형태의 광고를 말한다. 기본 개념에서는 기존에 TV나 영화에서 사용되어 온 PPL과 차이가 없지만 노출 형태나 거래방식에서 차이가 있다. 간접광고는 방송에서 브랜드나 상품의 자연스러운 화면 노출이 가능하지만, 협찬 형태의 PPL은 프로그램 끝에 협찬 목록으로만 나타나고 프로그램 진행 중에 브랜드명이나 로고가 보일 경우에는 모자이크 처리를 하게 되어 있다. 또한 광고비 책정과 거래에서도 기존의 PPL은 협찬주와 방송사 간에 비공식적이고 관행적으로 협찬 계약을 체결하는 것과 달리 간접광고의 경우 일반적인(직접적인) 방송광고와 같이 방송광고공사가 판매독점권을 보유한다.

간접광고의 거래는 방송사가 의뢰 주체가 되고, 방송광고공사(또는 미디어렙)가 대행하는 방식으로 이루어진다. 방송사가 상세 제작서에 따라 판매를 의뢰하면, 방송광고공사는 요금산정과 상품구성을 광고회사를 통해 광고주에게 제안하게 된다. 제안된 간접광고 상품은 이행 의뢰서에 따라 청약 절차를 밟게 된다. 간접광고의 판매 절차는 기존 지상파 TV 방송광고의 판매 절차와 유사하나, 기획단계에서부터 방송사와 외주제작사가 공동으로 참여한다는 점에서 차이가 난다.

간접광고 판매가는 해당 프로그램 15초 광고 판매가를 기준으로 장르별 등급, 노출 수준, 노출 횟수 등을 종합적으로 고려하여 산정된다. 시급에 따라 책정되는 기존의 방송광고 단가와 달리 간접광고 단가는 프로그램별 노출에 근거하며, 콘텐츠에 따른 가치를 반영할 수 있도록 가격탄력성을 부여한다. 따라서 광고주, 광고대행사, 미디어렙사 등이 제품 성격과 노출기간 등을 고려하여, 프로그램을 선정하고, 상품 노출안을 구성한 후, 최종적으로 가격을 결정하게 된다. 간접광고는 노출 수준에 따라 상품이 배경으로만 배치되는 단순노출이 있고, 콘텐츠 제작 단계에서부터 PPL을 염두에 두고 상황에 맞게 노출을 의도하는 기획 PPL이 있다. 기획 PPL의 대표적인 예를 들면, 드라마의 등장인물이 상품을 사용하면서 자연스럽게 상품의 기능을 보여주거나, 주인공의 직업군을 브랜드와 관련성이 높은 업종으로 설정하는 것 등이다.

현재 국내시장에서는 PPL과 간접광고가 명확하게 구분되지 않은 채 사용되고 있으며 국제적으로는 PPL이 공식용어로 사용되고 있다. 따라서 본서에서는 간접광고를 포함하는 포괄적인 개념으로 PPL이라는 용어를 주로 사용하고자 하며, 특별히 구분이 필요한 경우에만 간접광고의 용어를 사용하고자 한다.

2 · PPL의 유형

1 · 영화 PPL

영화 PPL의 노출 유형은 노출빈도에 따라 온셋 배치와 크리에이티브 배치로, 현저성 수준에 따라 두드러진 배치와 모호한 배치로, 정보양식에 따라 화면 속 배치, 대사 속 배치, 구성 속 배치로 분류할 수 있다.

노출 빈도에 의한 유형

노출 빈도에 의한 제시 형태에 따라 PPL은 온셋 배치와 크리에이티브 배치로 구분된다 Babin & Carder, 1996. 온셋 배치on-set placement는 의도적인 반복적 노출과 인위적인 배치를 통해 상품이나 상표 등을 두드러지게 보여주거나, 주연배우 중 한 사람에 의해 지속적으로 사용되는 경우이다. 구체적으로는 어떠한 단서를 제공하는 소품으로 등장하거나 연기자가 직접 사용하거나 언급하는 형태로 제품이 노출되는 것을 말한다.

'분노의 질주: 익스트림'은 전형적인 자동차 액션 영화이기 때문에 자동차 브랜드들의 PPL이 가장 많이 등장한다 그림 10-3. 벤틀리, 포드, 벤츠, 닷지Dodge, 쉐보레Chevrolet 등 자동차 전시장을 방불케한다. 그러나 이들을 모두 제치고 노출도와

그림 10-3
영화 '분노의 질주'의 언더아머

출처_ extmovie.com

가시성에서 압도적인 우위를 점했던 브랜드는 언더아머이다. 주인공 드웨인 존슨Dewayne Johnson은 해당 브랜드와 광고 계약까지 맺은 상태여서 언더아머의 신발, 글러브, 탑 등을 착용한 장면이 총 4분여간 등장하고 이 중 80% 정도의 시간 동안에는 로고도 선명하게 노출되었다.

크리에이티브 배치creative placement는 우연성을 가장한 단순노출로 한 장면의 배경에서 제품이나 브랜드가 자연스럽게 그리고 교묘하게 노출되도록 하는 것이다. 무대나 화면을 구성하는 요소로서 비교적 짧은 시간에 우연히 제품이나 브랜드를 노출시키는 것이다. 영화 '러브 앤 프렌즈Love & Friends'에서는 '타미힐피거Tommy Hilfiger'와 '티파니Tiffany' 매장들이 주인공이 지나가는 길거리의 배경으로 자연스럽게 등장하고 있다 그림 10-4.

그림 10-4
영화 '러브 앤 프렌즈'에 등장한 패션 매장

현저성에 의한 유형

PPL 유형은 현저성salience 수준에 의해서 두드러진 배치와 모호한 배치로 구분할 수 있다Gupta & Lord, 1998. 두드러진 배치prominent placement란 특정 장면의 중심부나 스토리상 중요한 의미를 갖는 장면에 배치시키는 것을 말한다. 캐주얼 브랜드 '갭Gap'은 2054년을 배경으로 전개되는 영화 '마이너리티 리포트Minority Report'의 한 장면에서 뚜렷하게 강조되었고, 영화 '섹스 앤 더 시티Sex and the City'에서는 주인공인 사라 제시카 파커Sarah Jessica Parker가 마놀로 블라닉Manolo Blanik 구두를 장면

그림 10-5
영화 '섹스 앤 더 시티'의 '마놀로 블라닉' 구두

의 중심에 부각시켜 시청자들의 관심을 이끌어냈다 그림 10-5. 한편, 모호한 배치 subtle placement는 스크린상에서 크기가 작게 배치되거나 배경 소품으로 사용되는 것을 말한다.

정보양식에 의한 유형

PPL은 정보양식infoamation modality을 기준으로 화면 속 배치screen placement, 대사 속 배치 soript placement, 구성 속 배치plot placement로 분류할 수 있다Russell, 1998.

화면 속 배치는 제품에 대한 주의를 끌어 낼 만한 메시지나 음성 없이 제품, 로고, 간판 혹은 다른 시각적 정보를 보여주는 것으로 가장 빈번하게 사용되는 유형이다. 또 대사 속 배치는 제품이 화면에 등장하지는 않지만, 브랜드명 또는 제품이나 브랜드와 관련된 특정 메시지를 대사로 언급하는 유형이다. 영화 '러브 앤 프렌즈'에서는 지니퍼 굿윈Ginnifer Goodwin(레이첼 역)이 친구인 케이튼 허드슨Kate Hudson(달시 역)의 핸드백을 찾아주는 과정에서 "샤넬?"이라고 브랜드명을 직접적으로 언급한다.

구성 속 배치는 영화나 드라마의 구성에서 중요하게 사용되거나 혹은 등장인물의 구축에 사용되는 제품으로 시각적 측면과 청각적 측면이 함께 사용되는 방법이다. 영화 '마이너리티 리포트Minority Report'에서는 영화 구성상 쫓기고 있던 주인공인 탐 크루즈Tom Cruise(존 역)가 자연스럽게 렉서스Lexus 자동차 공장으로 도망치게 되고 "렉서스에 오신 것을 환영합니다."와 같은 대사 언급과 함께 렉서스를 만드는 공장의 분위기를 자연스럽게 노출하고 있다. 뿐만 아니라 탐 크루즈가 부드럽고 우아하게 움직이는 빨간색 렉서스를 타고 추적자들을 따돌리면서 도망치는 명장면도 연출된다 그림 10-6.

그림 10-6
영화 '마이너리티 리포트'에 등장한
'갭' 매장과 렉서스 2054

2∘방송 PPL

방송 PPL은 뉴스와 시사 프로그램을 제외한 드라마나 연예, 오락 등 다양한 프로그램에서 가능하지만 가장 인기 있고 복잡한 구조를 가지고 있는 방송 드라마를 중심으로 PPL을 살펴보고자 한다. 방송 드라마를 제작 지원하는 PPL은 아래와 같이 크게 4가지로 분류된다.

슈퍼자막

프로그램이 끝날 때 화면 크기 4분의 1 이내에 회사의 로고나 브랜드를 노출해 제작을 지원했다는 것을 알리는 형태이다. 제작 지원 자막과 함께 로고가 띠 형태로 크게 노출되는 슈퍼자막과 미니바 형태로 여러 개의 브랜드 로고들이 함께 노출되는 미니자막 형태가 있다. 브랜드가 드라마 속에 녹아들어 있지는 않지만 브랜드의 이미지가 크게 노출된다는 점과 시청자의 집중도가 높은 시점인 방송의 엔딩신ending scene에서 나온다는 점에서 효과적인 광고라고 할 수 있다.

　라이프스타일 아웃도어 브랜드 디스커버리 익스페디션Discovery Expedition이 tvN 드라마 '도깨비'를 제작 지원하면서 슈퍼자막광고를 진행하였다 그림 10-7. 극 중에서 주인공인 공유(김신 역)와 김고은(지은탁 역)이 디스커버리 롱 밀포드 다운 재킷을 커플룩으로 착장한 방송이 나간 후 온라인과 매장에서 주문량이 폭주하면서 큰 폭으로 매출이 상승했다.

그림 10-7
tvN 드라마 '도깨비' 슈퍼자막광고와
미니자막광고

직업군 설정

극 중 주요 출연진을 광고주 관련 직업군으로 설정하여 자연스럽게 브랜드를 노출하는 형태이다. 극 중에서 주연인지 조연인지에 따라 메인 직업군과 서브 직업군으로 분류된다. 등장인물의 직업을 광고주와 관련된 것으로 설정할 경우 자연스럽고 용이하게 브랜드 노출을 할 수 있다는 장점이 있다.

하이엔드 여성복 미샤Michaa는 브랜드 뮤즈인 송혜교 주연의 SBS 금토드라마 '지금, 헤어지는 중입니다'에 제작 지원으로 참여했다. 극 중 패션업계 종사자로 나오는 송혜교(하영은 역)는 디자이너답게 고급스럽고 세련된 패션 스타일링을 선보여 화제 몰이를 했다. 3회에서는 화려한 빨간색 트렌치코트를 입고 등장하는가 하면 4회선 페미닌 실루엣의 화이트 롱코트를 입어 고급스러운 분위기를 연출하면서 다시 한 번 완판 신화를 기록했다.

에피소드

극 중 특정 스토리 설정을 통해 광고주의 제품이나 브랜드를 자연스럽게 노출하는 형태를 말한다. 에피소드는 기능 노출과 장소 노출로 다시 세분화할 수 있다. 기능 노출은 제품의 특징을 드라마에서 출연자의 대화나 시연 등을 통해 보여주는 방식이다. 광고주들이 자신의 제품 특성을 명확하게 보여줄 수 있으므로 가장 선호하는 방식이지만 심의 규정과 같은 규제 때문에 실행에 있어서는 노하우가 필요하다. 적합한 상황이 아님에도 불구하고 억지로 내용을 삽입하게 되면 극의 흐름이 끊어지게 되고 어색해져서 오히려 부정적인 감정을 일으킬 수도 있다. 장소 노출은 특정 장소나 특정 브랜드의 매장을 출연자들이 자연스럽게 방문하도록 스토리를 만드는 방식이다. 프랜차이즈 매장과 같은 경우 극 중의 배경으로 등장하는 경우가 많은데, 다양한 사건들이 일어나는 배경에 지속적인 매장 노출은 브랜드 인지도 향상에 큰 기여를 할 수 있다.

에피소드 유형은 다양한 형태로 기획될 수 있는데, 예컨대 극 중 주인공이 아웃도어 옷을 구매하는 장면을 만들게 되면 매장 노출과 의상 노출이 되지만, 눈비도

그림 10-8
tvN 드라마 '도깨비' 태그호이어
간접광고

출처_ jfeeling.tistory.com

막아주는 따뜻한 점퍼를 구매하는 설정을 통해 브랜드, 옷, 매장, 기능이 모두 언급되는 형태로 만들 수도 있다. 이때 브랜드 로고가 완전히 노출되는 형태는 간접광고이고, 로고가 노출되지 않는 협찬에 비해 광고비용이 높아지게 된다.

　tvN 드라마 '도깨비' 16회에서 도깨비 내외는 간소한 결혼식을 올리게 되는데 그전에 김고은이 공유에게 예물 시계를 고르기 위해 태크호이어_{Tag Heuer} 매장에 방문하는 장면이 노출된다 그림 10-8. 공유 예물 시계는 태그호이어의 대표 컬렉션 까레라 칼리버_{Carrera Calibre} 16으로 이미 예물 시계 순위 상위권에 들 정도로 인기 높은 모델이다. 이러한 극 중 에피소드 설정을 통해 태그호이어는 예물시장의 위치를 공고히 하고자 하였다.

협찬

물품 협찬, 장소 협찬, 차량 협찬, 세트 협찬 등 제작에 필요한 물질적 지원을 통해 제품이나 서비스를 노출하는 형태이다. 전체 제작 지원을 하면서 그중 한 부분을 현물 형태로 진행하여 브랜드 노출을 의도하는 경우가 일반적이다. 특히 물품 협찬의 경우 주요 등장인물이 사용하는 장소에 적절한 상품을 진열하는 방법으로 브랜드를 노출할 수 있어 효과적이다. 예컨대, 침실, 거실, 주방 등에 당연히 있어야 하는 상품을 특정 위치에서 고정적으로 반복 노출할 수 있다.

3 · 기타 PPL

MZ세대를 타깃 소비자로 삼는 브랜드가 늘어나면서 SNS상의 인플루언서들을 활용한 SNS PPL도 막강한 영향력을 발휘하고 있다. 일반적으로 SNS PPL의 비용은 해당 SNS의 구독자 수에 따라 정해지고 비용에 따라 보장하는 조회 수도 달라진다. 예를 들어, 영상조회 수 40만 뷰를 보장할 경우 3,000만원, 20만 뷰 보장의 경우는 2,000만원 등과 같은 형태로 PPL 상품이 판매된다. 그러나 보통은 여기에 별도 비용 예컨대, '2차 사용', '중간 삽입광고', '추천 댓글 상위 올리기' 등 콘텐츠 제작 외에 추가 옵션비용이 상당히 높은 편이다. 고비용을 지불하는 상황임에도 불구하고 광고주의 제작 참여는 극히 제한된다. 부분적으로 브랜드의 요청에 따라 SNS PPL 콘텐츠를 기획하는 경우도 있지만, 유명 크리에이터의 경우 자신의 SNS 콘텐츠 성격에 맞게 브랜드 노출을 기획하는 경우가 대부분이다월간중앙, 2020.8.3. 기본적으로 SNS PPL일지라도 유료광고일 경우에는 반드시 표기하는 것이 원칙이지만, 공중파에 비해 규정이 엄격하게 지켜지지 않고 있어 소비자의 알 권리가 침해당하는 경우도 흔하다.

그 외에 게임이나 메타버스와 같은 가상매체를 활용한 PPL도 최근 크게 주목받고 있다.

3 · PPL의 효과

PPL에 대한 선행연구들은 PPL의 효과에 대해 혼합된 결과를 제시하고 있다. 여기에서는 다양한 이론을 중심으로 PPL의 효과를 살펴보고, 상업광고의 대안으로 등장한 PPL의 장단점을 제시하고자 한다.

1 · PPL의 효과 이론

PPL의 효과를 설명하는 이론에는 단순노출효과, 맥락효과, 대리학습, 레스토르프 효과 이론 등이 있으며 여기에서는 이들 이론에 대해 간단히 살펴보고자 한다.

단순노출효과 이론

단순노출효과mere exposure effect는 수용자에게 어떤 메시지를 반복해서 제시하면 의식적인 인지적 과정을 거치지 않고 수용자들이 그 메시지에 긍정적인 태도를 형성하게 된다는 것으로 자용Zajonc, 1968에 의해 제기되었다. 어떤 상품명, 제품, 브랜드를 자주 접하게 되면 신념이 형성되지 않은 상태라도 그것에 대해 보다 긍정적인 반응을 나타내게 된다는 것이다. 자용Zajonc, 1968은 단순노출효과를 검증한 실험연구에서 피험자들에게 의미없는 단어와 중국문자를 1회, 2회, 5회, 10회, 25회 등으로 반복 노출하고 단어의 의미를 추측하게 한 결과, 노출 횟수가 많을수록 단어의 의미를 긍정적으로 평가하는 것으로 나타났다.

이 이론을 PPL과 연계하여 살펴보면, 영화 속에 제품이나 브랜드가 자주 등장하게 되면 소비자들은 그 제품에 대해 친숙성이 높아지고 친숙성이 높아질수록 그 제품이나 브랜드에 대해 호의적인 태도를 형성할 수 있게 된다Vollmers & Mizerski, 1994. 양윤과 성충모2001는 이러한 이론적 근거하에 영화 속 PPL의 노출 빈도에 따른 광고의 효과를 측정하였는데, 연구 결과 노출 빈도가 높을수록 인지도, 선호도, 구매의도가 높은 것으로 나타나 단순노출효과 이론을 지지하였다.

이러한 결과는 영화나 TV PPL을 기획할 때 일회성 노출보다 주인공이 지속적으로 사용하는 제품으로 배치하거나 주인공이 많은 시간을 보내는 생활공간 등의 형태로 배치할 경우 반복적인 노출이 많아지고 수용자의 호의적인 태도를 유도할 수 있음을 의미한다.

맥락효과 이론

맥락효과context effect란 어떤 사건을 회상하거나 재인할 때 그 사건이 발생했던 원래의 맥락이 많이 제시될수록 기억이 잘 된다는 내용으로, 지각이 대상의 특성뿐만 아니라 맥락에도 영향을 받는다는 것을 설명한 이론이다. 일반적으로 선행연구들은 PPL이 노출 장면의 맥락과 잘 어울릴수록 회상이나Godden & Baddeley, 1975 선호도D'Atous & Chartier, 2000에 긍정적인 결과를 미친다고 제시하고 있다. 고든과 배들리Godden & Baddeley는 1975년 학습맥락과 인출맥락의 관계를 설명하는 실험을 진행하였다. 수중 다이버들에게 40개의 단어를 해변과 20피트 수중에서 학습하게 한 후 이 목록을 동일한 환경과 상이한 환경에서 각각 회상하도록 하였다. 피험자들은 그들이 학습한 것과 동일한 맥락에서 회상하였을 때 50% 정도나 더 우수한 기억을 보여 맥락효과를 검증하였다.

맥락효과 이론을 PPL에 적용해 보면, 영화나 TV의 특정 상황이나 분위기에서 특정 브랜드나 제품이 사용되었다면 그 상황이나 분위기는 그 브랜드나 제품을 해석하는 일종의 맥락으로 작용할 수 있다. 예를 들어, TV 드라마에서 고급스러운 분위기의 파티에 가는 주인공이 샤넬 백을 들고 있다면 소비자들은 그러한 파티에 가야할 때 해당 브랜드를 자연스럽게 고려하게 된다. 특히 특정 브랜드나 제품이 프로그램의 특정 장면과 연결될 경우 그 장면을 회상함으로써 브랜드에 대한 인지도도 높아질 수 있다. 이는 PPL을 기획할 때 단순한 노출보다는 전체 구성에 어울리면서 브랜드와의 적합성도 높은 맥락을 고려하는 것이 중요하다는 것을 말해준다.

대리적 학습 이론

대리적 학습vacarious learning이란 소비자가 직접 행동함으로써 학습하는 것이 아니라 다른 사람, 즉 모델이 어떤 행동을 하는 것을 관찰함으로써 학습하는 것을 말한다. 관찰자는 모델이 어떤 행동을 수행한 후 좋은 결과를 얻게 되면 이 모델의 행동을 모방하게 되고 좋지 못한 결과를 얻게 되면 이런 행동을 하지 않도록 학습된다. TV나 영화 속 출연자는 일종의 모델로서의 역할을 수행하기 때문에 수용자는 출연자가 사용한 제품에 대해 자연스럽게 대리학습을 하게 된다. 특히 모델이 유명인이거나 매력적인 사람일 경우 그 행동에 대한 모방 욕구가 더욱 커져 대리학습의 효과도 높아지는 것으로 나타나고 있다McCracken, 1989. 주인공과 특정 제품을 중심으로 한 영화나 TV의 주요 장면들은 대리학습 효과를 쉽게 설명해 준다. 영화 '악마는 프라다를 입는다The devil wears Prada'에서 잡지사에 근무하는 주인공 앤 헤서웨이Anne Hathaway(앤디 역)는 처음에는 촌스러운 스타일로 주위의 무시를 받지

만 점차 자신의 일에 익숙해지면서 세련된 모습으로 변해 간다. 완벽하게 변신한 후 처음 등장할 때 착용한 룩이 블랙 트위드 샤넬 재킷에 허벅지까지 오는 롱 샤넬 부츠이다 그림 10-9. 앤의 여자 동료들이 그녀의 변신한 모습을 경악을 금치 못하는 눈으로 쳐다보는 장면이 연출된다. 이 영화 곳곳에서 샤넬의 의상은 주인공을 가장 돋보이게 하는 역할로 등장하고 있어 관객들로 하여금 샤넬에 대한 대리학습을 유도해내고 있다.

레스토르프 효과 이론

소비자는 외부로부터 들어오는 모든 자극에 대하여 동일한 정도의 주의를 기울일 수 없으므로 선택적 지각을 수행하게 된다. 소비자가 정보를 지각하는 데 있어서 그 정보의 참신성과 예측 가능성이 영향을 미칠 수 있는데, 즉 쉽게 예측될 수 있고 자연스럽게 흘러가는 평범한 정보보다 참신하고 기대되지 않았던 현출성이 강한 정보를 지각할 경우 주의를 집중하게 되고 쉽게 회상하게 된다는 것이다. 이를

레스토르프 효과_{Restorff Effect}라고 한다_{Balasubramanian, 1994}.

굽타와 로드_{Gupta & Lord, 1998}는 영화 속 PPL의 유형을 두드러진 배치와 모호한 배치로 분류하고 여기에 일반광고를 포함하여 3가지 유형의 자극물을 만들어 피험자의 회상에 미치는 영향력의 차이를 살펴보았다. 연구 결과 두드러진 배치를 본 피험자의 회상이 가장 높았고 그 뒤로 광고, 모호한 배치 순으로 나타났다.

핀_{Finn, 1998}의 연구에서도 낮은 현출성을 가지는 브랜드보다 높은 현출성을 가지는 브랜드가 시청자의 주목을 이끌어내는 데 유용하며, 제시되는 자극물의 크기를 키우는 것이 수용자의 주목도와 회상률을 높일 수 있다고 제시하여 레스토르프 효과를 지지하는 결과를 도출하였다.

2∘PPL의 효과 차원

PPL의 효과는 광고 메시지의 재인과 회상과 같은 인지적 차원, 광고 메시지에 대한 태도와 같은 감정적 차원, 광고 메시지가 구매로 이어지는 행동적 차원에서 살펴볼 수 있다.

인지적 차원

PPL의 인지적 차원의 효과는 보통 브랜드 재인이나 회상의 측정을 통해 이루어진다. 재인은 소비자가 마케팅 자극에 노출되었을 때 그 자극에 대해 과거에 노출된 적이 있는지 측정하는 것이고, 회상은 기억 속에 저장된 광고의 내용이나 브랜드와 관련된 정보 등을 외부의 도움 없이 인출해 낼 수 있는지를 측정하는 것이다.

PPL에 노출된 이후 시청자들이 영화 속에 배치된 제품 혹은 브랜드를 주목하거나 회상할 수 있는가의 문제는 PPL과 관련된 중요한 연구주제 중의 하나이다. 이러한 PPL의 회상 효과에 대한 연구들은 일관성 없는 결과를 보여주고 있지만, 대체적으로 PPL은 브랜드 회상에 긍정적인 영향을 미치는 것으로 나타나고 있다. PPL 제품에 대한 브랜드 회상을 측정한 스털츠의 연구_{Steortz, 1987}에서 영화를 본 사람들에게 제품 카테고리를 제공하는 보조회상을 측정한 결과, 응답자의 평균 38%가 그들이 영화에서 본 브랜드를 기억하였다. 한편 PPL

이 수용자들의 브랜드 재인이나 회상에 긍정적인 영향을 미치지만 절대적인 효과를 나타내지 못하고 상황에 따라 서로 다른 결과를 가져온다는 연구 결과도 제시되고 있다. 즉, PPL의 실제 회상은 제품이 화면에 등장한 수준, 언급 정도, 노출 시간, 배치 유형에 크게 의존한다는 것이다. 또 카르Karrh, 1994는 단순히 PPL을 제시하는 것만으로는 제품 회상이 되지 않는다고 주장하였다. 그는 제품에 대한 친숙성, 사전영화 노출 여부, 영화 선호노 등이 PPL 노출에 따른 제품 회상에 매개변인으로서 작용한다고 했다. 옹과 메리Ong & Meri는 노출에 따른 회상률을 측정하면서 소비자들이 제품에 대해 기존에 가지고 있는 친숙도의 개념을 도입하였다. 즉각적인 회상에 대한 측정치를 얻어내기 위해 영화를 방금 관람하고 나온 사람들을 대상으로 영화에 나온 브랜드에 대해 75명의 응답자에게 설문하였는데, 그 결과 친숙한 브랜드가 친숙하지 않은 브랜드보다 훨씬 회상도가 높은 것으로 나타났다.

감정적 차원

PPL이 감정적 차원에서 브랜드 태도에 어떠한 영향을 미치는지에 대한 기존 선행연구들을 살펴보면 다소 혼합된 결과를 나타내고 있다. 일부 연구들은 PPL이 브랜드 태도에 긍정적인 영향을 미치지 않는다는 결과를 제시하고 있다Karrh, 1994; Vollmer & Mizerski, 1994. 볼머와 미저스키Vollmer & Mizerski, 1994는 영화 속에 PPL 제품은 단순 노출만으로 제품에 대한 긍정적인 감성을 유발한다는 가설을 설정하고 이를 검증하였으나, 실제 실험 결과 브랜드 태도에 있어서 유의한 차이가 없는 것으로 나타났다. 카르Karrh, 1994의 연구 결과에서도 영화관람 이후 영화에 PPL로 노출된 브랜드에 대한 평가는 변하지 않았으며, 심지어 PPL 브랜드를 잘 기억할 경우라도 브랜드 제품에 대한 태도에서는 변함이 없는 것으로 나타났다. PPL이 브랜드에 부정적인 영향을 미친다는 연구들도 있는데, 호머Homer, 2009의 연구에서 현저성이 높은 PPL은 브랜드 태도에 부정적인 영향을 미치고 특히 반복 노출이 증가할수록 더욱 부정적인 것으로 나타났다. 즉, 현저성이 높은 두드러진 배치를 하는 경우 시청자들의 정교화 수준을 상승시키고 결과적으로 정보 원천에 대해 신뢰노를 저하해 설득을 방해하게 되는 것이다.

반면, PPL이 브랜드에 대한 태도에 긍정적인 영향을 미친다는 연구 결과도 보고되고 있다. 네벤잘과 세컨다Nebenzahl & Secunda, 1993는 PPL에 대한 수용자들의 태도

연구에서, 영화관에서 사용되는 일반적인 상업광고, 예고편 속 제품 배치, 영화 속 제품 배치를 비교한 결과 예고편 속 제품 배치를 가장 선호하는 것으로 나타났고 그 다음으로 영화 속 제품 배치, 일반적인 상업광고 순으로 나타나, PPL이 상업광고에 비해 제품 선호도에 더 긍정적인 영향을 미치는 것을 확인하였다. 굽타와 굴드Gupta & Gould, 1997의 연구에서도 PPL에 대한 일반적인 태도가 긍정적이면 영화 속 PPL에 대한 태도도 긍정적이라는 결과를 제시하였다.

행동적 차원

PPL은 제품에 대한 브랜드 인지나 호의적인 태도 형성이 주요 목적이지만 구매의도를 높이는 것 역시 궁극적인 목적 중 하나이다. 베이커와 크로포드 Baker & Crawford, 1995는 영화 'Wayne's World'를 함께 관람한 43명의 학생들을 대상으로 조사한 결과, 조사 이전에 선호한다는 브랜드가 영화 내에서 PPL로 노출되었을 때 구매의도가 16%나 상승함으로써 PPL이 단기적인 구매의도에 영향을 미친다는 사실을 확인하였다. 그러나 론Ron, 1996은 PPL이 구매의도나 실제 구매에 크게 영향을 미치지 않는다고 하여 상반된 주장을 제기하였다. 이준일과 김하리2000의 연구에서는 PPL 효과를 매출과 관련하여 직접적으로 측정하였는데, TV 드라마의 평균 시청률, PPL의 노출 시간, 배치 유형, 배우의 역할에 대한 일체감을 이용하여 PPL 전후의 매출 변화를 연구하였다. 연구 결과에 따르면 시청률이 높을수록, 배우에 대한 동일시 정도가 클수록, 그리고 시청각 혼합양식을 사용할수록 매출 변화는 더욱 큰 것으로 나타났다. 위와 같은 PPL 효과에 대한 실험연구들에서 나타난 결과가 PPL에 따른 효과인지 아니면 다른 요인들에 의한 효과인지를 구분하는 것이 쉽지 않기 때문에 좀 더 정교한 수준의 실험연구가 요구되고 있다.

　행동적 차원에 있어서 PPL의 직접적 효과에 대한 증거는 실증적 연구에서 보다는 실제 사례에서 더 많이 찾을 수 있다. 예를 들어, 1995년 007 시리즈 중의 하나인 '골든 아이'에서 007로 나온 피어스 브로스넌Pierce Brosnan의 손목 위에서 빛을 발하던 오메가 시계는 40%의 매출 신장을 기록했다. SBS 드라마 '천일의 약속'에서 알츠하이머 판정을 받은 수애(서연 역)가 메고 나왔던 '올리비아로렌'의 후다크로스 백은 일명 '청순 수애 백'이라고 별칭이 붙으면서,

2011년 10월 말 드라마 방송 이후 출시 대비 약 40%가 넘는 매출 신장률을 보였다고 한다 <small>헤럴드 경제, 2011.11.30.</small>

3 ∘ PPL의 장단점

PPL은 소비자의 상업광고에 대한 거부감을 해소하고 소비자의 의식 속에 자연스럽게 스며들어 제품이나 브랜드를 표적시장의 마음속에 포지셔닝시킬 수 있다는 측면에서 현재 많은 패션기업들의 마케팅 수단으로 각광받고 있다. PPL이 가지고 있는 장점을 몇 가지 측면에서 살펴보면 다음과 같다.

첫째, 브랜드 수용도를 높일 수 있다. 기존의 직접광고가 가지고 있는 가장 큰 약점은 수많은 광고물로 인한 심리적 거부감과 광고에 대한 낮은 신뢰도이다. 그러나 PPL을 통해 영화나 TV 프로그램에 등장하는 일상적인 제품들은 극의 현실감을 높여주는 역할을 수행하면서 소비자들이 브랜드나 제품을 자연스럽게 수용할 수 있도록 도와주고 있다.

둘째, 비용대비 노출효과가 크다. 국내 광고의 경우, 단 한 번의 15초 광고를 위해 천만 원 이상을 지불해야 하지만 이러한 비용을 투자하고도 원하는 광고효과를 얻기는 더욱 힘들어지고 있다. 이러한 상황에서 영화나 TV 속 PPL은 극중에 노출되기 때문에 주목도도 높고, 비디오나 VOD 시장에서의 재상영이나 TV나 CATV 등에서의 재방송을 통해 노출효과를 극대화할 수 있다.

셋째, 홍보효과를 가져온다. PPL은 대부분 극 중에서 유명 배우들에 의해 노출되는데, 일부 PPL 제품의 경우 '청순 수애 백'과 같이 제품에 톱스타의 이름까지 붙여지면서 브랜드나 제품의 홍보에 결정적인 영향을 미치고 있다. 뿐만 아니라 이러한 상품은 소비자의 모방심리를 부추겨 매출 증대 효과까지 얻고 있다.

넷째, 효과적인 글로벌 마케팅의 수단이 된다. 최근 영화나 TV 콘텐츠는 국경을 초월한 판매망을 통해 그 문화적 영향력을 넓혀 가고 있다. 따라서 이러한 매체를 이용하여 집행되는 PPL은 전 세계의 소비자에게 전달될 가능성이 높아지고 있다. 특히 세계시장을 타깃으로 하는 글로벌 기업은 자사의 브랜드를 PPL로 삽입한 영화나 TV 드라마가 성공을 거둔 경우 전 세계 수십억에 달하는 시청자를 한꺼번에 끌어모을 수 있게 된다. 국내 영화나 드라마 역시 일본이나 중국, 동남아 등으로 활발히 수출되고 있어 PPL은 세계시장을 공략하는 국내 기업들의 중요한 커뮤니케이션 도구로 이용되고 있다.

다섯째, 다른 커뮤니케이션 수단과의 연계 마케팅을 통해 광고효과를 극대화할 수 있다. 예컨대 영화나 드라마 속의 장면과 유사한 광고를 만들거나, 영화나 드라마 속에 배치된 상품과 연계된 이벤트 등을 통해 부가적인 홍보 효과를 유도할 수 있다.

한편, 영화나 TV 드라마에 있어서 하나의 콘텐츠 역할을 하고 있는 PPL이 극 중 내용과 자연스럽게 어울리지 못할 경우 오히려 수용자나 관객의 거부감을 일으켜서 영화나 TV 프로그램과 PPL 제품 모두에 부정적인 영향을 미칠 수도 있다. 이러한 PPL의 단점 또는 한계점을 몇 가지 측면에서 정리하면 다음과 같다.

첫째, 지나친 브랜드 노출은 극 중 구성의 다른 요소를 방해할 수 있어 오히려 브랜드에 역효과를 일으킬 수 있다. 간접광고라는 단어에서도 알 수 있듯이 PPL은 영화나 드라마에 자연스럽게 녹아 있을 때 진가를 발휘한다. 지나치게 의도된 PPL은 영화나 드라마 전개의 맥을 끊거나 현실과 동떨어지게 되어 작품의 완성도를 떨어뜨리게 되고 심지어 브랜드 태도에도 악영향을 미칠 수 있다. 예를 들어, 인기 배우들이 등장하는 일부 TV 드라마의 경우 PPL을 위해 드라마 내용과는 무관한 장면들을 삽입하면서 PPL을 통한 광고효과를 얻기보다는 시청자들에게 원성을 듣는 등 역효과를 불러일으키기도 했다.

둘째, 영화예술의 순수성을 저해할 수 있다. 공공의 영화 속에 제품광고를 교묘히 삽입하여 소비자의 구매 행동을 조작한다는 사회적 반발이나 해당 행위에 따른 법적인 문제가 제기될 수 있다. 영화 속의 제품 삽입은 예술로서 영화의 지위에 심각한 손상을 가져올 수 있고 광고주의 과도한 개입으로 인해 영화제작이 경제적 이윤 창출에만 초점을 맞추게 될 가능성도 있다.

마지막으로 PPL 성공의 핵심이 되는 TV나 영화의 성공이 기업의 통제권 밖에 있다는 것이다. 패션기업이 PPL에 막대한 자금을 투자하였지만 영화의 홍행이 저조하거나 TV 드라마의 시청률이 기대에 미치지 못할 경우 기업은 목표한 마케팅 효과를 획득할 수 없다. 그러나 실제로 영화나 TV 드라마가 시작되기 전까지 어느 누구도 그 성공을 장담하기는 어렵다.

콘텐츠를 재활용하는 풋티지 광고

방송 프로그램 내에서 제작되는 다양한 유형의 콘텐츠가 다시 다양한 형태의 광고로 재활용되는 것을 콘텐츠 연계광고라고 부른다. 즉, 콘텐츠 내에 삽입되지 않더라도, 콘텐츠의 방영 시점이나 방영 내용을 활용한 형태의 광고를 말한다. 예를 들어, 인기 콘텐츠의 이미지나 영상을 구입하여 광고를 만들거나(풋티지 광고), 또 다른 디지털 콘텐츠를 만드는(MCN 콜라보 영상) 등의 다양한 방식들을 사용하고 있다.

콘텐츠 연계광고의 가장 큰 강점은 다른 광고에 비해 노출효과가 우수하다는 것이다. 예컨대, PPL은 내용을 완벽하게 통제하기 어렵고, 가상광고는 크기 및 음향의 제한이 있으며, 프로그램 시보는 10초라는 한정된 시간을 가지고 있다. 하지만 콘텐츠 연계광고는 일반광고의 형태를 띠면서 광고 클러터를 극복할 수 있는 콘텐츠의 인지도와 호감도를 이미 가지고 시작하게 된다. 따라서 소비자들이 광고가 지니는 상업적 목적이 아닌, 하나의 콘텐츠로 접근할 수 있다는 점에서 큰 영향력을 발휘하게 된다.

콘텐츠 연계광고에서 가장 많이 활용되는 것이 풋티지Footage 광고이다. 풋티지란 보통 1피트당 프레임 수로 나타내는 필름의 길이를 말하는 것으로 35mm필름 경우 16프레임이 1피트이고 24프레임이 1초다. 일반적으로 풋티지 광고는 드라마나 영화 장면을 활용해 새로운 광고 콘텐츠를 파생시키는 방식을 말하며, 콘텍스트context 광고라고도 한다. 드라마나 예능 프로그램의 실제 장면을 그대로 광고에 삽입하거나, 특정 상황 혹은 작품 속 캐릭터를 새로 편집하여 다른 음성을 삽입하는 형태가 일반적이다. 보통은 화면 상단에 '광고 영상'이라는 글자를 작게 넣지만, 기존 영상의 장면과 소리가 그대로 나오는 부분도 있어서 시청자들이 광고 초반에는 기존 영상으로 착각하기 쉽다. 15~30초 광고가 끝날 때쯤 광고라는 것을 인식하도록 만들어 순간적인 광고 몰입도는 높여주는 방식이다. 따라서 풋티지 광고는 CF와 콘텐츠 속 간접광고의 진화된 형태라 할 수 있다.

풋티지 광고의 장점으로는 첫째, 기존 드라마나 예능 콘텐츠에 대한 호감이 브랜드와 제품으로 자연스럽게 연결되기 때문에 높은 제품 노출도와 몰입도를 획득할 수 있다. 둘째, 모든 풋티지 광고에 배우가 등장하는 것은 아니지만, 해당 드라마 속 인물을 연기한 배우와 광고 집행 브랜드 간의 이미지 매치가 자연스러운 경우 광고효과를 극대화할 수 있다. 셋째, 콘텐츠 구매 비용이 들지만, 보통은 기존 영상을 재활용하면서 오디오 더빙만 하기 때문에 제작이 쉽고, 제작기간이 짧아 상대적으로 제작비가 저렴하다. 기존 영상 구매를 위해서는 영상 사용에 대한 라이선스 비용과 여기에 출연하는 배우들에게 초상권 사용료를 지불하면 된다.

풋티지 광고는 여러 가지 측면에서 매우 효율적이고 효과적이라고 하지만 긍정적인 면만 있는 것은 아니다. 첫째, 실제 풋티지 광고의 제작에 있어서 브랜드와 적합한 장면 즉, 소재를 찾는 것이 쉽지 않고, 인기있는 소재는 빨리 선점해야 한다는 어려움도 있다. 둘째, 풋티지 광고가 이슈를 만들기에 좀 더 나은 위치에서 출발할 뿐 기존 콘텐츠로 돋보이는 광고 크리에이티브를 만드는 일은 단순한 작업만은 아니다. 셋째, 풋티지 광고 제작에 필요한 콘텐츠를 만들기 위해 지나친 간접광고를 사전에 진행하는 경우가 생겨 시청자들의 볼 권리 침해라는 문제를 야기하게 된다.

스포츠 브랜드 르까프는 tvN 프로그램 '삼시세끼'에 출연하는 배우 이서진을 활용하여 풋티지 광고를 진행했다. 광고 내용을 보면 이서진은 강원도 정선의 시골집에서 부채로 불을 피우며 '어깨 운동'을 한다. 설거지는 '손목 운동', 도마 위에 가지런히 채를 써는 것은 '손가락 운동'이다. 그리고 중간에 르카프 운동복을 입고 신발끈을 매는 장면으로 자연스럽게 제품을 노출한다. 시골집 처마 아래서 몸을 풀며 "사는 게 다 스포츠야"라는 이서진의 멘트와 함께 르까프 로고로 엔딩한다. 인기 콘텐츠에 밀착해서 프로그램 속 호감 이미지를 그대로 제품으로 연결지으면서 직접적인 광고 메시지를 내보내는 전략이다.

르까프, TvN 프로그램 '삼시세끼' 풋티지 광고
출처_ www.youtube.com

드라마 명장면들을 재편집한 풋티지 광고들은 유튜브 채널에서도 인기몰이를 하면서 광고노출 기회를 확대시킬 수 있다. SNS의 급속한 발달로 정보의 전달 속도가 빨라지면서 소비자들의 새롭고 다양한 콘텐츠에 대한 욕구가 증대하고 있어 콘텐츠를 중심으로 하는 다양한 마케팅 아이디어들이 지속적으로 개발될 것으로 보인다.

출처_ 연합뉴스(2015.6.4), '방송인듯 광고인듯' 풋티지 열풍. www.khan.co.kr
광고정보센터 매거진(2017.8.28), [TREND]요즘 핫(Hot)한 방송콘텐츠를 연계해 광고하는 Tip - PPL, 가상광고 사례. www.ad.co.kr

참고문헌

양윤, 성충모(2001). 영화에서의 PPL 광고효과 측정: 영화 해기 서쪽에서 뜬다면과 대학생을 중심으로. *광고연구*, 53, 135-154.

염성원, 김동준, 한승수(2006). TV 간접광고에 관한 동향과 인식에 관한 연구. *광고학연구*, 17(4), 61-86.

이준일, 김하리(2000). TV 방송에 있어서 PPL 효과에 관한 연구. *한국언론학회 학술대회 발표논문집*, 43-61.

D'Astous, A. & Chartier. F.(2000). Study of factors affecting consumer evalusions and memory of product placements in movies. *Journal of Current Issues and Research in Advertising, 22*(2), 31-40.

Babin, L. A. & Carder, S. T.(1996). Viewers' recognition of brands placed within a film. *International Journal of Advertising, 15*(2), 140-151.

Balasubramanian, S. K.(1994). Beyond advertising and publicity: Hybrid messages and public policy issues. *Journal of advertising, 23*(4), 29-46.

Baker, M. J. & Crawford, H. A.(1996). Product placement. In E. A. Blair & W. A. Kamakura (Eds.), *Proceedings of the 1996 Winter Marketing Educator' s Conference.* Chicago, IL: American Marketing Association.

Finn, A.(1988). Print ad recognition readership scores: An information processing perspective. *Journal of Marketing Research, 25*(2), 168-177.

Godden, D. R. & Baddeley, A. D.(1975). Context-dependent memory in two natural environments: On land and underwater. *British Journal of Psychology, 66*(3), 325-331.

Gupta, P. B. & Gould, S. G.(1997). Consumers' perception of the ethics and acceptability of product placement in movies: product category and individual difference. *Journal of Current Issues and Research in Advertising, 19*(1), 37-50.

Gupta, P. B. & Lord, L. R.(1998). Product placement in movies: the effect of prominence and mode on audience recall. *Journal of Current Issue and Research in Advertising, 20*(1), 47-59.

Hommer, P. M.(2009). The impact of placement type and repetition on attitude. *Journal of Advertising, 38*(3), 21-31.

Karrah, J. A.(1994). Effects of brand placement in motion pictures. *Proceedings of the 1994*

Conference of American Academy of Advertising, 90-96.

McCracken, G.(1989). Who is the celebrity endorser? Cultural foundations of the endorsement process. *Journal of Consumer Research*, 16, 310-321.

Nebenzahl, I. D. & Secunda, E. D.(1993). Consumer's attitudes towards product placement in movies. *International Journal of Advertising, 12*(2), 1-11.

Ong, B. S. & Meri, D.(1994). Should product placement in movies be banned?. *Journal of Promotion Management, 2*(3/4), 159-175.

Ron, S.(1996). *The effects of integrating active brand messages into videogames as a new channel for marketing*. Unpublished Doctoral dissertation, University of Florida.

Russell, C. A.(2002). Investigating the effectiveness of product placements in television shows: The role of modality and plot connection congruence on brand memory and attitude. *Journal of Consumer Research*, 29, 306-318.

Steortz, E. M.(1987). *The cost efficiency and communication effects associated with brand name exposure within motion pictures*. Unpublished Master's Thesis, West Virginia University.

Vollmers, S. & Mizerski, R.(1994). A review and investigation into the effectiveness of product placements in film. *Proceedings of the 1994 Conference of the American Academy of Advertising*, 97-102.

Zajonc, R. B.(1968). Attitudinal effects of mere exposure. *Journal of Personality Social Psychology, 9*(2), 1-27.

매거진 한경(2017.3.13). "아, '도깨비'의 그 침대" 당신이 모르는 PPL의 세계. magazine.hankyung.com

머니투데이(2021.11.21). 제작비 메꾸려고 억지 PPL…차라리 '대놓고 앞광고'가 나은 이유. news.mt.co. kr

미디어오늘(2012.1.18). 꽃 피는 봄 오면, 아고라 전성시대 돌아올까. www.mediatoday.co.kr

브런치(2020.4.15). PPL의 효과와 5가지 종류. brunch.co.kr

월간중앙(2020.8.3). [우리가 몰랐던 'SNS PPL' 세계] 숨기거나, 대놓고 광고하거나. jmagazine.joins. com

이스페셜(2019.8.16). PPL 광고 협찬 간접광고로 대박나기. www.especialgroup.com

참고문헌

익스트림무비(2017.4.17). [분노의 질주 익스트림] 가장 많이 등장하는 브랜드 (PPL) Top 10 (의외의 1
　　위). extmovie.com

코바코(2019). 2019 소비자행태조사 보고서. adstat.kobaco.co.kr

패션비즈(2017.1.3). PPL 강자 「디스커버리」 '도깨비' 서도 시선강탈. m.fashionbiz.co.kr

해럴드경제(2011.11.30). 천일의 약속 '수애백' 완판 눈앞. biz.heraldcorp.com

연구노트

소비자 웰빙 향상을 위한 럭셔리 브랜드의 맞춤화 전략 연구

연세대학교 생활과학대학 의류환경학과 패션마케팅 연구실에서는 럭셔리 브랜드 개인 맞춤화 전략이 소비자의 웰빙에 미치는 영향을 이론적, 실증적으로 규명하였다. 특히, 맞춤형 럭셔리 제품을 구매할 때, 소비자의 정체성과 가치를 표현하고 반영할 수 있게 함으로써 자아진정성을 높이고, 이에 따라 소비자 웰빙을 증진시킨다는 메커니즘을 세계 최초로 밝혔다. 더 나아가 맞춤형 럭셔리 제품 소비는 주관적 웰빙에 긍정적인 영향을 미치며, 주관적 웰빙은 실질적인 웰빙 행동에 긍정적 영향을 미친다는 사실이 규명되었다. 또한, 럭셔리 소비인식에 광범위한 영향을 미치는 자아진정성이 소비자 웰빙에 미치는 매개효과를 밝힘으로써 럭셔리 브랜드의 맞춤화 전략 수립에 필요한 실무적인 시사점을 제시하였다. 패션마케팅 연구실은 럭셔리 브랜드 경영(패션마케팅) 연구 분야를 국제적으로 선도하고 있으며, ICT 융합기술과 접목한 디지털마케팅 연구 결과는 과거 제조업에 머물러 있던 국내 기업들이 국제시장에서 고급 브랜드를 론칭하거나 지속적인 관리에 사용되어 국제경쟁력 향상에도 이바지하고 있다.

사진 1 연구 자극물

출처

연세소식(2022.12.1). [연구 프론티어] 고은주 교수팀, 소비자 웰빙 향상을 위한 럭셔리 브랜드의 맞춤화 전략 연구.
https://www.yonsei.ac.kr/ocx/news.jsp?mode=view&ar_seq=20221129100806047032&sr_volume=632&list_mode=list&sr_site=S&pager.offset=0&sr_cates=25

E. Ko, et. al. (2022). Luxury customization and self-authenticity: Implications for consumer wellbeing. *Journal of Business Research*. 141, 243-252.

사진 1 Appendix. Study 1, 2 (Main Study) stimuli

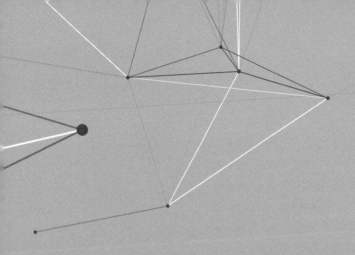

CHAPTER 11
패션 컬래버레이션

21세기 패션산업 전반에 걸쳐 나타나고 있는 가장 강력한 소비트렌드는 '감성소비' 이다. 현대의 소비자는 패션상품의 기능을 소비하는 것이 아니라 상품 속에 내재되어 있는 이미지와 상징을 소비하고 있다. 따라서 차별화된 자아를 표현해 주고 자신의 존재 가치를 높여줄 수 있는 상품을 요구하고 있다. 이러한 소비자들의 감성소비에 대한 욕구 충족을 위해 패션기업은 다양한 방면에서 문화적 가치를 소유하고 있는 사람이나 브랜드, 기업과의 컬래버레이션을 통해 패션상품에 예술성과 희소성을 부여하고 있다. 컬래버레이션은 점점 유사해지고 있는 패션제품에 차별적인 가치를 더함으로써 패션기업이 치열한 경쟁시장에서 우위를 점할 수 있는 새로운 해결방안을 제시하고 있다.

1·패션 컬래버레이션

컬래버레이션collaboration은 협업, 협동, 합작을 의미하는 전략적 제휴를 말하는 것으로 다양한 산업군에서 새로운 마케팅 수단으로 사용되고 있지만, 특히 감성적 가치가 중시되는 패션산업에서 활발하게 일어나고 있다. 이하에서는 컬래버레이션의 정의와 장단점 그리고 발전 배경에 대해 살펴볼 것이다.

1·컬래버레이션의 개념

컬래버레이션은 '함께'라는 의미의 'com'과 '노동'을 의미하는 'labor'가 합성된 용어로 '협력하여 일하는 것'이라는 의미를 지닌다. 이는 비즈니스에서 동종 혹은 이종 분야의 기업이 협업을 통하여 서로의 이익을 극대화하는 공동 마케팅 전략의 일종이다. 컬래버레이션은 컬래버레이션을 주도하는 컬래버레이터collaborator와 컬래버레이션의 파트너인 컬래버레이티collaboratee가 일정 기간 협업하여 각각의 핵심 역량을 강화시키고 제품 및 브랜드의 부가가치를 획득하기 위해 이루어진다. 이러한 기업 간의 상호협력은 경쟁과 협력이라는 상호 보완적인 성격을 바탕으로 '전략적 제휴strategic alliance'를 통해 시너지 효과를 창출하고 있다. 패션산업에서의 컬래버레이션은 소비자의 니즈가 다양해짐에 따라 지속적인 증가추세를 보인다.

컬래버레이션의 가장 큰 장점은 협업을 통해 원하는 기술이나 경영 능력을 얻을 수 있다는 것과 기존의 브랜드가 가지고 있던 이미지에 변화를 주어 차별성을 전달할 수 있다는 것이다. 반면 컬래버레이션은 공동작업이기 때문에 기존 브랜드의 고유한 이미지 구축에 혼란을 줄 수 있고, 개별적으로 사업을 수행하는 것에 비해 기업 고유의 정보나 지식이 경쟁사에 노출될 위험이 있다는 점에서 한계가 있다.

2·컬래버레이션의 발전 배경

패션기업은 이윤을 창출하고 차별화를 시도하기 위해 디자이너나 유명인 또는 다른 기업과의 협력관계를 지속적으로 모색해 왔다. 이러한 컬래버레이션이 최근 들어 더욱 발전하게 된 배경은 무엇보다 소비자 욕구가 다양해지고 있다는 점에서 찾아볼 수 있다. 패션의 의미가 단순한 '유행'이 아닌 '라이프스타일'로 확장되면서 컬래버레이션은 제품의 기능 못지않게 차별화된 디자인과 신선한 이미지를 중시하는 소비자 욕구에 부합하기 위한 필수요소가 되고 있다.

패션기업의 측면에서 보면, 컬래버레이션은 협업한 각 기업이 이익을 극대화할 수 있는 윈윈win-win 전략으로 활용되고 있다. 가령, 영업에 강점을 갖고 있는 기업과 기술에 강점을 갖고 있는 기업이 공동 브랜드를 개발하는 경우 협력관계를 통해 기업의 자원을 확보하고 효과적인 시너지 효과를 가져올 수 있다.

패션업계에서 컬래버레이션이 본격적으로 시도된 것은 1998년 스프츠 브랜드 푸마Puma가 독일 패션 디자이너 질 샌더Jil Sander와 공동 개발한 제품을 내놓았을 때부터이다. 당시 푸마는 질 샌더에게 디자인을 맡기고, 질 샌더가 디자인한 스니커즈인 '푸마 질 샌더 라인Puma-JilSander line'을 푸마 매장과 질 샌더 매장에서 공동으로 판매하였다. '푸마 질 샌더 라인'은 품귀현상을 일으킬 정도로 큰 인기를 끌었고, 푸마는 단숨에 스니커즈의 대표 브랜드로 급부상했을 뿐 아니라 브랜드 이미지까지 상승시키는 효과를 거두었다. 질 샌더 역시 자신의 영역을 스포츠 브랜드까지 확장하는 계기가 되었다. 푸마와 질 샌더의 컬래버레이션 전략이 큰 성공을 이루면서 브랜드와 디자이너와의 컬래버레이션을 비롯해 서로 다른 영역 사이에서 다양한 형태의 컬래버레이션이 선보이고 있으며 그 영역 역시 패션분야에서 자동차, 음료, 식품과 같은 다양한 산업군으로 확대되고 있다.

그림 11-1
퓨마의 질 샌더 라인

2 · 컬래버레이션의 목적

컬래버레이션은 서로 상이한 브랜드나 기업이 만나 서로의 경쟁력과 핵심역량을 바탕으로 시너지 효과를 창출하는 것을 목표로 한다. 브랜드나 기업이 컬래버레이션을 하는 목적은 매우 다양하지만, 이를 '이미지 변화를 통한 브랜드 차별화', '비즈니스 영역의 확장', '홍보효과'의 3가지로 나누어 정리하면 다음과 같다.

1 ◦ 이미지 변화를 통한 브랜드 차별화

패션기업은 컬래버레이션을 통해 자사 브랜드 이미지에 변화를 줌으로써 경쟁기업에 대한 차별화를 모색할 수 있다. 다시 말해 컬래버레이터 브랜드는 컬래버레이티의 명성과 이미지를 통해 프리미엄의 이미지를 획득하거나 신선한 이미지를 부여받을 수 있다.Ahn et al., 2010.

브랜드 이미지를 업그레이드한 대표적인 사례로는 SPA 브랜드 유니클로Uniqlo와 디자이너 질 샌더Jil Sander가 컬래버레이션하여 선보인 '+J' 라인이 있다 그림 11-2. 일본의 SPA 브랜드 유니클로는 대중지향적인 브랜드이지만 세계적인 디자이너 질 샌더와의 컬래버레이션을 통해 디자이너의 감성이 더해진 퀄리티 높은 제품 이미지를 획득하면서 좋은 반응을 얻었다. 2009년 '+J' 라인의 첫 시즌 컬렉션은 출시 3일 만에 완판되었고, 오프라인 매장의 경우 오픈 당일 매출 6억 원을 돌파하는 등 사상 최대의 일매출을 달성하며 전년 대비 4배에 이르는 높은 기록을 세웠다아이뉴스, 2009.10.7.

그림 11-2
유니클로와 질 샌더의 '+J' 라인

패션업계에서의 혁신적이고 실험적인 협업 사례로 꼽히는 것은 글로벌 럭셔리 브랜드 루이비통과 스트리트 브랜드의 대명사인 슈프림Supreme간의 컬래버레이션이다 그림 11-3. 명성과 권위의 상징인 럭셔리 브랜드가 반항, 힙합, 펑크록, 반체제 등과 같은 스트리트 문화를 수용한다는 것 자체가 커다란 이슈였다. 루이비통은 협업을 통해 젊고 자유분방함을 상징하는 슈프림의 이미지를 브랜드에 새롭게 부가함으로써 밀레니얼 세대를 공략하고자 하였다. 실제로 2017년 청담동 루이비통 플래그숍에 오픈한 '루이비통x슈프림' 팝업스토어에서는 1차 상품이 3일 만에 완판되는 등 한정판을 소장하고 싶어하는 매니아층과 젊은 세대들에게 높은 호응을 얻을 수 있었다 패션앤, 2017.7.7.

2020년 프랑스 명품 브랜드 디올Dior도 글로벌 스니커즈 브랜드 나이키의 에어 조던과 협업을 진행했다. 디올의 디렉터 킴존스는 스니커즈 시장을 주도하는 나이키와 컬래버레이션을 통해 '에어조던 1 High & Low OG 디올' 리미티드 에디션 스니커즈를 출시하였다. 기존의 뷰티, 여성 가방 등 고급스럽고 세련된 이미지에 활동적이고 스포티한 나이키 조던의 이미지를 부여함으로써 이미지의 변화를 도모하였다. 에어디올은 공개되자마자 많은 패션피플들의 찬사를 받았으며, 디올 공식 홈페이지는 서버가 다운되기도 하는 등 화제를 불러일으켰다 머니투데이, 2020.7.5.

그림 11-3
'루이비통x슈프림' (좌),
'나이키x디올' (우)

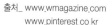

출처_ www.wmagazine.com
www.pinterest.co.kr

2 · 비즈니스 영역의 확장

컬래버레이션은 패션기업이 새로운 영역으로 제품군을 확장하거나, 새로운 타깃층을 확보하는 것과 같이 비즈니스 영역을 확장시키는 역할을 하기도 한다. 이러한 유형의 컬래버레이션은 주로 공동개발을 통해 새로운 프리미엄 제품을 출시하거나 새로운 기술을 중심으로 서비스를 통합하는 형태가 많다. 이때 협업기업들은 서로 다른 산업분야에 속하더라도 비즈니스 목표와 잠재 고객을 서로 공유할 수 있어야 한다. 그래야 공동의 목표에 따라 기업 간 비즈니스를 연결하고, 시장을 개발해 비즈니스 범위를 확대할 수 있기 때문이다. 기업 간에 타깃 시장의 유사성이 크고 추구하는 브랜드 아이덴티티가 비슷할 경우 협업 기업들은 더 용이하게 신규고객을 획득할 수 있다시사저널, 2021,10,14..

나이키는 자신의 운동기록을 측정하고 개선하는 툴tool을 선수들만이 아닌 일반인들에게도 적용하기 위해 나이키플러스를 시작하였다. 사람들이 조깅을 하면서 아이팟으로 음악을 듣는다는 것에 착안해 애플과 공동으로 제품을 기획하기 시작했고, 2006년 '나이키+아이팟'의 컬래버레이션이 탄생했다. 나이키 신발 안에 센서 칩을 부착하고 아이팟과 연동해 자신의 달리기 정보를 관리할 수 있는 기능을 가진 제품이다. 2016년 '애플워치 2Apple Watch2'와 '나이키' 컬래버레이션 제품이 출시되었고 2021년 '애플워치 7 나이키 에디션'까지 이어진다. 이러한 과정에서 나이키는 자체 브랜드 '퓨얼밴드Fuel Band' 개발을 중단하고 애플과 전략적 제휴를 맺어 소프트웨어 시장을 강화하는 쪽으로 방향을 선회한다. 새로운 IT 시장에서 맞서야하는 강력한 상대 브랜드를 경쟁자보다는 협력자 위치로 가져가는 것이 오히려 시장의 파이를 키울 수 있어서 시장의 지위는 유지하면서 타깃을 넓힐 수 있는 방법이기 때문이다.

스웨덴 라이프스타일 브랜드 이케아와 미국의 스피커 브랜드 소노스Sonos는 2019년부터 콜라보 브랜드 '심포니스크Symfonisk' 시리즈를 선보이고 있다 그림 11-4. 소노스는 무선 오디오 시장에서 프리미엄 제품으로 유명한 기업이다. 소노스의 고품질 사운드 시스템에 이케아의 심플한 디자인과 합리적인 가격이 결합됨에 따라 고객은 미적가치와 가격가치를 누리는 동시에 고품질의 음향 시스템을 향유할 수 있게 됐다. 이케아는 스피커 디자인 기획 시 고객이 스피커를 놓는 장소와 거기에 놓일 다른 제품들과의 코디네이션을 고려함으로써

그림 11-4
'애플워치 7 나이키 에디션' (좌),
'이케아-소노스 심포니스크' (우)

출처_ www.apple.com
about.ikea.com

고객의 취향을 제대로 저격할 수 있었다. 두 브랜드 간의 협업을 통해 이케아는 고객의 욕구를 앞서가는 새로운 제품군을 추가함으로써 브랜드 충성도를 높일 수 있는 계기를, 소노스는 새로운 시장에서 신규고객을 확보할 수 있는 비즈니스 기회를 얻게 됐다시사저널, 2021.10.14.

3 · 홍보효과

컬래버레이션은 브랜드나 제품의 홍보를 위한 하나의 전략적 방법으로 사용되기도 한다. 컬래버레이터와 컬래버레이티의 만남이 특별하거나 컬래버레이티의 명성이 높은 경우 컬래버레이션 자체가 사회적인 이슈가 된다. 앞서 살펴본 유명 디자이너 질 샌더와 유니클로가 협업하여 선보인 '+J'의 경우에도 출시 당시 관련된 블로그 포스팅이나 웹 문서가 18,000개를 넘는 등 소비자들에게 큰 관심을 끌었다. 이처럼 패션기업과 브랜드는 이색적인 컬래버레이션을 통해 언론의 이슈화와 바이럴viral 효과를 불러일으킴으로써 대중의 관심을 유도하기도 한다.

때로는 협업을 통해 새로운 제품이나 서비스를 출시하는 것이 아니라 단지 각 기업의 제품을 홍보하기 위해 컬래버레이션을 기획하기도 한다. 스파오는 뛰어난 보온성으로 실내 온도를 낮춰 깨끗한 지구 만들기에 일조하는 발열내의 웜테크warmtech를 출시했다. 한편, 경동나비엔은 아시아 최초로 친환경 콘덴싱보일러를 개발했다. 스파오×경동나비엔의 컬래버레이션은 '친환경성'을 공통분모로 한다 그림 11-5. 스파오의 웜테크존 내 마네킹 부스에는 경동나비엔의 실제 보일러와 실내 온도 조절기를 설치해 고객들의 흥미와 주의를 끌었다. 스파오는 이러한 매장 디스플레이를 통해 '친환경 입는 보일러'라는 컬래버레이션 콘셉트를 알기 쉽게 전달하고

그림 11-5
스파오x경동나비엔의
컬래버레이션

출처_ www.fashionn.com

자 했다. 일부 매장에는 '포토존'을 개설하여 방문객의 즐길 거리를 제공하기도 하였고, '입는 보일러를 선물하라'는 메시지에 맞춰 웜테크 기프트 박스도 함께 프로모션하였다칸, 2020.10.4.

3 · 컬래버레이션의 유형

컬래버레이션의 유형은 결합 목적, 결합 형태에 따라 다양하게 분류된다. 이하에서는 패션산업에서의 컬래버레이션 유형을 컬래버레이터와 컬래버레이티의 관계에 초점을 맞추어 브랜드, 디자이너, 아티스트, 및 셀러브리티celebrity, 콘텐츠와의 컬래버레이션 등 5가지 유형으로 나누어 살펴보고자 한다.

1 · 브랜드와의 컬래버레이션

패션브랜드들은 상품의 차별성과 주목도를 높이기 위해 자신이 갖지 못한 감성적 요소나 기술적 우월성 등을 가진 컬래버레이티를 선택하게 된다. 과거의 패션 컬래버레이션은 감성이나 품질 측면에서의 프리미엄이 중요해서 일반적으로 관련 업계를 중심으로 한 컬래버레이션이 주를 이루었지만, 최근에는 패션과 기술이 융합된 형태의 제품들이 등장하면서 패션브랜드와 기술브랜드 간의 결합이 자주 나타나고 있다. 글로벌 아이웨어 브랜드 '젠틀몬스터'는 중국의 IT 기업 '화웨이Huawei' 브랜드와 손잡고 2020년 두번째 '젠틀몬스터-화웨이 아이웨어' 컬렉션을 선보였다 그림 11-6. 젠틀몬스터의 디자인 미학과 화웨이의 스마트 기술이 9개의 안경과 4개의 선글라스에 적용되었다. 주목할 특징은

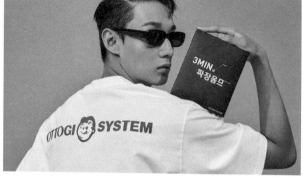

출처_ hypebeast.kr
www.thehandsome.com

안경다리의 오른쪽 부분을 사용해 간단한 터치 및 슬라이딩 제스처로 음악 감상이나 통화를 할 수 있는 것이다. 반개방형 스피커의 음향시스템을 통해 보다 몰입감 있는 사운드를 제공하는 것도 업그레이드된 기능이다. 젠틀몬스터의 트렌디하고 패셔너블한 디자인과 화웨이의 혁신적인 기술력이 만나 전례 없던 새로운 스마트 아이웨어 시장을 개척하고 있다하입비스트, 2020.4.21.

패션브랜드들이 협업 대상을 찾기 위해 다른 산업계로 눈을 돌리는 또 다른 이유는 현재 소비의 주축을 이루는 MZ세대들의 독특한 소비성향에서 찾을 수 있다박혜인, 김승인, 2020. MZ세대들은 패션을 통해 자신만의 개성을 적극적으로 표출하고, 재미 요소를 찾으려는 성향이 강하다. 이 때문에 대부분의 이종 컬래버레이션들은 어울릴 것 같지 않은 엉뚱한 브랜드 조합을 통해 '가잼비' 추구하는 것이 특징이다. 'TBJx천하장사', '폴햄x맛동산', '휠라x서브웨이' 등이 대표적인 성공사례들이다. 이러한 이색적인 컬래버레이션 현상은 대중적인 패션브랜드 외에도 프리미엄을 추구하는 브랜드에서도 동일하게 나타나고 있다. 예컨대, 한섬의 시스템옴므는 간편식을 만드는 식품 브랜드 오뚜기와 협업을 통해 '갓뚜기 티셔츠'와 '토마토 셔츠' 등 옴뚜옴뚜(옴므와 오뚜기의 만남) 시리즈를 만들었다 그림 11-6. 프리미엄 편집숍인 분더샵의 '케이스스터디'는 프리미엄 버거 '쉐이크쉑'과 손잡고 티셔츠, 모자, 가방 등 6종을 선보였다. 이러한 컬래버레이션 제품들은 대부분 기존 제품의 가격대보다 낮은 가격을 설정하기 때문에 대중적인 접근성을 높일 수 있어 브랜드의 저변 확장을 도모할 수 있다. 기존에 갖고 싶지만 멀게 느껴지던 브랜드를 새로운 스타일과 새로운 방법으로 경험하게 하는 전략이다.

2 ○ 디자이너와의 컬래버레이션

디자이너와의 컬래버레이션은 패션브랜드가 포화상태를 보이는 현재 패션시장 상황에서 디자이너들의 이미지와 감각으로 브랜드를 업그레이드시킬 수 있다는 큰 이점이 있다. 특히 패스트패션으로서 대중지향적이고 가격 경쟁력이 있는 SPA 브랜드들은 세계적인 디자이너와의 컬래버레이션을 통해 럭셔리한 아름다움과 즐거움을 대중에게 선사하면서, 다른 중저가 SPA 패션브랜드와의 차별화를 기하고 있다.

스웨덴의 SPA 브랜드인 H&M은 2004년 디자이너 칼 라거펠트Karl Lagerfeld 와 제휴하여 '칼 라거펠트 for H&M'를 한정 판매하였다. 이 제품은 전량이 매진되는 폭발적인 반응을 이끌면서 패션계의 비상한 관심을 모았다. H&M은 그 이후로도 스텔라 맥카트니Stella McCartney, 꼼 데 갸르송Comme des Garcons, 지미추Jimmy Choo, 랑방Lanvin, 이자벨마랑Isabel Marant, 발망Balmain 그리고 최근의 요한나 오르티즈Johanna Ortiz와 시몬 로샤Simone Rocha에 이르기까지 유명한 디자이너와의 컬래버레이션을 지속적으로 수행하고 있다. 이러한 협업 전략을 통해 H&M은 색다른 감성의 희소성 있는 제품들을 매 시즌 출시하여 매장의 신선함을 유지하면서 매출 증대도 도모하고 있다 그림 11-7.

H&M이 다양한 패션 디자이너와 컬래버레이션을 진행한 것과는 대비되게 여러 패션브랜드와의 컬래버레이션을 성공적으로 이끌면서 지속적으로 러브콜을 받는 디자이너들도 있다. 대표적인 디자이너가 사카이의 치토세 아베이다. 2017년 노스페이스와의 협업으로 출시된 푸퍼 재킷puffer jacket, 피쉬테일 파

그림 11-7
H&M×칼 라거펠트 (좌),
H&M×시몬 로샤 (우)

출처_ www.shoeprize.com
zine.istyle24.com

카fishtail parka, 항공점포 등의 제품에 노스페이스의 클래식 실루엣을 유지하면서도 사카이의 디자인 디테일이 살아있어 고객들의 큰 호응을 이끌어냈다 그림 11-8. 나이키와의 협업도 패션계에 큰 화제가 되었는데, 2019년 '나이키x사카이 LD 와플'을 출시하여 스니커즈의 재해석을 시도하였다. 모두 두 겹으로 이루어진 미드솔과 텅, 스우시 로고에 화려한 색을 동원한 치토세 아베의 디자인은 마니아들을 유인하기에 충분했다. 특히 프랑스 럭셔리 브랜드 '디올Dior'과 협업한 2021년 '캡슐 컬렉션'은 디올의 테일러링에 치토세 아베의 새로운 패브릭과 기법이 조화를 이루면서 두 브랜드의 정체성과 미학, 세계관을 잘 표현한 것으로 평가되고 있다 그림 11-8. 슈프라이즈, 2021.9.9.

    디자이너와의 컬래버레이션은 패션기업 입장에서는 디자이너의 인지도와 감성을 활용하여 브랜드의 이미지 제고나 매출 신장의 효과를 유도할 수 있다. 그리고 디자이너 입장에서도 재정적인 수익 외에 고객층 확대가 유리하다는 장점이 있다. 현재 유럽 패션계에서 인정을 받은 치토세 아베는 다양한 브랜드와 활발한 협업을 선보이면서 100만 명이 넘는 인스타그램 팔로워를 보유한 대중적인 스타가 되었다.

3 ∘ 아티스트와의 컬래버레이션

패션기업은 다양한 분야의 아티스트들의 작품을 패션제품에 표현하고 재해석하는 형태의 컬래버레이션을 수행하기도 한다. 아티스트와의 컬래버레이션은 패션기업 입장에서는 제품에 예술성을 가미함으로써 브랜드 가치를 격상시키고, 아 티스트는 자신의 예술세계를 대중에게 알리고 보다 가깝게 다가가는 기회를 얻는다는 장점이 있다. 특히 아트 컬래버레이션은 컬래버레이션의 대상이 예술 품이다 보니 제품의 생명력과 영속성이 생기고 예술품의 한정적 특징 덕분에 소장가치가 부여되는 특징이 있다.

'루이비통'은 아티스트와의 컬래버레이션을 활발하게 수행하는 대표적인 패 션기업이다. 루이비통은 1997년 마크 제이콥스Marc Jacobs를 수석 디자이너로 영 입하면서, 클래식하고 고급스러운 브랜드 이미지에 젊고 신선하며 캐주얼한 이 미지를 보강하여 새로운 변신을 시도하였다. 그래피티 아티스트인 '스테판 스 프라우스Stephen Sprouse'와 함께 2001년 모노그램 캔버스에 흰색 낙서를 한 것 같 은 '그래피티 라인graffiti line'을 출시하였고, 2003년에는 일본의 팝 아티스트인 '무 라카미 다카시Murakami Takashi'와도 손을 잡고 모노그램 백을 팝아트 풍으로 재해 석하였다. 이후 야요이 쿠사마Yayoi Kusama, 제프 쿤스Jeff Koons, 그리고 최근의 알렉 스 이스라엘Alex Israel이나 우르스 피셔Urs Fischer에 이르기까지 루이비통은 다양한 아티스트와의 컬래버레이션을 통해 제품에 예술성과 혁신성을 가미하고자 하 였다. 그 결과 경제력이 있는 젊은 소비자층을 포섭할 수 있는 신선한 이미지 로 거듭나게 되었다 그림 11-9.엄경희, 최유미, 2012.

신발에 붙을 수 있는 모든 수식어와 프리미엄을 보유하고 있는 제품을 꼽는 다면 아마도 나이키일 것이고, 그 안에서도 나이키 크래프트 마스야드NikeCraft Mars Yard라고 할 수 있다 그림 11-10. 스니커즈 내에서 손꼽히는 비싼 리셀가가 그 증거 중의 하나이다. 마스야드는 뉴욕 태생 현대 시각 예술가 톰 삭스Tom

출처_ www.pinterest.co.kr
kr.louisvuitton.com

그림 11-9
'루이비통x무라카미 다카시' (좌),
'루이비통x우르스 피셔' (우)

그림 11-10
나이키x톰삭스의 마스야드1.0 (좌),
마스야드3.0 (우)

출처_ news.nike.com

Sachs 와의 협업 작품이다. 독특한 해체주의 방식을 추구하는 톰 삭스 작품들의 가장 큰 특징은 모두 그가 손으로 직접 제작했다는 점인데 에르메스, 루이비통, 티파니 등 다양한 명품 브랜드들의 패키징이나 핸드메이드 제품들의 작업에 참여한 경험도 수두룩하다. 나이키와 톰삭스는 2007년부터 나이키 크래프트 프로젝트를 진행하면서 프리미엄 제품의 역사를 지속적으로 다시 쓰고 있다.

4 · 셀러브리티와의 컬래버레이션

지금은 셀러브리티의 시대라고 해도 과언이 아닐 정도로 이들은 패션브랜드 마케팅에 강력한 영향력을 행사하고 있다. 온라인 상거래가 활발해지면서 온라인 바다에서의 정보의 양은 더욱 방대해지고 있어 어떤 제품을 믿고 사용할지에 대한 소비자들의 고심이 점차 커지고 있다. 이러한 상황에서 셀러브리티는 일종의 신뢰와 보증의 역할을 하기 때문에 이들이 참여한 컬래버레이션은 소비자의 구매 리스크를 감소시키게 된다. 셀러브리티와의 컬래버레이션은 패션기업 입장에서는 셀러브리티의 명성을 통해 자사 브랜드의 이미지를 격상시킬 수 있는 기회이고, 셀러브리티들에게는 컬래버레이션의 경험을 통해 패셔너블한 이미지를 얻거나 자신의 커리어를 디자인 영역까지 확장하는 계기가 된다. 또한 셀러브리티와 패션기업 간의 컬래버레이션은 대중에게 신선한 뉴스가 되기 때문에 그 자체로서 기업이나 브랜드를 홍보하는 역할을 하기도 한다.

셀러브리티와의 컬래버레이션 시초이자 모범적인 사례는 1985년 미국 프로농구 선수 마이클 조던과 나이키가 선보인 농구화 '에어조던1'이라고 할 수 있을 것이다 그림 11-11. 에어조던을 신고 매 경기 승승장구하는 활약상을 보여주는 조던은 말 그대로 살아있는 PPL이었다. 마이클 조던의 레전드 기록들과 함께 조던의 시리즈

그림 11-11
나이키x조던의 에어조던1

는 매출상승의 견인차 역할을 했고 나이키는 최고의 스포츠 브랜드로 자리잡게 되었다. 에어조던은 매년 시리즈로 출시되어 2021년까지 총 36개의 시리즈가 발매되었으며, 이는 충성적인 열성팬이나 컬렉터들의 집착에 가까운 수집행동을 이끌어왔다. 현재의 조던 브랜드는 나이키 산하 브랜드로 독립한 뒤 유명 운동선수들을 후원하는 팀 조던을 구성해 에어조던 시리즈를 포함하여 선수들의 시그니처 상품들을 발매하고 있다. 조던은 NBA를 은퇴했지만, 에어조던의 컬래버레이션은 계속되고 있다.

패션브랜드에서 활용하는 셀러브리티들은 배우나 패션모델, 가수, 스포츠선수 등 전통적인 셀럽들에서 게임이나 패션분야의 유튜버와 같은 온라인 인플루언서들로 확대되고 있다. '타미x루이스'는 대표적인 미국 디자이너 타미힐피거와 포뮬러 원Formula One 세계 챔피언 6회 연속 우승자이자 타미힐피거의 앰버서더인 루이스 해밀턴LewisHamilton이 함께 디자인한 컬렉션이다 그림 11-12. 영캐주얼 브랜드 오즈세컨O'2nd은 패셔니스타인 가수 현아와 협업하여 '뮤직' 라인의 맨투맨, 티셔츠 원피스, 레이스 블라우스, 비니 등을 출시했다. 젠틀몬스터는 블랙핑크의 멤버인 제니와 협업하여 젠틀 홈Jentle Home이라는 컬래버레이션을 발표했다. 한편, 운동화 편집숍으로 유명한 폴더folder도 패션 유튜버의 시조라

그림 11-12
'타미x루이스' (좌),
젠틀몬스터x제니 (우)

출처_ www.fashionn.com
www.dailypop.kr

불리는 '쩡대'와의 협업을 통해 스니커즈를 발매했고, 휠라는 게이밍 크리에이터 5인이 참여한 '휠라x유튜브 게이밍 크리에이터 콜라보 에디션'을 출시하기도 했다. 최근에는 가상 인플루언서들이 유명세를 타면서 CJ온스타일은 PB 더엣지The AtG와 가상 인플루언서 '루이'가 함께 하는 콜라보를 진행하기도 했다. 더엣지와의 컬래 버레이션을 통해 '루이'는 청자켓과 팬츠로 뉴트로 패션 트렌드인 '청청패션'을 선보였다.

5 ◦ 콘텐츠 컬래버레이션

콘텐츠 컬래버레이션은 주로 인기 콘텐츠의 캐릭터 등을 브랜드나 제품에 접목시켜 새로운 고객 가치를 창출하는 것으로, 패션분야에서는 유명 영화나 애니메이션, 인기 드라마, 게임, 웹툰 등의 캐릭터들과 협업하는 형태가 주를 이룬다. 콘텐츠 컬래버레이션은 기존에 잘 알려져있고 성공한 콘텐츠를 사용한다는 측면에서 실패할 확률이 낮고, 소재가 되는 콘텐츠는 이미 스토리텔링을 가지고 있기 때문에 컬래버레이션 제품의 컨셉을 소비자에게 설득시키기 쉽다. 무엇보다 콘텐츠 컬래버레이션은 다른 유형의 컬래버레이션에 비해 새롭고 재미있는 경험을 제공할 수 있다는 장점이 있다.

이랜드의 SPA 브랜드 '스파오'는 콘텐츠를 중심으로 하는 협업을 주로 기획하였는데 그림 11-13, 2016년 포켓몬Pokemon, 2017년 짱구, 위베어베어스We Bare Bears, 2018년 세일러문Sailor Moon, 해리포터Hary Potter, 2020년 펭수Pengsoo, 텔레토비Teletubby 등 여러 인기 캐릭터와 다양한 컬래버레이션 제품들을 출시하여 연이은 성공을 이끌었다.

그림 11-13
스파오x짱구 (좌),
스파오x해리포터 (우)

출처_ www.elandmall.com
m.fashionn.com

만화 속 짱구가 실제로 입던 짱구 파자마는 엄청난 시장의 반응을 이끌었으며 단일 스타일로만 30만 장 이상이 판매되었다. 해리포터와의 협업에서는 마법사 맨투맨 시리즈부터 도비맨투맨, 도비양말 등이 출시되었는데 오픈 1시간 만에 25만 장이 팔리면서 이전의 컬래버레이션 제품의 판매 기록을 경신하였다.

스파오의 연이은 협업 성공에는 기획단계부터 철저하게 고객니즈를 반영한다는 비결이 숨겨져 있다. 우선, TV 방송이나 온라인 채널 등에서 화제가 되는 키워드나 온라인 버즈량이 증가하는 키워드 등을 찾아서 일차적으로 컬래버레이션을 기획한다. 그리고 이 중에서 가장 적합도가 높은 아이템을 시제품으로 만들어 소비자들에게 공개적으로 의견을 물어본다. 고객만족도가 높은 제품들을 걸러내고 여러 차례 품질 테스트를 거치면서 상품성을 충분히 개선한 후 마지막으로 경쟁사 대비 합리적인 가격대로 제공하는 것이다._{매일경제, 2021.7.7.}

패션, 유통, 식품업계, IT 기업 등 다양한 산업군에서 컬래버레이션 파트너로 가장 많이 등장하는 콘텐츠를 꼽으라면 아마도 디즈니의 '마블_{Marvel}' 캐릭터들이라고 할 수 있다. 아이언맨_{Iron Man}이나 스파이더맨_{Spider Man}, 캡틴 아메리카_{captain America} 같은 마블 캐릭터와 협업한 패션브랜드만도 수십 개에 이르며, 참여 브랜드들에는 스포츠 브랜드는 물론 유니섹스 캐주얼, 아동복, 속옷, 심지어 뷰티 브랜드까지 다양하다 그림 11-14. 과거의 만화 캐릭터를 활용한 컬래버레이션이 어린이 혹은 청소년 타깃의 완구나 팬시를 중심으로 이루어진 것과는 확연히 다른 점이다. 캐릭터 컬래버레이션의 적용 분야와 소비층이 확대되면서 마

출처_ www.edaily.co.kr
tnnews.co.kr

그림 11-14
아디다스x마블 (좌),
더페이스샵x마블 (우)

케팅에서의 활용도는 더욱 커지고 있다.

스포츠 브랜드 아디다스는 마블의 '어벤져스: 엔드게임' 개봉에 맞추어 마블과 협업한 한정판 농구화 '코트 위의 슈퍼 히어로' 컬렉션 5종을 출시했다. 영화에 등장하는 슈퍼 히어로들의 능력처럼, 코트 위 농구 선수들도 각자의 독특한 플레이 스타일과 개성을 지닌 점에서 착안했다. 농구 선수와 슈퍼히어로를 매칭하여 농구화 디자인으로 구현해 낸 점이 큰 특징이다이데일리, 2019.4.25..

더페이스샵The Face Shop은 협업을 통해 마블의 어벤져스 캐릭터들을 더페이스샵의 베스트셀러와 신제품에 적용했다. 특히 마블 히어로들의 카리스마와 특징을 고급스럽고 미니멀한 패키지 디자인에 담아냄으로써 소장가치를 더해주어 키덜트족과 함께 다양한 연령층의 소비자들을 유인하고 있다머니투데이, 2017.6.26..

4 · 컬래버레이션의 성공 요소

컬래버레이션은 두 파트너 간 공동의 협력을 통해 이루어진다는 점에서 협동 정신이 매우 중요하다. 성공적인 컬래버레이션을 위해 요구되는 할 몇 가지 전략을 제시하면 다음과 같다.

첫째, 협력하게 될 두 파트너인 컬래버레이터와 컬래버레이티의 결합이 적합해야 한다. 적합성이란 컬래버레이터와 컬래버레이티의 이미지나 목표집단이 서로 어울릴 수 있는 정도를 의미한다. 구체적으로 컬래버레이터와 컬래버레이티는 목표 소비자의 이미지나 연령층이 공유되어 고객을 만족시킬 수 있어야 하고, 그들이 지닌 이미지가 상충되지 않아야 한다Ahn et al., 2010.. 목표 소비자가 같지 않으면 공동의 화제를 이끌어낼 수 없고 시너지 효과를 일으킬 수 없다. 일례로 'H&M'과 '마돈나'의 컬래버레이션은 30대 이상이었던 마돈나의 팬층과 H&M의 고객층의 불일치로 실패한 대표적인 사례이다. 급진적인 마돈나의 의상이 특정 팬을 제외하고는 대중의 이목을 집중시키는 데 한계가 있었기 때문이다정훈실·김영인, 2008..

둘째, 컬래버레이션은 독창적이고 차별적인 요소로 소비자의 이목을 집중시켜야 한다. 최근 이종 산업간의 컬래버레이션이 빈번하게 기획되고 싱공확률도 높은 것은 바로 이런 이유 때문이다. 패션브랜드와 식품 브랜드들 간의 이종 결합이 대표적인 사례들이다. 미투 상품들이 범람하는 유통환경에서 이러한 독창적인 요소로 인한 흥미로움은 소비자들의 관심과 매출 증대로 이어질 수 있는 중요한 척도이다.

FILAx메로나 콜라보 컬렉션은 레트로 감성의 헤리티지 무드가 담긴 휠라 슈즈 컬렉션에 메로나의 아이코닉 컬러를 적용하여 산뜻하고 경쾌한 느낌의 디자인으로 재구성한 것이 특징이다 그림 11-15. 온라인 패션 커머스 무신사와 하이트진로가 함께 만든 참이슬 백팩은 '참이슬 오리지널' 팩 소주 모양을 그대로 형상화한 가방으로 MZ세대에 큰 인기를 끌었다. 400개 한정 수량으로 출시된 백팩이 리셀시장에서 원래 가격의 2배가 넘는 가격에 거래되면서 사람들의 재판매 요청이 계속되자 추가 판매를 진행하기도 했다.

셋째, 협력하게 될 두 파트너의 아이덴티티 요소를 전략적으로 결합하여 확고한 브랜딩 전략을 펼칠 수 있어야 한다. 명품 브랜드 프라다와 현대자동차의 컬래버레이션으로 탄생한 '제네시스 프라다'는 프라다가 직접 디자인에 참여하여 프라다의 감성이 묻어난 모델로, 8천만 원대를 호가하는 높은 가격에도 불구하고 출시 한 달 만에 누적 판매량이 200대를 가뿐하게 넘었다. 이는 현대자동차가 갖고 있는 첨단의 기술력과 프라다만의 장인정신이 반영된 럭셔리한 디자인 요소가 서로 조화를 이루었기 때문이다.

넷째, 컬래버레이션 제품에 대한 마케팅 커뮤니케이션 활동이 적극적으로 이루어져야 한다. 아무리 독특한 프리미엄 제품을 매장에 출시하더라도 커뮤니케이션이 적극적으로 이루어지지 않으면 소비자들은 컬래버레이션에 대한 정보나 의미를 알기 어렵다. H&M은 세계적인 디자이너 발망Balmain과의 컬래버레이션을 기획하면서 5개월 전부터 언론이나 소셜미디어를 통해 대대적인 홍보

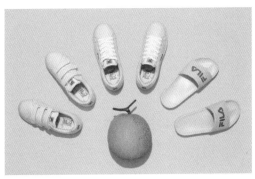

출처_ www.fila.co.kr
www.musinsa.com

그림 11-15
FILAx메로나 (좌),
무신사x하이트진로 (우)

그림 11-16
H&Mx발망 컬래버레이션

출처_ www.balmain.com
　　　www.nytimes.com

를 진행하였다 그림 11-16. 소비자들의 기대감을 부풀리기 위해 출시 1개월 전에 야 룩북look book을 공개했고 신제품 출시일 며칠 전부터 기다리고 있는 노숙 행렬 들에 대한 스토리를 언론에 릴리스했다. 이러한 홍보 전략은 마니아층 외에 일반 인의 관심을 끌기에도 충분했다. H&M의 적극적인 커뮤니케이션으로 인해 충성 도 높은 마니아들 사이에는 온라인상에서 H&M 매장의 오픈 시간을 같이 기다리 는 모임이 만들어지기도 하고, 대신 줄을 서고 구매까지 대행해주는 사전 약속이 이루어지기도 했다. H&M은 컬래버레이션 제품의 완판 후 구매자들이 진행하는 리셀에 대한 소식까지 미디어를 통해 알리면서 다시 한 번 화제를 유도했다중앙일보, 2015.11.4.

다섯째, 컬래버레이션 제품은 완성도가 높은 제품이어야 한다. 상기의 사항을 모두 만족시켰다고 하더라도 결과물인 제품이 고객에게 충분히 어필하지 못한다 면 컬래버레이션은 실패하게 된다. 완성도가 높은 컬래버레이션 제품이란 우수한 품질과 기능은 물론이고 미학적인 요소와 감성적인 부분까지 포함된 제품을 의미 한다정훈실·김영인, 2008.

연구노트
메타버스 플랫폼 기반 지각된 럭셔리 패션브랜드 경험에 대한 연구:
제페토를 중심으로

메타버스에서 사용자는 아바타를 통해 만족감을 느끼고 콘텐츠 제작을 통한 수익 창출의 혜택을 누릴 수 있다. 나아가 브랜드 관점에서는 차별화된 브랜드 경험을 통한 브랜드 인지 유도가 가능하다는 장점이 있다. 이러한 성장 가능성과 중요성을 토대로 본 연구는 메타버스 플랫폼에서 지각된 브랜드 경험, 브랜드 자산, 브랜드 태도 및 행동 의도를 살펴보고자 제페토 사용자들을 대상으로 심층 인터뷰를 진행하였다.

사진 1 제페토에 구축된
크리스찬 루부탱 가상 매장

사진 2 제페토에 구축된 랄프로렌
가상 매장

출처
엄회수 & 고은주(2022). 메타버스 플랫폼 기반 지각된 럭셔리 패션브랜드 경험에 대한 연구: 제페토를 중심으로. 복식, *72(6)*, 39–61.
사진 1 제페토 월드 내 크리스탄 루부탱 가상 매장 이미지 캡처
사진 2 제페토 월드 내 랄프로렌 매장 내 이미지 캡처

지금 컬래버레이션은 뉴트로 열풍 중

뉴트로newtro란 새로움new과 복고retro를 합친 신조어로, 복고를 새롭게 즐기는 경향을 말한다. 젊은 세대가 직접 경험하지 못한 것의 색다름에 이끌려 이를 새로운 방식으로 재해석하고 소비하고 확산시키는 현상이다. 뉴트로 문화는 중장년층에게는 향수를, 젊은 세대에게는 새로움을 제공한다는 면에서 다양한 연령대의 소비자층을 동시에 공략할 수 있다는 장점이 있다. 이러한 이유 때문에 대중문화계뿐 아니라 패션, 유통, 식품, 금융, IT 등 다양한 업계에서 '뉴트로 마케팅'에 적극 참여하고 있다.

뉴트로에 가장 열광하는 MZ세대는 낡고 촌스러운 아날로그 문화에서 매력과 가치를 찾아내 그 희소성을 향유한다. 여기에는 옛것 특유의 낡음과 불완전함이 주는 심리적 안정감이 한몫한다. 그들에게 뉴트로는 디지털 피로감을 해소하면서 해방감을 맛볼 수 있는 일종의 출구 전략이라고도 할 수 있다. 최근 열풍을 일으키고 있는 이종 컬래버레이션은 이러한 뉴트로 문화가 완벽하게 적용된 형태라고 할 수 있다. 패션기업들의 협업 파트너로 자주 등장하는 브랜드에는 곰표, 진로, 빙그레, 팔도비빔면 등과 같은 장수 브랜드들이 많다. 장수 브랜드들이 가진 과거의 유산들을 현재 시점에서 재해석하고 스토리를 입힘으로써 이종 컬래버레이션이 주는 의외성과 유희성을 극대화할 수 있기 때문이다. 컬래버레이션에서 단순한 재미와 자극만을 추구하는 콘텐츠는 단발적일 수밖에 없어 소비자의 깊은 공감대를 이끌기 어렵다. 그에 반해 장수 브랜드들이 가진 히스토리와 헤리티지는 컬래버레이션 제품의 매력성과 가치로 직결되어 마케팅 성과로 이어진다.

곰표x4XR
출처_ 4xr.co.kr

'곰표'는 모회사인 대한제분이 1950년대 초부터 선보인 장수 브랜드다. 곰표는 2018년 온라인 플래그십 공간인 '곰표-레트로하우스'를 일종의 문화의 장으로 활용하면서 곰표를 연상시키는 이미지인 '밀가루 포대'와 '백곰'이라는 콘텐츠를 강조하기 시작했다. 그 일환으로 스와니코코x곰표의 '밀가루 쿠션', 세븐일레븐x곰표의 '곰표치약', CUx곰표의 '오리지널 팝콘' 등 다양한 브랜드와의 협업을 진행했다. 특히 패션브랜드 4XR과 협업은 온오프라인 모두 높은 화제를 불러일으켜서 곰표라는 글자가 크게 새겨진 흰색 패딩은 한정 판매상품이었지만, 구매 문의가 지속적으로 이어질 정도로 큰 인기를 끌었다. 패션과 식품이라는 브랜드 조합의 의외성과 빅로고가 있는 흰색 패딩이라는 디자인의 촌스러움은 오히려 세간의 주목과 흥미로움을 이끌어냈다. 특히 곰표가 가지는 밀가루의 하얗고 깨끗한 이미지나 곰처럼 푸근하고 따뜻한 이미지를 패션제품을 통해 시각화했다는 것이 특징적이다. 곰표는 다양한 컬래버레이션을 통해 곰표가 밀가루 브랜드인지 조차 모르던 젊은 세대들에게 과거의 한 시대를 기억하게 만드는 상징으로 거듭나게 되었다.

'진로 이즈 백Jinro is back' 역시 한 시대를 풍미했던 진로 소주의 옛날 브랜드 이미지를 다시 소환한 뉴트로 전략의 대표적 사례다. 소주병의 형태와 색깔, 상표 등을 70~80년대 분위기로 되살려 뉴트로 감성을 극대화하였으며, 이는 중장년층뿐만 아니라 젊은 층에도 높은 호감을 불러일으켰다. '진로 이즈 백'의 인기가 높아지자 방향제, 소주잔 등 다양한 굿즈도 출시하였고, 진로xCU의 '쫀득한 두꺼비 마카롱', 진로x볼빅의 '골프공', 진로x하나카드의 '진로두꺼비 카드' 등의 다양한 컬래버레이션도 진행하였다. 그중에서도 무신

진로x커버낫
출처_ tnnews.co.kr

사 사이트의 독점 판매로 이루어진 '진로'와 국내 대표 캐주얼 브랜드 '커버낫'의 협업 에디션은 짧은 시간 완판을 기록하면서 인기몰이를 했다. '진로 후드 집업'은 진로의 시그니처 캐릭터인 푸른색 두꺼비를 연상시키는 색상과 지퍼를 머리 끝까지 올리면 두꺼비 캐릭터가 완성되는 디자인을 적용하여 재미를 더했다. 소주병 뚜껑을 아트로 구현시킨 '진로 탬버린 백'이나 '진로병뚜껑 목걸이'는 MZ세대의 취향을 제대로 저격하면서 뉴트로 컬래버레이션의 대표적 성공사례로 남게 되었다.

출처_ 월간중앙(2020.12.17). [트렌드 분석] 코로나19 시대 복고 열풍의 심리학. jmagazine.joins.com
더스쿠프(2020.8.10). MZ세대는 왜 '곰표'에 열광할까. www.thescoop.co.kr
한국 M&A 경제신문(2020.6.17). 코로나 시대 마케팅 대안으로 떠오른 '뉴트로' 열풍의 경고. www.kmnanews.com
이데일리(2019.4.25). 아디다스, 마블과 콜라보 농구화 한정판 5종 출시. www.edaily.co.kr
테넌트뉴스(2020.2.4).캐주얼 패션 브랜드 '커버낫' X '진로', 콜라보레이션 무신사 한정판 출시. tnnews.co.kr

참고문헌

고은주 외(2011). *패션마케팅 사례연구*. 파주 : 교문사.

정훈실, 김영인(2008). 패션산업을 중심으로 한 디자인 영역간의 콜레보레이션. *복식, 58*(6), 110-123.

박혜인, 김승인(2020). 국내 이종업계 간 디자인 콜라보레이션 마케팅 사례연구. *디지털융복합연구, 18*(5), 383-389.

엄경희, 최유미(2012). 패션브랜드에 나타난 유형별 콜라보레이션 사례연구. *디지털디자인학연구, 12*(1), 133-144.

전성찬, 윤지영, 김현주(2018). 패션 콜라보레이션 유형에 따른 소비자 소비심리 분석. *기초조형학연구, 19*(6),669-692.

Ahn, S., Kim, H., & Forney, J. A.(2010). Fashion collaboration or collision? Examining the match-up effect in co-marketing alliances. *Journal of Fashion Marketing and Management: An International Journal,14*(1), 6-20.

데일리팝(2020.11.11). '블랙핑크 제니 선글라스' 젠틀몬스터 2021 pre-collection 'FRIDA' 11일 공개. www.dailypop.kr

머니투데이(2020.7.5). 운동화가 차 한 대 값... '에어디올' 리셀가 400% 폭발. news.mt.co.kr

머니투데이(2017.6.26). "더페이스샵, 마블과 만났다" 콜라보 제품 한정 출시. news.mt.co.kr

매일경제(2021.7.7). 스파오 대박 낸 비결은 '협업'. www.mk.co.kr

시사저널(2021.10.14). 콜라보 달고 '묻고 더블로 가!' www.sisajournal.com

슈프라이즈(2021.9.9). 치토세 아베와 그의 아방가르드 패션 '사카이' 이야기. www.shoeprize.com

스냅(2021.6.18). '벌써 화제' 디올 X 사카이, 콜라보 '캡슐 컬렉션' 공개. zine.istyle24.com

아이뉴스(2009.10.7). 유니클로, 질샌더 디자인 '+J' 3일 만에 완판... 9일 재입고. news.inews24.com

이데일리(2019.4.25). 아디다스, 마블과 콜라보 농구화 한정판 5종 출시. www.edaily.co.kr

중앙일보(2015.11.4). H&M-발망, 콜라보 한정판 출시한다…벌써부터 노숙행렬. www.joongang.co.kr

칸(2020.10.4). 경동나비엔·스파오, '친환경 입는 부일러' 콜라보. www.kharn.kr

테넌트뉴스(2020.2.1). 콜라보레이션 열풍, 영역을 뛰어넘다. tnnews.co.kr

패션앤(2017.7.7). 패션 권력의 변화! 루이비통x슈프림 한정판 콜라보 판매 광풍.

www.fashionn.com

패션앤(2018.8.24). 타미힐피거, 카레이서 '루이 해밀턴' 과 콜라보 캡슐 컬렉션 공개.

www.fashionn.com

패션앤(2018.11.8). 이랜드 스파오, 해리포터와 콜라보! 머리부터 발끝까지 해리포터로.

www.fashionn.com

패션앤(2020.9.28). 스파오, 경동나비엔의 콘덴싱보일러와 협업 친환경 캠페인. www.fashionn.com

하입비스트(2020.4.21). 터치 컨트롤 기능이 탑재된 젠틀몬스터 x 화웨이 두 번째 아이웨어 컬렉션 공개.

hypebeast.kr

Wmagazine(2017.1.20). Confirmed: Louis Vuitton and Supreme's collaboration is official.

www.wmagazine.com

PART 4
패션브랜드와 디지털 트렌드

CHAPTER 12
디지털 광고

CHAPTER 13
소셜미디어와 메타버스

CHAPTER 14
VMD & 패션쇼

FASHION   BRAND   AND   DIGITAL   TREND

급속한 기술혁신이 가져온 마케팅 환경의 변화는 패션기업의 커뮤니케이션 방식에 대한 근본적인 전환을 요구하고 있다. 인터넷이나 모바일, 소셜미디어를 중심으로 하는 디지털 혁명은 기존의 매스미디어 중심의 일대다 커뮤니케이션을 개인 미디어 중심의 다대다 커뮤니케이션 구조로 변화시키고 있다. 이러한 디지털 전환의 흐름은 광고 영역을 넘어서 전통적인 커뮤니케이션 수단인 리테일 VMD나 패션쇼로 확대 적용되고 있다. 특히 새롭게 등장하고 있는 메타버스는 포스트 인터넷 시대인 가상융합 사회로의 전환을 예고하고 있다.

12장에서는 타깃 정교화와 광고의 성과 효율화를 목표로 수행되는 다양한 유형의 디지털 광고들을 정리하였다. 13장에서는 최근 가장 영향력이 커지고 있는 소셜미디어를 중심으로 한 커뮤니케이션 수단들의 특징을 살펴보았고, 새롭게 등장한 메타버스의 개념과 유형을 다양한 사례와 더불어 고찰하였다. 마지막 14장 VMD와 패션쇼에서는 리테일 트렌드에 따른 주요 VMD 전략을 살펴보았고, 디지털 패션위크와 함께 나타난 새로운 유형의 디지털 패션쇼를 중점적으로 다루었다.

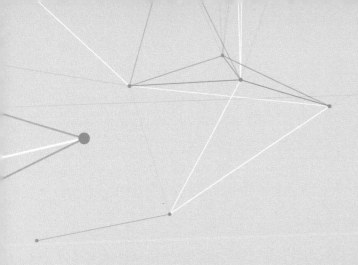

CHAPTER 12

디지털 광고

인터넷과 스마트폰으로 대변되는 디지털의 일상화는 광고시장의 지형도를 빠르게 변화시키면서 디지
털 전환을 가속화시키고 있다. 특히 디지털 광고시장은 기존의 유선 PC 시장에서 시공간 제약으로부
터 자유롭고 상호작용이 한층 강화된 모바일 시장으로 빠르게 재편되고 있다. 이전보다 훨씬 많아진
소셜미디어 플랫폼과 온라인 동영상 서비스OTT 등으로 인해 광고를 집행할 수 있는 플랫폼은 더욱 다
양화되고 있다. 뿐만 아니라 혁신적인 데이터 관리기술이 적용된 애드테크ADtech는 타깃 오디언스를
정교화하면서 광고노출의 효율성을 높여주고 있다. 이러한 디지털 환경에서 패션기업은 퍼널funnel 단
계별 광고 목표와 타깃고객에 적합한 다양한 디지털 광고 유형을 활용함으로써 광고 성과를 극대화하
고 있다.

1·디지털 광고의 개요

본 절에서는 기존 전통적인 광고와는 다른 디지털 광고의 특성을 살펴보고, 좀 더 세분화된 광고 목표설정과 타기팅이 가능한 디지털 광고의 기획 과정에 대해 알아보고자 한다.

1◦디지털 광고의 개념과 특성

디지털 광고는 인터넷이나 모바일 매체 등 온라인으로 소비되는 모든 광고를 말하는 것으로 포털사이트 검색부터 소셜미디어sns, 유튜브 영상까지 다양한 종류의 광고를 포함한다. 그러나 디지털은 그 자체가 플랫폼이면서 매체의 성격을 동시에 가지고 있기 때문에, 전통적인 광고의 개념을 그대로 적용하기 어렵다. 예를 들어, 구매를 쉽게 하는 웹사이트나 커뮤니티, 블로그 등은 광고인가 아닌가와 같은 문제가 제기될 수 있다. 또 기존 전통적인 광고는 인지-호의-구매로 이어지는 커뮤니케이션 효과의 단계 중 일부분에 목표를 두고 있지만 디지털 광고는 기업과 제품에 대한 이미지 제고와 구매 자극을 통한 매출 증대의 목표를 동시에 추구할 수 있다. 따라서 디지털 광고의 개념 정의나 유형 분류에 있어서는 스스로 진화하면서 새로운 형태의 하위 구성요소를 생성해내는 디지털의 특성을 충분히 고려해야 한다.

　인터넷이 등장하기 전에 전통적인 매체시장을 구성하고 있던 TV, 라디오, 신문, 잡지 등은 짧은 시간에 많은 사람들에게 정보를 전달할 수 있다는 장점 때문에 많은 기업들에 의해 사용되어 왔다. 그러나 이러한 대중매체 광고는 표적고객 집단에게 깊이 있는 제품정보를 전달하기 어렵다는 문제점과 광고주의 일방적인 메시지 전달로 인해 표적고객의 욕구를 충분히 반영할 수 없다는 한계점을 가지고 있다. 반면, 디지털 광고는 그동안 기존의 전통매체에서는 불가능했던 새로운 광고 방식을 가능하게 하면서 광고시장의 핵심 역할을 수행하고 있다.

　디지털 광고의 특징을 살펴보면 다음과 같다.

　첫째, 기존 오프라인 광고 경로가 대부분 일방적인 데 반해, 디지털 광고는 상호작용성이라는 특징 때문에 쌍방향적 커뮤니케이션을 가능하게 한다. 소비자들은 기업과의 상호교류를 통해 원하는 정보를 얼마든지 구할 수 있게 되었고 기업 역시 소비자들의 의견이나 욕구를 즉각적으로 파악할 수 있다.

둘째, 디지털 광고의 쌍방향적 특성을 이용하여 수집된 고객정보를 통해 특정 표적시장을 대상으로 맞춤서비스, 맞춤광고 등 개인화가 가능하다. 따라서 기업은 고객 개개인에 대한 차별화된 마케팅 관리를 할 수 있게 된다.

셋째, 디지털 광고는 비위계적 효과non hierarchical effect를 가지고 있다. 즉, 디지털 광고는 전통적인 광고와 달리 효과의 단계를 순서대로 따르지 않기 때문에 배너광고는 브랜드 인지를 위한 것이기도 하지만 직접적으로 상품을 판매하는 기능도 함께 가지고 있다.

넷째, 디지털 광고는 전통매체에 비해 멀티미디어적 요소를 충분히 활용할 수 있다. 즉, 디지털 광고는 텍스트나 그래픽 외에도 오디오, 비디오, 가상현실 등 컴퓨터의 멀티미디어적 요소를 활용하여 기존 TV광고 필름에서 불가능했던 크리에이티브를 충분히 구현할 수 있다.

다섯째, 디지털 광고는 시간적, 공간적, 양적 제약 없이 실시간으로 소비자에게 전달되고 실시간으로 광고정보의 갱신도 가능하다. 따라서 광고주는 신상품 출시와 맞추어 상품 관련 정보를 쉽게 게재하거나 쉽게 삭제할 수 있으며 소비자의 반응 여부에 따라 신속하게 교체하거나 업데이트할 수 있다.

여섯째, 광고효과의 수량화가 가능하다. 기존의 전통적인 오프라인 광고는 시청률, 구독률, 판매량 등 정확한 타깃의 도달률을 고려하지 못한 통계를 이용해 매체효과를 측정해왔다. 그러나 디지털 광고는 서버 로그 분석을 통해 검색에 사용된 키워드, 검색 내용 및 행동 내역 등 세부 사항을 확인할 수 있다. 따라서 광고주의 광고가 이용자에게 몇 번 노출되었고, 몇 명이 광고를 클릭하였으며, 그중 몇 명이 구매로 이어졌는지에 대한 데이터 측정을 통해 광고 수익률ROI을 보다 정확하고 객관적으로 수치화할 수 있다.

이와 같은 디지털 광고의 여러 가지 유용성과 효율성에도 불구하고 디지털 광고시장에 대한 부정적인 시각 역시 팽배하다. 상업적 광고의 과다노출과 침투성 강한 광고 방식이 인터넷 사용을 방해함으로써 사용자의 관심을 저하시키거나 강한 거부감을 갖게 하기 때문이다. 그러나 보다 효과적인 디지털 광고 제작을 위한 다양한 노력들이 선개되고 있고 특히, 사용자를 방해하지 않으면서 주목을 끌 수 있는 방법들에 대한 시도도 진행되고 있다.

2 · 디지털 광고시장 현황

최근 몇 년 동안 지속적으로 두 자릿수의 성장을 보인 디지털 광고비는 2021년 7조 원을 넘어선 것으로 나타나 전년도 대비 30%가 넘는 성장률을 기록했다제일기획 광고연감,2022. 디지털 광고시장이 높은 성장세를 이어 간 배경으로는 코로나19으로 인한 비대면 환경의 정착을 들 수 있다. 비대면 온라인 쇼핑의 증가와 더불어 재택근무나 온라인 수업 등으로 인한 온라인 서비스 이용이 확대되면서 디지털 광고 수요 역시 크게 증가했다.

이러한 디지털 광고시장의 성장은 국내 최대 포털 플랫폼인 네이버와 카카오의 2021년 1분기 매출 실적에서 확인할 수 있다. 네이버의 서치 플랫폼 실적은 7,527억 원으로 지난해 같은 기간보다 17% 성장했으며, 카카오의 톡비즈(카카오톡 광고) 부문 매출은 3,615억 원으로 전년 동기 대비 61% 성장했다광고정보센터, 2021.08.26. 다른 매체들이 제자리 걸음을 하거나 마이너스 성장을 한 것에 비하면 디지털 광고시장은 코로나 특수기를 누리고 있다. 네이버와 구글, 틱톡 등 주요 매체들이 타기팅의 정교화와 전환목표 고도화가 가능한 성과형 광고 상품들을 지속적으로 업데이트하면서 디지털 광고시장으로의 광고주 유입이 크게 확대되고 있는 상황이다. 특히 동영상 중심의 소비자 매체 소비패턴으로 인해 동영상 광고의 수요가 크게 늘어나면서 전체 디지털 광고시장의 성장을 견인하고 있다.

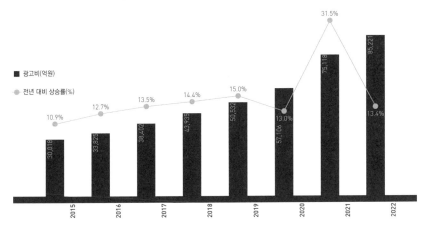

그림 12-1
디지털 광고시장 현황

출처_ 제일기획 광고연감(2014~2022년)

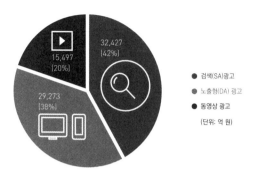

그림 12-2
디지털 광고 유형별
광고시장 규모 및 시장점유율

● 검색(SA)광고

● 노출형(DA) 광고

● 동영상 광고

(단위: 억 원)

출처_ 한국니지털광고협회(2021.3.23)

디지털 광고시장 규모는 통계 출처에 따라 예컨대, 제일기획 또는 한국디지털광고협회(구. 한국온라인광고협회) 자료인지에 따라 산정방법이 달라서 수치도 다르게 공표된다. 따라서 절대적인 규모에 대한 판단보다는 성장률과 비중 등 상대적인 규모에 대한 이해로 접근하는 것이 바람직하다. 디지털 광고시장에 대한 세부 내용은 한국디지털광고협회에서만 게시하기 때문에 아래에서는 한국디지털광고협회 자료를 따르고자 한다. 디지털 광고시장은 크게 배너광고를 중심으로 한 디스플레이 광고와 키워드 창을 통한 검색광고로 구분된다. 그러나 최근 유튜브나 틱톡 같은 동영상 플랫폼들이 크게 성장하면서 이런 플랫폼 통한 광고는 동영상 광고라는 별도 영역으로 구분되고 있다. 한국디지털광고협회에 따르면2021, 2020년 디지털 광고시장은 총 7조 7천억 정도로 그중 검색광고는 3조 2,427억 원으로 전년대비 약 7.4% 증가했다. 반면 노출형 광고비는 2조 9,273억 원으로, 전년 대비 약 31.7%, 동영상 광고비는 1조 5,497억 원으로 전년 대비 약 31.4% 증가한 것으로 나타났다. 광고비 점유율을 보면 검색광고가 42%, 디스플레이 광고가 38%, 동영상 광고가 20%를 차지하였고 전체 디지털 광고 중 모바일의 비중은 76%를 차지하였다.

3 · 디지털 광고 전략의 수립 과정

디지털 광고 전략의 수립 과정은 기본적으로는 전통적인 광고 전략과 유사하지만 온라인 미디어가 광고성과를 좀 더 정확하게 측정할 수 있다는 장점으로 인해 광고 목표와 타깃이 좀 더 세분화된다는 점에서 차이가 있다. 디지털 광고의 세부 수립 과정을 살펴보면 다음과 같다.

첫째, 광고 목표를 설정한다. 온라인 광고 목표설정을 위해서는 마케팅 퍼널 전략funnel strategy이 활용된다. 퍼널은 고객이 처음 유입되어 전환에 이르는 단계를 수치로 확인하고 분석하는 방법론이다. 퍼널의 단계는 세부적으로는 5~6단계로 구분되지만 크게는 인지, 고려, 전환 등 3단계로 구분된다. 인지 단계에서는 비즈니스, 제품 또는 서비스에 대해 사람들의 관심을 끄는 것이 광고 목표이고, 고려 단계는 목표고객이 광고주의 상품이나 서비스를 고려하게 하거나 더 많은 정보를 찾아보도록 유도하는 것이 목표가 된다. 전환 단계에서는 사람들이 장바구니에 상품을 담거나, 사이트에 등록하거나, 구매를 하는 등 사이트에서 특정한 행동을 하도록 유도해야 한다.

둘째, 광고 타깃을 설정한다. 이를 위해서는 환경분석을 기반으로 수립된 STP 전략을 파악하고, 목표고객의 페르소나 프로파일을 구축해야 한다. 특히 디지털 광고의 성과를 극대화하기 위해 고객이 아닌 사람은 목표에서 제거하는 전략은 필수이다. 타깃의 성별, 연령, 직업학생, 직장인, 주부 등에 따라 활동 시간 및 활동 장소에서 차이가 크기 때문에 세밀한 분석이 필요하다. 예를 들어, 직장인은 구글이나 페이스북을 많이 사용한다면, 주부는 상대적으로 카톡이나 블로그를 많이 사용할 수 있다.

셋째, 미디어 믹스 전략을 수립한다. 다양한 디지털 광고의 종류별 장점과 단점을 명확하게 인식하고, 자사 브랜드의 특성 및 캠페인 목표에 적합한 광고 유형을 선별해야 한다. 광고성과를 극대화를 위해서는 다양한 미디어 유형의 최적의 조합이 무엇인지 파악해야 하는데, 특히 퍼널 단계별로 효과적인 미디어 믹스 전략이 요구된다.

넷째, 예산 전략을 수립한다. 언제, 어떤 미디어에, 어떤 스케줄로, 얼마만큼의 금액을 집행할 것인지 결정해야 한다. 예산의 범위, 광고시장 트렌드, 캠페인 목표, 집행할 미디어 채널의 개수 등을 고려하여 다양한 예산 옵션 중 가장 적합한 것을 선택한다. 또한 광고 캠페인 실행 후 도달한 성과에 대한 다양한 데이터 지표를 체계적으로 정리하여 다음 예산 기획에 반영한다.

마케팅 퍼널marketing funnel이란 잠재고객이 처음 제품과 서비스를 인지하고, 관심을 가진 이후 해당 웹사이트를 방문하여 회원가입, 앱 설치, 구매 등 전환 행동이 발생하기까지의 일련의 과정을 분석하는 일종의 방법론이다. 따라서 잠재고객의 전체고객 여정을 깔때기 모양으로 표현한 것으로 고객 이탈 및 유지 상황을 체계적으로 분석할 수 있도록 해준다. 퍼널의 상단에서는 보다 많은 잠재고객을 포착하기 위해 기업은 폭넓은 광고 마케팅 활동이 필요하지만 퍼널 하단으로 내려가면서 고객의 데이터가 쌓이고 잠재고객에 대한 분석과 이해가 기능하기 때문에 좀 더 타깃에 집중화된 마케팅 활동이 필요하다.

이벤트, 광고, 블로그, SNS, DM, 키워드, 미디어 노출 등

인지 (awareness)
관심 (interest)
고려 (consideration)
의도 (intent)
평가 (evaluation)
구매 (purchase)

마케팅 퍼널

2 · 디지털 광고 유형

디지털 광고의 유형에는 디스플레이 광고, 검색광고, 리타기팅 광고, 이메일 광고 등이 있으며 세부 내용은 표 12-1와 같다. 아래에서는 주요 디지털 광고 유형에 대해 자세히 설명하고자 한다.

1 · 디스플레이 광고

디스플레이 광고display ads는 시각적으로 궁금증이나 호기심을 유발하는 이미지나 문구를 통해 클릭을 유도하여 해당 브랜드나 브랜드의 상품을 홍보, 구매할 수 있도록 진행하는 광고를 말한다. 디스플레이 광고 유형으로 가장 보편적인 형태인 배너광고를 비롯해 광고 회피를 최소화하고 광고 콘텐츠가 서비스 내에 통합된 형

표 12-1

디지털 광고 유형

PART 4 패션브랜드와 디지털 트렌드

CHAPTER 12 디지털 광고

플랫폼	광고 유형	세부유형	
인터넷/모바일	디스플레이 광고	텍스트 광고	
		배너광고	
		네이티브 광고	피드형 네이티브 광고
			기사형 네이티브 광고
		동영상 광고	pre/mid/end-roll 광고
			오버레이 광고
	검색광고	사이트 검색광고, 쇼핑 검색광고, 콘텐츠 검색광고, 브랜드 검색광고	
	리타기팅 광고	사이트 리타기팅, 검색사용자 리타기팅, 문맥 리타기팅	
	이메일 광고	이메일 광고	
모바일	메시징 광고	SMS/MMS/LMS	

태로 자연스럽게 보여지는 네이티브 광고, 광고에 대한 관심과 집중도를 높일
수 있는 동영상 광고 등이 포함된다.

배너광고

인터넷 광고의 가장 오래되고 보편적인 형태는 배너banner광고로 배너란 포털
사이트 등에 나타나는 직사각형 모양의 작은 그래픽을 의미한다. 대부분 배너
를 클릭하면 해당 광고 메시지가 노출되거나 특정 기업의 웹사이트로 연결된
다. 배너광고는 특정 매체를 통해 수용자에게 침투하는 성격의 광고로 불특정
다수에게 전달되는 일대다의 커뮤니케이션의 형태를 갖는다.

배너광고는 표출되는 형식과 방법에 따라 여러 가지 유형으로 나눌 수 있는
데, 고정형static 배너, 애니메이션animation 배너, 인터랙티브interactive 배너 등으로 구
분된다. 초기에는 광고 메시지나 그림이 변화되지 않는 고정형 배너가 대부분
이었으나 클릭률이 낮다는 단점으로 인해 최근에는 애니메이션을 이용하거나
쌍방향의 특성을 가지는 배너광고가 대부분을 차지하고 있다. 애니메이션 배
너는 광고 메시지나 그림이 연속적으로 변화되는 광고로 고정형에 비해 시각
적 효과가 높아 소비자들의 주목률이나 클릭률을 높일 수 있다. 인터랙티브
배너광고는 사용자에게 게임 참여, 개인정보 제공, 질문에 대한 응답 등과 같
은 추가적인 행동을 요구함으로써 사용자의 관여도를 높인다는 장점이 있다.
최근에는 증강현실을 활용하여 소비자에게 경험을 주는 형태의 광고들이 많
이 등장하고 있다. 뷰티 브랜드 샐리 한센Sally Hansen은 배너를 클릭하는 사용자

그림 12-3
샐리 한센의 가상 착용 AR광고

출처_ dribbble.com

들에게 가상 착용이 가능한 AR광고를 노출하여 브랜드의 매니큐어를 칠해보는 것과 같은 가상 체험을 제공하였다.

최근에는 단순한 텍스트나 그래픽에서 탈피하여 콘텐츠와 사용자가 다양한 상호작용이 가능하도록 고급 기술 및 신기술을 최대한 활용한 리치 미디어rich media 배너가 각광받고 있다. 비디오, 오디오, 사진, 애니메이션 등을 혼합한 고급 멀티미디어 형식의 광고라는 점에서 기존의 배너광고와 차이가 있다. 리치미디어 배너에는 다음과 같은 형태들이 있다.

● **확장형**expandable **광고_** 광고가 웹페이지의 게재위치 내에서 정해진 크기로 시작해서 사용자가 마우스를 올리거나 클릭하면 콘텐츠 위로 확장되는 형태를 말한다. 화면을 폭넓게 광고 지면으로 활용함으로써 광고의 주목률과 집중도를 높이는 것이 목적이다. 배너의 크기가 확대되기 때문에 사용자는 특정 사이트로

그림 12-4
글로벌 매거진 마리끌레르의
확장형 광고 (좌)
아디다스의 360-degree viewing
전면광고 (우)

출처_ www.mobileads.com   출처_ www.mobileads.com

그림 12-5
태그호이어의 플로팅 배너광고

출처_ arstechnica.com

이동하지 않고 보다 많은 정보를 얻을 수 있다.

• 인터스티셜Interstitial 광고_ 전면광고는 사용자가 페이지 콘텐츠를 스크롤할 때 자연스러운 전환 지점에서 전체 화면을 덮는 광고를 말한다. 앱 콘텐츠의 자연스러운 흐름에 최적화하면서 풍부하고 다이나믹한 풀 화면의 동영상 콘텐츠를 통해 방해를 최소화한 형태이다. 전면광고 배치로 인해 사용자가 놓치기 어렵다는 점에서 클릭률이 높은 광고이다. 특히 제품의 3D 로테이션 뷰와 같은 상호작용이 가능한 흥미로운 광고 콘텐츠를 사용할 경우 사용자들의 참여도를 높일 수 있다.

• 플로팅floating 광고_ 광고가 웹페이지 위에서 전면으로 플로팅하며, 특정 위치에 고정되지 않기 때문에 모양이나 크기에 구애받지 않는다. 떠다니는 로고 또는 걸어 다니는 캐릭터 등과 같이 역동적인 제작물을 통해 사용자의 주목률과 상기율을 높일 수 있다. 광고가 콘텐츠 위에 반투명으로 겹쳐지는 경우도 있지만, 본문을 덮으면서 스크롤 따라 내려오는 경우도 많기 때문에 반드시 광고를 봐야 하는 경우 부정적인 감정이 생길 수 있다. 일반적으로 사용자의 상호작용이 없을 경우 15초 정도 후 광고가 사라진다.

이러한 리치미디어 광고는 화면 안에서 소비자가 필요로 하는 정보가 충분히 구현되기 때문에 광고주의 사이트로 이동하지 않아도 된다는 장점이 있다. 또한 배너 자체가 가지고 있는 크리에이티브의 다양성과 사용자와의 상호작용성 덕분에 일반 배너광고에 비해 기억률이나 클릭률이 더 높은 것으로 나타나고 있다. 일반적인 배너광고의 클릭률이 1% 내외인 것에 비해 리치미디어 광고의 클릭률은 2~4% 정도로 더 높은 것으로 나타나고 있다한상복, 윤세균, & 윤정식, 2010.

그러나 한꺼번에 너무 많은 팝업이 뜬다거나 한 번 뜬 광고가 오랫동안 사라지지 않는 경우 불만과 거부감을 증가시킬 수 있으므로 역효과를 가져올 수도 있다.

네이티브 광고

네이티브 광고native ads란 사용자들의 광고 회피를 최소화하고 노출 최적화를 위하여 광고 콘텐츠가 서비스 내에 통합된 형태로 자연스럽게 보여지는 광고 방식이다. 방송광고의 PPL 즉, 간접광고처럼 기존 콘텐츠와 유사하게 제작되는 후원형 콘텐츠 광고가 진화한 형태로 사용자가 콘텐츠를 접하는 맥락을 고려하여 제작된 고퀄리티의 광고를 말한다. 인터넷이나 모바일 광고의 경우, 대개 일방적인 노출방식으로 콘텐츠 사용을 방해하거나 반복 노출로 광고 피로를 높이는 등 광고 자체에 대한 반감을 주기 쉽다. 특히 모바일 광고는 디바이스의 작은 화면을 통한 노출로 인해 메시지 전달에 있어서 다양성과 창의성이 부족하다는 문제점도 있다. 이와 같은 기존 디스플레이 광고의 낮은 주목도와 높은 혼잡도의 문제 해결을 위해 등장한 것이 네이티브 광고이다. 따라서 네이티브 광고는 인터넷에서보다 모바일 상황에 더 적합한 광고로 평가되고 있다. 실제로 IPG 미디어랩과 쉐어스루Sharethrough광고대행사의 공동 조사에 따르면, 브랜드 친밀도, 광고공유, 제품구매 의향 등에서 일반적인 배너광고보다 네이티브 광고에서 소비자들이 더 높은 긍정적 반응을 보이고 있다IPG Media Lab and Sharethrough, 2013.

　네이티브 광고는 SNS와 같은 폐쇄적 플랫폼의 내부에서 한정된 형태로 노출되는 피드 형태와, 언론사와 같은 개방적 플랫폼에서 기사성 광고advertorial와 같이 외부의 검색을 통해 노출될 수 있는 기사 형태로 크게 분류된다. 페이스북, 트위터, 인스타그램 등 SNS 상의 뉴스피드는 친구들의 최신 소식이 업데이트되는 곳이기 때문에 사용자들의 관심을 끌기 쉽고, 광고에 대한 호감이 있을 경우, 다른 친구들과 공유하도록 유도할 수 있다. 언론사의 기사형 네이티브 광고는 기존의 기사형 광고와 달리 제작비를 협찬 받았다는 사실을 명확히 밝히지만, 해당 기업을 일방적으로 홍보하는 것이 아니라 콘텐츠 광고가 기사로서의 충분한 가치가 있다는 점을 강조한다. 따라서 기사와 동일할 정도로 유익한 정보를 만들 수 있는 콘텐츠 개발이 광고 성공에서 핵심이다. 현재 신생 디지털 미디어는 물론이고 '뉴욕타임스'나 '워싱턴 포스트'와 같은 전통적인 주요 외신들도 전담팀을 구성하여 네이티브 광고 유치에 적극적으로 나서고 있다.

그림 12-6

유니클로의 피드형 네이티브 광고 (좌),
도브의 기사형 네이티브 광고 (우)

출처_ joinative.com

출처_ www.telegraph.co.uk

그림 12-6에 제시된 유니클로 네이티브 광고는 제품 자체를 강요하는 것이 아니라 잠재고객의 고충에 초점을 맞추면서 관심있는 사용자들의 클릭을 유도한다. 광고를 클릭하면 나오는 랜딩 페이지에서는 유니클로 브랜드를 전면에 내세우기 보다는 에어리즘이 무엇인지를 설명하면서 고객의 문제점을 해결하는 솔루션을 제공하고 있다. 한편, 글로벌 뷰티 브랜드 도브Dove는 영국 일간지 텔레그라프Telegraph의 라이프스타일 섹션에서 프로 골퍼 리 웨스트우드Lee Westwood의 양육에 대한 인터뷰 기사 네이티브 광고 형태로 진행했다. 리 웨스트우드는 인터뷰를 통해 아버지가 자신의 경력을 어떻게 도왔는지, 그리고 자신은 어떻게 아이들의 꿈을 키우고 있는지를 이야기한다. 도브는 이러한 광고를 통해 자녀와 좋은 시간을 보내는 모든 아빠를 지지하는 브랜드로 이미지 메이킹하고 있다.

동영상 광고

동영상 광고란 사용자가 무료 동영상 콘텐츠를 보기 위해 필수적으로 보아야 하는 광고를 말한다. 광고에 대한 관심과 집중도를 높일 수 있기 때문에 다른 형태의 광고에 비해 광고 내용에 대한 기억 지속성에서 효과가 우수한 것으로 평가되고 있다. 동영상 광고가 갖는 다양한 쌍방향 기능은 패션기업의 마케팅 활동의 폭을 넓혀주고 있다. 예를 들어, 광고 동영상 위에 SNS 버튼을 직접 노출하여 단순 영상광고 노출이 아닌 브랜드 소셜 페이지로 즉시 유입시키는 등의 즉각적인 반응을 유도할 수 있다. 뿐만 아니라 인터랙티브 액션버튼을 노출하여 이벤트 참여 또는 전화걸기 등과 같은 행동 전환의 유도도 가능하다. 특히 카테고리, 시간, 요일 등 스크린에 타기팅을 설정하여 캠페인 특성에 맞는

그림 12-7

동영상 플랫폼 광고 유형

Display ads

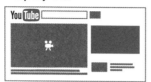

Overlay ads

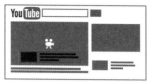

Skippable video ads

Non-Skippable video ads

출처_ www.commonmind.com

사용자 및 상황에 선택적으로 노출할 수 있다는 장점도 있다. 동영상이라는 콘텐츠의 매력성에 더해 다양한 전환 행동을 유도할 수 있는 기능이 더해져 앞으로 모바일에서의 동영상 광고의 파워는 더욱 막강해질 것으로 보인다.

동영상 광고는 동영상 콘텐츠가 시작되기 전pre-roll, 중간mid-roll 및 종료 시점end-roll에서 재생되는데 일반적으로 영상 시작 전에 노출되는 프리롤pre-roll 광고의 주목률이 가장 높은 것으로 나타나고 있다. 동영상 광고의 유형은 아래와 같이 크게 4개 정도로 구분된다 그림 12-7.

- 디스플레이 광고_ 검색한 동영상 콘텐츠의 우측에 추천 비디오 리스트의 형태로 나타나는 광고를 말한다. 데스크톱에서만 광고 집행이 가능하다.

- 오버레이 광고_ 일반적으로 영상 콘텐츠가 재생되는 동안 하단 3분의 1 위치에 나타나는 텍스트, 이미지 또는 리치미디어 광고를 말한다. 콘텐츠 시청을 크게 방해하지 않으면서 광고를 노출할 수 있다. 데스크톱에서만 광고 집행이 가능하다.

- Skippable video 광고/Non-skippable video 광고_ 동영상 콘텐츠 전, 중간, 종료 시점에서 재생되면서 건너뛸 수 없는 동영상 광고인 표준형과, 시작한 다음 약 5초 후에 건너뛸 수 있는 동영상 광고인 트루뷰trueview형이 있다. 데스크톱과 모바일 모두에서 광고 집행이 가능하다.

2 ∘ 검색광고

검색광고의 개념

검색광고search ads란 검색 엔진에서 검색어를 입력하면 검색 결과 페이지에 관련 업체의 광고를 노출시켜주는 광고기법이다. 주요 포털사이트의 파워링크가 대표적인 키워드 광고에 해당한다. 인터넷 사용자들이 온라인 공간에서 이메일 사용만큼 빈번하게 수행하는 행동이 검색이다. 자신에게 적합한 정보를 찾기 위해 검색창을 사용하는 사람들은 그 내용에 대해 높은 수준의 흥미와 의도를 갖고 상호작용하게 된다. 따라서 키워드 광고는 특정 상품이나 서비스에 관심을 가진 사람들에게만 노출되는 타깃화된 광고로 불특정 다수를 상대로 하는 다른 인터넷 광고와는 차이가 있다. 이메일 마케팅이 푸시push 광고 마케팅의 대표적 수단이라면 키워드 광고는 대표적인 풀pull 광고 마케팅의 유형이라고 할 수 있다.

현재 인터넷 쇼핑몰의 유입고객 경로에서 검색 엔진의 비중이 높아짐에 따라 검색 엔진을 통한 검색 결과의 첫 페이지는 거의 광고로 채워지고 있다. 검색광고는 광고를 클릭할 때마다 광고 예치금에서 일정 금액이 차감되는 방식을 사용하기 때문에 적은 예산으로도 광고를 집행할 수 있어 규모가 큰 기업뿐만 아니라 온라인 소호몰과 같은 소액 광고주들도 쉽게 활용할 수 있다. 검색광고는 경쟁입찰 방식을 통해 순위가 정해지기 때문에 많은 사람들이 검색하는 키워드의 상위에 노출시킬 경우, 광고예산이 많이 소요된다. 그러나 많은 사람들이 검색하는 키워드는 카테고리를 대표하는 일반적인 키워드이기 때문에 구매전환율은 높지 않다. 오히려 무조건 검색량이 높은 키워드가 아닌 구매가 목적인 고객들이 검색할 만한 키워드를 선정하는 것이 구매성과에서는 더 효율적일 수 있다.

마케팅 목적에 맞게 사이트 검색광고, 쇼핑 검색광고, 콘텐츠 검색광고, 브랜드 검색광고 등으로 다양하게 광고를 진행할 수 있다. 사이트 검색광고로는 '네이버'의 파워링크와 비즈사이트가 있고, '다음'의 프리미엄링크 등이 있으며, 쇼핑 검색광고에는 네이버의 N쇼핑과 다음의 쇼핑하우가 포함된다. 콘텐츠 검색광고에는 인플루언서나 블로그 등이 포함되며, 브랜드 검색광고는 특정 브랜드를 검색하면 제일 상위에 나오게 되는 브랜드 광고 및 정보를 말한다.

검색엔진 마케팅

검색엔진 마케팅SEM: search engine marketing이란 자신의 웹사이트를 검색엔진 또는 검색광고의 상위에 노출시켜 더 많은 방문자를 유입시키는 전략을 말한다. 이용자들은 검색엔진이 올려주는 수많은 검색 결과들을 모두 살펴볼 수 없기 때문에 더 빠르고 정확한 검색 결과를 얻기 위해 상위페이지의 정보를 클릭할 수밖에 없다. 검색이용 행태에 대한 일부 조사 결과에 따르면, 인터넷 검색엔진 이용자의 75%가 첫 페이지에 노출된 정보에 중요도를 부여하며 약 60%는 두 번째 페이지 이후의 검색 결과는 잘 검토하지 않는 것으로 나타났다전자신문, 2005.

검색엔진 마케팅의 핵심 요소는 키워드이다. 이용자들은 대개 검색 결과의 링크 또는 배너광고들 중에서 하나를 선택해 웹사이트로 유입되는데, 이때, 웹사이트로 들어오는 관문의 역할을 하는 것이 바로 키워드이다. 따라서 검색광고에서 제품이나 서비스의 특성, 그리고 마케팅 목표에 맞는 키워드를 선택하는 것은 무엇보다도 중요하다. 키워드는 크게 대표 키워드(또는 일반 키워드)와 세부 키워드로 구분되는데 표 12-2, 검색엔진에서 조회수 높은 대표 키워드는 광고단가는 높지만, 상대적으로 타깃클릭률이나 전환율이 높지 않다. 반면, 세부 키워드는 조회수가 낮더라도, 타깃클릭률과 전환율이 높은 편이다. 따라서 이용자의 숨은 니즈를 잘 파악하여 세부 키워드를 활용하면 저렴한 비용으로 효과적인 검색광고를 운영할 수 있다.

광고주들이 선호하는 키워드는 검색광고 매체사에서 제공하는 키워드별 검색 수와 입찰가격을 참고하면 쉽게 찾을 수 있다. 특정 키워드의 입찰가격은 검색쿼리(검색 시 입력하는 단어나 문구의 순위)와 광고주들의 입찰가를 바탕으로 결정된다. 특정 제품 및 서비스의 대표 키워드는 경쟁률이 높기 때문에 광고 입찰가도 높을 수밖에 없다. 따라서 경쟁이 심한 대표 키워드에 의존하기 보다는 해당 제품 및 서비스를 매개할 수 있는 콘텐츠를 상정해 광고를 노출시키는 콘텐츠 매칭 전략이 필요하다. 즉, 제품과 연관이 높은 최근 트렌드를 선별해 이와 관련된 키워드를 선택하면 키워드의 입찰기는 낮은 반면 구매로 이어질 가능성은 높아진다. 특히 이용자의 즉각적인 행동 유발을 위해서는 제품 및 서비스의 성질이나 상태를 디테일하게 나타내는 형용사 수식어를 잘 만드는 것이 중요하다. 예를 들어, '여름 휴가철 패션' 보다 '여름 휴가지에서 빛나는 바캉스룩'이 더욱 소비자들의 주목을

표 12-2

대표 키워드와 세부 키워드의 비교

구분	개념	키워드 예시	광고효과
대표 키워드	· 카테고리를 대표하는 일반적인 키워드 · 해당 사이트를 대표하는 단어 · 고객이 보편적으로 검색하는 단어 · 주력상품명	· 여성의류 · 여성가방	· 조회수 높음 · 광고단가 높음 · 평균클릭률 높음 · 전환율 낮음
세부 키워드	· 한 카테고리 내의 세부적인 키워드 · 수식어가 포함된 상품명 · 사용자의 니즈에 맞게 타기팅된 단어 · 상품의 특장점	· 여름 휴가철 패션 · 소가죽 미니크로스백	· 조회수 낮음 · 광고단가 낮음 · 타깃클릭률 높음 · 전환율 높음

출처_ 하이테크마케팅그룹(2010). 웹마케팅혁명. 서울: 원앤원북스.

끌 수 있다.

검색광고는 다른 광고매체에 비해 광고주의 접근이 쉽고 광고순위의 변동이 심하므로 관리가 소홀할 경우 순위가 쉽게 하락한다. 따라서 효과적인 키워드를 지속적으로 찾아내 추가하고 투자대비 효율이 낮은 키워드들은 과감하게 삭제함으로써 검색광고의 ROI를 높게 유지하는 전략이 필요하다. 이를 위해서는 검색어별 또는 광고 형태별 등 다양한 기준을 사용하여 광고효과를 정교하게 측정해야 하고, 그 결과에 따라 지속적인 광고문구 최적화 작업과 경쟁사 모니터링을 수행해야 한다.

랜딩 페이지 최적화 전략

이용자가 웹상에서 검색광고를 클릭했을 때 링크되는 사이트의 첫 화면을 랜딩 페이지landing page 또는 엔트런스 페이지entrance page라고 한다. 랜딩 페이지에 도착한 사용자가 자신이 원하는 웹페이지를 찾기 어렵다고 느낀다면 아마도 정보탐색을 단념하고 다른 사이트로 이동을 해버리게 될 것이다. 따라서 랜딩 페이지 최적화 전략LPO: landing page optimization이란 검색엔진이나 인터넷 배너광고에서 넘어온 사용자가 사이트로부터 이탈하는 것을 방지하고 최종적인 행동까지 정확하게 유도할 수 있도록, 최초로 방문하는 페이지의 내용을 사용자의 요구에 맞게 조정해 나가는 마케팅 전략을 말한다.

마이크로소프트사의 Chao Liu 등2010의 연구에 따르면, 웹사이트에 방문한 사용자의 평균 체류시간은 10~20초 정도라고 한다. 즉, 이용자들이 쇼핑몰의 랜딩 페이지를 보고 나갈 것인가 머무를 것인가go or stop를 결정하는데 걸리는 시간은 10초가 채 안된다는 의미이다Nielsen Norman Group, 2011.9.11. 따라서 방문자를 이탈시키지 않고 사이트 체류시간을 늘리기 위해서는 어떻게 랜딩 페이지를 구성할 것이냐가 관건이다. 랜딩 페이지는 사이트에 접속한 방문자가 가장 먼저 인지하는 곳으로, 검색을 타고 이 페이지에 도달할 때 사용한 키워드와 랜딩 페이지의 콘텐츠는 반드시 일치되어야 한다. 예를 들어, "가을철 등산 나들이를 위한 아웃도어"라고 검색하여 해당 사이트에 도착했을 때는 그와 관련 내용이 있어야 한다는 뜻이다. 무작정 쇼핑몰의 메인 페이지로 유도한다던지 전혀 관계없는 페이지로 유도한다면 사용자는 바로 사이트에서 아웃하게 될 것이다.

랜딩 페이지 최적화 전략에서 또 하나 고민해야 할 부분이 랜딩 페이지를 해당 키워드와 연관된 카테고리에 둘 것인지 아니면, 세부적인 특정 상품에 둘 것인지에 대한 판단이다. 보통은 여성의류 쇼핑몰 기준으로 한 시즌에 판매되는 아이템이 몇 백 개에서 심지어 몇 천 개에 이르기 때문에 투자대비 성과를 높이기 위해 카테고리 페이지로 랜딩 페이지를 설정하기 쉽다. 그러나 일반적으로는 세부키워드에 맞는 특정 상품 페이지로 랜딩 페이지를 걸 때 구매전환률이 더 높은 것으로 나타난다. 타깃 세분화를 정교하게 할수록 체류시간이 늘어나게 되어 구매율이 높아지기 때문이다. 반면, 반품율은 떨어지게 된다. 랜딩 페이지 내에 또 다른 네비게이션을 주는 형태가 아니라 랜딩 페이지가 구매를 위한 마무리 페이지closing page가 되는 것이 가장 이상적이다.

3 · 리타기팅 광고

리타기팅 광고의 개념

리타기팅 광고란 광고주의 웹사이트를 방문했던 이용자를 타기팅하여 퍼널단계에 따라 각각 다른 메시지를 내보내는 형태의 광고를 말한다. 이용자의 검색기록과 인터넷 경로를 기반으로 다수의 제휴 네트워크에 텍스트, 이미지, 플래시, 동영상 등을 활용하여 맞춤형 배너광고를 제공하기 때문에 네트워크 광고라고도 한다. 앞서 살펴보았듯이 배너광고는 타깃에게 폭넓게 노출할 수 있는 커버리지를 갖추고 있으나 검색광고에 비해 상대적으로 연관성relevancy이 낮고 비용이 높다는 단점이 있다. 반면, 검색광고는 타깃 도달률과 비용 효율성이 높지만 노출이 검색 플랫폼에 한정되어 있어 적절한 커버리지를 확보하기 어렵다는 한계점이 있다. 이 둘의 장점을 결합하여 만든 것이 바로 리타기팅 광고이다. 즉, 배너광고의 노출지면 사용방식과 검색광고의 노출제어 방식을 결합한 일종의 하이브리드 광고hybrid advertisement라고 볼 수 있다. 광고비가 상대적으로 저렴하고 타기팅에 효과적이며, 특

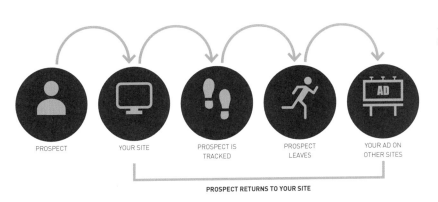

그림 12-8
리타기팅 광고의 개념

PART 4　패션브랜드와 디지털 트렌드

CHAPTER 12　디지털 광고

히 사용자의 관심사와 연관된 내용의 광고 메시지를 노출시킨다는 면에서 몰입도가 높은 것이 장점이다.

리타기팅 광고 유형

리타기팅 광고의 유형은 다양한 기준으로 분류될 수 있지만 크게 3가지 유형으로 나눌 수 있다.

- **사이트 타기팅_** 사이트에 방문한 적이 있는 잠재고객들의 쿠키값을 통해 따라다니며 광고를 노출시키는 기법
- **검색 사용자 타기팅_** 특정 키워드를 검색한 잠재고객을 타기팅하여 다양한 매체에 광고를 노출하는 기법
- **문맥 타기팅_** 뉴스 기사나 콘텐츠에 관련 있는 키워드가 포함된 경우 배너 광고를 노출시키는 기법

　아래 그림 그림 12-9은 사이트 리타기팅 광고의 사례로, 사용자가 콜한Cole

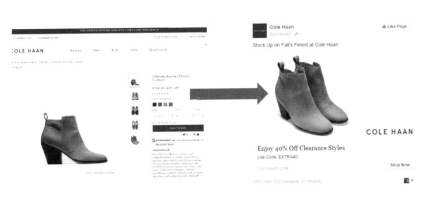

그림 12-9
콜한의 사이트 리타기팅 광고

출처_ www.wordstream.com

Haan의 홈페이지에서 앵클부츠를 검색하고 구매없이 이탈한 경우, 광고 네트워크로 연결되어 있는 페이스북에 사용자가 로그인하게 되면 이전에 탐색했던 콜한의 제품이 다시 노출되면서 40% 할인의 오퍼를 제공하고 있다.

4 ∘ 이메일 광고

이메일 광고 개념

이메일 광고란 소비자들의 관심사에 관련된 내용을 이메일로 전달하는 광고를 의미한다. 이메일은 대부분의 인터넷 사용자들이 일상적으로 사용하는 커뮤니케이션 수단이기 때문에, 다른 미디어들의 등장에도 불구하고 여전히 소비자와의 관계 구축이나 충성도를 높이는데 효과적인 매체로 평가되고 있다. 이메일 광고는 일주일이나 한 달 단위 등 정기적으로 보내지거나 필요할 때마다 비정기적으로 발송될 수 있다. 소비자들은 이메일 뉴스레터를 통해 웹사이트에 접속하지 않아도 필요한 정보를 쉽게 볼 수 있으며 추가적인 정보를 얻고자 할 때 해당 웹사이트로의 이동도 편리하게 할 수 있다.

이메일 광고의 목적은 주로 리마케팅을 위한 것이다. 리마케팅이란 일반적으로 고객에게 이메일로 발송하여 사이트 내 행동에 따라 사용자의 참여 또는 재참여를 유도하는 활동을 말한다. 즉, 장바구니를 이탈한 사람들을 독려하거나 상향판매나 교차판매를 유도하거나 비활성 사용자들의 활성화 등을 목적으로 진행되는 이메일 캠페인을 말한다. 앞서 언급한 리타기팅 광고도 리마케팅 광고의 한 유형이라고 할 수 있다.

이메일 광고의 장점 및 고려요인

이메일 광고의 장점은 몇 가지로 요약할 수 있다. 첫째, 이메일 광고는 높은 도달률과 클릭률을 보인다. 일반적인 리마케팅은 브랜드를 경험한 고객 또는 웹사이트 방문이나 앱 설치를 수행한 고객들의 데이터를 기반으로 디스플레이 광고를 진행한다. 이러한 유형의 리마케팅은 고객이 이용하는 매체나 플랫폼의 접근성, 쿠키 삭제나 광고 차단 등으로 노출량이 저하되어 고객에 대한 접근율이 떨어지게 된다. 그러나 고객의 동의하에 집행하는 퍼미션 기반의 이메일 광고는 고객의 계정으로 이메일을 직접 발송하기 때문에 쿠키 기반의 다른 리마케팅 광고에 비해 도달률이 높다.

둘째, 고객이 제품이나 서비스에 대해 인게이지먼트가 떨어지는 시점의 적절한 타이밍에 지속적으로 브랜드 콘텐츠를 제공함으로써 고객이 제품이나 서비스에 대한 필요성을 다시 인식하도록 유도할 수 있다.

셋째, 다양한 콘텐츠(텍스트, 이미지, GIF)를 활용할 수 있다. 다른 광고매체를 이용하는 경우, 광고 지면의 제약으로 인해 콘텐츠의 유형이 제한될 수 있다. 그러나 이메일은 고객에게 메시지를 전달하기 위해 이미지, 영상, 텍스트 등 다양한 콘텐츠의 유형을 자유롭게 활용할 수 있다.

넷째, 이메일 광고는 다른 매체에 비해 비용이 저렴하고 표적시장에 대하여 선별적이면서 지속적으로 광고를 진행할 수 있다. 특히 이메일 광고에 필요한 발송비와 시스템비를 제외하고는 별도의 광고비가 필요하지 않아 비용 효율성 매우 높다.

이메일 광고를 효과적으로 활용하기 위해서는 기획 과정에서 아래와 같은 몇 가지 사항을 고려해야 한다. 첫째, 정확한 메일링 리스트의 확보가 중요하다. 일반적으로 소비자가 온라인 쇼핑몰의 회원으로 가입할 경우 자연적으로 이메일 주소를 확보할 수 있지만, 이것만으로는 매우 부족하기 때문에 굳이 회원가입이 아니라도 이메일을 수집할 수 있는 방법을 고려해야 한다. 가장 일반적으로 활용되는 방법이 잠재고객의 관심을 유도할 수 있는 가치 있는 콘텐츠를 제작하여 다양한 루트를 통해 배포하는 것이다. 예컨대, 세미나의 키노트, 웨비나, 소비자 조사자료, 통계자료, 보고서, 체험판 등이 여기에 포함된다.

둘째, 개인화된 이메일 광고 메시지를 기획해야 한다. 모든 잠재고객에게 일괄적인 메시지로 커뮤니케이션하는 것은 자칫 광고 효율을 떨어뜨리기 쉽상이다. 디지털 마케팅과 이메일 마케팅의 핵심은 고객의 행동과 관심사를 기반으로 맥락에 맞게 최적화된 메시지를 전달하는 것이다. 때로는 이메일 타이틀에 고객의 이름을 명시하는 것만으로도 좋은 효과를 가져올 수 있다.

셋째, 오픈율, 클릭률, 전환률 등 KPI_{key performance indicator: 핵심성과지표} 분석을 통해 이메일 광고의 성과를 평가해야 한다. 이메일을 실제로 오픈한 타깃의 비율, 오픈한 사람 중 실제로 광고를 클릭한 비율, 그리고 클릭한 사용자 중 특정 행동을 수행한 사람의 비율 등을 분석하여 이메일 타깃, 콘텐츠, 발송 주기 등 향후 캠페인 성과 개선을 위한 피드백 자료로 활용하는 것이 필요하다.

광고 소재를 최적화하는
A/B 테스트

A/B 테스트 또는 스플릿 테스트Split testing란 UI/UX, 광고 캠페인, 매출전략 등 다양한 마케팅 아이디어의 효과를 측정하고 비교하기 위해 수행하는 테스트를 말한다. 특히 광고 캠페인에서는 광고 소재의 이미지, 문구 혹은 랜딩 페이지 등 캠페인 성과에 영향력 미치는 요소들을 개선하기 위해 사용한다.

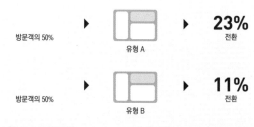

방문객의 50% ▶ 유형 A ▶ **23%** 전환

방문객의 50% ▶ 유형 B ▶ **11%** 전환

A/B 테스트의 개념

일반적으로 웹 페이지의 UI, 카피 문구 등을 2가지 이상의 패턴으로 나누어 (예: 유형A, 유형B) 어떤 유형에서 더 높은 전환율을 보이는지에 대해 특정 기간 동안 테스트하는 형태이다. A/B 테스트의 단계는 아래와 같이 목표 정의, 변수분석, 가설 수립, 설계 및 테스트, 결과분석 등 5단계로 나눌 수 있다.

목표 정의 → 변수 분석 → 가설 수립 → 설계 및 테스트 → 결과 분석

A/B Testing의 5단계

Step 1: 목표 정의

첫 단계에서는 사용자가 우리 서비스에서 구체적으로 어떤 행동을 했으면 좋겠는지Conversion를 결정하고 이를 기반으로 테스트가 가져올 효과와 목적을 정의하게 된다. 현실적으로 예산, 시간 등의 제약이 많기 때문에 ROIReturn On Investment를 고려하여 가설의 우선순위를 설정한 후 문제 있는 웹페이지의 테스트를 진행하면 된다. 어떤 웹페이지를 테스트해야 할지 결정하기 어렵다면 랜딩 페이지를 먼저 테스트한다. 예컨대, 랜딩 페이지에서 이탈률이 높거나 특정 CTAcall to action 버튼의 전환율이 저조하다면 해당 페이지의 UI, 문구 등을 테스트해야 한다.

Step 2: 변수분석

문제를 식별했다면 소비자 행동에 영향을 미칠 수 있는 요소 즉, 변수들을 분석해야 한다. 예를 들어,

랜딩 페이지의 요소에는 색상, 이미지 유형 수, 클릭 유도 문안, 버튼 디자인 및 배치, 제목 및 소제목, 특별한 제품이나 서비스 제안 및 가격 등이 있다. 이러한 요소들을 모두 한꺼번에 분석하는 것이 불가능하기 때문에 2~3개 정도의 특정 요소에 초점을 맞추고 테스트를 진행해야 한다.

Step 3: 가설 수립

목표와 변수가 결정되면 테스트를 위한 가설을 세우게 된다. 때로는 인터뷰, FGI, 관찰조사 등과 같은 정성적 리서치를 통해 사용자 행동양식에 대한 새로운 가설을 세울 수도 있다. 가설은 구체적인 목표를 제공하기 때문에, 성공적인 테스트를 이끌어내는 유용한 도구이다. 언더웨어 쇼핑몰 플레이텍스몰 playtexmall의 온라인 광고 대행사 그루비Groobee는 이미지와 함께 제품 2가지를 보여주는 배너와, 이미지 없이 좀 더 자세한 제품 설명만 제공하는 배너 중 어떤 배너가 전환율이 더 높은지를 가설화 하였다. 그 결과, 언더웨어는 다른 의류에 비해 상대적으로 비슷한 스타일이 많기 때문에, 이미지보다 자세한 텍스트를 보여주는 것이 더 전환이 높다는 인사이트를 얻을 수 있었다.

Step 4: 설계 및 테스트

실험 결과의 신뢰성을 높이기 위해서는 체계적인 실험설계가 요구된다. 실험에 투입되지 않았지만 테스트 결과에 영향을 미칠 수 있는 다른 변수들을 충분히 통제해야 하고, 방문객들의 샘플 수가 충분히 확보된 사이트에서 실험을 진행해야 한다. 일반적으로 모든 사용자가 모집단population으로 정의될 수 있지만, 어떤 경우에는 측정하려고 하는 변화가 특정집단에게만 의미 있는 것일 수도 있기 때문에 목표집단에 대한 정의는 반드시 필요하다. 실제 실험에서는 방문객들에게 랜덤으로 다양한 광고 대안의 유형들을variation 보여주고 사용자 행동을 기록하면 된다.

Step 5: 결과분석

보통 A/B 테스트는 마케터가 하는 일의 성과를 객관적으로 입증하는 것에 목적이 있다. 테스트 분석 결과, 가설대로 서로 다른 대안에서 성과의 차이가 나타날 경우, 실적이 좋았던 버전을 배포하면 된다. 수립한 가설과 다른 결과가 나온 경우, 그 이유를 분석해 보면 새로운 가설이 나오게 되고 이를 기반으로 다시 실험을 시작하면 된다. 즉, 가설 수립과 가설 검증(테스트)의 반복을 통해 새로운 가치가 탄생하게 된다.

출처_ 그루비(2019.9.30). [마케팅] A/B 테스트할 때 자주 하는 실수 5가지. groobee.net
Optimizely. Split testing. www.optimizely.com

참고문헌

김용호, 김문태(2017). *인터넷 마케팅: 4차 산업혁명 시대의*. 서울: 도서출판청람.

김용호, 정기호, 김문태(2013). *인터넷 마케팅 3.0* (2판). 파주: 학현사.

김창수, 이용주, 이경진(2010). *인터넷 비즈니스: 창업과 경영*. 파주: 학현사.

윤각, 김신애, 조재수(2017). 광고유형 (네이티브 vs. 배너) 이 모바일 광고의 클릭률에 미치는 영향: 제품 유형과 제품 관여도의 상호작용을 중심으로. *광고학연구, 28*(1), 7-26

성동규, 황성연, 임성원(2007). *모바일 커뮤니케이션*. 파주: 세계사.

신디 크럼(2010). *모바일마케팅*. INMD 옮김(2011). 서울 : 에이콘 출판주식회사.

안광호, 이유재, 유창조(2020). *촉진관리 통합적 마케팅 커뮤니케이션 접근*(제4판). 파주: 학현사.

양명화, 김영찬(2008). 모바일 광고효과모형의 확장과 감정의 중재효과. *한국광고학회 2008년 춘계 광고 학술심포지엄*.

정인희 외(2016). *패션 인터넷 비즈니스*. 파주: 교문사.

체탄 샤르마, 조 헤어로그, 빅터 멜피(2008). *모바일광고*. 김태훈 옮김(2011). 서울: 연암사.

하이테크마케팅그룹(2010). *웹마케팅혁명*. 서울: 원앤원북스.

한상복, 윤세균, 윤정식(2010). 웹 광고에서 리치미디어 표출 유형별 경험디자인 모형 적용 연구. *디지털 디자인학연구, 10*(1), 234-243.

Belch, G. E. & Belch, M. A.(2004). *Introduction to advertising & promotion: An integrated marketing communications perspective*(6th ed). Homeland, IL: McGraw Hill/Irwin Publishing.

Chao Liu, Ryen W. White & Susan Dumais(2010). Understanding web browsing behaviors through Weibull analysis of dwell time. *Proceedings of the 33rd international ACM SIGIR Conference on Research and Development in Information Retrieval*, 379-386

네이버 검색광고. searchad.naver.com

전자신문(2005.12.5). 돈 버는 마케팅, 돈 버리는 마케팅(15)e마케팅 10계명(하). m.etnews.com

제일기획. 광고연감. 2014~2022년.

IPG Lab & Sharethrough(2013.3). Exploring the Effectiveness Of Native Ads. ipglab.com

Joinative(2020.4.13). Iconic native advertising examples of 2021. joinative.com

Mobileads(2021.1.21). Best mobile ad formats for display advertising campaigns.

www.mobileads.com

Nielsen Norman Group(2011.9.11). How long do users stay on web pages? nngroup.com

WordStream(2022.3.21). The ridiculously awesome guide to facebook remarketing.

www.wordstream.com

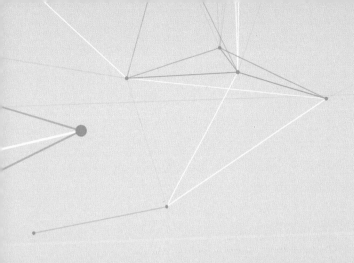

CHAPTER 13
소셜미디어와 메타버스

패션기업은 수평적이고 개방화된 소셜미디어를 통해 고객의 자발적 참여와 대화를 유도하면서 연결된 네트워킹을 통해 지속적인 브랜드 메시지 확산을 도모하고 있다. 이러한 소셜미디어의 성장으로 강력한 정보원으로 부상한 인플루언서들은 다양한 영역에서 소비자들의 구매 결정에 큰 영향력을 행사하면서 마케팅 시장에서의 지위를 키워가고 있다. 또한 비대면 경제가 지속되면서, 직접 대면하지 않고 3차원 가상 세계에서 타인과 소통할 수 있는 메타버스 플랫폼에 대한 수요가 점차 확대되고 있다. 패션 브랜드들은 MZ세대들의 놀이터라고 할 수 있는 메타버스 플랫폼을 다양한 방법으로 활용하면서 핵심 서비스의 디지털 전환을 가속화하고 있다.

1 · 소셜미디어 마케팅

현재 소셜미디어는 TV, 라디오, 신문, 잡지 등 전통적인 4대 매체의 커뮤니케이션 영역에 커다란 지각변동을 일으키면서 광고, PR, 고객관리 등 다양한 기업 커뮤니케이션 활동의 중심 축으로 부상하고 있다. 본 절에서는 다양한 소셜미디어의 유형과 특성 그리고 성공사례에 대해 살펴보고자 한다.

1 · 소셜미디어의 개요

소셜미디어의 개념과 유형

소셜미디어는 하나의 개별 미디어를 지칭하는 것이 아니라 이용자가 콘텐츠 제작에 참여할 수 있는 다양한 형태의 미디어를 총칭하는 개념이다. 소셜미디어에서는 정보의 생산자와 소비자가 분리되지 않으며 양방향 커뮤니케이션이 가능하다. 위키피디아는 이러한 소셜미디어를 "사람들이 자신의 생각과 의견, 경험, 관점 등의 콘텐츠를 생산하고 확산시키기 위해 사용하는 개방화된 온라인 툴과 미디어 플랫폼"으로 정의하고 있다. 따라서 소셜미디어는 참여, 공개, 대화, 커뮤니티, 연결 등 5개의 특성을 가지고 있다.

최민재2009는 광범위한 소셜미디어를 서비스 특성에 따라 커뮤니케이션 모델, 협업 모델, 콘텐츠 공유 모델, 엔터테인먼트 모델 등 4개의 대분류 유형으로 제시하였고 그 아래 다시 세부 유형을 분류하였다. 그 중 가장 대표적인 유형은 커뮤니케이션 모델로 여기에는 블로그와 마이크로 블로그(트위터, 미투데이 등), 소셜 네트워킹 사이트(페이스북, 싸이월드 등), 이벤트 네트워킹 사이트가 포함된다. 두 번째 협업 모델에는 위키, 소셜 북마킹(네이버 북마크), 소셜 뉴스, 리뷰&오피니언, 커뮤니티 Q&A 사이트(네이버 지식 iN, 네이트 Q&A 등) 등이 해당된다. 세 번째 콘텐츠 공유 모델에는 사진, 비디오(유튜브 등), 음악, 라이트 캐스트(아프리카 TV 등) 등 콘텐츠 공유 사이트들이 포함된다. 마지막으로 엔터테인먼트 모델에는 게임이나 가상현실 사이트(세컨라이프 등) 등이 포함되었다.

앞서 제시한 바와 같이 소셜미디어 중에서 회원들끼리 서로 친구를 소개하거나 사이트 내에서 공통 관심사를 가진 사람과 친구가 되는 등 인적 네트워크 구축과 인맥관리를 목적으로 개설된 커뮤니티형 인터넷 플랫폼을 소셜네

표 13-1

SNS의 기능별 분류

SNS분류	기능	서비스
프로필 기반	특정 사용자나 분야의 제한없이 누구나 참여 가능한 서비스	싸이월드, 마이스페이스, 카카오스토리, 페이스북
비즈니스 기반	업무나 사업관계를 목적으로 하는 전문적인 비즈니스 중심의 서비스	링크나우, 링크드인, 비즈스페이스
블로그 기반	개인 미디어인 블로그를 중심으로 소셜 네트워크 기능이 결합된 서비스	네이트통, 윈도우라이브스페이스
버티컬	사진, 비즈니스, 게임, 음악, 레스토랑 등 특정 관심분야만 공유하는 서비스	유튜브, 핀터레스트, 인스타그램, 패스, 포스퀘어, 링크드인
협업 기반	공동 창작, 협업 기반의 서비스	위키피디아
커뮤니케이션 중심	채팅, 메일, 동영상, 컨퍼러싱 등 사용자 간 연결 커뮤니케이션 중심의 서비스	세이클럽, 네이트온, 이버디, 미보
관심주제 기반	분야별로 관심 주제에 따라 특화된 네트워크 서비스	도그스터, 와인로그, 트렌드밀
마이크로블로깅	짧은 단문형 서비스로 SNS시장의 틈새를 공략하는 서비스	트위터, 텀블러, 미투데이

출처_ 한국방송통신전파진흥원 (2011)

트워크서비스sns라고 칭한다. 한국방송통신전파진흥원2011에서는 SNS를 기능별 구분하여 표 13-1와 같이 유형화하였는데, 여기에는 프로필 기반, 비즈니스 기반, 블로그 기반, 버티칼, 협업 기반, 커뮤니케이션 중심, 관심주제 기반, 마이크로블로깅 등 9개군이 포함되었다.

SNS는 싸이월드와 같이 제한된 관계를 중심으로 한 1세대 SNS에서 페이스북이나 트위터 같은 불특정 다수로 관계가 확대된 2세대 SNS로 변화해 왔다. 이어 3세대 SNS에서는 특정 주제를 중심으로 관심사를 공유하는 작은 단위의 버티칼 소셜 플랫폼으로 진화하고 있다. SNS는 이용자 수 측면에서 다른 소셜미디어 유형에 비해 월등히 높아 현재로는 소셜미디어와 거의 동일한 개념으로 혼용되고 있다. 본서에서도 SNS를 협의의 소셜미디어로 간주하고 두 개념을 유사한 의미로 사용하고자 한다.

소셜미디어의 시장 현황

소셜미디어를 사용하는 사람들 간의 지리적 경계를 뛰어넘는 다양한 네트워크가 활성화되면서 전세계 소셜미디어 사용자들이 급속히 확대되고 있다. '디지털 2021년 10월 글로벌 현황' 보고서에 따르면Datareportal, 2021.10.21, 현재 전세계적으로 45억 5,000만 명이 소셜미디어를 이용 중인데 이는 전 세계인구의 절반가량(57.6%)에

그림 13-1
전 세계 소셜미디어 플랫폼 월간 활성
사용자 수 순위(2021)

출처_ datareportal.com

해당한다. 시장 리더인 페이스북은 현재 28억 9천5백만 명 이상의 월간 활성 사용자를 보유하고 있으며, 그 외에도 월간 활성 사용자가 10억 명이 넘는 왓츠앱과 페이스북 메신저, 인스타그램도 함께 보유하고 있어 소셜미디어 제국을 이루고 있다.

닐슨 코리안클릭에서 집계한 데이터에 따르면, 2021년 4월 기준 국내 주요 소셜미디어 플랫폼별 순방문자수unique visitors를 살펴보면, 유튜브가 3,764만명으로 가장 많았고, 다음으로 밴드1,965만 명, 인스타그램1,885만 명, 페이스북1,371만 명, 카카오스토리919만 명, 트위터517만 명, 틱톡301만 명 등의 순이었다. 이 중 페이스북17.2%p과 카카오스토리15.5%p의 경우 전년 동월 대비 순방문자수가 감소한 반면, 인스타그램7.1%p, 트위터11.3%p, 틱톡5.4%p은 순방문자수가 증가한 것으로 나타났다.

국내 소셜미디어 이용자가 가장 많이 이용하는 플랫폼은 연령별로 차이를 보였는데, 10대부터 30대까지는 인스타그램, 40대와 50대는 밴드가 1위를 차지하였다. 10대와 20대의 경우 2위와 3위는 각각 페이스북과 밴드였으며, 30대는 페이스북보다 밴드를 더 많이 이용하는 것으로 집계되었다. 40대의 경우는 2위는 인스타그램, 3위는 카카오스토리였고, 50대는 상위 2, 3순위에 각각 카카오스토리와 페이스북이 자리를 지키고 있었다. 따라서 밴드는 10대부터 50대까지 전 연령대에서 상위 3순위 내에 랭크되어 고른 이용자 분포를 보였다.

커뮤니케이션 도구로서의 소셜미디어

쌍방향 커뮤니케이션이 가능한 소셜미디어를 중심으로 마케팅을 전개하는 것을 소셜미디어 마케팅이라고 한다. 즉, 소셜미디어 마케팅은 개방화되고 연결되어 있는 소셜미디어 중심의 다양한 고객 접점을 기반으로 정보공유와 참여를 통해 고객과의 지속적인 관계를 형성하는 커뮤니케이션 활동이라고 할 수 있

그림 13-2

국내 주요 소셜미디어 플랫폼별
순방문자수

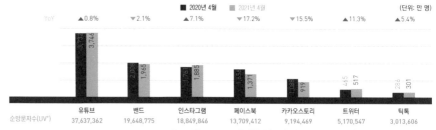

Note: UV(Unique Visitors)는 측정 기간 중 1회 이상 해당 플랫폼에 방문한 중복되지 않은 방문자를 의미

Source: 닐슨코리아클릭 SNS 트래픽 데이터

출처_ DMC Media(2021.6.3), 2021 소셜미디어시장 및 현황분석 부고서

다. 패션기업은 소셜미디어를 통해 다음과 같은 커뮤니케이션 활동을 할 수 있다.

첫째, 광고 플랫폼으로 사용할 수 있다. 앞서 디지털 광고 부분에서 언급했듯이 다양한 광고 즉, 배너광고, 네이티브 광고, 리타기팅 광고, 동영상 광고 등을 일반적인 포털 사이트 외에 소셜미디어 사이트에서도 진행할 수 있다. 특히 소셜미디어 상에서는 친구들의 추천을 받기 때문에 광고노출에 대한 거부감이 적을 수 있다.

둘째, 기업의 전략적 PR 활동을 수행할 수 있다. 패션기업은 홈페이지나 이메일 등 기업의 공식적인 미디어 루트가 아닌 다른 채널을 이용한 직접적인 소통을 통해 브랜드 이미지를 구축할 수 있다. 특화된 전문 영역의 정보를 제공하는 블로그나 페이스북 팬페이지는 패션기업의 제2의 홈페이지로 활용할 수 있다. 또한 소셜미디어를 이용한 후원 활동은 소비자들의 동조나 참여와 같은 큰 반응을 일으킬 수 있다. 특히 PR 효과를 증폭시키는 구전은 커뮤니티나 블로그 같은 소셜미디어의 네트워크를 통해 강력하게 확산될 수 있기 때문에 소셜미디어는 패션기업의 PR 활동의 중요한 채널이 될 수 있다.

셋째, 고객관계를 구축하고 관리할 수 있다. 소셜미디어는 TPO에 기반한 고객접점 채널로서 소비자들과의 정보공유와 소통의 창고 즉, 제3의 공간이 될 수 있다. 특히 패션기업은 소셜미디어의 쌍방향적 소통 특성을 활용하여, 소비자에게 메시지를 전달하고 설득하는 활동에 더해, 소비자의 관심사를 파악하여 적극적으로 대응하거나, 고객의 불만을 효율적으로 해결해 줄 수 있다. 이와 같은 소비자와의 지속적인 관계 형성을 통해 기업은 신규고객을 유치하는 동시에 기존고객의 이탈률을 낮출 수 있다.

넷째, 잠재고객의 니즈를 파악하기 위한 시장조사 활동이나 모니터링을 할 수 있다. 즉, 신제품에 대한 새롭고 창의적인 아이디어를 모집하거나 시제품에 대한 고객의 의견을 파악함으로써 기업의 마케팅 활동에 즉각적으로 반영할 수 있다. 또한 기존 상품이나 서비스에 대한 고객들의 의견을 실시간으로 조사하고, 고객의 소리를 청취하고, 고객의 의견을 경영과 서비스 개선에 반영할 수 있다.

다섯째, 자발적 입소문 확산을 통해 기업제품의 판매촉진을 유도할 수 있다. 기업이 재미있는 이벤트 체험과 더불어 샘플링, 쿠폰, 경품과 같은 다양한 판촉활동을 수행할 때 소비자들의 바이럴을 유도할 수 있어 판매증진 효과도 기대할 수 있다.

이처럼 소셜미디어는 패션기업의 목적에 따라 광고 플랫폼, 소비자 조사, 신제품 개발, 판매촉진, CRM, PR 등의 활동에 적절하게 활용할 수 있다. 그러나 개별 소셜미디어가 가진 장점이 서로 다르기 때문에 소셜미디어 마케팅 기획에 있어서는 소셜미디어별 고유한 특성을 잘 이해하는 것이 우선되어야 한다. 예컨대, 블로그는 정보축적과 홍보매체로 활용할 수 있는 도구이고, 페이스북은 밀접한 인적 네트워크를 기반으로 형성된 인적 관계관리 수단이다. 트위터는 최근 이슈와 생생한 정보를 전파하는데 유리한 바이럴 매체이며, 유튜브, 틱톡, 핀터레스트, 인스타그램 등은 사진이나 동영상 공유를 통해 소통할 수 있는 도구이다.

다음에서는 패션기업의 마케팅 도구로 가장 활발히 사용되고 있는 주요 소셜미디어를 중심으로 마케팅 특성과 성공사례에 대해 알아보자.

2 · 블로그

블로그의 특성

블로그란 web과 log의 합성어로 인터넷이라는 바다에서 작성하는 항해일지를 의미한다. 블로그란 일반인들이 자신의 관심사에 따라 일기, 컬럼, 기사 등을 자유롭게 올리는 홈페이지로 개인 출판, 개인 방송, 커뮤니티에 이르기까지 다양한 형태를 취하는 1인 미디어를 의미한다. 블로그는 게시판과 같은 콘텐츠를 중심으로 전문적인 정보공유를 위한 공적인 공간으로 사용되어 왔는데, 이러한 블로그가 확산된 것은 개인 홈페이지를 운영하는 것과는 달리 전문지식이나 기술이 필요 없어 사용이 쉽기 때문이다.

블로그는 고객과의 커뮤니케이션 연대가 용이하고, 소비자의 감성을 자극할 수 있는 감성 마케팅 또는 소비자들의 강력한 입소문을 일으킬 수 있는 버즈 마케팅을 유도할 수 있다는 강점 때문에 현재 많은 기업들의 핵심 커뮤니케이션 수단으로 자리매김하고 있다. 패션기업 입장에서 블로그 마케팅은 다음과 같은 측면에서 효과적인 커뮤니케이션 수단이 된다.

첫째, 정보의 투명성과 신뢰성이다. 블로그는 기업 주도의 커뮤니케이션이 아니라 공개된 일반인들이 만들어 내는 정보이므로 콘텐츠 자체에 대한 신뢰도가 높다. 따라서 기업은 소비자들이 능동적으로 움직이는 공간을 이용하여 특정 기업이나 제품과 연결시킬 수 있는 기업의 최신정보나 광고를 쉽고 빠르게 제공할 수 있다. 특히 전문적이고 파급력 있는 파워블로거들이 운영하는 블로그에서는 양질의 콘텐츠가 지속적으로 생산되기 때문에 이용자들의 긍정적인 호응을 확보할 수 있다.

둘째, 조회하기, 스크랩하기, 댓글 달기, 엮인 글 달기 등 상호작용적 기능들을 이용하여 블로거와 이용자 또는 이용자 간에 쌍방향 커뮤니케이션을 할 수 있다. 이 과정에서 해당 블로거는 이용자들의 네트워크 내에서 중심적인 노드node로 위치할 수 있고, 때로는 블로거들 사이에 강력한 영향력을 행사할 수도 있다. 최근 기업들은 회사 공식 홈페이지의 일부 또는 전체를 블로그로 이전하거나 임직원의 블로그를 활용해 고객과의 커뮤니케이션을 시도하고 있다.

셋째, 블로그는 일차적으로는 1인 미디어이지만 블로그 자체가 지니는 미디어적 특성과 온라인 네트워크의 확장성을 통해 수많은 사람들에게 정보를 확산시키는 파급력을 지니고 있다. 즉, 블로그는 트랙백track back, 태그tag, RSSrich site summary와 같은 네트워크 인터페이스를 제공해 다른 사이트나 블로그와 서로 네트워크를 형성할 수 있는 기능을 제공하고 있다. 따라서 무한대의 네트워크 확장이 가능하다.

넷째, 경험적 정보 제공이다. 최근 마케팅에서 가장 화두가 되는 것 중 하나가 소비자들에게 어떻게 브랜드에 대한 경험을 줄 것인가의 문제이다. 블로그는 실제 제품을 사용해 보지 않은 사람에게도 간접적인 체험을 하게 해주어 브랜드 가치를 경험할 수 있는 기회를 제공해 준다. 따라서 이를 통해 소비자들의 제품에 대한 구매 가능성을 높일 수 있다.

블로그 마케팅의 유형

패션기업의 블로그 활용 방법에는 크게 패션기업이 자체적으로 블로그를 개설하여 직접 마케팅 활동을 수행하는 방법과 대외적으로 유명세와 인기를 누리고 있는 파워블로그를 이용하는 방법이 있다. 기업이 직접 블로그를 운영할 경우, 포스팅 내용의 통제 쉽고 관리가 편리하지만, 이용자들의 능동적이고 적극적인 방문을 유도하기가 쉽지 않다. 그러나 단방향 커뮤니케이션 도구인 기업 홈페이지와 달리 기업 블로그는 양방향 커뮤니케이션 도구라는 매력적인 장점이 있다. 또한 기업 홈페이지는 제품의 홍보 및 공지사항 등 기업의 이야기로 채워지게 되지만 블로그에는 기업 홈페이지가 갖지 못한 재미와 스토리 즉, 콘텐츠를 만들어낼 수 있다. 따라서 차별적이고 공감할 수 있는 스토리를 통해 상품의 희소가치를 만들어 고객에게 친밀감과 신뢰감을 확보하는 것이 블로그 성공의 관건이라고 할 수 있다.

기존의 파워블로그를 사용할 경우, 패션기업은 파워블로거들을 대상으로 일정한 대가를 지불하고 신제품의 리뷰 또는 사용 후기를 작성하게 한 후 해당 블로그에 올려 기업의 신제품이나 이벤트 활동 등을 홍보하게 한다. 이 방법은 파워블로거의 전문성과 신뢰성을 최대한 활용하여 신제품의 우수성을 빠르고 효과적으로 전달할 수 있다는 것이 큰 강점이다. 특히 파워블로거가 해당 분야에서 오피니언 리더로서 인식되고 있을 경우 최대한의 입소문 효과를 유도할 수 있어 투자비용 대비 높은 홍보효과를 기대할 수 있다. 파워블로그를 이용하여 패션기업의 콘텐츠를 생성할 경우 특정 기업의 상업적 콘텐츠는 소비자의 거부감을 불러일으킬 수 있기 때문에 소비자의 공감을 이끌어낼 수 있는 콘텐츠 전략을 구상해야 한다.

파워블로거들의 영향력이 막강해지면서 이들은 온라인 상에서 셀러브리티만큼의 인기와 영향력을 누리고 있을 뿐만 아니라 막대한 수입까지 얻어내고 있다. 미국이나 유럽의 경우는 한 달에 수십만 명의 방문객과 일 년에 수십억원의 수입을 벌어들이고 있는 파워블로거들도 종종 있다. 소셜미디어의 사용자가 급증하면서 블로거는 브이로거vlogger(비디오와 블로거를 합성한 신조어, 직접 영상을 제작해 온라인에 게시하는 사람), 인스타그래머 등으로 그 영역이 확대되고 있다.

그림 13-3

Amy Song x Revolve Brand

출처_ www.forbes.com

아미 송Aimee Song은 미국의 패션블로거로 2008년부터 블로그 "송 오브 스타일"
Song of Style을 운영하고 있으며 현재 인스타그램 팔로워는 500만 명 이상이다. 아미
송은 다양한 장소와 상황에서 자신만의 개성을 드러내는 스타일리시한 데일리룩
을 선보이는 것이 특징이다. 다양한 가격대의 아이템으로 누구나 쉽게 따라할 수
있는 스타일링을 연출해 팔로워들에게 인기를 얻고 있다. 블로그에는 패션 외에도
뷰티, 여행, 라이프스타일 등 다방면으로 포스팅을 하고 있다. 2019년부터는 이커
머스 리테일러 리볼브Revolve와 장기 계약의 파트너십을 맺어 아미 송 라인을 전개
하고 있다.

3 ◦ 텍스트 기반 SNS

페이스북

페이스북은 지인과의 교류를 위해 글, 사진, 영상 등을 사용하는 미디어이다. 정보
공유를 위한 개방적 플랫폼인 페이스북은 이용자 간의 상호 동의하에 친구라는
개념으로 상대방과 교류하고 텍스트와 함께 사진, 영상, 음악 등의 콘텐츠를 공유
할 수 있다. 결과적으로 이용자들은 페이스북을 통해 친밀한 인간관계를 형성하
고 일상생활을 공유하게 된다. 현재 전 세계적으로 SNS시장을 주도하고 있는 페
이스북은 국경을 넘어 지구촌 커뮤니티를 형성함으로써 국가 간의 심리적 거리를
한 층 좁혀주고 있다.

페이스북의 특징은 몇 가지로 요약할 수 있다.

첫째, 친구들에게 실시간으로 메시지를 노출할 수 있다는 강력한 전파력으로
인해 효과적인 입소문 마케팅이 가능하다. 페이스북에서는 사용자들이 상태 메시
지를 업데이트하거나, 이벤트에 대한 참석 여부를 알려주거나 특정 페이지에서 '좋

아요'라고 하거나 댓글을 남기면 그때마다 이런 정보를 다른 친구들이 빠르게 알 수 있게 전달해 준다. 즉, RSS feed, Comment, RT, Follow, Like 등을 통해 자발적으로 빠르게 확산되는 특징을 가지고 있다.

둘째, '좋아요'라는 독자적인 기능을 통해 상호 인기도와 열성적인 팬을 형성하고, 사용자의 호감과 평가를 파악할 수 있다. 페이스북의 팬페이지가 예전의 블로그나 카페에 비해 그렇게 새로운 방법이 아님에도 불구하고 새롭게 조명받는 이유는 생성된 콘텐츠에 개인적인 의견, 감성, 판단 등이 부가되어 전달되는 사회적 의미를 띠기 때문이다.

셋째, 트위터는 익명으로 가입이 가능하지만 페이스북 계정을 만들기 위해서는 개인의 신상정보를 입력해야하므로 자신의 일상이 공개적으로 드러나게 된다. 그러나 이러한 투명한 정체성은 친구들 간의 적극적인 상호작용을 유도하기 때문에 더욱 강력한 네트워크를 형성하게 된다.

유명한 란제리 브랜드 어도어미Adore Me는 신체 사이즈나 피부색과 관계없이 자신에 대한 사랑self-love이 중요하다는 메시지를 담은 발렌타인데이 캠페인을 진행했다 그림 13-4. 어도어미는 사랑하는 커플이 중심이 되는 상투적인 발렌타인 테마를 거부하고 여성들이 스스로를 축하할 수 있는 권한을 부여했다. 말그대로 진짜 여성real women이 주도하는 진짜 여성을 위한 캠페인을 만들었다. 참여자들이 포스팅한 란제리 제품샷은 자기 몸에 대한 긍정주의와 주체성을 강조하는 메시지를 전달하면서 고객들의 적극적인 구매를 유도했다. 특히

그림 13-4

어도어미의 발렌타인 페이스북
캠페인

출처_ sproutsocial.com

페이스북 데이터를 활용하여 캠페인 인지를 위해서는 매크로 인플루언서를, 구매 전환을 위해서는 마이크로 인플루언서를 활용하였다. 2021년 어도어미의 발렌타인 캠페인은 전해에 비해 6% 더 낮은 비용으로 226% 더 많은 구매 전환 성과를 거두었다.sproutsocial, 2021.3.29.

트위터

트위터는 SNS 카테고리 내에서도 미니 블로그 또는 마이크로 블로그 형태의 커뮤니티이다. 트위터는 140자 이내의 단문 또는 사진과 동영상 등을 통해 일상적인 생각, 관심사, 이슈가 되는 뉴스 등을 팔로워들과 공유하며 소통하는 네트워크 서비스이다. 페이스북과는 달리 트위터에서는 모르는 사람들 간의 신속한 정보교류와 사회적 의견 형성이 일어난다는 것이 특징이다. 트위터는 개인의 휴대전화를 이용해 실시간으로 정보의 업데이트를 확인하고 응답할 수 있는 커뮤니케이션 툴로 현재 전 세계적으로 유용한 정보가 업데이트되는 정보창고의 역할을 하고 있다.

트위터는 다음의 몇 가지 특성을 갖는다.

첫째, 트위터의 팔로워 기능은 다른 사용자의 트위터를 자신의 타임라인에 자유롭게 표시하도록 하는 비대칭적 관계성에 기반한다. 기존의 싸이월드나 페이스북은 일촌맺기, 친구추가 등 상대방의 승인을 필요로 하는 대칭적 관계에서 정보를 열람하게 된다. 그러나 트위터에서는 실제 세계의 인간관계에 구속되지 않으면서 자유롭게 정보를 수집할 수 있다.

둘째, 이용자들이 투고하는 정보가 실시간으로 전달되고 타임라인 상에서 공유된다. 투고된 트위터는 즉석에서 데이터베이스에 보관되어 트위터의 오른쪽 메뉴에 있는 검색란에서 검색할 수 있게 되며, 검색 결과는 타임라인과 같이 최신 결과부터 순서대로 나열된다. 이는 일반적인 포털사이트들에서 검색을 할 때 스폰서 페이지가 먼저 나오는 방식과는 매우 다른 새로운 가치를 제공할 수 있다.

셋째, 해시태그hashtag와 리트윗 기능을 통해 실시간으로 전달된 정보를 빠르게 확산시킬 수 있다. 해시태그는 트위터에 지정하는 키워드 형태의 단어로 중요한 이슈나 뉴스, 세미나 등 관련 글을 하나로 묶기 위해 사용하며 '#특정단어'로 표기한다. 트위터에 해시태그를 적용하면 어떤 주제에 관심을 두고 이야기하는지 핵심을 쉽게 이해할 수 있을 뿐만 아니라 원하는 정보도 빠르게 검색할 수 있다. 특히

그림 13-5
캘빈클라인의 #MyCalvins 트위터 캠페인

출처_ twitter.com

트위터의 독보적인 리트윗 기능은 가치있는 정보에 대한 팔로워들의 자율적이며 신속한 확산을 도와준다.

　캘빈클라인이 진행한 '#MyCalvins'은 성공적인 해시태그 캠페인으로 유명하다. #MyCalvins 해시태그와 함께 Calvin Klein 상품을 착용한 이미지를 게시하는 아주 간단한 미션이다. 인센티브는 전혀 없었지만 캘빈클라인의 커뮤니티를 더 가깝게 만들기에는 충분한 캠페인이었다. 특히 이 캠페인은 저스틴 비버Justin Bieber, 클로에 카다시안Khloe kardashian이나 카일리 제너Kylie Jenner 같은 셀럽들의 참여로 크게 화제가 되면서 사람들의 참여를 촉발했다.

4 ∘ 이미지 기반 SNS

인스타그램

최근 패션산업 분야에서 가장 화두가 되고 있는 것은 인스타그램이다. 인스타그램은 스마트폰으로 촬영한 영상을 간단한 설명을 달아 전 세계 사용자들과 공유한다는 것이 핵심 콘셉트다. 사진을 올려야 게시물을 등록할 수 있는 운영 시스템과 각 사진을 원하는 느낌으로 변조할 수 있는 필터 기능은 문자보다 영상에 익숙한 신세대에게 어필할 수 있는 결정적 요소이다. 특히 인스타그램의 '해시태그' 방식은 사진 설명과 검색어 역할을 겸하게 되어 사용자의 편의성을 높여준다. 2020년부터는 "Co-Watching(함께 보기)"이라는 새로운 기능을 출시하여 '사회적 거리두기'로 인해 만나기 어려운 사용자들끼리 화상 통화

그림 13-6

에르메스의 'What's in the Box'
캠페인

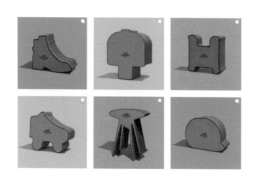

출처_ www.luxurysociety.com

를 통해 서로 게시물을 공유할 수 있게 했다.

인스타그램의 특징으로는 첫째, 최근 가장 핫한 트렌드인 매력적인 이미지 콘텐츠로 강력한 고객 커뮤니티를 형성하고 있다는 것이다. 따라서 텍스트보다는 비주얼에 익숙한 MZ세대가 인스타그램 사용자의 대부분을 차지한다. 둘째, 쇼핑지향적 여성 사용자가 많기 때문에 패션, 디자인, 뷰티 분야의 마케팅에 유리하다. 특히 여성들은 핀터레스트나 인스타그램에서 콘텐츠를 공유하면서 자신의 취향과 라이프스타일을 소셜네트워크 상의 지인들에게 인정받고 싶어한다. 셋째, 사용자들이 좋아하는 이미지나 상품을 기반으로 소비자들의 욕구와 욕망을 분석함으로써 신상품 개발 또는 신시장 진출을 기획할 수 있다.

다른 SNS와 비교했을 때 인스타그램의 가장 큰 차별점은 전 세계 사용자가 올리는 하루 수억 개의 사진을 통해 다른 어떤 미디어보다 유행의 흐름을 한눈에 읽을 수 있다는 것이다. 예컨대, 인스타그램 속에 등장하는 패션 모델에 대한 사용자의 반응을 분석하면 앞으로 누가 패션계 스타 모델로 떠오를지 예측할 수 있게 된다. 현재 이미지 속에 담긴 정보를 알아내는 인공지능 기반의 이미지 분석 기술이 더욱 진보하고 있어, 기업의 마케팅 도구로서의 인스타그램의 기능은 더욱 독보적이 될 것으로 보인다.

에르메스하면 떠오르는 강력한 이미지 또는 상징 중의 하나가 오렌지 박스이다. 에르메스는 공식 인스타그램 계정을 통해 다채로운 형상의 박스들을 보여주는 'What's in the box?' 캠페인을 진행하였다 그림 13-6. 모자, 타이, 슈즈 등 패션 아이템부터 향수와 가구 등까지 제품 디테일을 그대로 표현한 박스는 사진과 함께 해당 아이템을 추측할 수 있는 문구가 게시되어 사용자들의 궁금증을 유도한다.

주황색 박스와 대비를 이루도록 배경 컬러를 블로킹하는 등 인스타그램의 시각적 기능을 최대한 활용하는 독창적인 콘텐츠를 통해 고객들의 클릭을 유도하고 있다.

핀터레스트

핀터레스트는 물건을 고정할 때 사용하는 핀pin과 흥미를 의미하는 인터레스트interest의 합성어로, 사용자가 웹서핑 중 마음에 드는 사진을 자신의 보드board에 저장(핀잇pin-it)하고 다른 사용자와 공유할 수 있도록 스크랩북 형태의 서비스를 제공하는 플랫폼이다. 타인이 올린 이미지도 리핀repin 단추 하나만 누르면 자신의 핀보드pin board로 옮길 수 있다. 다른 사용자를 팔로우하고, 페이스북의 '좋아요'처럼 게시글에 하트를 클릭할 수 있다. 페이스북이나 인스타그램은 보통 주위 사건이나 일상을 친구나 팔로어에게 공유하는 공간이지만, 핀터레스트는 자신이 준비해야 하는 미래를 위해 아이디어를 공유하는 허브이다. 전체 사용자의 80%가 여성으로 주 사용자가 3040여성이지만, 최근 남성들의 사용도 증가하고 있는 추세이다.

핀터레스트의 주요 특징은 다음과 같다. 첫째, 핀터레스트는 원래 오프라인에서 이루어지는 수집 행동을 온라인으로 그대로 가져와서 온라인 스크랩북을 사용하여 이미지를 수집하게 하는 툴이다. 음식, 패션&뷰티, 여행, 예술, 애완동물, 교육, 건강 등 28개의 카테고리 중에서 자신이 원하는 관심사를 선택하여 같은 관심사를 공유한 가입자들과 친구를 맺을 수 있다.

둘째, 핀터레스트는 온라인상의 방대한 이미지를 주제별로 분류하고 그중에서 사용자가 원하는 그림을 찾아주는 큐레이터 역할을 한다. 패션이나 여행등 관심 카테고리를 설정해두면 핀터레스트의 데이터베이스에서 사용자가 원하는 이미지를 제시해준다. 따라서 사용자들은 테마 기반의 이미지 보드를 만들고 관리하면서 평생에 걸쳐 영감을 공유할 수 있다.

셋째, 핀터레스트는 관심있는 브랜드나 상품 등을 각기 다른 사이트에서 손쉽게 찾고 구매할 수 있도록 설계되어 있다. 유명 브랜드가 아니거나 소상공인들이 파는 제품들은 어떤 회사의 제품인지 사진만 보고 인터넷에서 검색하기가 쉽지 않다. 그러나 핀터레스트의 사용자들은 저장된 사진을 클릭하기만 하

그림 13-7

토리버치의 핀터레스트 페이지

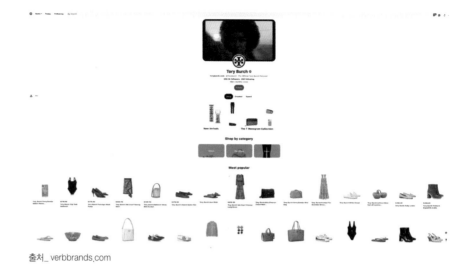

출처_ verbbrands.com

면, 그 제품을 구매할 수 있는 웹페이지로 손쉽게 넘어갈 수 있다.

모든 제품이 클릭 몇 번으로 구매가 가능하다는 장점으로 인해 일부 럭셔리 패션 브랜드는 핀터레스트 플랫폼을 또 다른 웹사이트로 사용하고 있다. 핀터레스트의 기능은 단순히 '좋아요'를 누르는 것이 아니라 다시 공유하는 것으로 "핀" 하나의 수명은 페이스북 게시물의 수명에 비해 훨씬 길다. 토리버치Tory Burch는 자신의 핀터레스트 페이지를 상품이라기 보다는 아름다운 이미지라는 개념으로 접근한 가상 상점으로 구성하였다 그림 13-7. 사용자들은 사고 싶은 이미지들을 핀하고 다른 사람들과 공유하게 되는데, 이는 더 많은 잠재고객에게 도달하고 더 많은 판매 기회를 얻을 수 있다는 의미이기도 하다.

5 ◦ 동영상 기반 SNS

유튜브

유튜브는 세계 최대의 무료 동영상 공유 사이트로 여기에서 사용자들은 자신이 만든 콘텐츠를 직접 올리거나 남들이 만든 것을 공유할 수 있다. 1995년에 등장한 UCC 열풍과 더불어 글로벌 기업들의 유튜브 활용도가 높아지면서, 현재 유튜브는 동영상 콘텐츠 플랫폼에서 독점적인 입지를 구축하고 있다. 최근 콘텐츠가 텍스트에서 이미지나 동영상으로 전환되는 트렌드 속에서 강력한 영상 콘텐츠를 무기로 독자적인 커뮤니케이션 영역을 구축하고 있다.

유튜브는 다음과 같은 몇 가지 특성을 갖는다.

첫째, 이야기를 통한 감성표현으로 흥미를 유발하여 높은 도달률과 장기기억 효과를 갖는다. 유튜브는 사용자들 스스로 경험과 생각을 공유하고 만들어가는 열린 커뮤니티를 제공하고 있다. 재미있고 진정성을 가진 인기 콘텐츠일수록 사용자에 의해 자발적으로 선별되고 확산되어 타깃들에게 도달할 확률이 높아진다. 특히 영상의 경우는 짧은 내용이라도 효과적인 전달이 가능하기 때문에 소비자들의 기억에도 오래 머무는 것이 특징이다.

둘째, 이미지와 동영상 중심으로 인해 언어의 장벽이 적다. 스마트폰과 태블릿 PC 등이 보편화되면서 사람들은 언제 어디서나 콘텐츠를 소비할 수 있게 되었고, 이동 중이라는 특성상 이해하기 쉬운 이미지와 동영상 중심의 콘텐츠를 선호하게 되었다. 유튜브의 콘텐츠는 대부분 영상으로만 진행되기 때문에 언어의 장벽이 다른 SNS에 비해 훨씬 낮다. 따라서 다른 언어권 시청자들을 위한 자막을 별도로 제작하지 않아도 마케팅이 가능하다는 장점이 있다.

셋째, 간편한 콘텐츠 공유 기능을 가지고 있기 때문에 단기간 내의 무한 복제와 빠른 확산을 유도할 수 있으며, 공간의 제약 없이 자연발생적인 입소문 효과를 창출할 수 있다. 사용자들은 블로그를 비롯해서, 페이스북, 카카오톡, 트위터 등 여러 SNS에 유튜브 영상을 간편하게 추가하고 공유할 수 있다. 실제 상당수의 유튜브 동영상들이 SNS를 통해 재확산되고 있다. 또한 유튜브에 동영상을 게재할 때 적절한 키워드를 삽입하면 구글 등 검색 엔진에서 노출되는 효과도 누릴 수 있다.

넷째, 유튜브는 전 세계의 모든 시청자가 동일한 플랫폼 위에서 동일한 영상을 본다는 강점이 있다. 전 세계 유튜브 사용자 수는 20억 명 이상으로 소셜미디어 중 페이스북에 이어 2위를 차지하고 있다. 다른 소셜미디어와는 달리 유튜브 사용자는 연령별 시청자가 고루 분포되어있는 것이 특징이고, 전 세계적으로 18세 이상의 시청자는 유튜브에서 매일 평균 14분 이상을 소비하는 것으로 집계되고 있다Globalmedia insight, 2022.6.28. 기업은 글로벌 타깃을 위해 별도의 준비 없이 유튜브에 동영상을 등록하는 것만으로도 전 세계의 모든 시청자들에게 노출될 수 있다.

도브는 소수의 학생과 직원들이 헤어스타일로 인해 차별을 받는 문제를 이

그림 13-8

도브의 유튜브 동영상
'National CROWN Day 2021'

#PassTheCROWN
Dove | National CROWN Day 2021

출처_ www.youtube.com

슈화하기 위해 2021년 유튜브에 "Pass the Crown" 캠페인을 진행했다 그림 13-8. 이와 함께 흑인 가수 나나 시몬Nina Simone의 뮤직 비디오 "Feeling good"의 제작을 후원하여 미래 세대들이 자신의 자연 모발을 사랑할 수 있도록 자부심을 주었다. 이러한 도브의 유튜브를 통한 캠페인 활동은 온라인에서 많은 바이럴을 일으켰고, 미국의 일부 주에서 자연 모발을 위한 존중과 열린 세상 만들기를 위해 모발 차별 근절법인 크라운 액트Crown Act가 통과되는데 기여했다.

틱톡

틱톡TikTok은 15초에서 5분 길이의 숏폼short-form 비디오 형식의 영상을 제작하고 공유할 수 있는 플랫폼이다. 틱톡은 사진보다 영상에 친숙한 Z세대를 타깃으로 하여 그들에게 자신의 개성을 표현하는 가장 쉬운 솔루션을 제공하고 있다. 해시태그를 붙여 검색을 쉽게 만들었고, 다른 사용자를 팔로우하거나 '좋아요'와 댓글 등의 소통이 가능하며, 라이브 방송이나 다른 유저와 영상 협업을 하는 듀엣 포맷duet format도 있다. 다른 프로그램으로의 이동 없이 플랫폼 내에서 영상을 빠르고 편리하게 제작하고 업로드할 수 있기 때문에 휴대폰을 사용할 수 있는 사람이라면 누구나 쉽게 서비스를 활용할 수 있다. 틱톡은 2021년 전 세계 인터넷 사용자가 가장 많이 방문한 사이트에 오르면서월스트리트 저널, 2021.12.22, 소셜미디어 시장의 점유율을 높여가고 있다.

틱톡의 특징은 다음과 같다. 첫째, 콘텐츠의 프로슈머를 중심으로 한다. 일반적으로 콘텐츠 플랫폼의 사용자는 콘텐츠를 제작하는 '크리에이터'와 콘텐츠를 소비하는 '팔로워'로 구분된다. 프로슈머란 '제작자이자 시청자'라는 뜻으로, 틱톡은 소비자와 생산자를 겸하는 구성원의 존재가 다른 분야에 비해 뚜렷하게 부각된다고 할 수 있다. 그리고 이러한 특성은 틱톡만의 고유문화인 '챌린지 문화'를 만드는 데에도 일조한다.

둘째, 영상 제작, 라이브 합방, 이어찍기, 댓글, 영상 공유 등 다양하고 편리한 기술 서비스는 사용자들의 능동적인 참여를 쉽게 만들어 준다. 전문적인 촬영 장비에 고성능 PC, 프리미어 프로 등 고급 영상 편집 툴까지 필요한 유튜브와 달리, 틱톡은 스마트폰 하나로 영상 촬영은 물론 편집까지 모두 해결이 가능하다. 이러한 올인원all in one 기능은 소비자의 동영상 콘텐츠 참여의 진입 장벽을 현저하게 낮추어 주었다.

셋째, AI 기술을 통해 사용자가 관심 가질 콘텐츠를 미리 예측해 각 이용자에게 맞춤형 동영상을 추천한다. 우선 앱을 실행만 해도 AI가 추천하는 'For You' 피드에 나를 위한 콘텐츠가 자동으로 제공된다. 해시태그를 활용해 검색을 하거나 마음에 드는 콘텐츠에 하트나 댓글을 달고 공유할 경우 선호도 정보와 시청 취향을 분석해 맞춤형 결과물을 보여준다. 이러한 딥러닝 기술을 통해 사용자들을 최대한 많이 유입시키고 고객들의 앱 체류시간을 늘리고 있다.

아시아의 인기있는 패션 플랫폼 자롤라Zarola는 싱가포르에서 #ZStyleNow이라는 틱톡 챌린지를 진행했다 그림 13-9. 캠페인 목표는 자롤라 페스티벌 기간 동안 브랜드 인지도를 높이고 신규 사이트 방문을 증대하거나 신규 앱 설치를 유도하는 것이었다. 챌린지 영상의 한가지 규칙은 참가자들이 "Z"라는 자롤

출처_ www.tiktok.com

그림 13-9
자롤라의 #ZStyleNow 챌린지 캠페인

라의 이니셜을 수신호手信號로 깜박이면 즉각적인 의상 교체가 이루어진다는 것이다. 우승자들에게 최대 $200 상당의 자롤라 제품 증정이라는 인센티브를 제공했지만 무엇보다도 틱톡 사용자들이 자신의 옷장은 물론 자신의 패션 창의력을 친구나 팔로워에게 과시할 수 있다는 점이 적극적인 소비자 참여의 동인이 되었다. #ZStyleNow 캠페인은 99만건 이상의 동영상 조회수와 만건 이상의 UGC 업로드라는 성과를 이루었다.

2 · 인플루언서 마케팅

트위치Twitch, 유튜브, 아프리카 TV 등 1인 채널을 운영하는 플랫폼들이 활성화되면서 개인이 미디어가 되는 1인 미디어 시대를 만들어 가고 있다. 이러한 미디어 환경 변화로 인해 대중들에게 영향을 미치는 다양한 인플루언서들이 등장하고 있으며 이들은 패션기업들의 마케팅 활동에 중요한 축을 담당하고 있다.

1 · 인플루언서의 개념과 유형

인플루언서는 특정 네트워크 안에서 다수의 의사결정이나 의견 형성에 영향을 미치는 소수의 사람들을 일컫는 말로 네트워크 구조의 중심에 위치하여 다른 사람들을 연결하면서 정보 확산에 기여한다는 특징이 있다Bulte & Joshi, 2007. 마케팅 실무적으로는 디지털 콘텐츠를 제작하여 직접 유통하고 충성도 높은 팔로워와 소통하는 '파워블로거', 'SNS 스타', '1인 방송 진행자'들을 통칭한 용어이다. 이들은 다양한 소셜 네트워크 플랫폼을 사용하여 일상 속의 경험을 공유하고 소통함으로써 정보와 엔터테인먼트를 제공하고 있다. 뿐만 아니라 사용 후기, 비교 및 평가부터 향후 개선점 제시 등을 제안하면서 사람들의 소비에 강력한 영향력을 행사한다.

인플루언서의 유형은 분류 기준에 따라 다양하게 구분된다. 활동 분야에 따라 뷰티 인플루언서, 패션 인플루언서, 푸드 인플루언서 등으로 나눌 수 있고, 콘텐츠 생산 여부에 따라 직접 콘텐츠를 생산하는 '크리에이트create형'과 기존의 아이템을 체험하는 '모델형 인플루언서'로 나눌 수 있다. 또한 팔로워 규모에 따라 메가 인플루언서mega influencer, 매크로 인플루언서macro influencer, 마이크로 인플루언서micro influencer, 나노 인플루언서nano influencer 등으로 구분된다KOTRA, 2017. 아래에서는 규모

메가 인플루언서
연예인, 셀럽, 유명 크리에이터 등으로 적게는 수십만에서 많게는 수백만 명에 이르는 사람에게 영향을 미치는 인플루언서

매크로 인플루언서
수만에서 수십만 명에 이르는 가입자(회원)나 구독자를 확보하고 있는 온라인 카페, 페이스북 페이지, 블로그, 유튜브 채널 등의 운영자

마이크로 인플루언서
천 명에서 수천 명에 이르는 사람들에게 영향을 끼치는 개인 인플루언서

나노 인플루언서
수백, 수십 명의 팔로워를 확보한 개인 블로거 또는 SNS 이용자

그림 13-10
인플루언서 유형

에 따른 인플루언서 유형에 대해 알아보자.

- 메가 인플루언서_ 수년 동안 자신의 영향력을 키우면서 백만 명 이상의 팔로워를 가진 사람들로 연예인, 스포츠 스타, 왕족 등의 셀럽을 지칭한다. 메가 인플루언서를 기용할 경우 상당한 마케팅 비용이 발생하지만, 브랜드 인지도 제고나 매출 증대에는 큰 효과를 발휘할 수 있다.

- 매크로 인플루언서_ 만 명에서 오십만 명 사이의 팔로워를 보유한 사람들로 게임 유튜버, 뷰티 블로거, 패션 인스타그래머 등 다양한 영역에서 잠재고객들을 보유하고 있다. 매크로 인플루언서는 전 세계의 잠재고객에게 도달할 수 있고, 마이크로 인플루언서의 20배 이상이나 되는 파급력을 자랑한다. 그러나 팔로워와 먼 관계를 가지기 때문에 팔로워들의 참여율이나 충성도는 낮을 수 있다.

- 마이크로 인플루언서_ 팔로워가 천명에서 만 명 이하인 인플루언서들로 브랜드 협력에 있어 가장 인기 있는 계층이다. 메가나 매크로 인플루언서들과 달리 본업은 따로 있는 부업형들이고 팔로워들과 비교적 소통이 용이하다. 신뢰를 기반으로 팔로워와 친밀한 관계를 형성하기 때문에 팔로워들의 구매 결정에 높은 영향력을 행사한다. 마케팅적으로 비용 대비 높은 효율을 가져오는 계층이다.

- 나노 인플루언서_ 팔로워가 500명 이하인 사람들로 상위 인플루언서보다 팔로워와의 소통을 더 중요하게 생각하며 공감대 형성을 위해 자신의 일상생활을 반영한 콘텐츠를 자주 게시한다. 이런 점에서 팔로워들은 그들을 친근한 존재로 생각하고 그들의 조언이나 제안들을 진지하게 받아들인다. 따

라서 친구 역할을 하는 나노 인플루언서들은 팔로워들의 구매 결정에 중요한 영향을 미치게 된다.

2 ◦ 인플루언서 마케팅의 개념과 트렌드

인플루언서 마케팅의 개념

SNS 사용자들에게 강력한 영향을 미치는 인플루언서의 출현으로 패션기업이 사용자와 커뮤니케이션하는 방법도 크게 변화하고 있다. 그동안 광고의 과다 노출, 광고매체의 파편화, 설득적 메시지 전달, 제품과 관련성이 없는 연예인 모델 등으로 인해 기존의 전통적인 광고들에 대한 소비자들의 회피 현상이 점차 증가해 왔다. 현재 인플루언서를 활용한 마케팅은 이러한 문제점을 해결하는 중요한 대안 중의 하나로 부각되고 있다. 인플루언서 마케팅이란 패션기업이 제품이나 서비스를 소비자에게 직접 홍보하는 것이 아니라 다양한 SNS 채널에서 인플루언서들의 독창적인 콘텐츠를 활용해 커뮤니케이션하는 것을 말한다. 기업은 인플루언서 마케팅을 통해 타깃 팔로워들에게 브랜드를 소개함으로써 소셜 팔로잉, 브랜드 인지, 웹사이트 트래픽 및 전환 등의 성과를 획득할 수 있다. 소비자들은 일반적인 브랜드의 광고보다 자신의 또래나 혹은 자신이 존경하는 사람들의 의견을 신뢰하는 경향이 있어 인플루언서 마케팅은 잠재고객에게 접근하는 유용한 방법이다.

인플루언서 마케팅의 특징을 몇 가지로 요약해 보면 다음과 같다.

첫째, 전통적인 광고에 비해 시간이나 지면에서의 제약이 적고, 광고의 전달과 확산이 용이하다. 즉, 마케터는 전에 없던 방법으로 보다 신선한 광고 메시지를 전달할 수 있으며 소셜미디어를 사용한다는 특성으로 다수의 타깃들에게 빠르게 콘텐츠를 확산시킬 수 있다. 특히, 인플루언서 마케팅에서는 콘텐츠의 품질이 성공 또는 실패에 결정적인 역할을 하기 때문에 단순히 도달 범위가 넓은 인플루언서보다는 매력적이고 진정성있는 콘텐츠를 만드는 인플루언서를 선별하는 것이 중요하다.

둘째, 인플루언서 마케팅은 TV광고와 비교했을 때, 소비자들의 공감을 이끌어내기 쉽다. 기존의 유명인 광고 모델은 거리감이 있는 대상으로 지각되지만, 인플루언서들은 일반인으로 여겨져 보다 친근한 이미지로 소비자들에게 다가갈 수 있다. 예컨대, 소비자들은 인플루언서들의 언박싱_{unboxing} 영상을 보게 되면 마치 친한 친구가 자신에게 제품에 대해 자세히 설명해주는 것 같은 느낌을 받게 된다. 이는 소비자들의 구매 욕구를 자극하는데 더 효과적인 방법이 되고 있다.

셋째, 광고의 타깃을 명확히 할 수 있다. 인플루언서의 경우, 운영하는 채널의 아이덴티티가 뚜렷하다. 예컨대, 패션 채널이나 뷰티 채널을 운영하는 유튜버나, 게임 채널을 운영하는 유튜버 등으로 나눌 수 있다. 이들 인플루언서들의 팬들 역시 연령대나 성별에서 대체로 유사하다. 따라서 기업은 홍보하고자 하는 제품이 어떤 분야인지, 어떤 연령층과 성별을 타깃으로 하는지 그리고 마케팅 목표가 무엇인지에 따라 서로 다른 인플루언서를 활용할 수 있다.

한편, 인플루언서 마케팅은 매우 효과적인 마케팅 기법이지만 여러 가지 부정적인 측면도 언급되고 있다. 패션기업이 인플루언서를 통해 간접적으로 마케팅을 하다 보면 의도와는 다른 브랜드나 제품 이미지가 형성되기도 하고, 인플루언서의 부정적인 이미지로 인해 기업 이미지가 손상되는 경우도 있다. 따라서 인플루언서 마케팅 역시 다른 광고나 PR 전략과 마찬가지로 체계적이고 전략적인 기획이 요구된다.

인플루언서 마케팅의 트렌드

현재 다양한 SNS의 지속적인 등장과 SNS 사용자 수 및 사용 시간의 확대 등으로 인해 인플루언서 마케팅은 온라인에서 잠재 고객과 연결하고 메시지를 공유하는 가장 좋은 방법의 하나로 평가된다. 2021년 글로벌 인플루언서 마케팅 시장 규모는 138억 달러로 예측되어 2019년 이후 2배 이상 성장한 것으로 나타났다statista.com, 2021.10.14. 관련 업계는 인플루언서가 브랜드 가시성을 높이고 참여를 유도하며 수백만 사용자의 구매 결정에 영향을 줄 수 있다는 점을 감안할 때 인플루언서에 대한 마케팅 비용 지출은 더 커질 것으로 전망하고 있다. 아래에서는 인플루언서 마케팅의 트렌드를 간략하게 살펴보고자 한다.

• 마이크로 & 나노 인플루언서의 중요성 증대_ 최근 패션브랜드들은 메가 또는 매크로 인플루언서보다 틈새시장을 사로잡는 마이크로 또는 나노 인플루언서들을 선호하는 경향을 보이고 있다. 이들은 톱 인플루언서보다 더 높은 ROI와 소비자 참여engagement를 보이며, 브랜드를 홍보하는 데에도 헌신적이다. 특히 진정성을 기반으로 소비자와 원활한 소통과 우호적인 관계를

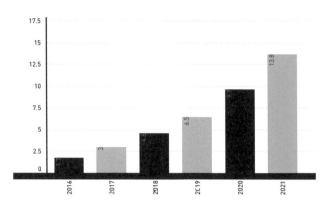

그림 13-11

인플루언서 마케팅 시장 규모
(2016~2021년)

출처_ www.statista.com

맺고 있어 높은 신뢰도를 가진다. 이들은 적은 예산으로 바이럴 접근 방식의 홍보를 하고 싶어하는 중소기업들에게도, 그리고 일상생활과 맞닿은 진정성있는 콘텐츠를 제공하려는 대형 브랜드들에게도 중요한 협업 대상이다.

- **새로운 소셜 플랫폼과 크리에이터 툴_** 코로나19로 인한 봉쇄 기간 동안 '영상'이라는 매체는 사람들과의 만남을 대체했고, 전례없이 등장한 다양한 콘텐츠들은 소셜미디어를 달구었다. 새로운 플랫폼과 크리에이터 툴이 등장하면서 인플루언서들은 훨씬 더 혁신적인 콘텐츠를 더 편리하게 만들 수 있게 되었다. 소셜 플랫폼 라인업에서 가장 눈에 띄는 것은 당연 틱톡이다. 사용자는 틱톡의 플랫폼을 통해 쉽게 콘텐츠를 만들고, 게시하고, '좋아요'를 누르고 팔로우할 수 있다. 특히 틱톡의 인터페이스가 제공하는 자연스러운 바이럴리티virality 기능으로 인해 인플루언서와 브랜드는 브랜디드 콘텐츠를 더 쉽게 만들고, 공유하고, 증폭시킬 수 있다.

- **장기적 관점의 협업 마케팅_** 대부분의 패션기업들은 자신의 브랜드와 공통의 목표와 가치를 지닌 인플루언서를 선택하고 그들과 단발성이 아닌 지속적인 협업을 통해 자사 브랜드의 도달 범위와 충성도를 높이려고 한다. 인플루언서 캠페인은 인스타그램의 IGTV나 릴스Reels, 틱톡의 해시태그 챌린지와 라이브 스트림, 심플 제품 사진 등 같은 다양한 형식을 아우르고 있다. 콘텐츠의 스토리텔링에 따라 적합한 캠페인 형식을 매칭함으로써 콘텐츠를 더욱 역동적이고 매력적으로 만들 수 있다. 인플루언서와 함께 상품을 구상하거나 상품을 공동 제작하는 컬래버레이션은 지속적으로 진행될 것으로 보인다.

- 가상 인플루언서의 등장_ 가상 인플루언서란 컴퓨터 그래픽으로 만든 가상의 디지털 인물로, 최초의 가상 인플루언서는 릴 미켈라Lil Miquela이다. 이후 가상 인플루언서들이 국내외에서 본격적으로 등장하고 있는데, 일본의 이마IMMA, 국내의 '로지ROZY'나 '루이' 등이 대표적이다. 기업이 원하는 캐릭터를 직접 만들 수 있어 브랜드 메시지와 소비자의 관심 두 가지 목표를 동시에 달성할 수 있다. 모든 장면을 CG로 연출할 수 있어 시공간의 제약에서 자유롭고, 스캔들 같이 브랜드 이미지에 부정적으로 작용할 위기 요소가 없으며 젊고 재미있는 콘텐츠로 소비자들의 관심을 끌 수 있다.

3 · 메타버스

물리적 공간의 한계를 뛰어 넘는 메타버스는 고도화된 기술을 바탕으로 오프라인의 경험을 가상의 공간으로 확장시키고 있다. 특히 디지털 플랫폼을 능숙하게 다루며, 가상 세계를 현실의 일부분처럼 받아들이는 Z세대들을 중심으로 확대되고 있다.

1 · 메타버스의 개념

1992년 출간된 닐 스티븐슨Neal Stephenson의 소설 스노우 크래쉬Snow Crash에서 유래된 용어인 메타버스는 가공, 추상을 의미하는 '메타meta'와 현실 세계를 의미하는 '유니버스universe'의 합성어이다. 비영리 기술연구단체 ASFAcceleration Studies Foundation, 2007는 메타버스를 '가상적으로 향상된 물리적 현실과 물리적으로 영구적인 가상공간의 융합'으로 정의하였다. 일반적으로 메타버스는 현실과 가상이 상호연결되어 초월적 경험이 가능한 디지털 환경이라고 할 수 있다. 메타버스의 등장은 2003년 '린든 랩Linden Lab'이 개발한 게임인 '세컨드라이프Second life'로 거슬러 올라갈 수 있다. 세컨드라이프는 메타버스를 시각적으로 구현하며, 아바타를 통해 다른 아바타들과 사회적 관계를 맺고, 때로는 경제적 활동까지 할 수 있는 다양한 가상 체험을 제공하였다. 그러나 기술적 한계와 경제활동의 제한 등으로 크게 성장하지 못했다.

최근 기술적 진화가 가져온 서비스 환경 개선과 더불어 소비와 생산이 서로 선순환하는 경제구조를 갖추기 시작하면서 메타버스 플랫폼들이 급성장하기 시작했다. 가장 선두적인 메타버스 플랫폼은 게임 플랫폼으로, 해외에서는 로블록스, 포트나이트 등이, 국내에서는 제페토가 대표적이다. 이러한 메타버스의 성장 배경을 몇 가지로 살펴보면 다음과 같다.

첫째, 기술적 측면에서 볼 때, AR, VR, MR 등의 가상융합기술, 콘텐츠의 해상도를 높이는 5G 기술, HMD 같은 디바이스 기술 등이 혁신적으로 발전하면서 메타버스 플랫폼이 상용화가 가능한 환경이 조성되었다. 특히 5G 상용화는 실감 미디어immersive media의 발전이 큰 역할을 수행했다. 실감 미디어란 말 그대로 실제 체험하는 느낌을 주는 미디어를 말한다. 실제로는 스마트폰이나 헤드마운트디스플레이head-mounted display: HMD와 같은 매개체를 사용하지만 마치 그 현실에서 있는 것처럼 느끼게 된다는 의미이다. 결국 메타버스 기술이 주는 높은 실재감은 높은 사용자 만족으로 이어지게 된다.

둘째, 환경적 측면에서 보면, 코로나19로 인해 언택트 시대가 도래하면서 일종의 오프라인 소통의 대체재라고 할 수 있는 현실과 가상이 뒤섞인 메타버스에 대한 관심이 커지게 되었다. 특히 페이스북, 넷플릭스, 틱톡 등의 온라인 소비를 주도하고 있는 MZ세대들은 VR, AR, 인공지능AI, 블록체인 등 메타버스가 구현하는 미래 기술에 대해 거부감이 없으며 기술 준비성이 높은 소비자들이다. 이들이 오프라인 대체 소통의 창구로 메타버스를 선택하면서 메타버스 시장은 규모의 경제를 갖추기 시작했다.

셋째, 소비자 측면에서 보면, 실제 본인이 아닌 다른 인격의 캐릭터를 생성하여 본인을 투영시키는 소위 '부캐부(副) 캐릭터의 줄임말'의 유행은 메타버스에 대한 수요를 자극한 큰 요인이 되었다. 메타버스에서 사용자들은 본인의 아바타를 생성하고 아이디를 부여하여 다른 이용자들과 소통하고 활동한다. 메타버스에서는 현실의 자신과 아주 다른 캐릭터를 만들 수 있기 때문에 아바타는 결국 가상 세계에 존재하는 부캐와 같은 개념이다.

2 · 메타버스의 범위

ASF2017는 메타버스를 설명하기 위해, 두 개의 핵심축을 제안하였는데, 가로축은 내재적 요소intimate와 외재적 요소external로 나누고, 세로축은 증강augmentation과 시뮬레이션simulation으로 나누었다. 이 두 개의 축은 독립적인 공간이 아니라 연속선 상에 있는 개념으로 기술이면서도 동시에 이러한 기술로 만들어지는 애플리케 이션이기도 하다. 구체적으로 설명하면, 가로축의 내재적 요소는 아바타또는 실제 모습을 통해 사용자의 정체성과 행동을 나타내는 기술을 의미하고, 외재 적 요소는 사용자의 환경에 관한 정보와 통제력을 제공하는 기술을 말한다. 세로축의 증강은 실제 환경기반 기술이고, 시뮬레이션은 새로운 가상을 만드 는 기술을 의미한다.

두 축이 교차하는 영역에 따라 각각 증강현실augmented reality, 라이프로깅 lifelogging, 거울 세계mirror worlds, 가상 세계virtual worlds으로 분류된다. 증강현실은 물 리적 환경을 기반으로 두고 가상의 사물이미지이나, 컴퓨터 인터페이스를 중첩시 켜 보여주는 기술을 말한다. 패션브랜드들의 증강현실 앱이 대표적인 사례들 이다. 사용자들은 증강현실 앱을 통해 패션제품을 가상으로 착용해보거나 제 품과 관련된 추가적인 정보를 얻을 수 있다. 라이프로깅은 사용자의 일상 속 정보와 경험을 가상의 세계에 기록, 저장, 공유하는 전반적인 활동을 의미하 며, 페이스북, 인스타그램, 유튜브 등을 비롯한 소셜미디어 서비스가 여기에 해 당된다. 거울 세계는 사용자가 속해 있는 물리적 세계를 가능한 사실에 가깝 게 재현하되, 추가 정보를 더하여 정보적으로 확장된 기술을 뜻한다. 구글 어 스Google Earth와 같은 지도 서비스가 대표적인 예라 할 수 있다. 마지막으로 가 상 세계는 현실에 존재하지 않는 세계를 가상의 세계로 구현하는 기술로서, 가

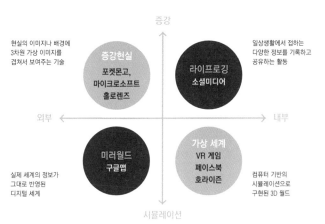

증강

| 현실의 이미지나 배경에
3차원 가상 이미지를
겹쳐서 보여주는 기술 | **증강현실**
포켓몬고,
마이크로소프트
홀로렌즈 | **라이프로깅**
소셜미디어 | 일상생활에서 접하는
다양한 정보를 기록하고
공유하는 활동 |

외부 ← → 내부

| 실제 세계의 정보가
그대로 반영된
디지털 세계 | **미러월드**
구글맵 | **가상 세계**
VR 게임
페이스북
호라이즌 | 컴퓨터 기반의
시뮬레이션으로
구현된 3D 월드 |

시뮬레이션

출처_ ASF(2007). Metaverse roadmap: Pathways to the 3D web

그림 13-12

메타버스를 설명하는 두 개의 축과 네 개의 시나리오: 메타버스의 범위

그림 13-13
페이스북 호라이즌 워크룸

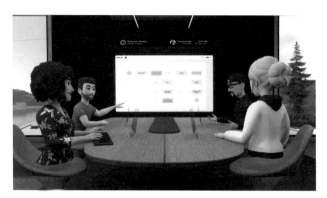

출처_ about.fb.com

상 세계에서의 활동은 아바타를 이용한다. 일반적으로 VR 게임들이 여기에 속하며 최근 패션브랜드들도 다양한 게임 플랫폼들과 협업하여 게임 앱을 출시하고 있다. 또한 가상 의상과 액세서리 등 가상 패션상품을 기획하거나 이를 판매하기 위해 가상매장을 구현하는 활동 등도 가상 세계 영역에 포함된다. 가상 패션산업의 많은 부분이 가상 세계의 영역에서 이루어진다고 할 수 있다.

최근에는 이러한 4개 영역들간의 융합을 가능하게 하는 기술들도 등장하고 있는데, 페이스북이 최근 공개한 메타버스 회의실 '호라이즌 워크룸Horizon Workrooms'은 라이프로깅과 가상 세계를 융합한 대표적인 사례이다. 호라이즌 워크룸은 장소와 관계없이 사용자가 VR 헤드셋을 끼고 아바타로 참여하거나 컴퓨터 화상 통화로 참여할 수 있는 가상 회의룸이다. 여기에서 사용자들은 자신의 노트북이나 스마트 기기 등과 연동할 수 있고, 실제 회의에서와 같이 프레젠테이션을 하거나, 화이트보드에 메모를 하는 행동이 모두 가능하다. 가상 세계에서 진행되는 회의와 네트워킹 등의 모든 활동은 실제의 라이프로깅으로 연계되어 상호작용하게 된다.

3 · 메타버스의 특징

메타버스의 특징은 SPICE 모델로 나타낼 수 있는데김상균, 2021 연속성seamlessness, 실재감presence, 상호운영성interoperability, 동시성concurrence, 경제 흐름economy의 다섯 가지이다. 세부 내용을 살펴보면, 첫째, 메타버스에서 발생하는 경험은 단절되지 않는 연속성을 갖는다. 예를 들어, 게임을 하다가 다시 로그인하거나 다른 플랫폼으로 갈아탈 필요없이 쇼핑이나 업무와 같은 다른 행동으로 이어질 수 있다. 둘째, 물리적인

그림 13-14
메타버스의 특징: SPICE 모델

출처_ 김상균, 신병호(2021). 메타버스 새로운 기회 디지털 지구.

접촉이 없는 환경이지만 마치 실제 세계에서 다른 사람과 접촉하는 것과 같은 사회적, 공간적인 실재감을 느끼게 된다. 셋째, 메타버스에서 획득한 정보와 지식이 현실 세계와 서로 연동되는 상호운영성으로 인해 사용자의 경험이 더욱 풍성해진다. 넷째, 여러 명의 사용자가 하나의 메타버스 안에서 동시에 서로 다른 경험을 할 수 있다. 다섯째, 메타버스에는 경제 흐름이 존재하며 플랫폼에서 제공하는 화폐와 거래 방식에 따라 사용자 간의 재화와 서비스가 자유롭게 거래될 수 있다. 또한 궁극적으로는 다른 메타버스 또는 현실과도 이러한 경제 흐름이 연동될 수 있다.

4 • 패션기업의 메타버스 활용 사례

가상과 현실이 연결된 메타버스 공간의 '확장성'은 진정한 온·오프라인의 통합을 구현한다는 점에서 패션업계의 관심과 참여가 확대되고 있다. 특히 메타버스의 실감기술은 디자인, 시제품, 패션쇼, 피팅, 모델아바타 등과 같이 패션산업만이 가지고 있는 특수한 영역에 적합한 기술이다. 따라서 향후 패션기업들의 메타버스 활용도는 더욱 커질 것으로 예측된다. 현재 패션기업들이 메타버스를 활용하고 있는 방법은 디지털 패션제품 출시, 가상 패션매장 구축, 디지털 패션 전용 리테일숍 론칭, 가상 패션쇼나 룩북 출시 등 다양하다. 아래에서는 각 유형별 간단한 사례들을 제시하고자 하며, 이 중 가상 패션쇼와 룩북은 다

그림 13-15

루이비통x리그오브레전드 캡슐 컬렉션 (좌), 구찌x테니스 클래시 컬렉션 (우)

출처_ www.reddit.com
newsroom.wildlifestudios.com

음에 나오는 14장의 디지털 패션쇼 부분에서 별도로 다루도록 하겠다.

디지털 패션제품 출시

가상과 현실의 연결인 메타버스가 게임에서 가장 활발한 만큼 패션기업의 메타버스 활용도 게임기업과의 협업을 통한 게임 캐릭터 의상을 출시하는 형태가 가장 먼저 등장했다. 게임 아바타용 의상은 온라인 전용으로 판매되기도 하지만 온·오프라인에서 양쪽 판매는 경우가 많아서 소비자들은 현실과 가상 세계가 만나는 특별한 경험을 즐길 수 있다 그림 13-15.

　루이비통은 유명 온라인 게임 리그오브레전드LOL : League of Legends와 협업하여 루이비통x리그오브레전드 캡슐 컬렉션을 출시하였다. 메타버스 게임 사용자들은 루이비통이 디자인한 캐릭터 의상을 구매하여 아바타에 착용한 상태로 게임을 할 수 있다. 게임을 모티브로 한 일부 디자인은 실제 의상으로 제작되어 오프라인 매장에서도 판매되었다. 구찌는 실제 테니스 경기에 가장 가까운 경험을 제공하는 와일드라이프 스튜디오Wildlife Studio의 모바일 게임, 테니스 클래시Tennis Clash와 파트너십을 맺었다. 테니스 클래시의 플레이어들은 게임 속에서 익스클루시브 구찌 룩을 착용하고 구찌의 스페셜 토너먼트에 참여할 수 있다. 또한 게임 속 구찌 룩과 동일한 제품을 실제 구찌 웹사이트에서도 구매할 수 있다.

　위와 같이 가상현실 속 제품은 오프라인 가격에 비해 10배 이상 적은 가격이라는 점에서 소비자의 구매 결정을 용이하게 한다. 구매자들은 현실 세계에서 실제 제품을 구입하는 것은 불가능하지만 가상의 아바타에 디지털 제품을 입히면서 대리만족할 수 있다. 패션기업 입장에서 볼 때 메타버스 속 디지털 제품에 대한 수

그림 13-16

구찌 Gucci Virtual 25

출처_ www.utusan.com.my

요가 오프라인의 패션제품에 대한 관심이나 수요로 이어질 수 있다는 점에서 마케팅 도구로서의 활용성이 높다.

최근 디지털 제품은 실제 구매 전에 어울리는지를 확인하기 위한 가상 피팅 용으로도 활용되고 있다. 구찌는 증강현실에서 제품을 착용하거나 게임 플랫폼에서 사용할 수 있는 'Gucci Virtual 25'라는 고급 디지털 운동화를 출시하였다. 사용자들이 구찌앱에서 $12.99에 디지털 운동화를 구매하면, 로블록스Roblox나 VR챗VRChat과 같은 파트너 앱에서 운동화를 신고 친구들에게 자랑할 수 있다. 구찌 앱에서는 영상 시착은 물론 착용한 제품에 대한 정보 확인과 동시에 온라인 구매까지 가능하다.

디지털 패션매장 구축

가상현실, 증강현실에 이은 확장현실XR: extended reality의 성장은 물리적 패션점포라는 공간을 무한대로 확장시키고 있다. 코로나19의 장기화로 오프라인 매장을 찾는 고객이 감소하면서 패션기업들은 이에 대한 해결 방안 중의 하나로 매장을 통째로 온라인으로 옮긴 가상매장을 론칭하고 있다. 이러한 가상매장들은 단순하게 오프라인 매장의 대안을 넘어 새로운 디지털 경험을 주는 핵심 도구가 되고 있다.

프라다는 유튜브 VR이나 오큘러스Oculus 같은 플랫폼을 통해 전 세계 주요 프라다 매장을 방문할 수 있는 몰입형 콘텐츠를 제공하고 있다. 실제 매장 구조와 제품 디스플레이, 세부 인테리어까지 그대로 재현해 실재감을 높여주었고, 도시마다 다른 분위기의 매장을 구경한다는 면에서 여행의 경험까지 제공한다. 특히 타미힐피거는 실제 매장에는 구현하기 어려운 조명이나 사탕 지팡이, 트리와 벽난로 등 연말 분위기가 나는 소품을 배치하여 상상력 넘치는 가상매장을 열었다. 이와 같이 가상현실이 허용하는 무한의 창의성으로 인해 현재 가상매장 공간은 새로운 기능을 부여받고 있다.

패션브랜드들은 자체적인 VR 툴을 활용하여 가상 매장을 직접 오픈하는 것 외에 게임형 가상 세계로 분류되는 메타버스 플랫폼에 매장을 입점하는 형태의 마케팅도 함께 진행하고 있다. 예를 들어, 메타버스 내에 자사의 브랜드 맵을 구축하여 사용자들이 실제 판매하는 의류, 신발, 액세서리 등의 아이템들을 착용해보거나 구매할 수 있게 하는 방법이다. 반스의 경우 로블록스 내에 가상 스케이트 파크인 반스월드를 오픈했다 그림 13-17. 사용자는 가상의 반스 상점에서 스케이트보드용 부품과 운동화 등의 패션제품을 구매하여 아바타를 꾸밀 수 있다. 또한 오프라인에 적용된 맞춤 서비스가 가상공간에도 적용되어 사용자는 '반스' 신발 디자인을 직접 커스텀하고 주문까지 할 수 있다.

디지털 패션 전용 리테일숍 론칭

메타버스 서비스 환경의 진화에 따라 패션산업계에는 기존 패션브랜드들의 가상 제품의 출시를 넘어서 현실에는 존재하지 않은 디지털 제품만을 판매하는 리테일숍까지 등장하고 있다. 대표적인 패션리테일러에는 더 '파브리칸트The Fabricant', 디머티리얼라이즈드The Dematerialised, 드레스-XDressX 등이 있다 그림 13-18. 사용자들이 가상 브랜드 플랫폼에서 디지털 옷을 선택하고 사진을 보내면 가상 착용 이미지를

그림 13-17
로블록스 내의 구찌가든 (좌),
반스월드 (우)

출처_ www.gucci.com
www.vans.com.sg

그림 13-18
드레스 엑스의 디지털 드레스 (좌),
더파브리칸트 디지털 드레스 (우)

출처_ dressx.com
fashionjournal.com.au

만들어 주는 서비스 형태가 대부분이지만 최근에는 실시간으로 디지털 옷을 입어볼 수 있는 AR 앱들도 등장하기 시작했다. 실제로 존재하지 않는 디지털 패션은 패션산업으로 유발된 환경 문제에 대한 해결책이 될 수 있다는 점에서 지속가능 패션의 대안으로 평가되기도 한다.

고객이 드레스-X에서 원하는 디자인을 구매한 후 자신의 사진을 올리면, 1~2일 내로 해당 디자인을 입은 자신의 가상 착용샷을 이메일로 받게 된다. 실제와 같은 고화질의 가상 착용 이미지는 주요 SNS에 최적화된 다양한 버전으로 제공되고 비용도 평균 10~50달러 수준이다. 드레스-X가 가상의 기성복 디자인을 저렴한 비용으로 판매한다면, 더파브리칸트는 가상의 맞춤 의류를 고가의 경매 방식으로 판매한다. 더파브리칸트에서 만든 세계 최초의 AR 드레스가 9천5백만 달러에 낙찰되면서 전 세계 패션시장에서 주목을 받기도 했다. 더파브리칸트는 경매로 판매한 3D 가상 드레스를 고객 맞춤형의 2D 형태로 재디자인한 다음 각종 SNS에 최적화된 '맞춤형 필터'를 제공한다.

현실과 가상의 경계를 허무는
버추얼 휴먼

인플루언서 마케팅이 전체 기업 마케팅 활동에서 차지하는 비중이 커지면서 새롭게 등장한 것이 버추얼 휴먼virtual human이다. 버추얼 휴먼이란 기업의 마케팅을 목적으로 생성된 가상의 디지털 인물로, SNS에서 막강한 영향력을 행사하는 가상 인플루언서를 가리킨다. 이들은 가상 인물임에도 불구하고 나이나 성별, 국적, 직업, 그리고 취미까지 실제 인플루언서만큼 구체적인 설정을 가지고 있다. 또한 외모뿐만 아니라 말투와 행동, 습관까지 실제 사람과 매우 유사하다. 최초의 가상 인플루언서 '릴 미켈라Lil Miquela'가 탄생한 이후 국내외에서 본격적으로 가상 인플루언서들이 등장하고 있다. 일본의 일본 3차원3D 이미징 스타트업 'AWW'의 이마IMMA, 국내에서는 싸이더스 스튜디오엑스의 '로지', 롯데홈쇼핑의 '루시', CJ온스타일의 '루이' 등이 대표적이다. 현재 이들은 실제 인플루언서에 버금가는 팔로워를 보유하면서 빠른 속도로 영향력을 키워나가고 있다.

샤넬x릴미켈라

갤럭시z플립x슈두

출처_ www.instagram.com

릴 미켈라는 미국 LA에 사는 19세 브라질 출신의 스페인 혼혈 소녀로 디지털 캐릭터 제작업체인 브로드Brud에 의해 탄생되었다. 그녀의 직업은 팝 가수로 현재까지 13개의 싱글 앨범을 발매하였으며 팔로워 300만 이상을 보유한 메가 인플루언서이다. 춤과 노래는 물론 패션 감각까지 뛰어나 패션잡지인 보그의 표지 모델을 하는가 하면, 타임지에서 가상 영향력 있는 인물 25인에 뽑히기도 했다. 슈두Shudu는 영국의 패션 사진작가 출신인 더 디지털스The Diigitals의 CEO 카메론 제임스 윌슨Cameron James Wilson에 의해 출시되었다. 슈두는 남아프리카 출신의 가상 패션 모델로 미국 팝가수 리한나가 만든 화장품 브랜드 '펜티 뷰티Fenty Beauty'의 립스틱을 바른 모습이 리한나Rihanna의 인스타그램에 공유되면서 유명세를 탔다. 2021년말 기준 인스타그램 팔로워 수만 22만 명이 넘는다. 캘빈클라인, 디올 등의 모델로 활동하고 있고 2020년에는 삼성전자의 Z플립 광고 모델로 발탁되기도 했다.

국내에서 최초 가상 인플루언서로 화제를 모으고 있는 로지는 영원히 변하지 않는 22살의 나이와 동양적인 마스크에 서구적인 체형, 개성 넘치는 패션 감각으로 광고계와 뮤직비디오 출연 등 다방면에서 활동하고 있다. MZ세대가 선호하는 얼굴형을 모아 3차원 합성 기술로 탄생된 로지는 2021년에만 10억 원이 넘는 수익을 벌어들였다고 한다. 패션기업 LF나 뷰티 브랜드 헤라Hera 등은 로지를 가상 인플루언서로 활용하는 협업 마케팅을 진행하고 있다.

패션산업 분야에서 가상 인플루언서가 선호되는 이유로는 몇 가지를 들 수 있다. 첫째, 가상 인플루언서는 브랜드 이미지에 적합한 맞춤형 인플루언서를 확보할 수 있어 브랜드 메시지 전달과 소비자의 관심 유도라는 두 가지 목표를 동시에 달성할 수 있다. 예컨대, 가상 인플루언서의 경우 외모 또는 춤, 노래, 스포츠 등의 재능을 자유롭게 가공할 수 있기 때문에 다양한 콘텐츠로 소비자들의 관심을 끌 수 있다. 둘째, 개인 스캔들 같이 브랜드 이미지에 부정적으로

국내 가상 인플루언서 로지   일본 가상 인플루언서 이마

출처_ www.instagram.com

작용할 위기 요소가 없고, 불의의 사고나 건강문제와 같이 예측하기 힘든 변수를 통제할 수 있다는 이점이 있다. 셋째, 일반적인 인플루언서를 고용하는 것에 비해 상대적으로 비용이 저렴하다. 인스타그램 마케팅을 기준으로 팔로어가 300만 명이 넘는 인플루언서의 홍보 게시물당 평균 가격은 미국에서 약 25만 달러(약 2억 9천만 원) 정도이다. 하지만 같은 300만 명의 팔로워를 가진 릴 미켈라를 활용하는 데는 9천 달러 정도밖에 들지 않는다.

가상 인플루언서가 현실의 인간으로는 실행하기 힘든 창의적인 메시지를 구현할 수 있고 새로운 콘텐츠라는 점에서 화제성도 제공하지만 장점만 있는 것은 아니다. 예컨대, 딥페이크deep fake나 성 상품화와 같은 범죄에 악용될 수도 있다. 그럼에도 불구하고 현재로는 메타버스 같은 가상 세계 플랫폼과 결합했을 때 가상 인플루언서의 가치와 효용에 대해 거는 기대감이 큰 것은 사실이다. 패션기업들은 가상 인플루언서를 활용해서 현실 세계뿐만 아니라 가상 세계에서도 사업의 범위를 다양하게 확장할 수 있을 것이다.

출처_ 이투데이(2021.9.27). '진짜'보다 낫다…유통가, '가상 인플루언서' 모델에 러브콜 www.etoday.co.kr
한겨레신문(2021.10.5). 실재를 넘어서는 가상은 불가능하지 않다. www.hani.co.kr
VSLB(2020.11.20). Virtual models meet luxury brands : How are they being used? vs-lb.com

참고문헌

김상균(2021). 인터넷·마트폰보다 강력한 폭풍, 메타버스, 놓치면 후회할 디지털 빅뱅에 올라타라.
Dong-A Business Review, 317호.

김상균, 신병호(2021). *메타버스 새로운 기회 디지털 지구*. 서울: 베가북스.

박근수(2021). 메타버스와 융합을 통한 패션 브랜드의 가상 패션산업 사례 고찰 연구. *한국과학예술융합학회*, 39(4), 161-178.

이주행(2021.6.25). 메타버스의 현황과 미래. *KISO 저널, 제43호*.

장윤희(2012). 소셜미디어 마케팅 성과에 관한 연구-포탈 광고, 블로그, SNS 채널의 특징과 성과 비교를 중심으로-. *디지털융복합연구*, 10(8), 119-133.

최민재(2009). 소셜 미디어의 확산과 미디어 콘텐츠에 대한 수용자 인식연구. *한국언론정보학회 학술대회*, 5-31.

최영택, 김상훈(2013). 소셜미디어 (SNS)를 활용한 기업의 PR 활동에 관한 연구 소셜미디어 및 기업 특성을 중심으로. *홍보학 연구*, 17(3), 37-76.

최재용 외 6인(2014). *SNS 홍보 마케팅 불변의 법칙*. 서울: 시대에듀.

하이테크마케팅그룹(2010). *웹마케팅 혁명*. 서울: 원앤원북스.

Van den Bulte, C., & Joshi, Y. V. (2007). New product diffusion with influentials and imitators. *Marketing Science, 26*(3), 400-421.

한국방송통신전파진흥원(2011). SNS(Social Network Service)의 확산과 동향. 한국통신전파저널. 44, 54-59. www.kca.kr

한국방송통신전파진흥원(2021). 미디어 산업의 새로운 변화 가능성, 메타버스. Media Issue & Trend, 45, 6-15. www.kca.kr

DMC Media(2021.6.3). 2021 소셜 미디어시장 및 현황 분석 보고서. www.dmcreport.co.kr

DMC Media(2021.4.26). 인뎁스리포트: 메타버스 시대에 마케터가 알아야 할 것들. www.dmcreport.co.kr

KOTRA(2017). 소셜 인플루언서를 활용한 미국 시장 진출 전략. Global Market Report, 17-033. dl.kotra.or.kr

SPRi(2021.3.17). 로그인(Log In) 메타버스: 인간×공간×시간의 혁명. SPRi 이슈리포트 IS-115. spri.kr

SPRi(2021.4.20). 메타버스 비긴즈(BEGINS): 5대 이슈와 전망. SPRi 이슈리포트 IS-116. spri.kr

ASF(2007). Metaverse roadmap: Pathways to the 3D web. metaverseroadmap.org

Datareportal(2021.10.21). Digital 2021 October global statshot report. datareportal.com

Dezeen(2019.1.29). Viktor & Rolf pairs delicate dresses with bold slogans in Spring Summer 2019 couture. www.dezeen.com

Fashionjournal(2019.5.29). Digital dress that only exists on the internet sells for $9,500. fashionjournal.com.au

Forbes(2019.5.13). Aimee Song launches her own line with Revolve. www.forbes.com

Fourweekmba(2021.8.4). Metaverse and why it matters in business. fourweekmba.com/metaverse

Globalmediainsight(2022.6.28). Youtube user statistics 2022. www.globalmediainsight.com

Luxurysociety(2020.8.25). Hermès online channels are booming. Luxury brands should take note. www.luxurysociety.com

Reddit. How much does Qiyana's Louis Vuitton Outfit cost? Not included in pic: Eve Mains' tears- priceless. www.reddit.com

Sproutsocial(2021.3.29). 5 brilliant Facebook campaigns (& why they worked). sproutsocial.com

Statista(2021.10.14). Influencer marketing market size worldwide from 2016 to 2021. www.statista.com

Statista(2022.1.28). Number of social network users worldwide from 2017 to 2025. www.statista.com

The Wall Street Journal(2021.12.22). TikTok was the internet's most visited site in 2021, even beating Google. www.wsj.com

Utusan Malaysia(2021.4.1). Miliki kasut sukan Gucci serendah RM51 www.utusan.com.my

Verbbrands. How luxury fashion brands can use pinterest. verbbrands.com

Wildlifestudios(2020.7.10). Wildlife and Gucci partner up to bring special content for Tennis Clash fans. newsroom. wildlifestudios.com

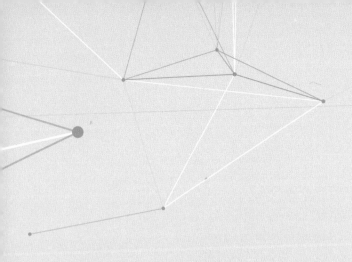

CHAPTER 14

VMD & 패션쇼

소비자들의 감성소비에 대한 욕구는 제품에서뿐만 아니라 제품을 구매하는 환경 속에서도 나타나고 있다. 매장은 이제 더 이상 물건을 사고파는 상업적인 판매공간이 아니라 소비자들이 문화를 체험하고 공감하는 문화공간 또는 감성공간으로 변화하고 있다. 패션기업은 소비자들과의 접점에서 브랜드의 차별화된 아이덴티티를 전달하면서 소비자들에게 색다른 쇼핑 경험을 제공할 수 있는 쇼핑환경 구축을 위해 '감성'과 '체험'이 집약된 VMD 전략을 모색하고 있다.

'감성'과 '체험'의 소비는 매장을 넘어서 패션기업과 소비자가 직접 커뮤니케이션하는 장(場)인 패션쇼에서 더욱 극대화된다. 패션기업은 패션쇼를 통해 브랜드의 창의적인 메시지를 전달하는 한편, 오락적인 퍼포먼스도 제공하면서 소비자들과 문화적 교감을 시도하고 있다. 특히 새롭게 등장한 AR, VR, AI 등의 혁신적인 기술들은 이러한 소비자들의 체험에 실재감을 높여주고 있다.

1 · VMD

비주얼 머천다이징은 즉, VMD는 1970년대 미국에서 출발한 개념이지만 리테일 시장의 발전과 더불어 그 개념이 점차 변화하고 있다. 70~80년대 VMD가 판매촉진을 위한 매력적인 '장식'의 개념이 강했다면 80년대를 지나면서는 MD의 시각화, 즉 매장에서 상품을 효과적으로 보여주는 '디스플레이'의 개념으로 발전하였다. 90년대를 지나 21세기에 들어서면서 VMD는 단순한 매장의 시각화를 넘어 매장을 즐거움과 감동을 전달하는 문화적 도구로 활용되고 있다. 최근에는 VMD에 필요한 첨단 과학기술이 접목되면서 리테일 매장은 더욱 스마트한 공간으로 진화하고 있다.

1 ∘ VMD의 개요

VMD는 패션상품의 가치 전달과 판매촉진, 리테일 공간의 체험이라는 측면에서 소비자와의 접점을 관리하는 중요한 커뮤니케이션 기능을 수행한다. 매장의 VMD에는 '누구에게, 언제, 무엇을, 어떻게 진열하여 팔 것인가'의 개념이 전략적으로 고려되어야 한다.

VMD의 개념

머천다이징merchandising은 소비자에게 만족을 주기 위해 소비자가 원하는 상품을 적절한 가격에 편리한 장소에서 제공받을 수 있도록 계획, 실행, 관리하는 것을 말한다. VMDvisual merchandising는 시각화visual와 머천다이징merchandising의 합성어로 고객에게 상품정보를 시각적으로 표현하여 소비자의 구매 욕구를 자극시키는 상품 연출 기법이라고 할 수 있다. 패션브랜드의 기본 콘셉트에 기초하여 상품계획을 수립하고 판매환경, 판촉, 접객, 서비스 등 모든 요소들을 적극적으로 연결시키는 VMD는 브랜드의 통일된 아이덴티티를 표현하는 연출 전략이면서 이를 통해 소비자의 상품에 대한 인식과 구매를 도와주는 판매 전략이기도 하다.

　VMD가 리테일 공간에서 주목을 받게 된 것은 소비자의 욕구가 점차 고급화, 다양화되고 소비패턴이나 구매양식이 질적으로 향상되면서부터이다. 소비자들은 가치있는 시간의 소비를 중시하면서 쇼핑 과정에서 조차 색다른 경험

그림 14-1
리테일 공간의 변화 과정

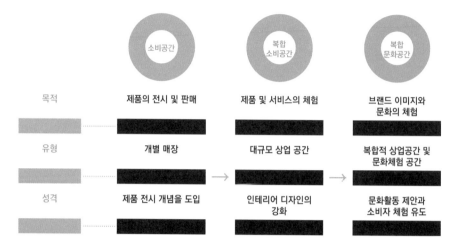

목적	제품의 전시 및 판매	제품 및 서비스의 체험	브랜드 이미지와 문화의 체험
유형	개별 매장	대규모 상업 공간	복합적 상업공간 및 문화체험 공간
성격	제품 전시 개념을 도입	인테리어 디자인의 강화	문화활동 제안과 소비자 체험 유도

출처_ 김중희(2014). 패션 리테일 샵 복합문화공간 구성 특성에 관한 연구.

을 추구하게 되었다. 이러한 소비자 라이프스타일의 변화는 쇼핑공간에 대한 근본적인 개혁을 가져왔고 리테일 공간은 소비공간에서 복합소비공간, 복합문화공간으로 진화하게 되었다. 이에 따라 리테일 숍의 VMD도 단순히 상품 판매의 효율성을 높이는 상업공간을 넘어서 브랜드 이미지와 문화를 체험할 수 있게 하는 문화공간을 지향하는 형태를 보이고 있다. VMD는 소비자들에게 브랜드만의 독특한 아이덴티티와 차별적인 점포 이미지를 전달하는 강력한 커뮤니케이션 수단이 되고 있다.

VMD의 역할

VMD는 패션상품에 가치를 부여하고 특정 상품의 이미지와 정보를 시각적으로 표현해 주면서 판매활동을 촉진하는 중요한 커뮤니케이션 수단이다. VMD가 성공적으로 표현된 매장은 상품을 미적으로 돋보이게 할 뿐만 아니라 패션상품의 부가적인 가치도 높여 준다. 또한 고객에게는 쾌적한 판매환경을 제공해줌과 동시에 신선한 자극과 체험을 전달함으로써 고객만족도를 높여준다. VMD는 패션상품의 가치 전달과 판매촉진, 리테일 공간의 체험이라는 측면에서 몇 가지 중요한 역할을 수행한다.

첫째로, VMD는 패션상품이 갖는 장점을 최대한 표현함으로써 상품의 가치를 전달해 준다. 상품은 디자인, 기능, 가격, 색상, 소재 등이 복합적으로 구성된 완성품으로 이중 어느 것을 부각시켜 고객에게 전달할 것인지 결정하는 것이 중요하다. 예컨대, 에슬레저 상품군의 경우 제품의 사용 상황이나 용도, 우수한 품질, 고성능 등을 강조하는 디스플레이나 POP 등을 통해 상품의 기능적 가치를 부각시킬 수 있을 것이다.

둘째로, VMD는 판매촉진의 역할을 한다. VMD의 전략적인 가이드라인에 따른 체계적인 상품연출과 매장구성은 고객들이 상품을 선택하는 데 집중 할 수 있도록 도우면서 상품의 가치와 주목도를 높여 판매증대로 이어진다. 예를 들어, 기능, 색상, 디자인 별로 존zone을 구성하여 상품을 진열한다면 고객들은 판매사원의 도움 없이도 손쉽게 상품에 접근할 수 있고, 사은품이나 디스카운트 제품을 설명하는 POP는 고객의 충동구매를 자극할 수 있다. 제품군에 따라 다소 차이가 있겠지만 일반적으로 소비자의 특정 브랜드에 대한 구매 결정의 70%가 매장 내에서 이루어지는 것으로 나타나고 있다유승철, 2011.

셋째로, VMD는 브랜드 이미지를 시각화할 뿐만 아니라 오감을 통한 체험을 가능하게 한다. VMD는 CI나 BI와 연결해서 패션브랜드가 가진 고유의 콘셉트와 아이덴티티를 표현해 줌으로써 고객과 시각적인 공감대를 형성하게 된다. 또한 판매 현장에서 다양한 VMD 요소를 사용한 공간구성을 통해 소비자들에게 패션브랜드와 패션상품에 대한 자연스러운 체험도 제공하고 있다. 최근 패션브랜드 간 품질이나 기능에서 차이가 점차 줄어들면서 브랜드나 매장에 대한 경험이 중요한 구매 의사결정의 기준이 되고 있다.

2 ◦ VMD의 구성요소 및 상품표현 방법

VMD는 고객, 상품, 매장, 연출, 진열 등 여러 요소들이 유기적인 관계를 가지고 구성되는 것으로 이를 통해 매장 전체에 통일된 이미지를 구축하는 것이 중요하다. 이하에서는 VMD의 구성요소와 상품표현 방법에 대해 자세히 살펴볼 것이다.

VMD의 구성요소

성공적인 VMD란, 패션점포를 '갖고 싶은 것이 있는(머천다이징)', '찾아가고 싶은(인테리어)', '구매가 편리한(디스플레이)' 매장으로 만드는 것이다. 따라서 패션점포의 머천다이징, 인테리어, 디스플레이가 상호관련성을 가지고 유기적으로 구성되어야 한다 그림 14-2.

그림 14-2

VMD 구성요소

갖고 싶은 것이 있는

다양한 상품을 갖춘
디자인이 마음에 드는
가격이 합리적인

구색 갖춤의 제시

상품의 가치표현

찾아가고 싶은

매장과 상품의 이미지를 높이는
기능적이고 편리한 집기를 갖춘
상품 성격을 한눈에 알 수 있는

사기 쉬운

비교하기 쉽고 고르기 쉬운
관리가 쉽고 판매가 쉬운
상품 연출이 매력적인

머천다이징

머천다이징, 즉 상품화는 패션 VMD에서 가장 핵심적인 요소로 나머지 구성 요소인 인테리어나 디스플레이 역시 상품을 돋보이도록 매장환경을 만들어 주는 것이다. 패션 VMD에서 상품은 단순히 하나의 아이템이 아니라 고객의 라이프스타일에 어떠한 의미를 부여하는 존재로서 그 의미가 매장에서 시각화를 통해 명확하게 표현되어야 한다. 특히 상품이 소비자들에게 제대로 어필하기 위해서는 상품이 갖는 고유의 가치, 즉 기능적 또는 감성적 가치가 이러한 상품화를 통해 잘 전달될 수 있어야 한다. 상품의 콘셉트와 가치가 정확히 소비자와 커뮤니케이션될 수 있을 때 매장은 소비자들에게 갖고 싶은 것이 있는 매장으로 인식될 수 있다.

인테리어

인테리어interior는 실내를 뜻하는 개념으로 인테리어 디자인을 약칭하는 의미로 사용된다. 패션 VMD에 있어서 인테리어는 쾌적하고 능률적인 환경을 조성하는 역할을 수행하며 인간공학, 환경학, 심리학, 디자인학 등 연관 학문 간의 연계를 통해 합목적적으로 구성된다. 인테리어 공간은 지속적인 판매행위가 일어나는 상업 공간으로 소비자의 합리적인 구매가 일어날 수 있도록 상품의 정보를 한눈에 알 수 있는 기능적이고 편리한 집기가 구비되어야 한다. 또한 브랜드의 이미지와 아이덴티티를 효과적으로 전달할 수 있는 공간 배치나, 다양한 문화적 체험을 제공할 수 있는 요소들을 기획하여 소비자로 하여금 계속 찾아가고 싶은 매장이 될 수 있도록 구성하는 것이 필요하다.

디스플레이

디스플레이display는 라틴어에서 '펼치다'라는 의미의 '디스플리케어displicare'에서 파생된 용어이다. 의류매장에서의 디스플레이란 판매촉진을 위한 상품연출로 다양한 요소를 사용하여 상품의 콘셉트와 특징을 효과적으로 표현해 주는 것을 말한다. 전략적으로 기획된 디스플레이는 쇼윈도나 상품연출을 통해 소비자의 시선을 매장으로 유도하고 상품에 대한 흥미 유발과 함께 구매 욕구를 불러일으킴으로써 판매증진의 효과를 기대할 수 있다. 패션기업은 디스플레이 기획시 상품의 비교나 선택, 관리 등에서 편리성을 높여주는 효율적인 상품의 진열방법이나 순서가 어떤 것인지 충분히 고려해야 한다.

디스플레이를 전개하는 데 있어 사용되는 요소에는 색채, 조명, 소도구 및 소품, 쇼윈도, POP 등이 포함된다.

- **색채** color_ 디스플레이 요소 중 고객의 시선이나 흥미를 끄는 데 가장 효과적인 것이 색채이다. 매장에 들어온 고객이 가장 먼저 지각하는 것은 상품 자체보다는 전체적인 색상이라고 할 수 있다. 따라서 매장 전체의 일관성 있고 조화로운 색채구성은 상품의 가치를 높이고 브랜드의 콘셉트를 전달하는 데 필수적이다. 소비자가 브랜드를 식별하는 데 있어서 중요한 역할을 하는 매장의 CI 요소, 즉 마크, 심벌, 로고 등은 브랜드를 대표하는 컬러와 함께 제시되기 때문에 색채는 브랜드 이미지 형성에 강력한 힘을 발휘한다. 특히 색채는 특정 이미지를 연상시키는 효과가 있어 적절히 활용할 경우 브랜드나 매장 이미지를 좀 더 효과적으로 연출할 수 있다. 예를 들어, 노란색이나 연두색은 봄의 화사함을 느끼게 하고 적색과 녹색의 조화는 크리스마스를 연상시킨다.

- **조명** lighting_ 조명은 매장의 환경을 효과적으로 연출하여 브랜드 고유의 분위기를 만들어 내는 데 핵심적인 기능을 한다. 디스플레이에서의 조명은 빛에 따른 연출성을 강조하는 것으로 고객에게 상품의 존재는 물론 상품가치를 정확히 표현해 주는 역할을 한다. 고객의 활동은 방해하지 않으면서도

상품의 주목을 높이거나 매장의 아이덴티티를 강조하는 등 즐겁고 쾌적한 판매 환경을 조성하기 위한 조명계획이 요구된다. 조명계획은 취급상품의 특성, 타깃층의 성향, 매장 규모, 입지 조건 등 제반 환경을 충분히 검토하여 실행해야 한다.

- 소품 또는 소도구 props_ 디스플레이 연출에서는 표현하고자 하는 주제에 대한 소비자들의 이해를 돕기 위해 적절한 소품이나 소도구를 사용하게 된다. 상품과 어울리는 소품은 분위기 연출에 커다란 영향을 미치며 고객에게 구매 욕구를 불러일으키는 역할을 한다. 또한 소도구는 상품의 특성을 표현하고 가치를 돋보이게 하는 것으로 상품연출을 수행하는 데 있어서 기능적, 장식적, 구조적인 역할을 수행한다. 소도구들에는 행거, 선반, 스테이지, 쇼케이스, 매대와 같은 디스플레이 집기와 마네킹 등이 포함된다.

- 쇼윈도 show window_ 쇼윈도는 그 매장의 이미지와 콘셉트를 대변하는 얼굴로 고객의 주의를 집중시켜 매장으로 끌어들이는 중요한 역할을 한다. 이러한 쇼윈도는 일차적인 상품제시의 역할을 넘어서 오감을 활용한 강력한 체험을 제공함으로써 소비자들의 심리적 욕구를 만족시키려는 종합적인 조형 활동이라고 할 수 있다. 쇼윈도는 백화점이나 전문점에서 많이 볼 수 있으며 매장이 문을 닫은 후에도 매장 이미지를 전달하는 기능을 수행한다.

- POP point of purchase advertising_ POP는 구매시점 광고로 매장에서 특정 목적을 위해 게시되는 표시물을 의미한다. POP는 고객의 눈에 띄는 곳에 배치되며 가격, 소재, 용도, 사용법 등 자세한 상품정보도 알려주어 판매원을 대신하는 역할을 수행한다. 또 신제품의 출시를 알리거나 세일이나 사은품 관련 정보도 효과적으

그림 14-3
릴프로렌 매장의 쇼윈도(좌)와 소도구
(마네킹, 진열장, 선반, 테이블 등)(우)

출처_ ralphlaurenvirtualstores.com

로 전달하여 고객의 편리한 쇼핑을 돕고 점내의 행사 분위기를 살려 상품판매의 최종단계까지 연결시켜 준다. 최근 POP 표현의 영역이 넓어져 동적인 요소를 부가해 움직이는 POP부터 멀티미디어 POP까지 다양한 형태로 전개되고 있다.

VMD의 상품표현 방법

VMD의 중요한 기능 중의 하나는 상품이 주는 명확한 메시지를 시각적으로 잘 전달할 수 있도록 상품을 표현해 주는 것이다. 상품을 표현할 때는 브랜드의 내적인 아이덴티티를 유지하면서 외부환경의 변화를 고려한 트렌드 요소가 잘 반영되어야 하며 이를 통해 매장의 신선함과 즐거운 자극을 제공할 수 있어야 한다. 상품표현 방법에는 VP, PP, IP의 세 가지 유형이 있다.

VP

VP_{visual presentation}는 매장 연출의 테마가 종합적으로 표현된 것으로 개별 상품이 아니라 상품기획의 전체적인 콘셉트와 이미지가 표현된다. 따라서 VP는 점포 내부 공간의 전체 균형을 고려하여 시즌의 변화감과 중점상품, 테마 등을 알기 쉽게 시각적으로 연출해야 한다. 고객이 한 매장을 지나치는 시간이 몇 초에 불과하기 때문에 고객의 시선을 잡아두기 위해서는 쇼윈도나 주요 출입구에 VP를 제시해야 한다. 그 외에도 각 층의 상품구성 및 특징을 전달하는 층별·코너별 메인 스테이지도 VP에 포함된다.

PP

PP_{point of sales presentation}는 패션점포가 취급하고 있는 패션품목들을 코디네이션하고 다양한 상품정보를 시각적으로 연출하여 고객들에게 판매 포인트를 제시하는 것을 말한다. PP의 위치는 통로를 따라 걷는 고객의 시선이 자연스럽게 맞닿는 곳으로 선정해야 하며, 시선의 연결을 유도하기 위해 또 다른 연출 포인트를 연속적으로 배치하는 것이 효과적이다. 다양한 소도구와 소품을 사용한 연출구성을 통해 고객들에게 시각적인 안정감과 즐거움을 주는 것이 필요하다. 일반적으로 PP가 제시되는 곳은 벽면 스테이지, 선반이나 쇼케이스의 상단이 포함된다.

그림 14-4
랄프로렌의 VP (좌) / PP (중) / IP (우)

출처_ ralphlaurenvirtualstores.com

IP

IP$_{item\ presentation}$는 매장 내에서 취급하는 모든 상품을 고객이 직접 선택하기 편하도록 체계적인 방법을 사용하여 아이템별로 정리, 진열한 것이다. 상품을 배열하는 기준 중 가장 일반적으로 사용되는 것이 컬러 배열이지만 이외에도 사이즈나 디자인, 소재 등의 배열 기준을 사용하기도 한다. IP는 실제 판매가 이루어지는 장소로 매장 면적의 대부분을 차지한다. 고객은 여기에서 품목, 사이즈, 색상 등의 정보에 기초하여 직접 상품을 선택하고 구매하게 된다. IP는 쇼케이스나 선반의 중하단, 행거 등이 포함된다.

3 · 디지털 트렌드와 VMD 전략

최근 패션브랜드들의 오프라인 매장은 온라인 매장과 시너지 효과를 유도하면서 온라인에서는 얻을 수 없는 차별적인 즐거움과 감동을 전달하기 위해 다양한 아날로그 감성이나 디지털 기술을 사용하여 소비자들을 유인하고 있다. 여기서는 새로운 리테일 트렌드를 반영하는 VMD 전략에 대해 살펴보고자 한다.

리테일테인먼트

현대 소비사회에서 상품은 물질적인 가치 이상의 것으로 상품의 구매는 곧 상품에 내재된 문화적 의미와 메시지를 구매하는 것과 같다. 소비자들은 상품의 구매와 소비를 통해 자신의 이미지를 표현하고 다른 사람과 소통하게 된다. 상품이 주는 의미가 달라지면서 상품을 구매하는 행위, 즉 쇼핑에 대한 개념 역시 변화하고 있다. 쇼핑이 단순히 물건을 사는 행위가 아니라 하나의 즐거운 경험 활동으로 간주되면서 쇼핑 공간도 점차 새로운 차원으로 진화하고 있다. 이러한 배경속에서 등장한 개념이 리테일테인먼트$_{retailtainment}$이다. 소매업$_{retail}$과 오락$_{entertainment}$이 결합된 용어로서 고객들의 쇼핑에 즐거운 체험을 제공하는 마케팅 활동을 말한다Tofte, 2003. 최근 의류 인터넷 쇼핑몰들이 급격한 성장세를 보임에 따라 오프라인 매장은 온라인 쇼핑몰과 경쟁하기 위해 단순히 물건을 파는 것 이외에 차별화된 체험을 제공하는 것이 생존의 필수 요소가 되었다.

리테일 공간의 체험성을 강화하기 위해서는 몇 가지 핵심적인 요소들이 필요하다. 첫째로 브랜드 스토리와 철학의 전달이다. 리테일 공간은 브랜드 헤리티지를 전달할 수 있어야 하고 이는 강력한 브랜드 아이덴티티로 이어지며 때로는 소비자들의 상상력과 호기심을 일깨우는 '교육적 발견educational discovery'으로 발전할 수 있다김윤결, 2007. 아메리칸 걸 플레이스American Girl Place는 성장 과정에 있는 아이들이 자신의 연령과 외모, 성격에 적합한 인형을 선택할 수 있도록 구성되어 있다. 미국 역사 속에 가상으로 존재하는 인형들의 스토리는 역사적으로 중요한 의미를 갖는 시대에 대한 교육정보를 제공하면서 소녀들의 지적 호기심과 상상력을 자극하고 있다.

둘째는 통합적 관점의 VMD 구성이다. 사인sign이나 쇼윈도 같은 외부 공간에서부터, 문화나 예술을 향유하거나 체험하는 이벤트 공간, 그리고 상품의 정보 전달과 진열이 중심이 되는 판매 공간에 이르기까지 다양한 공간을 전략적으로 디자인하여 매장을 방문하는 고객에게 입체적인 브랜드 체험을 제공해야 한다. 이를 가장 잘 실천하고 있는 럭셔리 또는 스포츠 브랜드들의 플래그십 스토어는 건물 전체가 브랜드 제품과 이미지를 표현하는 거대한 캔버스라고 할 수 있다. 이 때문에 플래그십 스토어는 종종 지역의 랜드마크가 되기도 한다.

셋째는 인스토어 테크놀로지의 구축이다. 빅데이터, 사물인터넷IoT, 전자태그RFID, 가상현실VR, 증강현실AR 등 차세대 기술은 리테일 공간의 쇼핑 경험을 더욱 강력하게 만들고 있다. 제품에 대한 색상, 가격 등의 정보를 쉽게 탐색하는 키오스크, 소비자 개개인에게 맞는 맞춤형 서비스를 제공하는 인공지능과 빅데이터 기술이 적용된 앱, 일일이 옷을 갈아입지 않고도 착장 모습을 볼 수 있는 가상 피팅 서비스, 직원 없이 혼자서 결제를 할 수 있는 셀프 체크아웃 등은 고객의 경험을 극대화할 수 있는 중요한 VMD 도구이다.

이러한 흐름에 가장 앞서가고 있는 브랜드가 나이키이다. 나이키가 2018년 뉴욕 맨해튼 중심부에 대규모 플래그십 매장 '하우스 오브 이노베이션

그림 14-5
나이키 '하우스 오브 이노베이션 000'
뉴욕

출처_ www.cnbc.com

000_{House of Innovation 000}'을 오픈했다. 나이키의 브랜드 스토리와 헤리티지를 중심으로 한 강력한 스토어 컨셉을 보여주었던 나이키 타운에서 한 단계 진화된 디지털 기반 혁신형 매장이다. 혁신적인 제품과 매장 공간에 결합된 디지털 요소를 특화해 소비자들에게 스포츠 커뮤니티와 개인화 서비스를 제공하는 것을 목표로 한다. 매장은 6만 8,000 평방피트 규모로 지하 1층을 포함한 6개 층으로 나뉘어졌다. 매장의 1층에는 나이키 스피드 숍이 자리 잡고 있어 NYC 지역에서 인기가 많은 제품들을 바로 구매할 수 있도록 접근성을 높였다. 4층에 위치한 스니커 랩_{sneaker lab}은 나이키 풋웨어의 최근 기술들을 경험할 수 있는 장소로 나이키의 핵심 정신을 가장 잘 나타낸다. 5층 나이키 엑스퍼트 스튜디오_{expert studio}는 나이키 플러스 회원들을 위해 개인화된 서비스를 제공하는 공간으로 사전 예약을 하면 나이키의 전문가들에게 시즌에 알맞은 제품 추천과 1대1 스타일링 상담을 받을 수 있다. 특히 하우스 오브 이노베이션은 나이키 앱 사용자들의 정보를 기반으로 맞춤형 서비스를 제공하는 '나이키 라이브_{Nike Live}'가 적용된 매장으로 소비자들은 여기서 디지털 세계와 현실 세계를 넘나들면서 미래의 리테일 스토어를 한껏 체험할 수 있다_{국제섬}

유신문. 2018.12.3.

팝업스토어

미국의 대형 마켓 타깃_{Target}이 맨해튼에서 임시 임대스토어를 사용한 것에서 시작된 팝업스토어_{pop up store}는 인터넷 창에서 순식간에 생겼다가 사라지는 팝업이라는 말에서 비롯되었다. 주로 신규 브랜드를 론칭하거나 한정된 제품을 판매할 때 일시적으로 활용되며 보통 1~2주 정도 열린다. 정해진 기간과 장소라는 한시성과 다른 곳에서 팔지 않는 제품이라는 희소성이 결합되어 만들어진 팝업스토어는 소비자들의 호기심과 흥미를 자극하면서 소비자들에게 색다른 경험을 제공하고 있어 체험이 강조되는 시대에 새로운 공간문화로 인식되고 있다.

팝업스토어의 특성을 몇 가지로 요약해보면윤혜신, 이정교, 2014, 첫째는 한시성이다. 팝업스토어는 일정 기간 동안 목적에 따라 운영된다는 의미로 다른 리테일 스토어와 구분되는 가장 대표적인 특성이다. 둘째는 희소성이다. 팝업스토어는 한정 상품의 출시와 더불어 진행되는 경우가 많아서 그에 따른 특별한 제품이나 브랜드 체험, 그리고 프로모션 참여가 가능하다. 셋째는 유동성이다. 팝업스토어는 장소나 목적에 따라 형태 변형이 가능하고, 동일한 팝업스토어를 동시에 진행하거나 운송시설을 이용하여 이동성을 높이는 등 가변성이 높다. 넷째는 상호작용성이다. 팝업 스토어 내에서 SNS 등과 같은 미디어들을 활용하여 브랜드와 팝업 방문자 간의 활발한 상호작용이 가능하고 팝업 방문 후까지 지속적인 커뮤니케이션이 이루어질 수 있다. 다섯째는 문화성이다. 브랜드의 차별적 아이덴티티 제고를 위해 문화예술 요소 활용한 전시, 공연, 이벤트 등의 협업을 통해 고객의 감성을 자극할 수 있다.

현재 팝업스토어는 패션기업의 커뮤니케이션 도구로 빈번하게 활용되고 있는데, 패션기업들이 팝업스토어를 개설하는 목적은 크게 네 가지로 나눌 수 있다Warnaby, Kharakhorkina, Shi and Corniani 2015. ① 브랜드 인지도 구축과 브랜드 정체성 수립, ② 브랜드 체험 마케팅을 통한 소비자의 브랜드 몰입이나 관계 강화, ③ 신제품 소개나 제품할인 등의 프로모션을 통한 매출 극대화, ④ 시장과 유통 채널의 가능성 검증을 위한 테스트 마켓과 시장정보 확보 등이 있다.

이러한 팝업스토어는 초기에는 캐주얼 브랜드나 스포츠 브랜드와 같이 스트리트 문화를 주도하는 브랜드들이 많이 운영했지만 최근에는 럭셔리 브랜드들도 소비자와의 주요 소통의 수단으로 팝업스토어를 적극 활용하고 있다.

젠틀몬스터와 블랙핑크 제니는 인형의 집을 모티브로 하는 컬래버레이션 팝업 공간 '젠틀 홈Jentle Home'을 선보이면서 인형 가족의 일상적인 모습들을 위트 있게 표현했다. 외부 파사드를 통해 2층 내부로 들어서면, 2D와 3D의 결합으로 만들어진 파스텔톤의 동화같은 입체 공간이 나타난다. 그 안에는 드레스룸, 키친, 리빙룸 등이 구성되어 있고, 드레스룸의 또 다른 옷장 문을 통해 3층으로 올라가면 레트로한 감성의 슈퍼마켓이 나오게 된다. 여기에서는 '젠틀 홈

그림 14-6

젠틀 홈 아이웨어 콜렉션 팝업스토어

출처_ www.ktnews.com

아이웨어 콜렉션' 상품 외에도 젠틀 홈에서 영감 받아 제작한 스페셜 캔디 굿즈까지 전시되어 있다. 특히 드레스룸 내에 테디베어 분수가 있는 비밀의 정원은 어릴적 누구나 상상해본 나만 알고 있는 비밀의 공간을 재현하고 있어 방문자들에게 색다른 경험을 제공하고 있다_아시아경제, 2021.8.30.

옴니채널링

온라인 쇼핑이 증가하면서 전통적인 오프라인 매장들은 온라인의 소비자들을 오프라인으로 유도하고 다시 오프라인의 경험을 온라인으로 확대시키기 위해 온·오프라인의 채널을 결합하는 방법을 시도하고 있다. 이러한 전략의 중심축을 이루고 있는 것이 옴니채널_omni-channel 전략이다. 옴니채널 전략이란 고객 중심으로 모든 채널을 통합하고 연결하여 어떤 채널에서든 동일한 리테일 매장을 이용하는 것처럼 느끼도록 일관되고 끊김없는 커뮤니케이션을 제공하는 것을 말한다_Cao and Li, 2015; Goersch, 2002. 예를 들어, 오프라인 매장에 키오스크_kiosk, 디지털 디스플레이_digital display, 전자 카탈로그, 모바일 등 여러 가지 온라인 미디어를 유기적으로 결합하거나, AR, VR 등을 통한 가상 쇼핑과 실제 디지털 쇼핑을 결합하는 것 등이 여기에 포함된다. 이러한 과정에서 오프라인의 매장은 중요한 경험과 정보가 형성되고 분배되는 중심 거점이 된다. 패션기업들이 오프라인 매장을 중심으로 고객과의 모든 접점을 신선한 경험으로 환원시키기 위한 통합적 마케팅 커뮤니케이션을 전개함에 따라 VMD에도 새로운 차원의 역할이 부여되고 있다.

옴니채널을 구축하는 대표적인 디지털 VMD 도구들을 살펴보자. 첫째, 인터랙티브 쇼윈도는 매장의 이미지 전달에 치중되었던 전통적인 쇼윈도의 역할을 한층 보완하여 쇼윈도에서 편리하게 제품 카탈로그를 탐색할 수 있게 하거나 구매를 지원하기도 한다. 영업시간 외에도 콘텐츠 재생이 가능하기 때문에 지속가능한 매장환경을 구축할 수 있어 고객과의 접점 시간대를 확대할 수 있다.

둘째, 매장 내 키오스크는 고객이 직접 터치 모니터를 이용해 관심있는 상품의 가격이나 재고 품목 등의 정보를 검색할 수 있는 시스템으로, 제품을 원하는 방향으로 회전시키거나 확대시켜서 볼 수 있다. 마음에 드는 제품을 발견했을 경우 바로 가상 쇼핑카트에 담을 수 있으며 즉시 결제도 가능하다. 키오스크는 편리한 정보탐색, 대기시간 단축, 비대면 선호 경향 등의 이점으로 인해 점차 활용성이 증대되고 있다.

셋째, 스마트 피팅룸은 다양한 디지털 기술이 결합돼 편리하게 셀프 서비스 기능을 사용할 수 있다. 매장 측에서는 제품에 부착된 RFID가 탈의실 센서를 통해 자동 인식돼 어떤 고객이 어떤 피팅룸에서 몇 개의 옷을 피팅하고 있는지 쉽게 확인할 수 있다. 한편, 고객의 경우 피팅룸의 통화 버튼을 사용해 직원 상담이 가능하며 피팅룸에서 다양한 비디오, 음악 및 엔터테인먼트 요소들을 즐길 수도 있다.패션포스트, 2020.7.13.

넷째, 브랜드 모바일 앱은 구매 접점에서의 서비스, 사후 관리 그리고 홍보 및 마케팅 관리를 위해 절대적인 도구이다. 특히 모바일 앱은 개인화 서비스의 실현을 위해 필수적인데, 고객의 검색 상품, 오래 머물렀던 페이지, 과거 이력 등의 데이터를 바탕으로 개인 맞춤 서비스를 제안할 수 있다. 매장에서 앱을 사용하는 고객은 모바일과 연동되는 RIFD, NFC near field communication 또는 QR 코드를 통해 상품정보와 연결하고 관심 상품을 선택한 후 이를 스마트 피팅룸으로 쉽게 보낼 수 있다.

파페치 Farfetch는 온라인 명품 리테일러로 시작했지만 최신 디지털 기술을 조합해서 독특한 인스토어 경험을 제공하면서 옴니채널을 가장 성공적으로 이끈 대표적인 패션리테일러로 손꼽히고 있다. 고객이 매장을 방문해서 스마트폰으로 로그인을 하면 고객 여정이 시작된다. 매장의 스테프는 디지털 디바이스를 통해 고객의 과거 구매 이력과 위시리스트를 포함한 고객 정보를 확인한다. 매장에 설치된 '와이파이 의류 랙connected clothing rack'은 고객이 관심을 가지고 만져본 아이템을 기록하는 기능이 있어 나중에 확인이 가능하다. 피팅룸에는 스마트 미러가 설치되어 다른 사이즈나 컬러의 상품을 요청할 수 있고 결제도

그림 14-7

Farfetch : Store of Future

출처_ aboutfarfetch.com

가능하다. 매장에 설치된 홀로그램 디스플레이를 통해서 고객이 자신만의 커스터마이즈 된 신발을 디자인할 수 있다. 고객은 최고급 부티크에서 쇼핑을 하는 즐거움을 경험하면서 온라인 구매의 편리함도 동시에 누릴 수 있다.

무인점포

무인점포unmanned stores 즉, 사람이 없는 점포란 소비자가 제품구매에 관한 의사결정을 사람과의 접촉이 아닌 기계를 통해 진행하는 매장을 말한다서성우, 2018. VMD에서 가장 중요한 요소 중의 하나인 인적자원이 배제된 형태라고 할 수 있다. 특히 리테일 분야에서는 미국의 온라인 유통기업인 아마존이 2016년 '저스트 워크아웃Just Walk Out' 기술이 활용된 아마존 고Amazon Go를 론칭하면서 무인점포 트렌드가 점차 확대되고 있다.

무인점포는 코로나19 이후 언택트 또는 비대면 환경의 구매방식에 대한 필요성이 크게 제기되면서 그 존재감을 드러내기 시작했다. 특히 키오스크, 셀프 계산대, 스마트 피팅룸 등과 같은 셀프 서비스 기술SST: self service technoloty의 발전은 무인점포 확대에 큰 동력이 되고 있다. 서비스 제공자에게 있어 무인점포의 가장 큰 혜택은 인건비와 관리비 등 매장운영비를 절감해준다는 것이다. 한편, 소비자에게는 방해받지 않는 쾌적한 쇼핑환경을 제공하고 결제를 위한 대기시간을 줄여줌으로써 새롭고 편리한 쇼핑 경험 제공한다는 장점이 있다.

무인화 트렌드에 따라 카페, 편의점, 아이스크림이나 샐러드 전문점 등 다양한 무인점포들이 등장하고 있으며 패션 분야도 예외는 아니다. 중국 스포츠 매장 뷰Biu는 안면인식 기술이 적용된 매장으로 쇼핑 후 계산 통로를 걸어 나가면 전용 쇼핑백에 담긴 상품이 자동으로 스캔되고 얼굴 인식을 통해 앱 내 연동된 계좌에서 상품 대금이 인출된다. 고객의 구매 이력이나 매장 내에서의 동선은 빅데이터로

그림 14-8
온라인 플랫폼 '하고'의 오프라인 편집숍 "#16"

출처_ www.ktnews.com

저장되어, 추후 고객에게 맞춤형 상품을 추천하는데 활용된다. 국내 패션브랜드 랩101은 국내 최초 무인 패션매장으로 신용카드로 입장할 수 있으며, 결제기기에 구매를 원하는 제품을 태그하면 재고정보 확인, 사이즈 선택, 현장 또는 택배 수령 등을 쉽게 결정할 수 있다.

이러한 패션기업의 무인점포 전략은 제품 특성상 완전 무인점포를 지향하기 보다는 직원과의 접촉을 배제한 비대면 형태로 운영되거나 옴니채널링 전략과 복합적으로 사용되기도 한다. 온라인 패션플랫폼을 그대로 오프라인에 옮겨 놓은 편집숍 '#16'이 대표적인 예이다. 한국판 아마존고로 불리는 이 매장은 MZ세대에게 인기있는 온라인 디자이너 브랜드 16개가 입점된 매장이다. 100여 평 규모의 매장공간을 브랜드별로 섹션화하고 각 브랜드의 개성과 콘셉트를 최대한 살린 디스플레이로 차별화된 오프라인 숍을 구성하였다. 완전한 무인점포는 아니지만 원하는 경우 완전 비대면 쇼핑이 가능하다. 제품은 사이즈별로 1개의 샘플만 비치되어 있고 착용해본 뒤 구입을 원하면 앱에 바코드를 스캔한 후 결제하면 된다. 배송은 각 브랜드 본사에서 진행되기 때문에 고객들은 쇼핑백을 들고 다닐 필요 없이 쾌적하고 편안한 쇼핑을 할 수 있다. 재고를 보유하지 않는 매장의 전략을 통해 온라인 브랜드의 운영 특성을 최대한 살리면서 비용 효율성을 극대화하고 있다.

2 · 패션쇼

지정된 장소와 지정된 시간에 정해진 고객을 대상으로 패션쇼가 열리기 시작한 것은 1912년 미국의 기성복 브랜드와 백화점이 판촉 활동 차원에서 협업으로 진행한 것이 처음이다. 1930년대 중반에 들어서 패션쇼는 점차 그 규모가 커졌으며, 1960년대에는 의상 연출과 모델 외에도 무대, 조명, 음악 등이 중요한 요소로 등장하면서 현대적인 패션쇼의 모습을 갖추게 되었다. 1990년대 이후 패션쇼는 대중성과 예술성을 동시에 갖춘 문화적 이벤트로 자리매김하고 있다. 최근 정보통신의 발달로 인터넷을 통한 패션쇼 영상의 관람과 공유가 가능해지면서 패션쇼는 디지털 패션쇼라는 새로운 영역으로 확장을 시도하고 있다.

1 · 패션쇼의 개요

패션쇼fashion show는 무대 위에서 패션제품을 소비자의 구매 욕구를 자극하는 일종의 패션 이벤트이다. 패션쇼는 패션제품을 살아 움직이는 형태로 표현할 수 있다는 점에서 강력한 판매촉진 수단이기도 하다.

패션쇼의 개념

트록셀과 스톤Troxell & Stone, 1981은 패션쇼를 '음악, 해설자 등과 함께 모델이 의상을 착용하고 등장하여 관객에게 이를 제시하는 것'이라고 정의하였고, 윈터와 굿맨Winters & Goodman, 1972은 패션쇼가 '패션 판매촉진을 위한 모든 활동 중 가장 극단적이고 압도적인 것으로 생동감 있고 움직임이 있는 형태로 상품을 보여주는 촉진적 매개체'라고 정의하였다.

일반적으로 패션쇼란 패션 디자이너, 패션브랜드, 유통기업 등이 다가오는 시즌에 선보일 새로운 의상이나 액세서리를 모델에게 착장시켜 언론매체나 바이어, 소비자에게 제안하는 것을 말한다홍혜림, 김영인, 2014.

패션쇼는 과거 우리나라에 도입되는 과정에서 대중과는 거리가 먼, 소수 특권층의 사치성 행사로 인식되어 왔으나, 최근에는 일반 대중도 비교적 쉽게 접근이 가능한 패션 이벤트로 인식되고 있다. 다변화된 소비자의 요구에 따라 패션쇼 영역에도 새로운 역할이 부여되고 있으며, 단순히 정보전달의 기능을 넘어 패션의 아이디어를 새롭게 표현할 수 있는 쇼, 혹은 즐거움을 동반한 엔터테인먼트 그 자체로서의 성격이 강화되고 있다. 특히 패션쇼는 음악과 무대연출의 시청각적 효과를 최대한 활용하여 최신 유행상품이나 패션브랜드의 이미지를 효과적으로 전달하는 면에서 중요한 패션 마케팅 커뮤니케이션 수단이 되고 있다. 패션쇼에서 관객은 패션쇼 주체의 하나로서 이들의 호응도가 패션쇼의 성패를 좌우하기 때문에 보다 효과적으로 브랜드 이미지와 패션쇼의 메시지를 전달하기 위해서는 관객의 니즈를 충족시킬 수 있는 패션쇼가 전개되어야 한다. 즉, 패션쇼는 일방적으로 관객들에게 보여주는 것이 아니라 감정을 소통할 수 있는 상호작용적 특성을 지녀야 한다. 최근에는 패션쇼에 공연적 특성과 스토리텔링 기법이 결합되면서 패션쇼는 외형적 정보뿐 아니라 내면적 의미까지 전달하는 시각적 커뮤니케이션 수단이라는 인식이 확대되고 있다.

패션쇼의 요소

패션쇼의 요소는 연출을 위한 요소와 무대 제작을 위한 요소로 나눌 수 있다. 패션쇼를 구성하는 하나하나의 구성요소들이 유기적으로 결합하여 작동할 때 하나의 종합예술로 거듭나게 된다. 이하에서는 패션쇼의 요소들에 대해 알아보도록 하자.

연출을 위한 요소

연출을 위한 요소는 의상을 포함하여 모델, 안무, 장소 등 쇼의 주제를 표현하기 위한 요소를 의미한다.

그림 14-9
디올 2021/22 FW
오뜨꾸띄르 패션쇼

출처_ www.dior.com

그림 14-10

빅토리아 시크릿 2018 패션쇼
Halsey - Without Me live

출처_ www.youtube.com

- **의상과 모델_** 연출을 위한 요소에서 의상은 단순히 옷뿐만 아니라 신발, 액세 서리까지 모두 포함하는 의미로 패션쇼의 주체이자 표현 대상이 된다. 의상은 색상, 스타일, 디자인, 유행성, 주제의 통일성 등에 따라 여러 그룹으로 분류되어 각 그룹 내에서 조화를 이룬다. 분류된 그룹들 사이에는 흐름이 있어야 하며 그 룹별 구성이 끝나면 의상 라인업을 정한다. 라인업line-up은 쇼에서 사용될 음악 의 흐름에 맞춰 그룹별로 의상과 모델들의 순서를 정하는 것으로 이를 통해 패 션쇼 콘셉트와 분위기를 한층 더 강조할 수 있다. 모델은 무대 위에서 헤어와 메이크업, 표정연기와 캣워크cat walk를 통해 의상의 특징을 표현하거나 디자이너 혹은 브랜드 이미지를 형성하며 관객들에게 이를 전달한다.

- **안무_** 패션쇼에서 안무는 특정한 춤 동작뿐만 아니라 런웨이 위에서 펼쳐지는 모델의 워킹과 표정연기, 춤 동작까지 포함한다. 이러한 안무는 관객들에게 패 션쇼의 주제와 디자이너의 의도를 보다 효과적으로 전달하기 위해 기획된다. 주 제, 의상, 음악이 쇼의 느낌과 외형을 반영하는 요소들이라면, 안무는 쇼의 이미 지를 향상시키는 역할까지 하는 것으로 의상의 심미성뿐 아니라 상징적 메시지 까지 명확하게 표현해 주고 대중의 관심을 유도하는 역할을 한다.

'빅토리아 시크릿Victoria Secret'은 최고의 모델과 화려한 볼거리로 '지상 최대의 쇼'라 불린다. 매년 연말 뉴욕에서 열리는 빅토리아 시크릿 패션쇼는 화려한 란 제리를 입은 톱 모델들이 다른 패션쇼에서는 볼 수 없는 자유로운 표정과 한껏 섹시한 포즈로 관객들의 환호성을 이끌어낸다. 런웨이에서는 그 해 최고의 가 수들이 라이브 무대를 펼치는 것으로 유명한데, 가수들은 라이브 무대에서 모델을 에스코트하며 같이 런웨이를 걷거나 춤을 추는 등 다양한 볼거리를 제공한다. 세계 각지의 TV 중계로 더욱 많은 관객을 확보하고 있는 빅토리아 시크릿의 패션쇼는 단일 브랜드의 패션쇼를 넘어 엔터테인먼트 콘텐츠로 열띤 호응을 이끌어냈다. 그러나 최근 여성들의 신체에 대한 인식 변화로 인해 완벽한 몸매의 엔젤만을 강조하는 빅토리아 시크릿의 패션쇼는 시청률 하락을 면치 못했고 매출 부진으로 이어졌다. 2019년부터 '빅토리아 시크릿'의 패션쇼는 사실상 폐지되어 역사 속 기록으로만 남게 되었다.

- **장소_** 장소는 패션쇼의 목적, 유형, 대상, 비용, 연출 효과 등에 따라 선정 기준이 다양하다. 주제와 어울리고 의상을 돋보이게 할 수 있는 곳, 관객들이 쉽게 접근할 수 있는 곳, 무대 연출과 제작이 용이하도록 충분한 공간 확보가 가능한 곳 등 여러 기준에 따라 결정된다. 예전에는 고급 호텔이나 디자이너 부티크 등 닫힌 공간을 활용하였으나 90년대 이후부터는 장소 제한 없이 대중들의 접근이 용이하고 공연적인 성격이 강한 쇼를 연출할 수 있는 곳이면 어디든지 활용하고 있다.

무대 제작을 위한 요소

무대 제작을 위한 요소는 무대를 디자인하고 세트를 제작하는 데 필요한 무대, 음악, 조명, 특수효과 등을 의미한다.

- **무대와 음악_** 앞서 살펴본 연출 요소들을 돋보이게 하기 위해서 이에 적합한 무대 제작이 필요하다. 무대는 모델과 관객 사이에서 커뮤니케이션이 이루어지는 곳으로, 연출을 위한 특수한 목적을 지닌 기능적인 공간이다. 무대는 다시 배경과 런웨이runway로 구분되는데, 배경은 쇼의 주제를 강화하기 위해 세워진 공간이고, 런웨이는 모델이 워킹하는 주행로를 의미한다.

  음악은 쇼의 전체적인 분위기, 스테이지 전환 그리고 관객들의 감정 등을 효과적으로 조절할 수 있는 기능을 가진다. 시각적인 무대에 청각적 개념을 도입하여 모델들의 워킹과 연기를 이끌어주고 역동성을 상승시키는 역할을 한다. 패션쇼는 언어적·문자적 해설보다는 시각적 움직임을 중심으로 이루어지는 형식이므로 배경음악의 역할은 매우 중요하다.

  2019/20 FW 생로랑Saint Laurent 컬렉션은 80년대 복고풍 트렌드를 완벽하게 재현하기 위해 야외에서 사용하던 라이트 쇼를 실내로 가져오고 미래지향적

그림 14-11
생로랑 2019/20 FW 컬렉션

출처_ www.youtube.com

인 느낌의 양방향 복도로 된 무대를 만들었다. 먼저 대형 스피커에서 강력한 전자 음악 리믹스가 나오면서 스파이크힐spike heel의 플랫폼과 파워 숄더power shoulder 그레이 코트를 입은 모델이 등장하면서 쇼가 시작된다. 마지막에는 런웨이의 불빛을 어둡게 하고 밝은 핑크와 네온 그린의 깃털 코트부터 얼룩말 드레스에 이르기까지 다양한 야광 아이템을 입은 모델들이 등장하여 80년대를 극적으로 보여주면서 피날레를 장식했다.

- **조명과 특수효과_** 조명은 기술적인 측면을 많이 요구하지만 무대에서의 조명은 예술적 측면이 동시에 고려되어야 하는 요소이다. 따라서 조명은 무대 위의 대상을 밝혀 주는 기능적 역할뿐 아니라 시각적, 감각적 효과를 증폭시켜 주는 역할까지 수행하게 된다. 패션쇼의 조명에는 패션쇼가 시작하기 전 관객들이 자리를 잡을 수 있도록 도와주는 조명, 쇼가 시작되면서 모델을 향한 스포트라이트spotlights와 풋라이트footlights, 한 스테이지에서 다음 스테이지로 이동하기 위해 잠시 꺼지는 조명 등이 있다. 조명은 무대 위의 작품을 보다 쉽게 이해하고 모델의 연기를 한층 더 생동감 넘치도록 표현하여 주목성을 강화시키는 기능을 한다.

특수효과는 조명, 음악과 더불어 시청각적 효과를 극대화시켜 주는 요소이다. 특수효과는 무대에서 다양한 기술들을 활용하여 다채로운 효과를 내는 것으로, 대표적인 특수효과로는 스모그smog 또는 포그fog 그리고 물방울을 들 수 있다 함유선, 2006. 이처럼 특수효과에는 패션쇼의 이미지에 맞는 시각적 효과가 주를 이루며, 이외에 청각적 특수효과인 음향효과도 포함된다. 최근에는 디지털 기술이 발달하면서 컴퓨터 애니메이션, 입체 영상 등 디지털 영상물들에 의한 특수효과 연출이 눈에 띄게 증가하고 있다.

출처_ www.gucci.com

구찌는 남프랑스 아를Arles에 있는 알리스캉Alyscamps에서 2019 크루즈 컬렉션을 개최했다. 알리스캉은 고대 로마 시대의 공동묘지이자, 유네스코 세계 문화유산으로 등재된 명소다. 한 줄의 불이 관객들이 앉아있는 중앙의 좁은 통로를 밝히면서 쇼가 시작되었고, 이끼로 뒤덮인 고대 무덤들이 자아내는 신비로운 분위기를 배경으로 구찌의 고딕 스타일 의상들이 모습을 드러냈다. 클라우디오 몬테베르디Claudio Monteverdi의 '성모미리아의 저녁 기도' 사운드 트랙은 쇼장 분위기를 압도했다.

2◦패션쇼의 유형

패션쇼는 개최목적과 주최자, 규모, 구성 방식 등 여러 조건에 따라 형태가 달라지기 때문에 패션쇼의 유형을 정확히 분류하는 것은 어려운 일이다. 보통 규모에 따라 포멀쇼, 인포멀쇼로 나누고, 개최목적에 따라Corinth, 1970 소비자 및 유통업자에게 상품을 판매하기 위한 쇼, 매장점원을 훈련시키기 위한 쇼, 프레스쇼, 학생졸업작품쇼, 시상식쇼, 오락쇼, 필름쇼 등으로 분류할 수 있다. 또한 주최자와 관객에 따라 트레이드쇼trade show와 리테일쇼retail show로 나눌 수 있으며, 구성 방식에 따라 패션 퍼레이드와 극화쇼로 나뉜다. 아래에서는 이 가운데 포멀쇼와 인포멀쇼 유형에 초점을 맞추어 자세하게 설명하고자 한다.

포멀쇼

포멀쇼는 홍보와 광고가 수반되는 비교적 대규모의 패션쇼로 특정한 테마를 가지고 정교한 연출을 통해 구성된다이기열, 2002. 좌석 수에 따라 관객 수가 결정되며 프레스나 바이어, 업계 관계자, 의상학과 교수 및 학생, VIP 고객 등이 초

그림 14-13
갤러리 라파예트 패션쇼

출처_ www.youtube.com

청된다. 포멀쇼는 대규모 패션쇼에 적합한 컨벤션 센터나 호텔, 극장, 뮤지엄 등에서 짧게는 30분, 길게는 1시간 가량 펼쳐지며 다수의 모델이 연출에 따라 런웨이를 걸으며 관객들의 시선을 사로잡는다. 패션쇼에서 촬영된 비주얼은 각종 매체에서 다양하게 다루어지며 시즌 트렌드를 앞서 예측하는 데 활용되기도 한다.

포멀쇼는 다시 패션기업이 주최하는 브랜드쇼, 유통업체가 주최하는 리테일쇼로 나뉠 수 있다. 브랜드쇼는 패션기업이 새로운 브랜드를 론칭하거나 신제품을 소개할 때 활용된다. 브랜드쇼를 통해 브랜드 콘셉트나 신상품을 타깃 고객에게 직접 전달하고 패션브랜드 이미지를 제고할 수 있으나, 장소 대여나 무대 연출, 사전/사후 홍보 등 단독 기업 차원에서는 큰 규모의 예산이 소요된다. 기존 패션쇼가 관람 위주라면 리테일쇼는 직접 구매가 가능한 형태의 패션쇼이다. 백화점이나 패션몰 등의 유통업체가 기획하여 여러 패션브랜드들이 하나의 테마 아래 공동으로 패션쇼를 진행하는 형태가 일반적이다. 겨울시즌 웜비즈warmbiz나 여름시즌 수영복 등 실질적인 판매가 이루어지는 시즌에 맞춰 판매와 연관되는 주제를 가지고 주로 실고객을 대상으로 개최된다. 마케팅 효과를 높이기 위해 매장에서는 이와 관련된 프로모션을 함께 진행하는 것이 특징이다. 패션기업은 저비용으로 판촉효과를 노릴 수 있으나, 다수의 브랜드가 공동으로 진행되다 보니 개별 브랜드가 원하는 콘셉트나 룩을 제대로 보여주기 어렵다는 단점이 있다. 파리에서 가장 큰 규모의 백화점인 갤러리 라파예트Galeries Lafayette는 매주 금요일 오후 본관 7층 정원의 살롱 오페라에서 패션쇼를 개최한다. 이 패션쇼는 고객들과 외국 관광객에게 여흥을 제공하기 위해 1989년에 시작되었다. 한 달 전에 미리 신청하면 패션쇼 관람이 가능하고, 패션쇼 해설자는 불어, 일본어, 스페인어, 영어 등 관객의 국적에 맞는 언어를 사용하여 쇼의 진행 과정을 설명해 준다. 패션쇼는 란제리, 최신 트렌드 패션, 유명 디자이너 패션, 이브닝웨어, 디너드레스, 웨딩드레스 등 여섯 개의 파트로 나누어져 있으며, 특정 의상보다는 전반적인 경향을 강조하는 데 중점을 둔다.

인포멀쇼

인포멀쇼는 포멀쇼와 같은 명확한 테마 없이 자유로운 형식으로 이루어지며 쇼 장소도 대개 매장이나 쇼룸같이 캐주얼한 공간을 사용한다. 포멀쇼와는 달리 소수의 모델이 짧은 런웨이를 걷거나 관객 가까이에서 포즈를 취하여 관객은 근거리에서 자유롭게 의상을 접할 수 있다. 수입 럭셔리 브랜드나 디자이너 브랜드의 경우 트렁크쇼trunk show 형태를 선호하는데, 특별대우를 원하는 소수의 VIP 고객을 대상으로 판매를 유도하거나 고객 서비스를 제공하기 위해 주로 비공개로 이루어진다. 트렁크쇼에서는 본사에서 파견한 재단사가 직접 고객의 치수를 재거나, 고객의 니즈에 따라 원단을 바꾸거나 안감을 교체하는 등 별도의 스페셜 오더까지 가능한 경우도 있다. 이코노믹리뷰2007.5.4에 따르면 트렁크쇼에 초대된 고객 90%가 즉석에서 상품을 구매한다. 패션상품이 매장에 출시되기 전에 남들보다 먼저 상품을 구매하고자 하는 VIP 고객의 심리는 트렁크쇼가 확산되는데 일조하고 있다.

그림 14-14
막스마라(MaxMara) 2018 트렁크쇼

출처 www.americanamanhasset.com

3 ° 패션쇼 트렌드

패션쇼는 브랜드 이미지를 제고하고 브랜드 콘셉트를 효과적으로 전달하는 중요한 커뮤니케이션 도구이다. 정형화된 패션쇼로는 고객의 관심과 주목을 받기 어렵기 때문에 패션브랜드들은 새롭고 독특한 패션쇼의 기획과 연출을 통해 관객들에게 신선한 감동과 색다른 볼거리를 제공하고 있다.

강력한 퍼포먼스

무대 위에서 모델이 일반적인 행위를 넘어 기존 형식과 다른 새로움을 추구하는 것을 패션 퍼포먼스라고 한다. 모델은 단순히 캣워크만 하는 것이 아니라 특별하고 적극적인 특정 행위를 통해 디자이너의 메시지와 콘셉트를 극적으로 전달한다. 때로는 모델 외에 다른 누군가가 무대에 등장하여 관객의 눈길을 사로잡기도 한다.

주로 퍼포먼스가 강한 패션쇼를 선보이는 네덜란드 디자이너 듀오 빅터 앤 롤프Viktor & Rolf는 쇼에 대한 주제를 잡은 후 컬렉션보다 퍼포먼스를 먼저 생각하는 디자이너로 유명하다. 즉, 어떤 방식으로 쇼를 보여줄 것인지를 먼저 고민한다는 것이다. 그들의 패션쇼는 파리 컬렉션 중 가장 초대장을 구하기 어려운 패션쇼로 인기가 높고, 컬렉션은 매 시즌 이슈가 되고 있다. 빅터 앤 롤프 2019 S/S 오트쿠뛰르 쇼는 오프라인을 넘어 인터넷 세대의 소통방식을 완벽하게 활용한 퍼포먼스를 통해 다시 한 번 그들의 천재성을 과시했다. 빅터 앤 롤프 특유의 로맨틱한 맥시멀 드레스 위에는 "No Photo please 사진 찍지 마세요", "I'm Not Shy I Just Don't Like You 난 수줍은 게 아냐, 단지 네가 싫을 뿐", "Sorry I'm late, I didn't want

그림 14-15
빅터 앤 롤프 2019 S/S 오뜨구튀르
패션쇼

출처_ www.dezeen.com

to come 늦어서 미안, 오고 싶지 않았거든" 등의 재치 있는 문구가 쓰여졌다. 컬렉션이 끝난 후 인스타그램, 페이스북 등의 SNS 채널에서는 이를 모방한 창의적인 밈meme들이 탄생하면서 이번엔 인터넷 세상을 들끓게 했다.

창의적인 장소

패션쇼 장소는 그 자체로 호기심을 자극하고 독창적인 가치를 줄 수 있기 때문에 장소선정은 매우 중요하다. 과거에는 패션쇼의 품격을 높이려는 이유로 관행적으로 호텔이나 연회홀에서 많이 이루어졌으나 요즘은 특별히 고정된 장소에 구애받지 않고 디자이너가 전달하고자 하는 메시지나 브랜드 이미지, 패션쇼 콘셉트에 맞는 다양한 장소가 활용되고 있다. 이에 따라 최근 패션쇼에서는 지금까지 사용되지 않았던 독특한 장소 혹은 그동안 주목받지 못했던 대중적인 공간들이 각광받고 있다.

프랑스 럭셔리 브랜드 '디올'이 그리스 아테네의 파나티나이코 스타디움Panathenaic Stadium에서 2022 크루즈 패션쇼를 개최하였다. 스포츠와 문화, 고대의 유산과 현대적 가치를 잇는 연결점을 창조하기 위해 고대의 스포츠 경기장인 파나티나이코 스타디움이 패션쇼 장소로 선정됐다. 7만여 명의 관중을 수용할 수 있는 스타디움에서 신체의 자유로운 움직임을 반영한 스포티한 감성의 애슬레저룩에서 강인하면서도 여성스러운 드레스룩에 이르기까지 그리스의 헤리티지를 현대적으로 재해석한 다채로운 의상들을 선보였다. 패션쇼는 무관중으로 진행되었고 온라인으로만 공개됐다.

그림 14-16
디올 2022 크루즈 패션쇼

출처_ www.dior.com

디지털 트랜스포메이션digital transformation은 디지털 신기술을 활용해서 전통적인 방식으로 진행되던 일의 프로세스를 개선하거나 새로운 것으로 대체하는 문화적 변화를 의미한다. 전통적인 산업 중 하나로 손꼽히던 패션업계도 다양한 영역에서 디지털 전환이 빠르게 이루어지고 있다. 현재 3D, AR, VR 등과 같은 새로운 테크놀로지가 패션쇼에 적용되면서 패션쇼는 급속하게 디지털화되고 있으며 이전과는 전혀 다른 새로운 형태의 패션쇼들이 등장하고 있다. 패션쇼의 디지털 전환 사례는 다음의 디지털 패션쇼에서 자세히 다루고자 한다.

4 · 디지털 패션쇼

새로운 기술 혁신과 다양한 플랫폼들의 등장은 패션쇼의 디지털화를 가속화시키고 있다. 특히 전 세계 주요 패션위크들이 디지털 패션위크로 전환되면서 디지털 패션쇼는 기술적 요소의 활용이라는 단순한 개념에서 벗어나 소규모 디자이너의 소통채널, 새로운 고객 확장, 지속가능 콘텐츠 등 다양한 측면에서 새로운 역할을 부여받고 있다.

디지털 패션쇼와 디지털 패션위크

디지털 패션쇼는 패션쇼라는 예술적 요소에 디지털이라는 기술적 요소가 접목되어 기존 패션쇼의 표현방식을 확장시킨 새로운 형태의 커뮤니케이션 매체라고 할 수 있다윤혜수, 고은주, 2021; 조우인, 서승희, 2014. 고정되지 않은 자유로운 공간에서의 쇼 기획과 연출로 패션 디자이너가 추구하는 패션세계관을 강력하게 보여줄 수 있으며 극적인 효과를 위해 각종 신기술과 장치를 적극적으로 활용한다는 특징이 있다. 디지털 패션쇼의 시작은 디지털 플랫폼을 통해 전 세계에 실시간으로 패션쇼 관람이 가능해진 2000년대부터이지만, 초기에는 오프라인 패션쇼에 디지털, 3D, 가상현실과 같은 일부 테크놀로지가 적용된 하나의 이벤트 수준이었다. 이후 범세계적 환경적 요인인 코로나19의 출현은 기존 패션쇼에 부분적으로 적용되었던 디지털 기술이 완전히 디지털화되는 전환점이 되었다. 이에 따라 기존 패션위크들도 디지털 패션위크로 전환되기 시작했다.

디지털 패션위크란 디지털 패션쇼가 집중적으로 개최되는 기간으로 정의할 수

잠깐!

패션위크Fashion Week는 각종 패션 디자이너 및 브랜드들의 패션쇼가 집중적으로 열리는 기간을 말하지만 실제로는 행사 자체를 의미하는 말로 사용되기도 한다. 패션위크 동안 참가 브랜드나 디자이너들은 각종 미디어와 바이어들에게 다음 시즌 제품의 트렌드를 선보인다. 패션위크는 6개월 앞서서 컬렉션을 공개하는데, 주로 1~3월에 F/W 컬렉션, 8~10월에 S/S 컬렉션을 발표한다. 가장 권위있는 세계 4대 패션위크는 뉴욕, 런던, 밀라노, 파리이며, 여기에는 전 세계의 주요 패션매체과 바이어들이 참여한다. 패션위크는 시즌 컨셉에 따른 컬렉션 제품을 소개하면서 브랜드의 철학과 아이덴티티를 보여준다는 면에서 지난 수십년 동안 아주 중요한 전통적인 커뮤니케이션 도구로 평가되어 왔다. 적어도 코로나19 팬데믹pandemic이전까지는 그랬다.

있다윤혜수 고은주, 2021. 물리적으로 제한된 패션쇼장의 한계를 벗어난 디지털 패션위크는 유명인, 언론인, 바이어 등 특정 관객에게만 관람이 허락되었던 패션쇼를 보다 많은 대상에게 개방한다는 점에서 런웨이 민주주의의 새로운 시작이라고 볼 수 있다. 디지털 패션위크에 진행되는 디지털 패션쇼는 다양한 측면에서 긍정적인 요소를 가지고 있다. 우선, 기존 디자이너들은 패션과 예술을 중심으로 하는 자신의 세계관을 혁신적인 디지털 콘텐츠로 표현할 수 있게 되었고, 전 세계를 대상으로 폭넓은 커뮤니티 형성도 가능하게 되었다. 또한 그동안 대형 패션위크에서 소외되었던 소규모 및 신진 브랜드들은 자신의 숨은 재능을 발휘할 수 있는 공평한 기회를 가질 수 있게 되었다. 디지털 패션쇼는 최근 소비의 주축을 이루는 디지털 라이프에 익숙한 MZ세대로의 접근성을 높인다는 면에서 시장 확대의 가능성을 열게 되었다. 특히 디지털 패션쇼는 일회성 행사를 위해 낭비되는 자원과 여기에서 발생하는 환경오염을 방지할 수 있다는 점에서 지속가능 패션쇼를 지향하고 있다.

디지털 패션쇼의 유형

현재 디지털 패션쇼는 다양한 형태로 진행되고 있지만김선영, 2021; 윤혜수 고은주, 2021, 여기에서는 라이브 패션쇼, 패션 필름, 가상쇼룸 및 룩북, 메타버스 게임으로 구분하여 설명하고자 한다.

라이브 패션쇼

라이브 패션쇼는 모델이 런웨이를 걷는 동안 실시간으로 영상을 확인하고 채팅으로 소통하는 방식이다. 디지털 기기로 접속하면 누구나 참석이 가능하지만 실시간이라는 특성으로 인해 특정 시간에만 상영된다. 기본적으로는 온라인 실시간 중계와 무관중으로 진행되지만 일부는 디지털 기술을 배제하고 기존 아날로그 방식과 동일한 패션쇼를 선보이거나 강력한 퍼포먼스를 보여주기 위해 다양한 예술가들과 협업한 새로운 형식의 패션쇼를 진행하기도 한다.

비버리Burberry는 방송 플랫폼 트위치Twitch에서 패션쇼 라이브 스트리밍을 공개하였다. 여러 화면을 하나의 창에 모아 동시에 보여주는 스쿼드 스트림squad stream 기능을 통해 패션쇼 장면을 다각도에서 보여주거나, 아티스트 안네 임호프Anne Imhof와 토론 프로그램을 동시 진행하는 등 새로운 형식으로 이목을 끌었다. 또한 트위치 채팅Twitch chat 기능을 통해 브랜드나 다른 참석자들과 실시간 소통의 경험도 제공했다.

이탈리아 풀리아Puglia에서 진행된 디올의 2021 크루즈 컬렉션 패션쇼는 온라인 라이브 스트리밍을 통해 실시간으로 진행됐다. 비주얼 아티스트 마리넬라 세나토레Marinella Senatore와 협업으로 이루어진 루미나리에를 활용한 패션쇼 무대는 찬란한 문화유산의 가치를 돋보이게 했으며, 로마 심포니 오케스트라와 '라 노테 델라 타란타La Notte della Taranta' 공연팀 소속의 무용수와 가수들과 함께 어우러진 무대는 패션쇼와 공연의 신선한 결합을 보여주고 있다.

패션 필름

패션 필름fashion film은 패션과 영상 또는 영화라는 의미의 필름이 결합된 용어로 패션기업이 브랜드 PR을 목적으로 온라인상에 게재하는 디지털 영상이라고 할 수 있다허예은, 전재훈, & 하지수, 2016. 여기에는 브랜드의 아이덴티티나 제품의 콘셉트를 표현

그림 14-17
버버리 2021 SS 패션쇼 (좌),
디올 2021 크루즈 패션쇼 (우)

출처_ www.lefigaro.fr
www.elle.com

출처_ www.joongang.co.kr
www.prada.com

하기 위해 제작한 10분 내외의 패션쇼, 브랜드 영상, 단편 영화, 단편 애니메이션 등이 모두 포함된다. 패션 필름은 그동안 오프라인 패션쇼를 개최하고 부가적으로 시즌 콘셉트를 전달하거나 디지털과 융합하여 작품을 새롭게 표현하기 위한 도구로 활용되었다. 최근 디지털 패션위크가 대세를 이루면서 패션 필름은 오프라인 패션쇼를 대신하는 유용한 대안으로 부상했다.

패션쇼 대체제로서의 패션 필름은 배포 목적에 따라 다큐멘터리형이나 예술적 이미지 강조형 등 다양한 형태로 제작된다. 다큐멘터리형 필름은 시즌 컬렉션 작품의 영감이 된 모티브부터 디자인 전개나 제작 등 컬렉션 기획의 모든 과정을 디자이너가 해설하는 방식이다. 반면, 예술적 이미지 강조형은 시즌 컬렉션의 콘셉트와 세부 특징을 전달하기 위해 나레이션을 통한 설명보다는 창의적이면서 감도 높은 영상으로 표현하는 방식이다.

구찌는 로마의 웅장한 궁전을 배경으로 광고 캠페인을 촬영하는 장면을 12시간 내내 중계 카메라에 담았으며, 아트디렉터 미켈레Michele가 직원들이 모델로 등장한 작품 사진들을 일일이 프레젠테이션하는 영상도 만들어 다큐멘터리 필름 형태로 공개하였다. 작품 제작에 대한 실제 온라인 화상 회의 장면도 그대로 노출하는 등 실험적인 형식을 취하고 있어 '비하인드더신behind the scene'을 보고 싶은 전 세계 관중들에게 즐거운 경험을 선사하였다.

멀티플 뷰multiple views라는 주제하에 진행된 프라다 21 SS 컬렉션 패션쇼는 남성과 여성 컬렉션을 하나로 구성하면서 유르겐 텔러Juergan Teller 등 5명 아티스트의 각기 다른 개성을 하나의 콘셉트로 담아냈다. 이들 아티스트들은 스포츠웨어와 포멀웨어, 클래식과 퓨처리즘을 추구하는 프라다 컬렉션의 정신을 각자의 시각과 철학을 담아 창의적이고 예술적인 메시지로 승화시켰다.

가상 쇼룸 및 룩북

가상 쇼룸과 룩북이란 가상현실이나 3D 등의 디지털 기술을 활용하여 기존 물리적 형태의 쇼룸이나 룩북을 가상공간에서 구현한 형태를 말한다. 전시된 제품을 상세하게 보기 위해 원하는 방향과 각도를 조정하거나 이미지를 확대 또는 축소할 수 있어 실물 형태의 전시나 룩북에서 보다 더 입체적인 경험이 가능하다.

써네이Sunnei의 '써네이 캔버스'는 가상과 실재가 하나로 통합되는 디지털 커스터마이징 플랫폼이다. 3D 아바타가 착장한 시그니처 제품들의 스타일이나 컬러, 소재 들이 3차원 렌더링을 통해 실감나게 표현된다. 가상 쇼룸에서는 맞춤화 서비스도 제공하고 있어 고객들은 프린트와 컬러, 디테일 등을 원하는 대로 선택할 수 있다. 스트리트 패션브랜드 '언더커버Undercover'도 2021 SS 남성복 컬렉션에서 모델과 의상을 모두 3D로 렌더링해서 눈으로 보는 룩북이 아니라 만져보는 느낌을 주는 룩북을 만들었다. 가상 쇼룸이나 룩북은 오프라인 패션쇼 보다 더 생생하고 입체적으로 작품을 관찰할 수 있고 이러한 과정에서 고객의 능동적인 참여가 가능하다는 장점이 있다 중앙일보, 2020.7.26.

그림 14-19
써네이 쇼룸 (좌), 언더커버의 2021 SS 컬렉션 룩북 (우)

출처_ undercoverism.com
　　　wwd.com

메타버스 게임형 패션쇼

패션게임은 게임 플랫폼에서 브랜드 아이템을 착장한 아바타 캐릭터와 브랜드가 추구하는 세계관을 표현하는 배경을 더해 가상의 패션쇼를 구성하는 유형이다. 고객이 직접 참여하여 경험할 수 있고, 패션쇼 외에 새로운 부가적인 놀이 기능까지 부여한다는 점에서 다른 디지털 패션쇼와 구분된다. 일반적으로 비디오 게임은 스토리, 캐릭터, 패션, 음악, 세트 디자인 등의 구성요소로 이루어져 패션쇼와 유사한 점이 많다. 이러한 측면에서 향후 패션쇼의 메타버스 게임화는 더 확대될

출처_ www.wkorea.com
　　 vmagazine.com

수 있을 것이다.

발렌시아가는_{Balenciaga} 2021 FW 시즌에는 런웨이 대신 비디오 게임을 통해 컬렉션을 공개하면서 게임과 디지털 패션을 결합한 새로운 장르를 선보였다. 참여자는 애프터월드_{Afterworld}라는 게임 속 주인공이 되어 디자이너가 만든 세계에 직접 뛰어드는 강렬한 체험을 하게 된다. 2031년을 배경으로 하는 가상세계에서는 참여자들은 찢어진 청바지, 금속 갑옷과 부츠 등을 입은 아바타들을 거리 곳곳에서 만나게 된다.

이탈리아 브랜드 GCDS는 엔지니어링 기업 앰블러매틱_{Emblematic}과 제휴하여 가상 패션쇼와 엔터테인먼트를 주최할 수 있는 디지털 플랫폼을 만들었다. 모델과 의상은 물론 관객, 무대 배경에 이르기까지 3D 디지털 기술이 활용되어 정교한 가상현실의 패션쇼를 구현하였다. 플랫폼 내에는 게임룸과 아바타를 위한 사교 공간이 있으며 무대 뒤에 입장하는 것도 가능하다. 패션쇼의 프론트로우_{front row}에는 익숙한 셀럽들의 아바타가 앉아있어 현실감과 흥미를 배가시켜 준다.

체류시간을 늘리는 온라인 VMD, 콘텐츠

전통적인 매장에서 구매에 가장 결정적인 영향을 미치는 것은 체류시간이다. 이케아 매장에서의 체류시간은 평균 3시간 정도라고 알려져 있고 이는 일반적인 구조의 리테일 점포보다 압도적으로 긴 시간이다. 이 때문에 이케아의 미로 동선은 성공적인 VMD 전략에서 자주 인용된다. 체류시간이 중요한 것은 온라인 매장에서도 마찬가지다. 다만 체류시간을 늘리기 위해 사용하는 VMD 요소가 다를 뿐이다. 온라인에서 체류시간을 늘리는 결정적인 요소는 콘텐츠이다. 온라인 소비자들의 구매패턴이 목적형 쇼핑보다 발견형 쇼핑의 비중이 높아졌기 때문이다. 온라인 쇼핑몰이나 소셜미디어 채널에서 브랜드나 제품 특성을 잘 전달할 수 있는 콘텐츠를 게재하고 인지도를 높인 뒤 구매 전환을 유도하는 리테일러들을 미디어 커머스라고 부른다. 여기에 속하는 대표적인 기업들이 무신사, 스타일쉐어, 29CM 등이다.

29CM의 네임 중에서 C는 커머스를, M은 미디어를 뜻한다. 이들의 일차적인 목표는 제품을 판매하는 것이 아니라 브랜딩을 하는 것이다. 따라서 홈피드의 구현 방식은 판매에 중점을 두기보다는 스토리텔링 콘텐츠에 초점이 맞춰져 있다. 콘텐츠의 내용은 사용자가 미처 알지 못했던 그러나 궁금해할 만한 정보들로 구성된다. 예컨대, 브랜드에 숨어있는 스토리는 무엇인지, 요즘 핫한 콜라보 아이템에는 어떤 것이 있는지, 이 제품을 구입하면 어떤 이점을 누릴 수 있는지 등을 글이나 사진, 영상과 같은 시각적인 요소를 통해 고객에게 전달하고 있다.

29CM 홈페이지

출처_ www.29cm.co.kr

남성, 여성, 액세서리 등과 같은 대부분의 쇼핑몰 카테고리와는 달리 29CM의 첫 페이지는 스페셜 오더Special-order, 쇼케이스Showcase, 29TV, PT, 위러브Welove 등으로 구성되어 있다. 스페셜 오더는 브랜드보다는 상품에 집중한 코너로 특정 기간 29CM에서만 구매 가능한 한정판 상품을 위주로 소개한다. 쇼케이스는 입점 브랜드의 신상품 소식과 할인 정보 등을 안내하고 있다. 특히 위러브와 29TV 메뉴는 29CM만의 콘텐츠 역량이 돋보이는 탭이다. 위러브는 누군가가와 공유하고 싶은 라이프 스타일에 대한 내용을 고객이 구매하고자 하는 상품과 연결하여 소개하는 탭이다. 위러브의 게시물들은 '읽기'에 특화된 콘텐츠인 반면, 29TV의 게시물들은 '시청하기'에 가깝다. 29TV는 MZ세대가 선호하는 숏폼short form 비디오의 형식에 맞춘 것으로 모델이 직접 나와 제품의 '착샷'을 보여주거나 제품의 사용법을 짧은 영상을 통해 알려준다.

PT는 카테고리를 막론하고 브랜드들에게 가장 인기있는 메뉴인데 하나의 브랜드를 선정하여 프레젠테이션하는 형식으로 전개된다. 브랜드 히스토리 혹은 철학을 설명하고 스토리텔링을 통해 브랜드와 제품에 대한 이해도를 높여주는 것이 특징이다. PT의 뛰어난 마케팅 효과로 인해 BMW, 테슬라Tesla, 삼성화재 등 29CM에서 구매가 안되는 상품 또는 네따포르테Net-a-Porter나 매치스패션Matchesfashion 같은 해외 쇼핑몰, 호주 관광청 등의 정부기관까지 브랜딩 플랫폼으로서 PT를 활용하고 있다.

29CM의 PT섹션

출처_ www.29cm.co.kr

'수요입점회'는 매주 수요일 오전 10시에 신진 브랜드를 소개하며 하루 동안 29% 할인 혜택을 제공하는 공간이다. 29CM은 2020년에만 총 1,360여 개의 브랜드를 소개하며 신진 브랜드들의 성장을 견인했다. 실제로 '클로브clove'라는 신진 라이프웨어 브랜드는 수요입점회에 입점 이후 전년 대비 매출이 8배 이상 증가하기도 했다.

이와 같이 29CM은 큰 플랫폼안에서 다양한 형태의 온라인 매대 즉, PT, 수요입점회, 스페셜 오더 등을 통해 공간 구성을 효과적으로 운영하고 있다. 특성화된 콘텐츠를 중심으로 하는 각각의 매대 공간은 구매자의 매장 내 체류시간을 늘려주고 재방문율을 높이고 있다. 이는 29CM이 최근 3년 연속 100% 이상의 매출 신장을 달성하고 있는 비결이기도 하다.

출처_ 모비인사이드(2021.1.21). 내 손안의 서비스! 매거진 같은 편집샵, 29cm www.mobiinside.co.kr
아시안스(2021.3.24). [인사이트 포스팅] MZ세대를 대표하는 버티컬 플랫폼 - 패션편 asiance.tistory.com
패션포스트(2021.1.21). 온라인 셀렉트샵 29CM, 3년 연속 거래액 100% 성장 fpost.co.kr

참고문헌

고용식(2005). 세일즈 프로모션전략으로서의 VMD에 관한 연구. *한국마케팅과학회 학술발표대회 논문집*.

김선영(2021). 팬데믹 상황에 나타난 패션쇼 대체 유형과 시사점. *Korean Journal of Human Ecology, 30*(3), 485-499.

김중희(2015). *패션 리테일 샵 복합문화공간 구성 특성에 관한 연구: 한일 브랜드 전략 매장 비교를 중심으로*. 국민대학교 석사학위논문.

김효진, 강성배(2021). 비대면 시대 소비자의 기술준비도가 무인점포 이용의도에 미치는 영향. *문화와 융합 43*(11), 665-686.

남윤진, 김혜연(2011). 현대 패션쇼 퍼포먼스의 패션디자인 특성. *디자인학연구, 24*(3).

서상우(2018). 소비자 혁신성이 무인패션점포 이용의도에 미치는 영향: 기술수용모형의 적용. *복식, 68*(7), 60-73.

신수연, 김희수(2002). 여성 의류매장의 VMD(Visual Merchandising)에 관한 연구. *복식문화연구, 10*(6), 617-632.

심낙훈(2009). *VMD(비주얼 머천다이징)*. 서울: 우용출판사.

패션쇼를 위한 패션 스토리텔링 기법 설계 및 활용 특성. 경북대학교 박사학위논문.

윤혜수, 고은주(2021). 7대 디지털 패션위크의 비교분석 연구. *패션비즈니스, 25*(3), 36-50.

윤혜신, 이정교(2014). 패션 POP-UP STORE 공간 특성에 관한 연구-문화마케팅 5S 요소 중심으로. *한국공간디자인학회 논문집, 9*(4), 117-127.

이기열(2010). *패션쇼의 이해*. 서울: 북카페.

조우인, 서승희(2014). 현대 디지털 패션쇼에 나타난 하이브리드 디지털 문화적 특성. *복식, 64*(6), 131-147.

최현주, 신영옥(2008). 패션쇼 관람만족에 영향을 미치는 패션쇼구성요인에 관한 연구. *패션비즈니스, 12*(1), 45-62.

허예은, 전재훈, 하지수(2016). 패션 필름의 커뮤니케이션 특성에 관한 연구. *Journal of the Korean Society of Clothing and Textiles, 40*(2), 315-329.

홍혜림, 김영인(2014). 디지털 영상을 활용한 패션쇼의 커뮤니케이션 특성. *복식, 64*(6), 1-15.

Cao, L. & Li, L.(2015). The impact of cross-channel integration on retailers' sales growth. *Journal of Retailing, 91*(2), 198-216.

Diehl, M. E.(1976). *How to produce a fashion show*. New York: Fairchild Publications.

Evans, C.(2001). The enchanted spectacle. *Fahion Theory, 5*(3), 271-310.

Goschie, S.(1985). *Fashion direction & coordination*(2th ed.). Indianapolis: Bobbs-Merrill Education Publishing.

Tofte, C. Shawn(2003). *Urban entertainment destinations: A developmental approach for urban revitalization* (Master's thesis, Virginia Polytechnic Institute & State University).

Troxell, M. D. & Stone, E.(1981). *Fashion merchandising*(3rd ed.). New York: Gregg Division, McGraw-Hill Book Co.

Warnaby, G., Kharakhorkina, V., Shi, C., & Corniani, M.(2015). Pop-up retailing: Integrating objectives and activity stereotypes. *Journal of Global Fashion Marketing, 6*(4), 303-316.

Winters, A. A. & Goodman, S.(1972). *Fashion sales promotion*. Dubuque, Iowa: Kendall Hunt Publishing.

국제섬유신문(2018.12.3). 나이키 뉴욕 대규묘 플래그십 오픈. www.itnk.co.kr

아시아경제(2021.8.30). 젠틀 홈, 젠틀몬스터x제니 "동화 속 인형의 집으로". www.asiae.co.kr

아이뉴스(2009.10.7). 유니클로, 질샌더 디자인 '+J' 3일만에 완판... 9일 재입고. news.inews24.com

이코노믹리뷰(2007.5.4). '트렁크 쇼'를 아십니까? er.asiae.co.kr

중앙일보(2020.7.26). 상자에 패션쇼를 담았습니다... 방구석 패션쇼를 열다. www.joongang.co.kr

패션포스트(2020.7.13). 리테일테크를 위한 4가지 디지털 툴. fpost.co.kr

한국섬유신문(2020.5.15). 젠틀몬스터·제니 협업, 판타지 세계 '젠틀 홈' 놀러오세요. www.ktnews.com

한국섬유신문(2021.9.8). 하고 편집샵 #16, 롯데 동탄서 터졌다. www.ktnews.com

Americanamanhasset(2018.3.16). Max Mara Spring 2018 Client Tutorial / Fall 2018 Trunk Show. www.americanamanhasset.com

CNBC(2018.11.15). Nike opens new flagship store in NYC with customized sneakers, digital shopping. www.cnbc.com

Elle(2020.7.23). Dior Cruise 2021 Was a virtual arts and crafts carnival in Puglia. www.elle.com

Lefigaro(2020.9.17). 60 minutes sur Twitch avec Burberry. www.lefigaro.fr

Vmagazine(2020.9.24). Take s trip out of this world with GCDS SS21. vmagazine.com

Wkorea(2020.12.8). Balenciaga Fall21 Collection. www.wkorea.com

ㄱ

가격적 판매촉진 수단 269

가격 프리미엄 6

가격할인 271

가상 세계 379

가상 쇼룸 및 룩북 420

가속화 도구 251

간접광고 283, 284

감성소구 145

감정적 차원 294

강력한 브랜드 이미지 창조 141

강력한 퍼포먼스 414

거울 세계 379

검색광고 343

검색 사용자 타기팅 347

검색엔진 마케팅 344

경쟁분석 64

경쟁의 범위 64

고객분석 56

고객욕구 56

고유한 판매제안 140

공동판촉 267, 268

공익연계 마케팅 235

과다 노출 161

관여도 107

광고매체 167

광고 모델의 신뢰성 153

광고 모델의 유형 154, 158

광고 모델 전략 153

광고 비히클 167

광고소구법 144

광고의 기능 135

광고의 정의 135

광고 콘셉트 139

광고 콘셉트의 도출방법 140

광고 표현방식 147

교통광고 200

구성 속 배치 286

기업광고 224

기업광고의 유형 225

기업 소개광고 225

기자회견 223

ㄴ

나노 인플루언서 373

내면화 과정 154

내재된 드라마의 발견 142

네이티브 광고 340

노출분포 172

단순노출효과 이론 290

ㄷ

대리적 학습 이론 292

대사 속 배치 286

대표 키워드 344, 345

도달률 170

동영상 광고 341

동영상 기반 SNS 368

동일시 과정 157

두드러진 배치 285

디스플레이 395

디스플레이 광고 336, 342

디스플레이 & POP 257, 258

디지털 광고 331

디지털 트랜스포메이션 416

디지털 패션쇼 416

디지털 패션쇼의 유형 417

디지털 패션위크 416

ㄹ

라디오 광고 185

라디오 광고 유형 186

라이브 패션쇼 418

라이프로깅 379

랜딩 페이지 최적화 전략 345

레스토르프 효과 이론 292

로고 83

로열티 프로그램 266

리마케팅 348

리치 미디어 배너 338

리타기팅 광고 346

리테일 공간 391

리테일쇼 412

리테일테인먼트 398

ㅁ

마이크로 인플루언서 373

마케팅 커뮤니케이션 도구 114

마케팅 퍼널 336

매력성 157

매체기획 167

매체 노출효과 168

매체 목표 175

매체 믹스 177

매체 믹스 전략 177

매체 비용·효율성 174

매체 스케줄링 180

매체 스케줄링 전략 180

매크로 인플루언서 373

맥락효과 이론 291

머천다이징 391, 394

메가 인플루언서 373

메타버스 377

메타버스 게임형 패션쇼 420

명성관리 239

모호한 배치 285

묘지 모델 24

무대와 음악 409

무료 우편형 프리미엄 263

무인점포 404

문맥 타기팅 347

문화예술 스폰서십 231

미디어를 이용한 쿠폰 271

미디어 배포 261

ㅂ

배너광고 337

버추얼 휴먼 386

베블런 효과 6

변형광고 190

보너스 팩 272

보도자료 222

보조 인지 24

복합문화공간 392

복합소비공간 392

부호화 다양성 가설 119

브랜드 개성 30

브랜드 관리 9

브랜드 관리 과정 10

브랜드 만트라 78

브랜드명 81

브랜드명 전략 81

브랜드 모바일 앱 403

브랜드쇼 412

브랜드 수명주기 124

브랜드 연상 27

브랜드 인지도 23

브랜드 자산 17

브랜드 자산 구성요소 21

브랜드 충성도 38

브랜드 포지셔닝 88

브랜드 포지셔닝의 유형 92

브랜드 확장 7

블로그 359

비가격적 판매촉진 수단 259

비교 표현 149

비보조 상기 24

비위계적 효과 332

비윤리적 행동 161

비일상적 표현 151

비차별화 마케팅 전략 63

빈도 170, 171

빌보드 광고 198

ㅅ

사이트 타기팅 347

상징적 가치 80

상호보완성 120

색채 395

샘플링 259

세부 키워드 344, 345

세분시장의 평가 62

셀프 서비스 기술 404

소비자 감정반응 36

소비자 관계 220

소비자 부담형 프리미엄 264

소비자 판단 34

소비자 판매촉진 257

소비자 판매촉진의 수단 258

소셜미디어 355

소품 또는 소도구 396

쇼윈도 396

슈퍼자막 287

스마트 피팅룸 403

스케줄링 패턴 204

스포츠 스폰서십 228, 229

스폰서십 227, 228

스폰서십의 개념 227

스플릿 테스트 350

슬로건 85

시연회 268

시장분석 51

시장세분화 58

시장세분화 변수 59

시청률 169

신문광고 188

심벌 83

ㅇ

안무 408

암시적 표현 148

애드슈머 159

애호도 제고 267

앰비언트 광고 202

언론 관계 219

에피소드 288

연상 네트워크 기억 모델 28

연속형 프리미엄 263

연합광고 257, 258

오버레이 광고 342

옥외광고 198

온셋 배치 284

옴니채널링 402

옹호광고 225

우편 배포 261

위기관리 241

유명인 모델 158

유사성 157

유통경로 관계 217

유통 판매촉진 257

유통 판매촉진의 수단 258

유튜브 368

유효도달률 172

유효빈도 172

음영효과 161

의상과 모델 408

이메일 광고 348

이미지 기반 SNS 365

이미지의 적합성 161

이성소구 144

인스타그램 365

인스토어 테크놀로지 399

인지적 차원 293

인터넷 광고 유형 194

인터넷 광고효과 측정 196

인터뷰 223

인터스티셜 광고 339

인테리어 394

인포멀쇼 413

인플루언서 372

인플루언서 마케팅 372

일관성 119

일반소비자 모델 159

ㅈ

자사분석 66

자선활동 234

잡지광고 191

장소 409

쟁점관리 240

적응수준 이론 253

전문가 모델 154

정보처리 과정 106, 108

정부 관계 220

정서적 가치 79

제품 포지션의 개발 143

조명 395

조명과 특수효과 410

조화가설 161

종업원 관계 215

중복률 170, 171

즉석 쿠폰 271

증강현실 379

증언형 표현 152

지각된 품질 34

지상파 TV광고 183

지역사회 관계 218

직업군 설정 287

직원 채용광고 226

직접 배포 261

직접우편 쿠폰 271

직접적 또는 사실적 표현 147

진실성 있는 모델 156

집중 마케팅 전략 63

집중형 스케줄링 180

ㅊ

차별화 마케팅 전략 63

창의적인 장소 415

초청행사 257, 258

총시청률 169

최고경영자 모델 155

최적화 과정 179

친숙성 157

ㅋ

캐릭터 84

커뮤니케이션 과정 103

컬래버레이션 305

케이블 TV광고 186

콘테스트와 추첨 264

쿠폰 269

크리에이티브 배치 284

키오스크 403

ㅌ

텍스트 기반 SNS 362

통합 마케팅 커뮤니케이션 111

투자 유치광고 226

투자자 관계 216

트렁크쇼 413

트레이드쇼 258

트리플 매체 전략 193

트위터 364

틱톡 370

ㅍ

파워블로그 361

판매사원 인센티브 258

판매원 교육 257, 258

판매촉진의 유형 257

판매촉진의 정의 251

판매촉진의 효과 252

팝업스토어 400

팝업스토어의 특성 401

패러디 표현 150

패션브랜드 아이덴티티 73

패션브랜드 아이덴티티 구조 75

패션브랜드 아이덴티티의 구성요
소 76

패션브랜드 포지셔닝 88

패션쇼 406

패션쇼의 요소 407

패션쇼의 유형 411

패션위크 417

패션 필름 418

패키지 배포 261

패키지형 쿠폰 271

패키지형 프리미엄 263

패키징 87

퍼블리시티 221

퍼블리시티의 개념 221

퍼블리시티의 소재 및 내용 222

퍼블리시티의 종류 222

페이스북 362

포멀쇼 411

표적고객의 성향 161

표적시장 선정 62

표적시장 선택 전략 63

푸시 대 풀 전략 125

프레스 투어 및 기자관리 223

프리미엄 261

플로팅 광고 339

핀터레스트 367

ㅎ

핵심 아이덴티티 77

행동적 차원 295

협찬 289

호의성 157

혼성메시지 280

혼성메시지의 개념도 280

화면 속 배치 286

확장 아이덴티티 77

확장형 광고 338

환경분석 47

A

A/B 테스트 350

C

CPM 174

CPR 213, 221

CPRP 175

I

IP 398

IPTV광고 **187**

M

MPR **213**

N

Non-skippable video 광고 **342**

P

POP **396**

PP **397**

PPL **279**

PPL의 장단점 **296**

PPL의 효과이론 **290**

PPL의 유형 **284**

PPL의 정의 **279**

PPL의 효과 **293**

PR 대상 **214**

PR 상황 **238**

PR 수단 **220**

PR의 정의 **211**

PR의 체계 **213**

PR 이벤트 **236**

S

Skippable video 광고 **342**

SPICE 모델 **380**

V

VMD **391, 393**

VMD의 구성요소 **393**

VMD의 상품표현 방법 **397**

VMD의 역할 **392**

VP **397**

저자 소개

고은주
연세대학교 의생활학 학사
버지니아주립공과대학교 의류학(패션마케팅 전공) 석사
버지니아주립공과대학교 의류학(패션마케팅 전공) 박사

현재 연세대학교 의류환경학과 교수
 (사) 글로벌지식마케팅경영학회 회장
 글로벌패션마케팅학회지 편집위원장
 ACCESS(지속가능문화잡지) 발행인

주요 저서 『럭셔리 브랜드 마케팅』, 『지속가능패션』, 『패션마케팅 사례연구』,
 『패션마케팅: 현재와 미래』

이미아
연세대학교 신문방송학 학사
서울대학교 의류학(패션마케팅 전공) 석사
서울대학교 의류학(패션마케팅 전공) 박사

현재 서울대학교 생활과학연구소 책임연구원
 연세대학교 생활과학대학 겸임교수

주요 저서 『패션 인터넷 비즈니스』, 『IT Fashion』

이미영
연세대학교 신문방송학 학사
연세대학교 신문방송학 석사
연세대학교 신문방송학 언론학(광고 전공) 박사

현재 연세대학교 커뮤니케이션연구소 전문연구원